冶金工业规划研究院党委书记、总工程师，俄罗斯自然科学院外籍院士　李新创

作为世界钢铁的中心，中国钢铁行业低碳转型意义重大，低碳发展需要全面统筹、科学有序、积极稳妥，必须依靠科技进步，在发展中降碳，在降碳中发展，以高质量发展促进生态文明进步。

唐珍创

2022.4.6

中国钢铁工业绿色低碳发展路径

The Road Map of Green and Low-carbon
Development of China's Steel Industry

李新创 著

北京

冶金工业出版社

2022

内 容 提 要

钢铁行业绿色低碳转型对于中国加快生态文明建设、如期实现"双碳"目标具有重要意义。全书分为四篇,共十一章,介绍了钢铁行业绿色低碳发展的现状,探讨了钢铁行业和企业碳达峰及降碳的有效路径,重点阐述了低碳创新技术、节能减排技术、绿色低碳钢铁生产、数字驱动绿色低碳发展、低碳标准引领钢铁高质量发展,同时从低碳管理角度研究了健全体制机制建设、绿色金融促进作用、建立碳交易市场等内容,并提出通过加强国际合作提升低碳发展水平。

本书可供冶金行业从事低碳技术、节能减排、智能制造、绿色金融、碳交易等绿色低碳发展研究的科研技术人员和相关专业大专院校师生参考。

图书在版编目(CIP)数据

中国钢铁工业绿色低碳发展路径/李新创著. —北京:冶金工业出版社,2022. 4

ISBN 978-7-5024-9015-7

Ⅰ.①中… Ⅱ.①李… Ⅲ.①钢铁工业—无污染技术—研究 ②钢铁工业—节能—研究 Ⅳ.①TF4

中国版本图书馆 CIP 数据核字(2021)第 275559 号

中国钢铁工业绿色低碳发展路径

出版发行 冶金工业出版社		**电 话**	(010)64027926
地 址 北京市东城区嵩祝院北巷 39 号		**邮 编**	100009
网 址 www.mip1953.com		**电子信箱**	service@ mip1953.com

责任编辑 夏小雪 李培禄 美术编辑 彭子赫 版式设计 郑小利
责任校对 李 娜 责任印制 李玉山
三河市双峰印刷装订有限公司印刷
2022 年 4 月第 1 版,2022 年 4 月第 1 次印刷
710mm×1000mm 1/16;29 印张;1 彩页;470 千字;443 页
定价 145. 00 元

投稿电话 (010)64027932 投稿信箱 tougao@cnmip. com. cn
营销中心电话 (010)64044283
冶金工业出版社天猫旗舰店 yjgycbs. tmall. com
(本书如有印装质量问题,本社营销中心负责退换)

序　言

　　钢铁行业既是国民经济的支柱产业，也是能源资源密集型行业，是碳排放总量最大的制造业行业，是落实"双碳"目标的重要领域。处理好减排与发展、总体与局部、近期与远期的关系，合理制定低碳转型路径，对于中国钢铁行业可持续发展尤为重要。习近平总书记指出"绿色低碳转型是系统性工程，必须统筹兼顾、整体推进。"钢铁行业低碳发展需要全面系统推进、科学有序推进、积极稳妥推进。

　　作为全球最大的钢铁生产国和消费国，中国钢铁行业面临着低碳转型时间紧、任务重、难度大等挑战，如何统筹各方力量、共同推动钢铁行业实现绿色低碳发展，不仅关系着行业转型升级，更将影响到中国"双碳"目标能否如期高质量实现。李新创研究员新著从低碳发展综述、低碳技术研究、低碳管理、国际合作四方面阐述了钢铁行业低碳发展路径，为政府主管部门做好"双碳"顶层设计提供了全面、系统性的思路，为钢铁企业扎实推进降碳工作提供了工程实践支撑；国际合作部分侧重于国际低碳经验对中国钢铁工业的借鉴启示，为促进中国钢铁行业低碳发展水平提升提供了有益参考。

　　李新创研究员长期深耕于钢铁行业规划研究，三十多年来深度参与了诸多产业政策、发展规划、技术标准等文件的编制，担任"十四五"国家发展规划专家委员会委员、国家大气污染防治攻关联合中心研究室首席专家、第四届国家气候变化专家委员会委员，为中国钢铁行业发展做出了突出贡献。特别是在钢铁行业碳达峰碳中和研究方面，开展了大量工作，并取得了显著成绩。自 2020 年 9

月 22 日习近平总书记提出中国碳达峰碳中和目标以来，短短一年多的时间里，李新创研究员就带领团队帮助百余家企业编制了低碳发展相关专项规划，形成了一套极具实践价值的方法体系，而本书的撰写就是在大量实践探索后总结提炼形成的成果，做到了"致广大而尽精微"。相信该书对广大读者了解钢铁行业绿色低碳发展理论及方法体系，把握未来绿色低碳发展路径具有重要指导作用。

重任在肩，更须砥砺奋进。希望李新创研究员及其团队更好地发挥"政府机构参谋部、行业发展引领者、企业规划智囊团"作用，支撑政府部门制定更加切实可行的绿色低碳政策措施，促进钢铁行业碳排放水平不断提升，帮助企业制定更加科学合理的降碳行动方案，为中国钢铁行业绿色低碳发展作出新的贡献。

中国工程院院士

生态环境部环境规划院院长

2022 年 2 月 16 日

前　　言

习近平总书记指出"坚持走生态优先、绿色低碳发展道路"，为中国经济社会实现可持续发展指明了方向。钢铁行业作为国民经济基础产业，是工业的重要粮食、建设的重要保障，为中国经济发展提供了重要支撑，但同时也呈现出能源消耗和碳排放总量大的特点，钢铁行业的绿色低碳转型对于中国加快生态文明建设、如期实现"双碳"目标具有重要意义。面对新阶段、新形势、新变化，党中央、国务院先后出台了《关于完整准确全面贯彻新发展理念做好碳达峰碳中和工作的意见》《2030 年前碳达峰行动方案》等系列文件，对钢铁行业绿色低碳发展提出了新要求，赋予了新任务。钢铁行业必须增强系统观念，坚持降碳、减污、扩绿、增长协同推进，依靠科技进步和科学发展，在发展中转型，在转型中发展，有序推进绿色低碳改造工作。

冶金工业规划研究院（以下简称"冶金规划院"）从事低碳政策研究及技术储备工作已有 20 多年的时间，在工业领域率先成立了低碳发展研究中心，是钢铁行业最早开展低碳研究工作的专业化研究机构，拥有一支在钢铁低碳领域具有深厚研究底蕴的专业化团队，具备了为钢铁行业产业链各个领域服务的能力。多年来，我们团队重点开展了建立完善"C+4E"低碳发展理论体系及方法学，探索形成钢铁行业"5+1"降碳路径模式，构建完成钢铁低碳发展指数评价体系，建设钢铁全过程减碳降污协同数字化管控平台，开展钢铁转型金融技术及标准支撑体系研究，支撑工业领域低碳技术创新平台搭建，开展低碳领域专业化人才能力建设，促进钢铁低碳领域国际交流合作等八个方面的工作，实践成果已在百余家企业获得成功应用，有效支撑了钢铁行业和企业的绿色低碳转型。此外，还取得了多项发明专利、标准及软件著作权，并荣获中国节能协会节能减排科技进步奖一等奖。

本书正是基于以上研究成果，结合本人多年来从事钢铁行业发展规划研究实践经验，对钢铁行业绿色低碳发展路径进行的系统梳理和总结。全书共分为四大篇、十一个章节，介绍了钢铁行业绿色低碳发展的现状，探讨了碳达峰和降碳有效路径，重点阐述了低碳创新技术、节能减排技术、绿色低碳钢铁生产、数字驱动绿色低碳发展、低碳标准引领钢铁高质量发展，并从低碳管理的角度研究了健全体制机制建设、绿色金融促进作用、建立碳交易市场等内容，并提出通过加强国际合作提升低碳发展水平。

本书力求系统、全面、深入地阐述钢铁行业绿色低碳转型的发展路径，特别是立足于中国钢铁行业发展阶段特征，针对行业转型过程中面临的排放总量大、反应机理复杂、能源结构高碳化等难题，提出有针对性的解决办法。同时坚持统筹谋划、突出系统思维，从多角度、多维度、多方面提出发展路径选择，力求在发展中降碳，在降碳中发展，以绿色低碳转型为统领实现钢铁行业高质量发展。在阐述过程中，广泛搜集、整理和研究了国内外经典实践案例，归纳总结了国内外先进经验，供行业同仁共同探讨交流。

在本书的撰写过程中，离不开各位领导、同仁和所有朋友的关爱、支持和帮助，在此表示诚挚感谢！中国工程院王金南院士在绿色低碳科研方面孜孜以求、硕果累累，对我的工作和研究方向给予诸多启发和帮助，本人深受感动，特别感谢他在百忙中为本书作序，为绿色低碳高质量发展提出极具建设性的指导意见！十分感谢中国宝武刘继鸣、张文良先生在封面照片资料方面给予的大力支持。同时，非常感谢以范铁军院长为代表的冶金规划院领导和各部门同事们在本书策划组织过程中给予的良好建议，感谢姜晓东、赵峰、周翔、李冰、刘涛、彭锋、郜学、管志杰、高升、张松波、樊鹏、施灿涛、霍咚梅、潘登、安成钢、蔡盛佳、张利娜、员晓、卢熙宁、史君杰、武建国、孙泽辉、秦洁璇、吕振华、温子龙、王晓波、白永强、邓浩华、缪骏、宋绍旗、鹿宁、张玮玮、李桉泷、刘琦、陈程、高金、谢迪、刘彦虎、李晋岩、吴秀婷、冯帆、畅文驰、李永胜、赵禹程、周园园、戴章艳等同事在本书技术资料和数据核实等方面提供的诸多帮助，也要感谢曲京涛、孙光、陈妍涵、缪妍等同事为本书彩图等资料提供的帮助，感谢同事王轶凡、李梅在本书编校出版过程中的辛苦付出。

　　本人深感能力有限，谨希冀通过总结归纳多年来开展钢铁行业绿色低碳转型相关工作的经验和思路，能为行业实现高质量发展提供些许借鉴，不辜负众多领导、专家对我的支持、帮助和厚爱。真诚希望广大读者提出批评指导意见，以便继续积极探索研究，不断提高完善。

李新创

冶金工业规划研究院党委书记、总工程师

俄罗斯自然科学院外籍院士

2022 年 2 月 19 日

目　录

>>> 第二篇　绿色低碳先进技术研究

第三篇　低碳管理

第四篇 国际合作

附 录

第一篇
低碳发展综述

DITAN FAZHAN ZONGSHU

第一章　钢铁工业绿色低碳发展现状

第一节　国外钢铁行业绿色低碳发展现状

一、国际应对气候变化现状

经过近 30 年的努力，全球气候治理领域建立起了较为完整的制度体系。气候治理制度由一系列制度性文件确立，既包括《联合国气候变化框架公约》（UNFCCC，1992 年）、《京都议定书》（Kyoto Protocol，1997 年）与《巴黎协定》（2015 年）等正式法律文件，也包括诸如"巴厘岛路线图"、《哥本哈根协议》等非正式文件。

总体来看，《联合国气候变化框架公约》确立了一种自愿减排模式，此后，各国开展了持续性的减排行动。1997 年《京都议定书》通过后一种"自上而下"的减排模式确立，气候治理进入"京都时期"。《京都议定书》相对于《联合国气候变化框架公约》出现了明显强化，为发达国家界定了明确的强制性减排责任。然而，气候治理整体进程却进入了低潮。在发达国家抵制下，《京都议定书》经历了漫长的生效过程，在其生效之后各方也未严格按照规定展开行动，不久"京都机制"便迅速被抛弃。

2005 年蒙特利尔会议宣告了后京都谈判开始，在美、日等发达国家的抵制下，"京都机制"很快被抛弃。从"巴厘岛路线图"开始至哥本哈根会议，一种"自下而上"的"国家自主贡献"治理模式开始成为新的主导性制度，并在《巴黎协定》中正式确立。气候治理制度向弱制度回归，治理进程却出现了强治理态势。以基础四国（巴西、南非、印度和中国）为代表的发展中国家和美、日等发达国家，扮演着日益积极的角色，使得气候治理呈现出竞相履约的态势。

从义务性、精确性和授权性三个方面具体分析国际气候机制的框架，可以发现其具有明显的软法特征，这是由国际环境和气候议题自身属性决定的。总体上，气候治理制度呈现为由弱到强再到弱的演化过程，而气候治理则出现了由强到弱再到强的变化。

（一）《联合国气候变化框架公约》

《联合国气候变化框架公约》（以下简称《公约》）是世界上第一部为全面控制温室气体排放、应对气候变化领域的具有法律约束力的国际条约，是气候治理的根本性制度文件，也是应对气候变化问题的基本制度框架。

《公约》的核心内容包括：（1）确立应对气候变化的最终目标。《公约》第2条规定："将大气温室气体的浓度稳定在防止气候系统受到危险的人为干扰的水平上。这一水平应当在足以使生态系统能够可持续进行的时间范围内实现。"（2）确立国际合作应对气候变化的基本原则，主要包括"共同但有区别的责任"原则、公平原则、各自能力原则和可持续发展原则等。（3）明确发达国家应承担率先减排和向发展中国家提供资金技术支持的义务。（4）承认发展中国家有消除贫困、发展经济的优先需要。《公约》承认发展中国家的人均排放仍相对较低，因此在全球排放中所占的份额将增加，经济和社会发展以及消除贫困是发展中国家首要和压倒一切的优先任务。

此后所有的制度文件都是基于对《公约》相关内容的不同阐释作出的，包括内涵存在明显差异的《京都议定书》和《巴黎协定》。因此，《公约》确立的是一项典型的弱制度。

（二）《京都议定书》

2005年2月16日，《京都议定书》正式生效。《京都议定书》是全球第一个以法规形式限制温室气体排放的执行性文件。《京都议定书》除了提出要通过传统手段降低二氧化碳等温室气体的排放之外，其重大的贡献还在于设计了减排的新路径，即利用市场机制，促进了二氧化碳排放权的交易。此后，全球碳交易市场经历了一个快速发展的时期。

无论是从各个指标来看，还是相对于《公约》与此后的《巴黎协定》，《京都议定书》都是一个典型的强制度。它不但确定了明确的减排目标和责任区分，还确立了相互兼容的执行、监督和惩罚机制。

首先，内涵相对清晰。这具体体现在下述三个方面：气候治理的核心原则"共同但有区别的责任"得到进一步明确，即有区别的责任体现为发展中国家与发达工业国家之间的差异。对如何开展减排行动作出了明确规定，具体路径包括：提高能源效率、森林保护和养护、开发新能源、充分发挥市场机制等。此外，明确规定发达工业国家负有主要责任，并且必须率先展开行动。它不但明确了发达国家的总体减排目标，同时通过国家信息通报的相关数据确定了各国家的具体减排份额。

其次，与《公约》相比，各项规则的兼容性明显提升。这得益于《京都议定书》的界定责任的范围相对缩小（主要针对发达工业国家），一般而言成员范围越小，越容易作出协调，降低规则冲突的风险。《京都议定书》以为发达国家设定强制性减排目标为核心，确立了一系列实现这一目标的政策。例如，《京都议定书》确立的三项灵活履约机制：联合履约（JI）、清洁发展机制（CDM）与排放权贸易（ET）。这些机制允许发达国家通过碳交易、海外减排等手段完成减排任务，CDM 也为发展中国家提供了获得技术和资金的机会。此外，为保证制度执行构建了资金机制，如调整适应基金和公约基金、全球环境基金等。这些基金旨在为发展中国家（尤其是小岛屿国家等）提供支持，资金来源于对共同履约和排放权贸易所涉及的转让和购买的征税等。

最后，在约束性机制上，确立了明确的遵约机制。有学者指出，《京都议定书》遵约机制是当今国际环境条约中发展最快也是最为成熟的遵约机制。总体上，《京都议定书》设置了明确的减排目标以及惩罚机制，呈现出强制减排特征。《京都议定书》第 3 条第 13 款指出："如缔约方在一承诺期内的排放少于其依本条确定的分配数量，差额应记入其以后的承诺期。"此后，通过一系列修正案，这些强制机制进一步得到了增强。

（三）《巴黎协定》

2015 年 12 月，《联合国气候变化框架公约》近 200 个缔约方一致同意通过《巴黎协定》，并于 2016 年 11 月正式生效。《巴黎协定》作为《公约》的第二个执行性法律文件，构建起了一种与《京都议定书》完全不同的治理模式（学界称之为"自下而上"模式）。这种模式因其灵活性与非强制性，被许多学者界定为"软法"。

然而，鉴于其作为条约形式的制度（通常"条约法"被界定为"硬法"），将其界定为弱制度更为恰当。正如有关学者指出的，国际气候体制逐渐从严格走向松散，目标的约束力不断被弱化，各方更加倾向于灵活和松散的国际合作机制。

从环境保护与治理上来看，《巴黎协定》的最大贡献在于明确了全球共同追求的"硬指标"。《巴黎协定》指出，各方将加强对气候变化威胁的全球应对，把全球平均气温较工业化前水平升高控制在2℃之内，并为把升温控制在1.5℃之内努力。只有全球尽快实现温室气体排放达到峰值，21世纪下半叶实现温室气体净零排放，才能降低气候变化给地球带来的生态风险以及给人类带来的生存危机。

从经济视角审视，《巴黎协定》同样具有实际意义：首先，推动各方以"自主贡献"的方式参与全球应对气候变化行动，积极向绿色可持续的增长方式转型，降低过去几十年严重依赖石化产品的增长模式继续对自然生态系统的威胁；其次，促进发达国家继续带头减排并加强对发展中国家提供资金支持，在技术周期的不同阶段强化技术发展和技术转让的合作行为，帮助发展中国家减缓和适应气候变化；再次，通过市场和非市场双重手段，进行国际间合作，通过适宜地减缓、顺应、融资、技术转让和能力建设等方式，推动所有缔约方共同履行减排贡献。此外，根据《巴黎协定》的内在逻辑，在资本市场上，全球投资偏好将进一步向绿色能源、低碳经济、环境治理等领域倾斜。

总体来看，《巴黎协定》体现了一种新的全球治理方式，它所体现的灵活性、包容性等是"东盟方式"在全球层次下的同类。

二、国外钢铁行业绿色低碳实践

2015年《巴黎协定》达成，全球长期温控目标沿用了2009年各国在哥本哈根达成的共识，即把全球平均气温较工业化前水平升高控制在2℃之内；考虑最不发达国家、小岛屿国家的利益，《巴黎协定》增加了"努力控制在1.5℃以内"的表述。2018年底，联合国政府间气候变化专门委员会（IPCC）发布了《全球升温1.5℃特别报告》，全球几乎都以1.5℃作为长期温控目标来论证应对气候变化的政策、行动及国际合作，碳达峰、碳中和、温室气体净零排放等概念成为各界在应对气候变化领域最为重要的话题。

目前，全球已有100多个国家和地区提出了碳中和的长期愿景，排放量和经济总量分别占全球的65%和70%以上。其中欧盟、南非、韩国都宣布了碳中和承诺，到2050年实现温室气体的净零排放。中国将提高国家自主贡献力度，采取更加有力的政策和措施，二氧化碳排放力争于2030年前达到峰值，努力争取2060年前实现碳中和。另外，美国总统拜登上任首日签署行政令，美国重返《巴黎协定》。这些主要经济体将极大加速全球范围的绿色低碳转型，经济社会发展和国际贸易投资都将发生变革性的变化。将来碳中和有可能成为技术和产业发展的全球性标准，甚至成为贸易和投资的准入门槛。

世界各主要经济体纷纷加大应对气候变化领域的资金投入和资源投入。欧盟在2019年年底发布《欧洲绿色新政》，并承诺把GDP的1.5%用于应对气候变化，美国总统拜登也宣布将在第一个任期投入2万亿美元应对气候变化。此外，部分发达国家利用自己在碳减排技术上的优势，以保护环境的名义提出对发展中国家征收碳关税，逐渐形成绿色贸易壁垒。钢铁行业具有明显的高耗能和高碳排放的特点，征收碳关税会对钢铁产品的出口产生很大的影响。因此，在应对全球气候变化和经济发展方式转变的背景下，各国钢铁企业均未雨绸缪，提前谋划低碳转型。

欧盟从2004年开始启动超低二氧化碳排放炼钢项目（ULCOS），并确定4个最有发展前景的技术，即高炉炉顶煤气循环（TGR-BF）、新型直接还原工艺（ULCORED）、新的熔融还原工艺（HIsarna）和碱性电解还原铁工艺（ULCOWIN、ULCOLYSIS）。欧洲钢铁工业积极响应绿色新政，如蒂森克房伯公司提出建设"碳中和"钢厂，承诺到2030年将钢铁生产的排放量减少30%，并在2050年实现二氧化碳中和。

瑞典的"突破性氢能炼铁技术"技术攻关项目（HYBRIT），由三家行业巨头（SSAB、欧洲最大铁矿石生产商LKAB公司和欧洲最大电力生产商之一瑞典Vattenfall电力公司）合资创建的HYBRIT发展有限公司负责推进。该项目旨在用可再生电力生产的氢替代传统炼铁使用的焦炭。焦炭和氢气都可以作为还原剂去除铁矿石中的杂质，但在传统炼铁工艺中，焦炭中的碳与铁矿石中的氧反应生成二氧化碳，如果使用氢气替代焦炭，氢气将与铁矿石中的氧气反应生成水蒸气。

日本钢铁联盟重点开展COURSE50项目，主要是通过用氢气还原铁矿石和从高炉煤气中分离并捕集CO_2，还采用了焦炉煤气氢分离技术和高炉煤气氨净化技术。

美国麻省理工学院开展的熔融氧化物高温电解（MOE）研究，通过电解将液态氧化铁分解为铁水和氧气，过程中不产生二氧化碳。犹他大学将处于实验室研究阶段的氢还原铁矿石技术应用到闪速炉反应器上，主要是通过替代炼铁生产过程中所用的煤和焦炭。

此外，加拿大、巴西依靠自身资源开展以木炭替代焦炭作为高炉炼铁还原剂的生物质炼铁技术。

CCS 技术 CO_2 减排潜力大，对于钢铁行业，该技术的应用可以减排一半以上的 CO_2，高昂的成本为现阶段 CCS 系统的应用与部署提出了挑战。目前全球有 43 项 CCS 技术在大型电厂运行，少部分应用于钢铁行业，其中大部分都在北美和美国，且 CO_2 捕集后绝大多数用以提高石油开采率。阿联酋阿布扎比酋长国钢铁厂建成世界上首个大型钢铁厂应用 CCS 技术项目，将捕集到的 CO_2 注入油气层进行二氧化碳驱油。目前，Al Reyadah 公司从阿布扎比酋长国钢铁厂捕获了约 80 万吨 CO_2。中国的华能石洞电厂部署了燃烧后碳捕集设备，其为中国最大的燃烧后碳捕集设备之一，年 CO_2 捕获量达到 10 万吨。西安热工研究院设计完成的华能北京热电厂 CO_2 捕集示范工程，是中国首个燃煤电厂烟气 CO_2 捕集示范工程，预计其年回收 CO_2 能力可达到 3000t。国际主要低碳冶炼技术研发及应用进展见表 1-1。

表 1-1　国际主要低碳冶炼技术研发及应用进展

技术名称	主要内容	实施阶段	技术研发国家
COURSE50 技术	以氢还原炼铁为核心，采用新的焦炉煤气的氢分离技术和高炉煤气净化技术，用氢气还原铁矿石和从高炉煤气分离捕集 CO_2，置换一部分焦炭，以减少高炉的 CO_2 排放	已建设 1 座 $12m^3$ 的试验高炉，预计 2030 年实现工业化应用	日本

技术名称	主要内容	实施阶段	技术研发国家
ULCORED 新型直接还原技术	利用天然气产生的 H_2 等还原气将块矿或球团矿直接还原成固态金属铁，以此为电炉炼钢的原料，取代传统的还原剂焦炭，并通过炉顶煤气循环和预热工序，降低天然气消耗量	尚未进入工业示范阶段	欧盟
TGR-BF 高炉炉顶煤气循环技术	利用氧气鼓风并将高炉炉顶煤气应用真空变压吸附技术脱除 CO_2 后返回高炉重新利用的炼铁工艺	2007 年，在瑞典 LKAB 公司位于 Luleo 的试验高炉开展试验研究	欧盟
HIsarna 熔融还原技术	相对于普通高炉流程，该技术不需要烧结、焦化这两个高能耗、高污染的工序，煤炭用量大幅度降低	2010 年建立 HIsarna 中试厂，目前已经完成了 4 次试验	欧盟
"碳中和"钢厂	利用可再生能源产生的氢气而不是煤炭来生产碳中和钢	蒂森目标，计划在 2025 年前完成大部分工厂的建设，使其能够每年生产 40 万吨"绿色钢铁"。 预计到 2030 年，年产量将增至 300 万吨，钢铁生产的排放量减少 30%，并在 2050 年实现二氧化碳中和。 与 RWE 合作的一个试点项目，RWEG. DE 公司是德国最大的电力生产商和欧洲第三大可再生能源公司，将开发绿色氢气生产	德国

续表 1-1

技术名称	主要内容	实施阶段	技术研发国家
HYBRIT 氢气直接还原炼铁技术	采用 H_2 作为主要还原剂，H_2 和球团矿反应生成直接还原铁和水；直接还原铁作为电炉炼钢的原料，该工艺能大幅度降低 CO_2 排放量	2020 年 8 月 31 日，全球第一个无化石海绵铁中试工厂在瑞典吕勒奥举行了启动仪式。SSAB、LKAB 和 Vattenfall 计划打造世界上第一个拥有"无化石钢铁制造"价值链。 SSAB 目标，到 2026 年通过 HYBRIT 技术，在世界上率先实现无化石冶炼技术；到 2045 年，SSAB 将完全按无化石工艺路线制造钢铁	瑞典
熔融氧化物高温电解技术	通过电解将液态氧化铁分解为铁水和氧气	实验研究阶段	美国
碱性电解还原铁技术	使用电能将铁矿石转化成金属铁和氧气，具有开发前景的工艺路线是电解冶金法（ULCOWIN）和电流直接还原工艺（ULCOLYSIS）	实验研究阶段	美国
CCUS 技术	从钢铁企业捕集 CO_2，捕集到的 CO_2 进行压缩和脱水后，被运输到油田并注入，进行 CO_2 驱油	阿布扎比 CCUS 项目是世界上首个在大型钢铁厂应用 CCS 技术的项目，于 2016 年 11 月开始正式运行，捕获约 80 万吨 CO_2	阿联酋阿布扎比

国际典型钢铁企业碳排放情况见表 1-2。数据选取世界钢协、安赛乐米塔尔、JFE、新日铁、浦项、中国台湾中钢等部分典型企业碳排放数据，数据重点取自正式发布的可持续发展报告。

表 1-2　国际典型钢铁企业碳排放情况

典型代表	吨钢二氧化碳排放强度/t	说　明
世界钢协	1.83	2019 年，包括范围 1、范围 2 和部分范围 3
安赛乐米塔尔	2.12	2018 年，包括范围 1、范围 2 和部分范围 3

典型代表	吨钢二氧化碳排放强度/t	说　明
JFE	2.03	2019 年，包含范围 1、范围 2
新日铁	2.06	2019 年，包含范围 1、范围 2
浦项	2.11	2019 年，包含范围 1、范围 2
中国台湾中钢	2.27	2019 年，包含范围 1、范围 2

注：1. 世界钢协数据来源：世界钢协可持续指标 2020 年报告（Sustainability Indicators 2020 Report）；

2. 安赛乐米塔尔数据来源：安赛乐米塔尔气候行动 2019 年报告（Climate Action Report 1 May 2019），第 34 页；

3. JFE 数据来源：2020 年 CSR 报告；

4. 新日铁数据来源：2020 年可持续报告；

5. 浦项数据来源：浦项气候行动报告（POSCO'S DIALOGUE FOR CLIMATE ACTION），第 8 页；

6. 中国台湾中钢数据来源：2019 年企业社会责任报告，第 6 页；

7. 范围 1 指企业直接碳排放，范围 2 指企业消耗电力和热力的间接碳排放，范围 3 指企业其他间接碳排放。

第二节　中国钢铁行业低碳转型发展

一、国内应对气候变化现状

中国政府始终高度重视应对气候变化工作，坚持减缓和适应并重的国家战略，将其作为实现经济高质量发展、推进生态文明建设的重大机遇，采取了一系列积极的政策和行动。

为加强应对气候变化工作的领导，2007 年 6 月，国务院成立了国家应对气候变化及节能减排领导小组。领导小组负责研究制定国家应对气候变化的重大战略、方针和对策，统一部署应对气候变化工作，研究审议国际合作和谈判方案，协调解决应对气候变化工作中的重大问题；组织贯彻落实国务院有关节能减排工作的方针政策，统一部署节能减排工作，研究审议重大政策建议，协调解决工作中的重大问题。由于机构改革，应对气候变化职责于 2018 年从国家发展改革委划归到当时新组建的生态环境部，应对气候变化司整体转隶到生态环境部。

应对气候变化司负责应对气候变化和温室气体减排工作。综合分析气候变化对经济社会发展的影响，组织实施积极应对气候变化国家战略，牵头拟订并协调实施中国控制温室气体排放、推进绿色低碳发展、适应气候变化的重大目标、政策、规划、制度，指导部门、行业和地方开展相关实施工作。牵头承担国家履行《联合国气候变化框架公约》相关工作，与有关部门共同牵头组织参加国际谈判和相关国际会议。组织推进应对气候变化双多边、南南合作交流，组织开展应对气候变化能力建设、科研和宣传工作。组织实施清洁发展机制工作。承担全国碳排放权交易市场建设和管理有关工作。承担国家应对气候变化及节能减排工作领导小组有关具体工作。牵头负责保护臭氧层国际公约国内履约相关工作。

近年来，为有效应对气候变化，国家发布了一些低碳类政策，具体情况见表1-3。

表1-3 低碳类政策汇总表

序号	文件名称	发布机构	发布时间
1	《国家应对气候变化规划》	国务院	2017-09-19
2	《"十二五"控制温室气体排放工作方案》	国务院	2011-12-01
3	《"十三五"控制温室气体排放工作方案》	国务院	2016-10-27
4	《工业领域应对气候变化行动方案（2012—2020年）》	工业和信息化部、国家发展改革委、科技部、财政部	2012-12-31
5	《绿色制造工程实施指南（2016—2020年）》	工业和信息化部	2016-09-14
6	《关于印发首批10个行业企业温室气体排放核算方法与报告指南（试行）的通知》	国家发展改革委	2013-10-15
7	《关于组织开展重点企（事）业单位温室气体排放报告工作的通知》	国家发展改革委	2014-01-13
8	《首批温室气体管理国家标准发布》	国家标准化管理委员会	2015-11-19
9	《关于切实做好全国碳排放权交易市场启动重点工作的通知》	国家发展改革委	2016-01-19
10	《中国应对气候变化科技专项行动》	科技部、国家发展改革委、外交部、教育部等14个部门	2007-06-14
11	《节能减排全民科技行动方案》	科技部、国家发展改革委、中宣部等6部委	2007-09-29

序号	文件名称	发布机构	发布时间
12	《2014—2015 年节能减排科技专项行动方案》	科技部、工业和信息化部	2014-02-19
13	《清洁发展机制项目运行管理办法（修订）》	国家发展改革委	2011-08-03
14	《清洁生产审核办法》	国家发展改革委	2016-05-19
15	《全国碳排放权交易市场建设方案（发电行业）》的通知	国家发展改革委	2017-12-20
16	《清洁能源消纳行动计划（2018—2020 年）》	国家发展改革委	2018-10-30
17	《污染治理和节能减碳中央预算内投资专项管理办法》	国家发展改革委	2021-05-09
18	关于发布《碳排放权登记管理规则（试行）》《碳排放权交易管理规则（试行）》和《碳排放权结算管理规则（试行）》的公告	生态环境部	2021-05-17
19	《关于统筹和加强应对气候变化与生态环境保护相关工作的指导意见》	生态环境部	2021-01-11
20	《关于加强企业温室气体排放报告管理相关工作的通知》	生态环境部	2021-03-29
21	关于印发《企业温室气体排放报告核查指南（试行）》的通知	生态环境部	2021-03-29
22	关于公开征求《碳排放权交易管理暂行条例（草案修改稿）》意见的通知	生态环境部	2021-03-30
23	《碳排放权交易管理办法（试行）》	生态环境部	2020-12-31
24	关于印发《2019—2020 年全国碳排放权交易配额总量设定与分配实施方案（发电行业）》《纳入 2019—2020 年全国碳排放权交易配额管理的重点排放单位名单》并做好发电行业配额预分配工作的通知	生态环境部	2020-12-30
25	《关于促进应对气候变化投融资的指导意见》	生态环境部	2020-10-26
26	《企业温室气体排放核算方法与报告指南　发电设施（征求意见稿）》	生态环境部	2020-12-03
27	《关于做好 2018 年度碳排放报告与核查及排放监测计划制定工作的通知》	生态环境部	2019-01-17
28	关于发布《大型活动碳中和实施指南（试行）》的公告	生态环境部	2019-06-14

序号	文件名称	发布机构	发布时间
29	《关于做好 2019 年度碳排放报告与核查及发电行业重点排放单位名单报送相关工作的通知》	生态环境部	2019-12-27
30	《工业企业污染治理设施污染物去除协同控制温室气体核算技术指南（试行）》	生态环境部	2017-09-05
31	《绿色建材产品认证实施方案》	市场监管总局办公厅、住房和城乡建设部办公厅、工业和信息化部办公厅	2019-10-25

二、碳达峰目标及碳中和愿景

气候变化是人类面临的共同挑战。2020 年 9 月 22 日，国家主席习近平在第七十五届联合国大会一般性辩论上发表重要讲话："中国将提高国家自主贡献力度，采取更加有力的政策和措施，二氧化碳排放力争于 2030 年前达到峰值，努力争取 2060 年前实现碳中和。"随后在一系列重要会议上多次重申，具体内容如下：

2020 年 9 月 30 日，国家主席习近平在联合国生物多样性峰会上的讲话："中国将秉持人类命运共同体理念，继续作出艰苦卓绝努力，提高国家自主贡献力度，采取更加有力的政策和措施，二氧化碳排放力争于 2030 年前达到峰值，努力争取 2060 年前实现碳中和，为实现应对气候变化《巴黎协定》确定的目标作出更大努力和贡献。"

2020 年 11 月 12 日，国家主席习近平在第三届巴黎和平论坛的致辞："不久前，我提出中国将提高国家自主贡献力度，力争 2030 年前二氧化碳排放达到峰值，2060 年前实现碳中和，中方将为此制定实施规划。"

2020 年 11 月 17 日，国家主席习近平在金砖国家领导人第十二次会晤上的讲话："我不久前在联合国宣布，中国将提高国家自主贡献力度，采取更有力的政策和举措，二氧化碳排放力争于 2030 年前达到峰值，努力争取 2060 年前实现碳中和。"

2020 年 11 月 22 日，国家主席习近平在二十国集团领导人利雅得峰会"守护地球"主题边会上的致辞："不久前，我宣布中国将提高国家自主贡献力度，力争二氧化碳排放 2030 年前达到峰值，2060 年前实现碳中和。中国言出必行，将坚定不移加以落实。"

2020 年 12 月 12 日，国家主席习近平在气候雄心峰会上的讲话："今年 9 月，我宣布中国将提高国家自主贡献力度，采取更加有力的政策和措施，力争 2030 年前二氧化碳排放达到峰值，努力争取 2060 年前实现碳中和。中国历来重信守诺，将以新发展理念为引领，在推动高质量发展中促进经济社会发展全面绿色转型，脚踏实地落实上述目标，为全球应对气候变化作出更大贡献。"

2021 年 1 月 25 日，国家主席习近平在世界经济论坛"达沃斯议程"对话会上的特别致辞："我已经宣布，中国力争于 2030 年前二氧化碳排放达到峰值、2060 年前实现碳中和。中国正在制定行动方案并已开始采取具体措施，确保实现既定目标。中国这么做，是在用实际行动践行多边主义，为保护我们的共同家园、实现人类可持续发展作出贡献。"

2021 年 3 月 15 日，国家主席习近平在中央财经委员会第九次会议上发表重要讲话强调，实现碳达峰、碳中和是一场广泛而深刻的经济社会系统性变革，要把碳达峰、碳中和纳入生态文明建设整体布局，拿出抓铁有痕的劲头，如期实现 2030 年前碳达峰，2060 年前碳中和的目标。

2021 年 4 月 16 日，国家主席习近平在北京同法国总统马克龙、德国总理默克尔举行中法德领导人视频峰会上强调，中方言必行，行必果，我们将碳达峰、碳中和纳入生态文明建设整体布局，全面推行绿色低碳循环经济发展。

2021 年 9 月 21 日，国家主席习近平在第七十六届联合国大会一般性辩论上强调，加快绿色低碳转型，实现绿色复苏发展。中国将力争 2030 年前实现碳达峰、2060 年前实现碳中和，这需要付出艰苦努力，但我们会全力以赴。中国将大力支持发展中国家能源绿色低碳发展，不再新建境外煤电项目。

应该说，中国提出的 2060 年之前实现碳中和的目标，远远超出了《巴黎协定》"2℃温控目标"下全球 2065～2070 年实现碳中和的要求，将使全球实现碳中和的时间提前 5～10 年，此外也对全球气候治理起到关键性的推动作用。而从 2020 年 9 月 22 日国家主席习近平的重要讲话，到之后短短几个月的多次相关表态，充分彰显了中国应对气候变化工作的坚定决心。

三、政策及工作要求

2020年12月18日，中央经济工作会议正式确定2021年八大重点任务之一是做好碳达峰、碳中和工作，充分体现了中国政府对节能减排和应对气候变化的决心。"十四五"乃至"十五五"规划期间，生态环境部、国家发展改革委、工业和信息化部等相关应对气候变化及钢铁行业主管部门都将围绕"降碳"这个总抓手，为确保碳达峰及碳达峰后稳中有降目标的落实到位配套相关强有力的政策措施。目前，生态环境部已将碳达峰行动明确纳入中央环保督察工作，一直延续到2030年。

中国作为世界上最大的粗钢生产和消费国家，粗钢产量占全球粗钢产量的一半以上，而由于以高炉—转炉长流程生产工艺为主，因此碳排放量贡献了全球钢铁碳排放总量的60%以上，占全国碳排放总量的15%以上，是制造业31个门类中碳排放量最大的行业，是落实碳减排目标的重中之重，是实现碳达峰目标和碳中和愿景的重要组成部分。

现阶段，已出台的《中共中央国务院关于完整准确全面贯彻新发展理念做好碳达峰碳中和工作的意见》，作为碳达峰碳中和"1+N"政策体系中的"1"，覆盖碳达峰、碳中和两个阶段，是管总、管长远的顶层设计；《2030年前碳达峰行动方案》，作为"N"中之首，聚焦2030年前碳达峰目标，相关指标和任务更加细化、实化、具体化。未来将陆续发布能源、工业、城乡建设、交通运输、农业农村碳达峰实施方案，各地区碳达峰行动方案，科技支撑、碳汇能力、统计核算、督察考核、财政、金融、价格等保障措施及政策。钢铁行业作为碳排放重要行业，是碳达峰行动计划的重要组成部分，目前冶金工业规划研究院（以下简称"冶金规划院"）正在配合制定完成钢铁行业碳达峰及降碳行动计划。应该说，从现阶段开始，碳达峰目标将对中国钢铁行业、企业形成强烈的倒逼机制，而从中远期来看，碳中和愿景将对包括中国在内的全球钢铁行业产生变革性影响。

同时，国家出台了《碳排放权交易管理办法（试行）》，发电行业已经正式纳入履约。钢铁行业作为拟首批纳入的8大重点排放行业，将是"十四五"规划期间拟纳入全国碳排放权交易的关键控排行业，并将作为支撑碳达峰及降碳工作的重要工具。

四、中国钢铁行业低碳发展现状

（一）工作进展

钢铁行业属于资源和能源消耗密集型行业，中国钢铁工业产销量大，以高炉—转炉长流程为主要生产工艺路线，以煤炭、焦炭等固体能源消耗为主，是典型的能源消耗及碳排放大户。钢铁工业节能降碳不仅在实现国家可持续发展战略中承担着重大责任，也是落实科学发展观，引导和推进全社会节约能源，建设节约型社会的有效途径。

自1980年起，中国钢铁工业厉行节能降碳40余年，经历了一个由浅到深的发展过程，从最初的"扫浮财"、杜绝跑冒滴漏的简单管理和针对单体设备的节能降耗逐步扩大到了工序节能、系统节能。总体来看，节能的发展历程大体经过了以下几个阶段。

20世纪80年代初，中国提出"能源开发与节约并重，把节约放在优先位置"的方针，将节能纳入国家经济和社会发展计划，钢铁工业大力加强了节能工作。"六五"规划期间，钢铁工业的主要节能工作是在全行业进行节能宣传教育、组建机构和队伍；抓管理、建制度，减少能源的损失浪费，钢铁企业的能源管理逐步走上了科学化和制度化轨道。

进入"七五"规划以后，由于浅层次的能源浪费现象减少，只依靠管理"扫浮财"的节能效果逐步减少，钢铁工业主要工作内容是搞好"三个转向"，即节能工作的着眼点要从单体设备、工序的节能转向企业的整体节能；节能管理方式要从经验管理转向现代化管理，提高管理工作水平和效率；节能管理体系要从单一节能部门转向整个企业管理体系的分工协作综合管理。

"九五"规划以后，钢铁工业工作重点是生产设备技术改造和建设大型节能装置，如发展连铸、提高喷煤比、建设TRT及烧结机、高炉热风炉等设备的余热回收装置等；在企业深入学习邯钢经验的过程中，节能管理上引入了经济价值量，开始了"能源经济"节能的探索，重点分析能耗指标变动对企业利润的影响、分析节能关键部位和增利潜力、分析和预测能源价格变化对企业利润的影响，直接显示节能与生产成本的联系，促进节能工作的深入开展。

"十一五"规划以后，国家把节能减排作为调整经济结构、转变发展方式、推动科学发展的重要抓手，并首次将单位 GDP 能耗下降目标作为经济社会发展的约束性指标。钢铁工业在强化目标责任、调整产业结构、实施重点工程、推动技术进步、强化政策激励、加强监督管理等方面采取一系列强有力的政策措施。在政府的强力推动下，钢铁工业节能减排进入崭新发展阶段，特别是大批先进成熟节能技术获得了广泛推广应用。

进入"十二五"规划以后，碳排放指标被列入规划指标。钢铁工业逐步强化低碳转型，通过能力建设、技术应用等不断完善与实践。

（二）取得的成效

1. 先进成熟节能技术广泛应用

伴随中国钢铁工业的发展，钢铁工业节能技术进步也取得快速发展，干熄焦、干法除尘、烧结余热回收、干式压差发电（TRT）、高效喷煤、蓄热式燃烧、全燃煤气发电、热装热送等关键共性技术得到广泛推广应用。目前，钢铁行业TRT 普及率已近 100%，干熄焦技术普及率已达 85%，同时拥有世界上最大单机低热值燃气-蒸汽联合循环发电机组，高压、超高压全燃煤气发电、烧结余热回收利用技术、饱和蒸汽发电技术等已经处于世界领先水平。

2. 二次能源回收及利用效率逐步提高

加大企业二次能源回收和利用量是减少外购能源量、实现节能减排的主要途径。2013~2020 年焦炉、高炉、转炉煤气损失率总体呈下降趋势（如图1-1 所示），转炉煤气回收量及企业自发电比例呈上升趋势。如图 1-2 所示。2020 年，钢铁企业的高炉、焦炉、转炉煤气的利用效率略微上升，损失率总体上呈逐步下降趋势。与 2019 年相比，2020 年焦炉煤气利用率上升了 0.02个百分比，高炉煤气利用率上升了 0.17 个百分比，转炉煤气利用率上升了0.13 个百分比。吨钢转炉煤气回收量略有上升，企业平均自发电量比例略有提高，达到了 53%。

3. 吨钢强度指标持续优化

1980~2020 年近 40 年间，钢铁工业综合能耗指标取得持续优化，吨钢综合能耗（标煤）由 2040kg 下降到 545.78kg，下降率为 73%。其中，1980~1999 年的 20 年间，全行业吨钢综合能耗（标煤）由 2040kg 降为1240kg，下降率为 39.22%；从 2010 年开始，根据大中型钢铁企业统计数据，重点大中型钢铁企业吨钢综合能耗（标煤）从 2010 年的 605kg 下降到2020 年的 545.78kg，下降率为 9.79%，如图 1-3 所示。

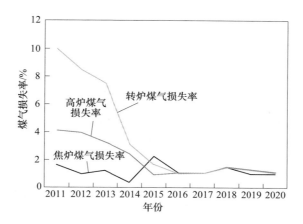

图 1-1　焦炉、高炉、转炉煤气损失率趋势

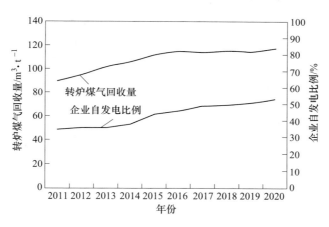

图 1-2　企业自发电比例情况

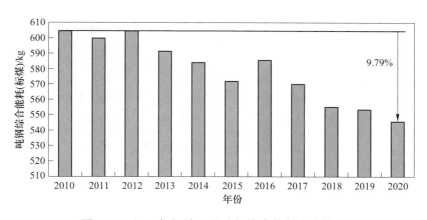

图 1-3　近 10 年钢铁工业吨钢综合能耗变化情况

4. 吨钢排放指标现状及成效

2019 年共 676 家钢铁企业上报碳排放核查数据。其中，上报数据较齐全的企业共 625 家，包括行业代码 3110（炼铁）8 家、行业代码 3120（炼钢）341 家、行业代码 3130（钢压延加工）276 家。

行业代码 3120，包括长流程及短流程钢铁企业共 341 家，产量为986605378.6t，二氧化碳总排放量为 1646133998.99t、吨粗钢排放量为1.67t。其中，长流程钢铁企业共 258 家，产量为 930020034.26t，二氧化碳总排放量为 1614489088.22t；短流程钢铁企业共 83 家，产量为56585344.36t，二氧化碳总排放量为 31644910.77t、吨粗钢排放量为 0.56t。

行业代码 3130，主要为独立轧钢厂，共 276 家，产量为 137961239.96t，二氧化碳总排放量为 35238137.43t、吨钢材排放量为 0.26t。

自 2000 年中国粗钢产量快速上涨，钢铁行业 CO_2 排放量基本随之逐年上涨，如图 1-4 所示。截至 2018 年，中国粗钢产量达 92830 万吨，钢铁行业CO_2 排放量达 188440 万吨，吨钢 CO_2 排放量为 2.03t；与 2000 年相比，粗钢产量增长 622.4%，而钢铁行业 CO_2 排放量仅增长 382.7%，吨钢 CO_2 排放量下降 33.2%；说明中国钢铁行业节能减排工作取得了有效进展，CO_2 排放控制水平得到很大提升。

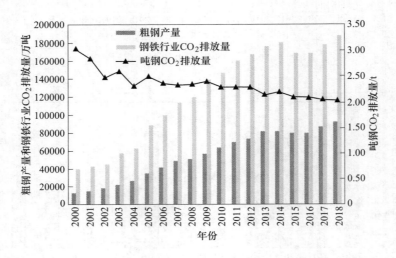

图 1-4 中国粗钢产量和钢铁行业碳排放变化情况

（数据来源：冶金信息网）

5. 低碳技术研发应用不断推进

近年来，中国国内钢铁企业也开展了不同类型低碳技术的实践及应用，重点集中在钢化联产、氢冶金以及二氧化碳资源化利用等几个方向。现阶段已实施或拟筹划开展的几个低碳技术实践见表1-4。

表1-4 中国国内主要低碳技术应用进展

技术类型	主要内容	典型代表企业
钢化联产类	转炉煤气制乙醇	首钢京唐
	焦炉煤气制甲醇[4]	四川达钢
	副产转炉气制甲酸	山东石横特钢
	焦炉煤气制天然气	山钢日钢、四川达钢、黑龙江建龙
	转炉煤气制乙二醇	山西立恒
	钢铁尾气制乙醇[3]	首钢、莱钢（可研阶段）、鞍钢（可研阶段）
	转底炉固废制金属化球团	沙钢、马钢
氢冶金类	气基法直接还原铁工艺技术，构建焦炉煤气提氢—氢气制还原铁—还原铁粉—粉末冶金的新型产业链[5]	中晋太行矿业
	以天然气为原料制醋酸乙烯，副产氢基合成气体用于直接还原技术与球团矿反应生产高品质金属化球团	日照钢铁
	中国宝武与中核集团、清华大学签订《核能-制氢-冶金耦合技术战略合作框架协议》，以世界领先的第四代高温气冷堆核电技术为基础，开展超高温气冷堆核能制氢的研发，并将钢铁冶炼和煤化工工艺耦合，最终实现核能冶金	中国宝武
	全球首例120万吨规模的氢冶金示范工程	河钢集团
	成立中国首家氢冶金研究院，建设世界上首套煤基氢冶金中试装置	酒钢集团

技术类型	主要内容	典型代表企业
CCUS 类	北京科技大学朱荣教授主持的"二氧化碳在炼钢的资源化应用技术",将 CO_2 作为资源应用于炼钢的方法,属于国际首创[1]。将 CO_2 资源化应用的思路推广至钢铁工业上下游各工序,如烧结球团、高炉喷吹、LF/RH 精炼等工序,并着力研究钢铁企业煤气 CO/CO_2 化工联产联用技术,实现钢铁冶炼流程碳元素的循环利用,如钢铁冶炼全流程利用 CO_2 将实现吨钢减排 CO_2 100~200kg,占全流程总排放量的 5%~10%; 河北省生态环境厅决定征集规模达到每年 3000t 以上的省内 CO_2 捕集、利用和封存(CCUS)试点项目,并给予大力支持; 首钢京唐钢铁公司对在曹妃甸钢厂进行碳捕集与封存项目的可行性进行了论证,探讨了进行碳捕集、运输、可能的封存和 CO_2 采油概念; 宝钢股份结合内部副产煤气资源现状与能源结构特点,围绕高炉煤气的热值提升和 CO_2 捕获利用,提出了从 CCS 到 CCUS 与冶金工艺结合的理念,完成了高炉煤气二氧化碳分离技术路线研究及技术路径的方案设计	首钢京唐、宝钢股份、太钢、天津天管、西宁特钢等
富氧冶金	中国宝武新疆八一钢铁有限公司氧气高炉正式点火开炉,并启动第一阶段工业试验。氧气高炉第一阶段工业试验计划在 3~4 个月内突破传统高炉的富氧极限,实现 35% 高富氧冶炼目标。第二阶段引入脱除二氧化碳工艺,用 3~4 个月的时间打通煤气循环工艺流程,实现 50% 的超高富氧。后期,试验平台将完成氧气高炉顶煤气循环和全氧冶炼,还将开展富氢冶金工业试验[2]	八一钢铁
量子电炉	采用量子电炉并进行配套技术改造。采用全废钢冶炼,竖炉方式预热废钢,冶炼电耗低于 280kW·h/t,冶炼周期在 40min 以内,氧耗和电极消耗降低。与传统电炉相比,其生产成本降低 20%,吨钢 CO_2 排放量降低 30%	桂林平钢钢铁、福建鼎盛、长峰钢铁

　　全球绿色低碳转型发展的方向已经明确，只有抢占低碳市场和低碳技术，才能占领未来科技和产业发展的制高点。总体来看，无论是国际还是国内钢铁企业，都在积极尝试开展各类技术创新，利用技术要素推动行业低碳转型，并确定积极进展。但同时也看到，大多数技术仍处于少数企业应用，或者研发及试验阶段，如何真正实现在行业内的推广应用仍面临资金需求、知识产权、国际合作等诸多障碍。

　　技术要素的市场化改革通过强化知识产权的市场化运营，支持有条件的企业承担国家重大科技项目，鼓励为技术转移提供多种金融产品服务，加强国际科技创新合作等途径，将进一步助推利用技术要素对钢铁行业低碳转型的积极促进作用。

参 考 文 献

[1] 朱荣．二氧化碳在炼钢的资源化应用技术［R］．北京科技大学，2018-05-06．

[2] 田宝山，张靖松．八钢氧气高炉高富氧冶炼工业试验探索［J］．新疆钢铁，2020（4）：1-4．

[3] 汪洪涛．钢铁工业煤气生物发酵法制燃料乙醇工艺研究与应用［J］．冶金能源，2017，36（S2）：31-33．

[4] 汪家铭．达钢集团年产20万吨焦炉煤气制甲醇项目投产［J］．四川化工，2012，15（3）：31．

[5] 夏杰生．我国气基直接还原铁生产蓄势待发［N］．中国冶金报，2016-12-29（006）．DOI：10.28153/n.cnki.ncyjb.2016.000190．

第二章　碳达峰和降碳有效路径

第一节　碳达峰背景下中国钢铁工业发展路径

气候变化是全人类面临的严峻挑战，推动经济社会向绿色低碳转型是应对气候变化的必由之路，是推进生态文明建设、经济社会高质量发展和生态环境高水平保护的重要途径。国家主席习近平在第七十五届联合国大会一般性辩论上提出，中国将提高国家自主贡献力度，采取更加有力的政策和措施，二氧化碳排放力争于 2030 年前达到峰值，努力争取 2060 年前实现碳中和。之后，国家主席习近平发表重要讲话中多次提到"碳达峰目标和碳中和愿景"，充分体现了中国不断加强生态环境保护、推动实现绿色发展、共建人类命运共同体的坚定决心，展现了中国作为负责任大国的担当。钢铁工业是国民经济的支柱产业，也是碳排放重点行业。钢铁工业碳达峰对于中国完成碳达峰目标具有重要作用，将成为钢铁工业生存发展的必然要求，应及早谋划，积极应对。

一、钢铁工业碳达峰面临严峻挑战

（一）钢铁工业碳减排任务艰巨

钢铁工业碳减排面临的任务：一是钢铁工业碳排放量较高。中国钢铁工业是碳排放量最高的制造业行业，碳排放量占全国 15% 以上，是落实碳减排目标任务的重要责任主体。面对国家提出的 2030 年碳排放达峰和 2060 年碳中和目标，钢铁工业减排压力巨大，未来将面临碳排放强度的"相对约束"、碳排放总量的"绝对约束"，以及严峻的"碳经济"挑战[1]。二是钢铁能源消耗结构高碳化。由于中国能源资源禀赋不足，钢铁生产以高炉—转炉长流程为主，其中煤、焦炭等化石能源占钢铁生产能源投入近 90%，减排难度较大。三是钢铁工业有望提前达峰。目前，国家已启动编制钢铁工业碳排放达峰行动方案，钢铁行业有望提前实现碳达峰，诸多优秀钢铁企业也在加快制定碳达峰路线图。

（二）突破性低碳技术支撑不足

突破性低碳创新技术是中国钢铁工业真正实现大规模脱碳的最重要途径。虽然现阶段中国宝武、河钢等企业已尝试开展了氢能冶炼等技术的研发示范，但总体中国钢铁工业突破性低碳技术支撑能力仍显不足，绝大多数仍停留在设计研发阶段，尚未形成可工业化、规模化应用的创新低碳技术，企业需进一步加大工作力度，抢占全球钢铁产业低碳关键技术制高点。

（三）基础能力建设有待提升

基础能力建设有待提升，具体表现有：一是钢铁企业低碳发展水平参差不齐。中国钢铁企业数量较多，具有冶炼能力的企业达 400 多家，结构、水平差异较大，加之钢铁工业碳排放机理复杂，钢铁工业推进碳减排的能力建设有待提升。二是钢铁企业参与碳市场的能力建设有待提升。目前，碳交易试点的钢铁企业积累了一定经验，但碳试点地区的钢铁产能仅占全国 16% 左右，钢铁工业参与碳市场的基础能力还不足，需进一步提升钢铁企业碳排放数据管理、碳资产管理、碳市场交易等能力。

二、钢铁工业碳达峰重点发展方向

（一）碳达峰主要阶段

中国在碳达峰方面提出分阶段总目标，包括：在"十四五"期间深化重点领域低碳行动，进一步强化工业、建筑、交通、公共机构等重点领域的低碳改造力度；2030 年前碳排放达到峰值；2035 年实现碳排放达峰后稳中有降。钢铁工业结合国家低碳目标节点，落实碳达峰目标将主要分为三个阶段，一是"十四五"期间力争实现碳达峰，二是达峰后碳排放实现稳中有降，三是争取实现较大幅度降碳。

（二）碳达峰关键举措

结合中国钢铁工业发展阶段及发展特点，应重点开展以下六方面工作推动实现碳达峰。

一是确保降低钢材需求。首先，要确保中国钢铁工业粗钢产量的降低。工信部强调，从2021年起，要进一步加大工作力度，坚决压缩粗钢产量，确保粗钢产量同比下降。钢铁工业应贯彻落实政策要求，严控产量增加。其次，要增加高端钢材使用量。增加对高强高韧、耐蚀耐磨、耐疲劳、长寿命等钢材的使用量；在满足用钢产品使用要求基础上，实现结构轻量化设计、轻量化材料、轻量化制造技术集成应用；提高钢材成材率，优化钢材回收利用系统。

二是加大废钢资源利用。以废钢为主要原料的电炉短流程工艺吨钢碳排放与高炉—转炉长流程工艺相比，吨钢碳排放低约1.4t。目前，中国电炉钢占比约10%，与美国、欧盟等还有较大差距，中国钢铁工业在提高电炉钢占比方面存在较大提升空间；应进一步加大废钢资源回收利用，有序引导电炉短流程炼钢，健全电炉钢发展保障支撑体系，提高钢铁工业电气化水平。

三是力争提升系统能效。实践证明，节能是实现碳减排最重要最经济的手段，尽管钢铁工业技术节能挖潜空间逐步缩小，难度也越来越大，但采取正确的发展方向和应对措施仍有可能实现技术节能跨越式的发展；应进一步优化原燃料结构，降低燃料比、铁钢比，提高余热余能自发电率，推进能源管控系统优化，提高系统能效，节约终端用能，采用成熟可行的先进节能减碳技术，加快数字化、信息化技术推广应用，加快发展非化石能源，提高新能源和可再生能源的利用率。

四是调整优化产业结构。深入推进钢铁工业供给侧结构性改革，推动淘汰落后产能，严禁以任何名义、任何方式备案新增钢铁产能的项目。持续巩固化解钢铁过剩产能成果，进一步建立健全巩固去产能成果长效机制，完善举报核查响应机制，严防"地条钢"死灰复燃和已化解过剩产能复产，推进违法违规项目清理。对于确有必要建设的钢铁冶炼项目需严格执行产能置换办法，并加强产能置换监管，积极推进低碳工艺流程。

五是提升物流绿色化水平。协同推进厂外物流和厂内物流的绿色化低碳化。进出厂物料优先选用铁路、水路、新能源汽车、管道或管状带式输送机等清洁方式运输，选用燃油或燃气汽车运输应使用国六及以上排放标准的汽车；鼓励进出厂原燃辅料及产品采用集装箱多式联运。厂内全面实施皮带、轨道、辊道运输系统建设，最大程度减少厂内汽车运输量。鼓励原燃料堆场选用机械化料场，装卸设备选用桥式起重机、桥式装/卸船机、门座式装/卸船机、翻车机、螺旋卸车机、链斗卸车机等机械化设备。

六是应用突破性低碳技术。为了大量削减钢铁生产过程中二氧化碳排放，开发前瞻性、颠覆性、突破性的低碳创新技术是关键。一方面，钢铁工业应开展氧气高炉、氢冶金、碳捕集、封存及利用（CCS）等创新低碳技术的研发，在技术稳定可靠、经济可行前提条件下，对低碳示范项目进行技术评估，制定相应的技术标准或规范，加快低碳冶炼技术的推广应用；另一方面，应加强行业内较成熟低碳技术的示范应用，建立低碳技术示范基地。

三、钢铁工业落实碳达峰目标的对策建议

（一）提高站位，深刻认识低碳发展重要性

钢铁工业低碳发展势在必行，是应对气候变化的重要抓手，更是实现高质量发展的重要引擎。站在开启全面建设社会主义现代化国家新征程、向第二个百年奋斗目标进军的起点上，钢铁企业应提高思想认识，深刻认识碳达峰工作的重要性和迫切性。立足新发展阶段，贯彻新发展理念，构建新发展格局，把握低碳转型的"机会窗口"，践行绿色低碳发展理念，强化责任担当意识，为提前实现钢铁工业碳达峰、促进经济社会发展全面绿色转型、建设美丽中国贡献力量。

（二）精准定位，推动制定碳达峰发展规划

目前，相关部委正在组织推进编制《钢铁工业碳达峰行动方案》，将于2022年发布。中国宝武已宣布力争2023年实现碳达峰，已于2021年发布低碳冶金路线图。众多钢铁集团已委托冶金规划院率先开展碳达峰规划编制。钢铁企业应根据自身情况，做好顶层设计，超前部署和行动，找差距、挖潜力、补短板、强优势，研究制定企业自身低碳发展战略重点，明确碳达峰路线图，细化降碳举措，抢占发展先机，加快推动低碳转型。可加快制定碳达峰规划，作为指导企业低碳发展的科学指南，把握好钢铁碳达峰时代的新一轮发展机遇。

（三）落实到位，抓实抓细碳减排关键举措

推动关键举措落实是实现碳达峰的重要着力点。钢铁企业须严格坚持

"目标必须先进、行动必须落实"的总体部署要求，统筹各部门职责，加大协同推进碳达峰工作的力度，推动碳达峰规划中的路径举措按时落地。坚持降碳引领，强化能耗强度、能耗总量双控指标，完善碳排放强度和碳排放总量双控要求，确保总量目标可分解、可监督、可考核。建立完善监管考核机制，将推动碳排放达峰年度和终期目标任务完成情况作为部门重要考核内容，制定分阶段考核目标，强化评价考核，制定量化问责办法，压实企业各相关部门责任，确保各项举措落实到位，实现核心竞争力提升。

第二节　钢铁大省如何实现碳达峰、碳中和目标

一、主要产钢区域规划及发展目标

在国家碳达峰、碳中和目标的背景下，2020年底至今，河北、江苏、山东、辽宁等主要钢铁大省先后发布了"十四五"规划和2035年远景目标的建议，均不同程度定性或定量地提出了气候领域的相关目标，见表2-1。

表2-1　中国主要钢铁大省"十四五"规划和2035年远景目标的建议

序号	区域	"十四五"规划和2035年远景目标建议
1	河北省	推动绿色低碳发展。全面实行排污许可制，推进排污权、用能权、用水权、碳排放权市场化交易。支持绿色技术创新，开展重点行业和领域绿色化改造。实施清洁能源替代工程，大力发展光伏、风电、氢能等新能源，不断提高非化石能源在能源消费结构中的比重。倡导绿色生活方式，开展创建节约型机关、绿色家庭、绿色学校、绿色社区等行动，发展绿色建筑。降低能源消耗和碳排放强度
2	江苏省	制定2030年前碳排放达峰行动计划，碳排放提前达峰后稳中有降，生态环境根本好转，建成美丽中国示范省份，推动绿色低碳循环发展，倡导绿色消费，提倡绿色出行，优化能源结构
3	山东省	加快推动绿色低碳发展。开展绿色生活创建活动，推动形成简约适度、绿色低碳的生活方式。降低碳排放强度，制定碳排放达峰行动方案。绿色生产方式广泛形成，碳排放达峰后稳中有降，生态环境根本好转，人与自然和谐共生的美丽山东建设目标基本实现

序号	区域	"十四五"规划和2035年远景目标建议
4	辽宁省	加快形成绿色生产生活方式。推进绿色低碳发展，发展绿色金融，支持绿色创新，全面推行清洁生产，推进重点行业和重要领域绿色化改造。培育壮大氢能、风电、光伏等新能源产业，推动能源清洁低碳安全高效利用，推动能源消费结构调整。积极发展生态旅游、生态农业等"生态+"产业。大力倡导简约适度、绿色低碳的生活方式，开创全民参与的"绿色+"时代
5	山西省	加快形成绿色发展和生活方式。加快传统产业智能化清洁化改造，开展绿色生活创建活动，促进绿色低碳循环发展。适时实施全面禁塑，杜绝白色污染。大力倡导绿色消费，完善绿色能源、绿色建筑、绿色交通、绿色数据、绿色家电发展政策，发展绿色金融。主动应对气候变化，以市场化机制和经济手段降低碳排放强度，制定实施山西省2030年前碳达峰、2060年碳中和行动方案
6	广东省	加快推动绿色低碳发展。推动能源清洁低碳安全高效利用，发展绿色建筑。开展绿色生活创建活动。降低碳排放强度，支持有条件的地方率先达到碳排放峰值，制定2030年前碳排放达峰行动方案
7	广西壮族自治区	推动绿色低碳发展。开展绿色生活创建活动，倡导绿色消费。按照2030年国家碳排放达峰目标要求，探索建立碳排放总量控制制度和分解落实机制，推进低碳城市、低碳社区、低碳园区、低碳企业等试点建设，积极参与全国碳排放权交易市场建设
8	河南省	积极践行绿色发展方式。实施2030年前碳排放达峰行动，优化产业结构、能源结构、运输结构、用地结构和农业投入结构，打造绿色低碳循环发展的经济体系，力争如期实现碳达峰、碳中和刚性目标。降低碳排放强度，制定碳排放达峰行动方案
9	福建省	促进绿色低碳发展。推动能源清洁低碳安全高效利用，发展绿色建筑。倡导绿色低碳生活方式，开展节约型机关、绿色家庭、绿色校园、绿色社区等创建活动。制定实施力争碳排放提前达峰行动方案，推动低碳城市、低碳园区试点建设，探索建立碳排放权交易市场
10	浙江省	发展绿色低碳循环的全产业美丽生态经济。大力推进经济生态化，持续压减淘汰落后和过剩产能，加快绿色技术创新，构建绿色制造体系，发展绿色建筑，发展节能环保产业，推进重点行业和重要领域绿色化改造，推进服务业绿色发展。大力推进生态经济化，发展生态工业、生态旅游、生态农业。制定实施二氧化碳排放达峰行动方案

序号	区域	"十四五"规划和 2035 年远景目标建议
11	湖北省	大力推进绿色低碳发展。支持绿色技术创新，推进重点行业和重要领域绿色化改造，发展循环经济。推动能源清洁低碳安全高效利用
12	安徽省	加快推动绿色低碳发展，培育壮大节能环保、循环经济、清洁生产、清洁能源等绿色新产业新业态，发展绿色建筑。实施节约型机关、绿色家庭等绿色生活创建行动。强化能源消费总量和强度双控目标，制定实施 2030 年前碳排放达峰行动方案，推进重点领域减煤，提高非化石能源比重，防止出现上马高耗能产业冲动强烈问题

数据来源：主要钢铁大省的"十四五"规划和 2035 年远景目标建议文件。

二、钢铁行业助力区域碳达峰、碳中和目标实现存在的问题

总体来看，尽管主要产钢省份已纷纷将落实碳达峰、碳中和目标提上重点工作议程，并要求制定 2030 年碳排放达峰行动方案，但就如何切实推动钢铁行业等重点领域实现碳达峰、碳中和中长期目标仍存在亟待解决的问题。

一是日益严格的碳减排目标任务下，钢铁行业技术支撑能力尚显不足。实现碳达峰及碳中和目标，钢铁行业至关重要，但能够实现大规模碳减排的创新突破性技术的支撑能力仍明显不足，如氢能冶炼、CCS 等在技术成熟度及经济性方面均仍需较大程度提升。

二是日趋完善的政策发展要求下，钢铁行业配套技术工具尚不健全。现阶段，国家低碳发展政策要求和路线图已日益清晰明确，但针对钢铁工业相配套的顶层设计及体制机制等尚不健全，亟待系统性完善。

三是钢铁行业高质量、低成本发展战略下，降碳技术碳减排边际成本日趋增高。以低成本战略引领高质量发展是钢铁行业未来一个阶段的重要方向。与此同时，具有"负成本""低成本"的节能降耗技术的挖潜空间越来越小，降碳技术碳减排边际成本日趋增高。

四是更高的生态文明建设要求下，钢铁行业自身基础能力尚显薄弱。国家对生态文明建设提出新的更高的要求。总体来看，中国钢铁行业基础能力

建设仍需完善，包括意识理念、管理机制和人才队伍等均需进一步强化夯实。

三、相关建议

地区、行业、技术是决定全社会实现碳达峰及降碳的关键要素，三要素密不可分。只有正确处理好三要素之间的关系，才能顺利圆满实现国家碳达峰、碳中和中长期目标[5]。

各行业发展均具有其自身特点和要求，低碳转型路径不能简单模仿复制。各主要产钢大省应结合各自的资源禀赋、发展阶段、产业结构等方面特点，组织专业的第三方规划咨询研究机构，做好规划，搭建好钢铁低碳转型的顶层设计，系统统筹谋划合适的低碳转型路径，才能够真正促进地方因地制宜推动能源生产和消费革命、经济高质量发展和生态环境高水平保护，重点提出以下几方面建议：

一是补短板。夯实碳排放数据支撑能力，加快提升区域内钢铁企业纳入全国统一碳市场数据质量；加大突破性低碳冶炼技术[2]、先进能效提升技术、多产业协同减排技术等关键技术研发；构建完善钢铁行业低碳标准体系建设。

二是拓长板。发挥区域内钢铁行业丰富的人才队伍储备能力，夯实低碳转型基础能力，培养专业化队伍。进一步充分发挥数字化、智能化技术与低碳转型的深度融合，提升行业碳排放管理水平，加快低碳数字化转型。

三是树标杆。低碳发展涉及面广，产业链长，应充分发挥区域内影响力大的龙头企业标杆作用，特别是推动技术创新示范应用，谋划钢铁低碳转型的技术方案领域。

四是筑链条。搭建区域内钢铁企业绿色低碳开放共享合作平台，聚集优势力量，围绕产业链上下游及相关产业，构建钢铁绿色低碳转型价值链。

五是强监管。以碳达峰、碳中和为目标任务，形成以碳为"牛鼻子"的倒逼机制，配套完善监督考核机制、新项目准入机制、奖惩机制等。

第三节　钢铁企业碳达峰及降碳行动方案

按照实现碳减排环节，实达碳达峰、碳中和的路径包括五大类别，每个类别包括若干具体发展方向。

一、节能及提升能效

一是推广先进适用的节能低碳技术。持续优化终端用能结构,通过采用先进生产工艺、技术措施及管理手段,避免或减少生产过程中消耗的不合理能源介质。

二是提高余热余能自发电率。钢铁生产具备能源加工转换功能,通过采用先进技术措施,进一步强化二次能源回收范围及利用效率。

三是提高数字化、智能化水平。优化拓展能源管控中心功能,开展碳排放信息管控平台建设,利用数字化、信息化技术实现生产装备升级改造。

部分具体配套重点降碳技术措施包括:(1)原料车间皮带电机精细化管理,提升系统效率,延长设备使用寿命,释放设备产能,提高设备效能。(2)原料车间机械化料场智能改造,提高料场生产效率,降低设备故障停机率,提高盘库效率。(3)烧结机采用全密封和烟气循环技术,环冷机改为新型节能环保环冷机,减少能源浪费、消耗,提高余热回收。(4)新建大型高效制氧机组,实现装备大型化,降低电耗。(5)升级改造机电设备和照明设施,提高 LF 精炼炉电加热效率,减少终端设备的耗电量。(6)进行煤气平衡优化,淘汰中温中压低效发电机组,新建超高温超高压或者亚临界高参数煤气发电机组,提升煤气发电效率。(7)烧结机微负压点火改造,提高点火质量和表层烧结矿强度,降低吨矿煤气单耗。(8)完善煤气储备设施,减少煤气放散率。(9)各工序采取高炉热风炉智能燃烧系统、高炉汽动鼓风改电动、加热炉智能燃烧系统、加热炉黑体强化辐射、加热炉换向煤气回收、加热炉高温远红外喷涂、加热炉提升热装热送率等措施,节约煤气消耗。(10)采用凝汽式汽轮发电机替代螺杆发电机组,充分利用高线车间余热,提高余热发电率。(11)加强转炉负能炼钢攻关,提高煤气和蒸汽回收量。(12)运用高炉冶炼机理模型、专家推理机及移动互联等先进技术,建立安全预警、生产操作优化、智能诊断、生产管理、在线监测、实时预警等业务功能,开展高炉智能化管理升级改造。

二、优化用能及流程结构

一是原燃料结构优化。贯彻精料方针,稳定原料质量,优化配煤配矿,提高炼铁炉料球团矿配比,强化精细化管理和操作,实现固体燃料消耗进一步降低。

二是加大废钢资源回收利用。科学谋划、有序推进，加大废钢资源回收利用，提高电炉短流程炼钢比例，提高转炉废钢比。

三是实现多能互补。加快发展非化石能源，提高新能源、可再生能源利用，积极推进清洁能源替代[3]。

部分配套重点降碳技术措施包括：（1）开展提煤比降焦比攻关，优化焦炭结构，增强料柱骨架作用，改善高炉顺行状况，进一步优化操作，降低燃料消耗，节能降耗。（2）新增废钢料钢包预热装置，适当提高转炉废钢利用水平，进一步降低原材料和能源消耗，提高节能、环保、降碳效率。（3）提高废钢加工设备利用率，增加废钢加工量。（4）推进电炉短流程炼钢。适时淘汰部分转炉，通过产能置换新建高效智能化超高功率电弧炉，提高电炉钢产量。（5）以煤气替代竖窑消耗的焦丁和回转窑消耗的煤粉，调整白灰工序能源结构。（6）积极采用太阳能、氢能等清洁能源，建设水上光伏电站和屋顶光伏电站，建设绿色智慧微电网。（7）按照精料入炉原则，进一步优化转炉炉料结构，同时加大少渣冶炼工艺攻关力度，力争钢铁料消耗持续下降。（8）提高石灰石化学成分、粒度等质量，优化生产操作，合理控制煅烧温度和时间，回转窑石灰 CaO 含量达到 85% 以上，降低竖窑和回转窑能耗。

三、推动绿色布局

一是加大铁路专用线和码头泊位建设支持力度。优先选用铁路、水路、管道或管状带式输送机等清洁方式及新能源汽车运输；全面实施皮带、轨道、辊道运输系统建设，最大程度减少厂内汽车运输量。

二是推广全生命周期低碳产品。增加高强高韧、耐蚀耐磨、耐疲劳、长寿命等钢材的使用量；通过结构轻量化设计、轻量化材料、轻量化制造技术集成应用实现用钢需求降低；提高钢材成材率，优化改进钢材回收利用系统。

部分配套重点降碳技术措施包括：（1）逐步开发高强度、高技术含量、高附加值高端钢材产品，不断优化调整钢材产品结构，提升产品质量档次。其中，线材产品重点开发免铅浴线材产品，如桥梁缆索用盘条，高强度、高纯度弹簧钢等高附加值产品；优特钢棒材生产线重点开发汽车、风电领域用高碳铬轴承钢 GCr15，汽车变速箱齿轮、汽车后桥齿轮用钢 22CrMoH 等特钢棒材产品；热轧带钢产品逐步增大冷轧原料、低合金钢高强度结构钢等高附加值产品产量，并开发优碳钢、石油天然气输送管用钢等优特钢带产品。提高优特钢产品产量占比和战略性新兴产业产品产量。（2）通过大幅增加铁路运输比例，降低汽车运输比例，调整厂外物流运输结构。（3）增加新能源汽车的比例，力争尽快实现外部汽车运输比例，采用新能源汽车的量占比和内部车辆以及非道路移动机械采用新能源车占比达100%。

四、构建循环经济产业链

以减量化、资源化和再利用为主要原则，降低固废产生量，提升固体废弃物资源综合利用规模，提升资源化利用水平、提升产品附加值。[4]进一步强化供热公司的协同优化效应，充分回收利用低品位余热资源用于城镇供热，降低固废产生量，提升固体废弃物资源综合利用规模，提升资源化利用水平、提升产品附加值，减少煤炭消耗和污染物排放，避免余热资源的浪费，尽量降低经济活动对自然环境的影响。

部分配套重点降碳技术措施包括：（1）通过建设高炉渣、钢渣生产钢铁渣双掺粉生产线，将高炉渣、钢渣全部深加工成矿渣微粉，将微粉用于替代水泥熟料生产矿渣水泥等绿色低碳建材产品，不仅将企业固废进行综合利用，取得较好的经济环境效益，而且达到社会协同降碳效应。（2）强化城市供暖，利用高炉冲渣水等余热为附近居民区提供采暖。

五、应用突破性低碳冶炼技术及 CCS/CCUS

大量削减钢铁生产过程中二氧化碳的整体排放，氢能冶金、电解炼钢等突破性技术及碳捕集、封存、利用技术（CCS/CCUS）获得规模工业化应用是关键，这也需要举行业创新之力，加大协同攻关。

配套重点降碳技术措施包括：（1）利用石灰窑回收的二氧化碳，开展二氧化碳冶金技术攻关。转炉底吹采用二氧化碳代替氩气和氮气搅拌熔池，利用二氧化碳取代传统的氮气进行溅渣护炉操作，并将二氧化碳用于连铸、出钢、精炼保护气，力争降低氮气、氩气消耗。（2）在氢能冶炼、氢能汽车和加氢站建设等方面打造氢能利用示范工程。继续加大对氢能冶炼技术研究开发，推动氢能冶炼"政用产学研"深度融合的技术创新体系，在技术稳定可靠、经济可行前提下，加快氢能冶炼技术工业化应用，成为氢能冶炼技术引

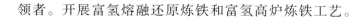

领者。开展富氢熔融还原炼铁和富氢高炉炼铁工艺。

六、配套保障支撑体系

为科学稳妥推进钢铁企业碳排放尽快达到峰值，并实现达峰后的稳步下降，在合理制定行动方案的基础上，应重点强化以下支撑体系保障。

（一）加强组织协调

钢铁企业应统筹协调推进碳排放达峰专项工作的顶层设计、重大事项决策和各相关方的协调工作，密切与国家、省有关部门的沟通衔接。落实好各项工作部署，推动相关工作协同增效，形成推进各部门碳排放达峰专项工作合力。

强化全员低碳意识，建立完善碳排放达峰专项工作领导小组组织架构，健全"一把手"负责制。根据专项行动方案要求，细化分工任务，制定配套落实举措，落实责任，有力有序推进企业碳排放达峰各项工作落实。

（二）强化考核管理

结合自身发展特点及发展趋势，将碳排放总量控制目标进行分解，确定不同时间点的目标值，制定总量控制路线图并根据各生产工序、各部门生产特点和发展阶段科学合理分解目标，确保总量控制目标可监督、可考核、可落实。

针对拟新建项目强化准入监管，以碳排放总量为"天花板"，制定完善相关项目准入约束机制，强化要素约束，在现有环保、能耗、质量、安全、技术等法律法规项目准入要求基准上，进一步完善并强化碳排放标准准入。

系统化制定完善监督考核支撑体系，定期组织开展内部专项考核工作，对规划、建设、运行过程的碳排放总量及减碳等开展综合性评价，强化对存量及新建项目的全过程碳监管。

（三）夯实基础能力建设

依托生态环境统计体系，构建完善的钢铁行业碳排放及有关举措的统计体系框架，形成一套稳定的、质量可控的数据采集机制，建立整合优化的调查范围和对象确定方式、指标体系、核算方法体系，并加强培训指导，强化企业碳排放统计核算能力。

依据"可测量、可报告、可核查"的原则，增强碳排放数据统计核算体系的公开性、系统性和准确性，建立钢铁行业工序级碳排放数据统计核算体系。编制碳平衡表，准确监测、计量、核算钢铁全流程各工序、各排放源排放情况，实现工序碳排放的合理分摊及考核，为制定钢铁行业碳排放基准线配额提供技术支撑。

（四）创新发展及技术革新模式

围绕碳达峰及降碳目标和问题导向，推动低碳经济的创新模式和路径。充分利用企业自身多年发展积累的技术、产品、人才、管理、资金和渠道等多方面的优势，针对钢铁行业重点低碳冶炼前沿技术、突破性低碳生产工艺等，整合资源平台，发挥国内外先进钢铁企业、研究院、高校等多方协同管理、产学研用优势，建设氢冶金、CCUS 等试点示范工程，推进工业化进程。

探索建立相关政策激励机制，采取自筹资金和多方面融资模式，设立钢铁行业专项低碳发展基金，为低碳技术进步和产品升级提供资金支持，鼓励企业积极开展低碳转型。

（五）积极争取政策资金支持

充分利用国家、地方、行业对碳减排的政策引导和激励，积极争取各类政策资金支持，有效降低钢铁企业低碳融资成本，加快推动企业高质量发展。

重点推动氢能利用、新能源利用类项目的政策及资金支持。例如，加强对氢冶金示范项目的研发及落地支撑，争取对氢能项目固定资产投资予以补贴；加强新能源汽车及新能源非道路移动机械在运输及装载搬运环节的支持力度等。同时，与铁路系统密切沟通，通过采取"量价互保""五定班列""区域性大小运转列车""集装箱单元化列车""铁海多式联运、公海多式联运"等多种方式，提高清洁运输、多式联运及单元化运输比例，全方位调整外部运输结构。

参 考 文 献

［1］李新创. 低碳高质量发展背景下钢铁行业机遇与挑战［N］. 现代物流报，2021-06-28（A05）.

［2］陆小成. 日本低碳技术创新的经验与启示［J］. 企业管理，2021（6）：15-19.

［3］张琦，沈佳林，许立松. 中国钢铁工业碳达峰及低碳转型路径［J/OL］. 钢铁：1-13［2021-08-06］.

［4］郭玉华，周继程. 中国钢化联产发展现状与前景展望［J］. 中国冶金，2020，30（7）：5-10.

［5］高吉喜. 减污降碳需以统筹经济高质量发展为目标［J］. 环境与可持续发展，2021，46（3）：11-12.

第二篇
绿色低碳先进技术研究

LÜSE DITAN XIANJIN JISHU YANJIU

第三章 低碳技术创新研究

第一节 C+4E 低碳评价体系与碳排放管控平台

一、钢铁低碳评价体系构建

（一）钢铁节能低碳指标体系构建背景

气候变化是人类面临的共同挑战，从 1997 年《京都议定书》开始，世界进入温室气体减排时代。2015 年《巴黎协定》正式明确了全球应对气候变化的目标和方向，并成为 2020 年后应对气候变化的行动纲领。

钢铁行业作为中国碳排放量最高的制造业行业，是落实碳减排目标的重要领域，而钢铁企业则是落实碳减排目标的重要责任主体[1,2]。加快钢铁工业低碳转型发展，是落实国家生态文明建设及《巴黎协定》目标的重要途径[3]。构建低碳发展评价体系是真正落实钢铁低碳转型的基础。中国钢铁联合企业数量达 400 多家，生产规模、生产流程、产品结构、碳排放机理、绿色化水平存在较大差异，建立一套适合中国钢铁生产特点、符合新时代钢铁企业发展实际的科学、合理、适用的低碳发展评价体系具有重要意义。

目前，中国钢铁行业落实低碳转型面临诸多问题及技术难点，主要体现在：

一是国内钢铁企业现行碳核算方法及核查数据缺失、不健全，无法支撑建立钢铁统一碳配额分配方案，这是钢铁行业尚未进入全国统一碳市场的重要技术障碍。尽管欧盟、美国等多个国家或地区的碳市场已经运行，但由于国内钢铁生产排放设施数量、差异性等方面的复杂程度，不可比性因素远高于上述国家或地区，无法照搬使用。

二是国内外钢铁行业目前通常采用"吨钢碳排放强度"作为综合性评价指标，但该指标受生产工艺、产品结构差异性影响很大，难以实现对不同钢铁企业低碳发展水平的有效量化评价。缺少科学合理绩效评价指标，是导致钢铁行业低碳发展进程滞后于电力等行业的重要原因。

三是传统的钢铁节能减排评价体系侧重于指标考核，与成本改善存在脱节，同时各环节自成体系，无法满足低碳经济发展要求，需要从绩效指标设计、评价方法匹配等多角度进行突破。

因此，建立一套符合中国钢铁行业实际情况的低碳发展评价指标体系至关重要。

（二）钢铁节能低碳指标体系主要内容

冶金规划院率先开展研究，结合钢铁行业特点，构建了以低碳经济发展为统领，以碳生产率为核心，能源、环境、经济、生态产业链多要素耦合的C+4E 钢铁节能低碳发展评价体系，实现钢铁低碳发展的可计量、可考核、可获得、可评价。这是钢铁生产流程绿色发展综合评价支撑体系，对于推动钢铁工业加快推进生态文明建设实现高质量发展具有重要意义。

C+4E 低碳发展评价体系核心思想为：以提高碳生产率（Carbon Productivity）为核心，实现节约能源（Energy Saving），提高经济效益（Economic Efficiency），环境协同治理（Environment Synergy），构建形成钢铁生态产业链（Eco-industrial Chain），如图 3-1 所示。

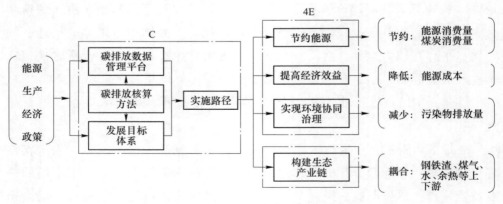

图 3-1　C+4E 钢铁低碳发展评价体系

钢铁碳生产率（C）指标是企业单位碳排放量的工业增加值。与吨钢碳排放强度这一指标相比，钢铁碳生产率更能准确表征钢铁企业绿色低碳发展水平，能够兼顾钢铁生产共性和个性问题，可以准确表征多类型、多工艺、多装备、多结构的钢铁企业绿色发展水平，具有很好的指导意义。

钢铁生态产业链则考虑纳入多产业能源互补、固废资源化利用和钢化联产耦合等领域，以实现生态效益最大化。多产业能源互补包含利用高炉冲渣水供暖等，固废资源化利用包含钢渣制微粉代替水泥等，钢化联产包含利用副产高炉煤气、转炉煤气、焦炉煤气等生产乙醇、乙二醇等化工生产原料，从而实现减碳和经济发展双赢，有效推动构建钢铁生态产业链。

低碳发展指标体系是一个复杂的体系，涉及能源、环境、资源、社会、经济、政策等多个方面，需要选取相应的指标，并形成评价指标体系来指导钢铁企业的低碳发展。在构建钢铁企业低碳发展评价指标体系时，需遵循科学性、实用性、系统性、整体性、层次性、独立性、可比性等原则。

为衡量钢铁企业低碳发展水平，低碳发展指标分为核心目标、重点目标以及具体指标，并按照指标类型分为正向指标和逆向指标两大类。指标体系以碳生产率为核心，分别从与低碳发展密切相关的碳排放控制、能源消费控制、污染物协同控制、生态产业链构建、成本改善等五方面提出，并进一步细化分解。钢铁低碳发展指标体系框架如图 3-2 所示。

（三）钢铁节能低碳指标评价体系应用情况

《钢铁企业节能低碳指标体系及应用》获得中国节能协会节能减排科技进步奖一等奖，具有国际领先水平。

目前，C+4E 钢铁节能低碳发展评价体系已在首钢股份、江苏永钢、通钢等多家钢铁企业应用，取得明显成效，能够有效指导钢铁企业全方位推动实现低碳经济，对推动钢铁工业生态文明建设起到重要促进作用，同时对于带动其他工业行业具有示范引领作用。

首钢股份建立了"数据平台—目标体系—实施路径—评价机制"一体化的 C+4E 钢铁低碳发展评价体系，建立起企业内部碳排放统计方法，开发了碳排放管控平台，实现了碳排放数据实时采集计算。

江苏永钢构建了 C+4E 钢铁低碳发展评价体系，开展了技术碳减排成本分析，有效指导企业节能降碳措施决策。

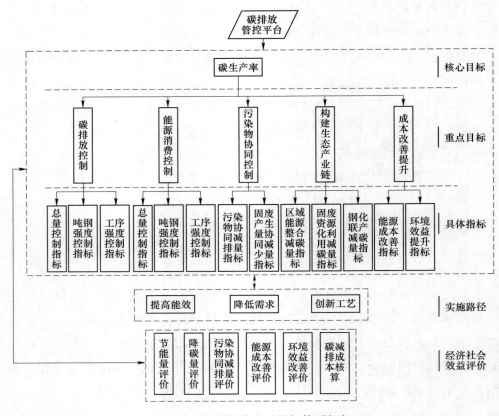

图 3-2　钢铁低碳发展指标体系框架

二、碳排放管控平台

（一）建设碳排放管控平台的重要意义

碳排放数据是开展碳减排管理的基础，是企业进行碳交易、开展碳资产管理的前提条件，也是制定企业低碳发展战略的依据。全国碳市场已于 2019 年底正式启动，并于 2021 年 7 月正式启动发电行业全国碳排放权交易市场上线交易，以市场机制控制和减少温室气体排放。钢铁行业目前正在推进研究制定碳排放权配额分配方案和碳交易技术指南，并将按照"成熟一个、纳入一个"的原则在成熟之际纳入全国碳市场。随着全国碳市场的加速推进，建立企业内部的碳排放 MRV（监测、报告、核查）制度，做好企业内部碳排放监测、报告和核查工作，掌握和熟练应用国家主管部门、行业主管部门制定的钢铁企业排放 MRV 管理办法和技术规范，通过碳排放的量化与数据质量保证的过程、碳核查培训等基础能力建设，了解碳配额分配模式、交易规则等，科学全面加强碳排放管控，对提升钢铁企业总体低碳发展水平十分重要。

运用信息化手段进行管控、跟踪、监测、评估、分析、预警等更是必不可少的关键抓手和辅助措施，碳排放管控系统有助于企业提高碳排放管理效率、改进碳排放报告编制、满足政府核查要求以及分析改善碳排放水平。

目前，钢铁碳排放数据管理存在一定问题和难点，主要体现在准确性、时效性、经济性和预判性等几个方面。

一是准确性。碳排放管控系统管理的碳排放数据的准确性不足主要有三方面原因：（1）中国当前主要的碳排放数据由政府借鉴国际上提供的排放因子及核算方法，并加以完善间接估算而来，而这些排放因子及计算结果是否与各个企业的排放情况一致还需要进一步验证。（2）目前企业采用手动填写报送形式，上报的数据准确性不高，存在碳排放量数据不实情况，或者填报过程中，出现人为主观性的失误偏差。（3）光学测量技术（如可调谐半导体激光吸收光谱技术、傅里叶变换光谱技术、差分光学吸收光谱技术、差分吸收激光雷达技术和非分散红外检测技术等）目前主要用于燃煤电厂，其精度仍然有待改进，同时无法在工序和生产环境更为复杂的钢铁企业进行应用。（4）第三方核查机构专业水平参差不齐，导致核查数据质量不高。

二是时效性。目前钢铁企业上报提交的数据指标主要采用手动填报的方式，并没有实现数据自动采集，实时上传，存在延迟性，不能有效反映当前碳排放状况，时效性较差。新兴的光学检测技术随着计算机技术和光电检测技术的发展，其在检测距离、速度和测量的非接触等方面都有优势，但与钢铁企业较为复杂的生产工艺和生产环境并不能很好地衔接应用。

三是经济性。企业除了对接第三方核查的时候会花费较多成本之外，企业内部还花费大量的人力成本，以手工填写的方式应对碳排放数据的填报和梳理。

四是预判性。目前碳排放管控系统无法预判企业的碳排放改善空间以及相应的改善措施，从而不能真正通过碳排放管控系统，科学有效地实现企业的节能减排。

建设碳排放管控平台能够有效提升企业碳排放数据管理能力，实现碳排放数据管理智能化、数字化，提升企业管理减排效果，为制定低碳发展战略、促进碳达峰提供重要支撑。

（二）碳排放管控平台关键技术和主要功能

冶金规划院牵头研发的碳排放管控平台能够有效地进行企业碳排放数据管理，提升企业碳排放管理水平，实现了碳排放的可视化管理。碳排放管控平台采用的核心技术包括以下内容：

一是数据智能采集与清洗技术。数据智能采集技术包括能源介质消耗信息自动实时采集和能源介质热值检测分析两部分。其中，能源介质消耗信息智能采集的实现方式包含数据库增量触发器、标准消息中间件电文数据对接、开发数据通信接口、数据库 database link 数据共享，可根据数据类型有针对性地选用以上实现方式。该平台可实现钢铁全流程、全工序碳排放数据源的自动采集、数据清洗、在线热值检测分析、排放因子、碳排放量及报表实时核算，提高了采集效率、数据质量和 MRV 体系运行效率，有助于提升钢铁企业低碳竞争力对标分析能力。

二是碳排放数据智能优化分析模型。采用数学优化分析模型，实现"集成化对标分析、工序目标考核分解、预测及潜力分析"功能，提高数据分析时效性及企业碳减排决策优化分析效率。建立碳排放数据智能优化分析模型，由碳排放信息采集和传输设备将钢铁企业全工序的碳排放监测数据上传到碳排放管控平台，并利用数学模型进行优化分析，依据平台数据分析模块的分析结果和对标分析模块的对标结果，从优化路径和预期效果两个方面对钢铁企业节能低碳的潜力空间进行分析。其中，优化路径包括实施原燃料优化、用能设备能效提升、强化废钢资源利用和实施节能低碳技改项目。预期效果包括主要节能低碳指标前后对比、成本改善空间分析、企业层面二氧化碳减排空间分析以及工序层面二氧化碳减排空间分析。

三是高可用云环境部署设计。基于 BS 架构，设计采用私有云部署的高可用及高并发环境。系统的功能结构采用分级设计、框架设计、模块设计，易于操作、维护方便、拓展性高，有利于系统在行业迅速推广。建立了钢铁企业独有的中间数据库用于信息库中的数据存储，实现数据的组织、存储和管理。

碳排放管控平台可以实现以下主要功能：（1）实现数据自动采集，对生产所需燃料、辅料等数据实现自动采集，并与生态环境总体要求有效衔接，具备快速响应及有效能力；（2）实现企业生产全工序级碳足迹核算，实时显示工序碳排放总量和碳排放强度，并合理开展责任分摊与管控；（3）实现自上而下全系统碳减排成本核算，对应用的低碳技术进行碳减排成本测算，并依次制定企业最优减排策略；（4）构建全行业碳排放数据分析及对标模型，实现主要生产工序及设施层面精准对标；（5）搭建碳履约及碳交易机制管理模块，为全面进入全国统一碳市场奠定基础；（6）建立政策资讯及专家在线答疑模块，实现股份公司内部知识共享。

（三）碳排放管控平台应用效果

建设碳排放管控平台，能够有效提高数据确定性、MRV 效率、低碳竞争力对标分析能力、数据分析时效性和碳减排决策优化分析效率。同时，可以有效降低碳核查人工费用。碳排放管控平台使用前后各指标优化情况见表 3-1。

表 3-1 碳排放管控平台使用前后主要性能指标对比

主 要 指 标		传统方式	项目方式
行业贡献指标	数据不确定性	>20%	<2%
	MRV 频率	1 年/次	实时
	低碳竞争力对标分析能力	10%	80%
企业贡献指标	人工报送/核查费用	约 2.5 万元	0
	数据分析时效性	—	实时
	碳减排决策优化分析效率	提升 20%	

综合测算，通过建立完善的低碳发展评价体制机制，搭建二氧化碳与污染物协同管控平台，预计可以实现企业总碳排放量 1%～2% 的碳减量。

目前，碳排放管控平台已在首钢迁钢、唐山瑞丰钢铁等多家钢铁企业应用，平台功能不断完善，碳排放管理水平和降碳效果稳步提升，实现了数据可视化、监督常态化、行动自觉化，能够满足企业管理、机构核查、绿色金融、碳资产管理等各类需求。

通过碳排放管控平台的应用，取得了如下效益：

一是实现了碳排放总量下降。以提高碳生产率为核心，利用碳排放规划及过程管控降低碳排放量，实现综合降碳 1%～2%。

二是实现了生产过程提效。通过建立碳排放指标对标体系，用指标量化并评价"全厂→工序→设备"的碳排放管控过程，为企业生产管理提效提供依据，通过碳管控间接提升生产率3%~5%。

三是降低了碳管控成本。通过在线的碳排放数据分析及核查，实时高效掌握企业碳排放数据，减少碳排放统计、核查的工作量，降低全过程管控成本。

四是减少了生产异常带来的间接损失。通过实时监控生产过程中碳排放相关指标，找出生产过程中存在的异常波动，及时处理，减少其影响生产而形成的间接损失。

五是保证了与政策的一致性，避免重复投资。通过平台的维护及升级，保持企业碳管控方法与政策要求的一致性，避免因技术路线选择而造成的重复建设。

碳排放管控平台功能架构如图3-3所示。

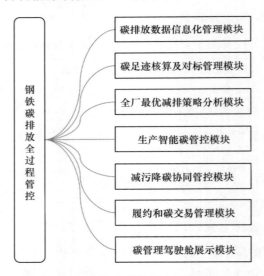

图 3-3　碳排放管控平台功能架构

第二节　低碳关键技术应用与研究

一、低碳技术概述

低碳技术是指可以使人类生产和生活过程中排出的二氧化碳减少的技术，一般认为主要包括无碳技术、减碳技术及去碳技术。总体来说，无碳技术是源头控制，应用的目的是实现零碳；减碳技术是过程控制，应用的目的是实现低碳；去碳技术是末端控制，应用的目的是实现负碳。

无碳技术主要是以无碳排放为根本特征的清洁能源技术，主要包括风力发电技术、太阳能发电技术、水力发电技术、地热供暖与发电技术、生物质燃料技术等，促进清洁能源技术对化石能源的部分取代乃至彻底取代。对于钢铁生产过程来说，除了因地制宜采取各类新能源外，更重要的目标是通过利用氢能等非化石能源实现无碳冶炼技术的应用。

减碳技术是指利用节能减排技术实现生产、消费、使用过程的低碳，达到高效能、低排放、低能耗和低污染。对于钢铁生产过程，主要包括两大部分：一是通过采取非高炉冶炼等低碳冶炼技术实现碳排放降低；二是通过提高能效推动碳排放降低。

去碳技术是指产业过程中捕获、封存和积极利用排放碳元素的去碳化技术[4,5]，主要包括碳捕集及回收技术、二氧化碳综合利用等技术。

二、低碳冶炼技术

在全球温室气体排放持续上升形势下，以 CO_2 为主的温室气体减排成为全社会关注的焦点问题，各行业都在寻求"脱碳"发展新思路。国内钢铁行业以高炉—转炉长流程冶炼工艺为主，占比达到90%。传统高炉—转炉长流程以烧结矿、球团矿、焦炭、喷吹煤为原燃料，烧结、焦化工序环境污染物排放量大，同时高炉炼铁过程消耗焦炭和煤粉等化石能源，造成大量的 CO_2 排放[6]。因此，钢铁行业开展低碳冶炼技术的研发，是钢铁企业绿色低碳可持续发展的必由之路。

现阶段国内中国宝武、河钢等企业已尝试开展了氢能冶炼等技术的研发示范，但总体中国钢铁工业突破性低碳技术支撑能力仍显不足，绝大多数仍停留在研发及工程示范阶段，尚未形成可工业化、规模化、低成本应用的创新低碳技术，需进一步加大工作力度，抢占全球钢铁产业低碳关键技术制高点。

减碳技术是现阶段中国钢铁企业降低碳排放采取的主要措施，其中以能效提升技术的实施应用为主，包括：高炉富氧喷煤、煤调湿、变频等降低能源介质消耗措施；高温烟气余热、副产煤气等二次能源回收利用措施等。近年来，非高炉冶炼等低碳冶炼技术在中国宝武等中国钢铁企业也进行了有益的尝试。减碳技术在任何类型钢铁企业均可应用，根据企业工艺流程不同可采取不同的技术措施配置方案，现阶段以及未来很长一个发展阶段，减碳技术仍将是钢铁行业低碳发展的最重要途径。

目前已开展的低碳冶炼技术包括高炉超高比例球团矿冶炼技术、高炉富氢冶炼技术、氢基竖炉直接还原技术、氢基熔融还原炼铁技术、顶煤气循环氧气高炉冶炼技术、氢气流化床直接还原技术等。

（一）大型高炉超高比例球团矿冶炼技术

1. 技术介绍

我国高炉含铁炉料由烧结矿、球团矿和块矿组成，其比例为 70%～80% 的高碱度烧结矿+10%～15% 的球团矿+10% 的天然块矿。烧结矿含铁品位在 52%～59% 之间，主要以品位偏低的粒度小于 8mm 粉矿为原料，在高炉炉料结构中占主导地位；球团矿含铁品位在 62%～67% 之间，以高品位铁精粉为原料；天然块矿含铁品位在 62%～65% 之间。铁前系统中烧结工序的污染物排放比例最高，粉尘排放占 35.4%，二氧化硫排放占 67%，氮氧化物排放占 51%。相比而言，球团工序的污染物排放则远低于烧结工序，粉尘排放占 5.2%，二氧化硫排放占 20.1%，氮氧化物排放占 10.4%，分别是烧结工序的 1/7、1/3 和 1/5 左右。球团工序能耗低，仅为烧结工序能耗的 1/3～1/2，节能减排的效益更加突出[7]。

基于高炉—转炉长流程工艺，采用超高比例或全球团矿冶炼是通过炉料结构优化降碳的重要途径之一，即球团矿配比大幅度提高、烧结矿的使用量降低或不使用烧结矿，进而提高高炉入炉矿品位。国外欧美部分高炉球团矿配比已达到 80%～100%，我国首钢京唐大高炉冶炼球团矿配比达到 55% 水平。未来高炉炼铁的技术发展趋势是从源头降低能源消耗和排放量，钢铁行业将更加注重通过调整优化高炉炉料结构实现源头的节能减排。关于高炉超高比例球团矿冶炼，球团矿质量是影响全球团矿冶炼的限制因素，对于碱性球团矿和酸性球团矿，其生产的热工参数控制差别较大，碱性球团矿生产控制难度更大，可控区间更窄。同时，球团矿的比例越高，高炉可接受的球团矿还原膨胀率指数应越低，在大比例球团矿冶炼时，严格控制球团矿还原膨胀率是关键。为满足全球团矿冶炼对高炉炉型的要求，适应现在高炉冶炼发展趋势，全球团矿冶炼需重点关注炉身角、炉腹角、炉身高度、高炉冷却系统等炉型优化技术。

2. 应用案例

国内首钢伊钢由于环保要求关停烧结机，开展了熔剂性球团矿生产及全球团矿冶炼技术研究，并于 2018 年实现了高炉全球团矿冶炼及稳定运行，成为国内第一家完全使用球团矿进行高炉炼铁的生产企业。

国外钢铁企业很早就大力发展球团矿的生产，德国 Bremen 3 号高炉采用了 70% 球团矿+30% 块矿进行冶炼。瑞典和芬兰的钢铁企业取消了烧结机，炉料结构为 90% 球团矿+10% 循环废料压块。北美国家以球团矿为高炉主要炉料，平均炉料组成为 92% 球团矿+7% 烧结矿+1% 块矿，在 29 座高炉中，有 17 座使用 100% 球团矿，其中 60% 是碱性球团矿，40% 是酸性球团矿[8,9]。日本神户制钢公司神户厂 3 号高炉实现超高比例球团矿冶炼，用自熔性白云石球团矿代替块矿，提高了铁矿石的高温熔滴性能，在球团矿率高达 80% 的条件下，高炉实现 282kg/t 低焦比运营。瑞典 Lulea 3 号高炉球团矿比例达到 92%，其余为固废压块、钢渣等，其中球团矿品位达到 66.9%，渣比降低至 160kg/t，远低于 320～350kg/t 的行业水平；燃料消耗降到了 450kg/t 的水平，其中焦比和煤比水平分别为 310kg/t 和 140kg/t[10]。

（二）高炉富氢冶炼技术

1. 技术介绍

高炉炼铁过程消耗大量焦炭和煤粉等化石能源，是钢铁生产 CO_2 排放的重要环节，也是生产流程节能降耗、降碳的核心。以氢代碳，实现富氢还原是高炉低碳冶炼重要技术方向。国内外高炉富氢冶炼的研究与实践主要是往高炉内喷吹焦炉煤气、天然气和纯氢等，由于焦炭在高炉中起到提供热源、还原剂、渗碳剂和料柱骨架等四大作用，喷吹氢主要是替代煤粉和部分焦炭的热源和还原剂作用，并不能完全取代焦炭的作用。该技术是将焦炉煤气、天然气、氢气等加压至高于风口压力，然后经管路系统输送到达高炉各风口，在压力的作用下，经喷枪喷入高炉内，实现各类富氢气体的高炉喷吹[11]。

国内氢气制取工艺包括天然气制氢、煤制氢、电解水制氢和工业副产气制氢，氢气产品主要用于合成氨、合成甲醇、石油炼化行业，氢气用于钢铁工业正处于研发起步阶段。我国 70% 以上氢气制取依靠煤炭、天然气、石油等化石能源，该工艺碳排放强度高；工业副产气制氢比例为 25%，主要包括焦化和氯碱生产过程的副产气制氢，该工艺碳排放强度不高；由于电解水制氢和新型制氢技术成熟度低以及成本较高的原因，电解水制氢比例只占到 1% 左右[12,13]，采用绿电制氢工艺可以实现零碳排放。因此，高炉富氢冶炼技术应基于低碳排放的工业副产气制氢、电解水制氢和配套 CCUS 的煤制氢，避免碳排放的转移。

2. 应用案例

中国高炉富氢冶炼研究始于 20 世纪 60 年代，在技术实践上也取得宝贵经验。本溪钢铁公司于 20 世纪 60 年代进行高炉喷吹焦炉煤气试验，喷吹量由 $12m^3/min$ 逐渐增加到 $33m^3/min$，产量提高 10.8%，焦比降低 3%~10%。2013 年本钢新 1 号高炉喷吹焦炉煤气技术推广应用已获成功。2012 年鞍钢鲅鱼圈钢铁分公司在 1 号高炉开始喷吹焦炉煤气试运行，试验初期使用 8 根喷枪，高炉入炉燃料比降低 18kg/t。2013 年海城钢铁有限公司在高炉喷煤系统增加焦炉煤气工业化试验，在降低焦比、节约煤比和增加产量等方面产生直接经济效益[14]。

2021 年，晋南钢铁与中国钢研合作完成了在 $1860m^3$ 高炉风口喷吹副产氢气的研发、设计和工业化应用，是中国国内首次在大型高炉开展连续安全喷氢的工程实践，吨铁平均氢气喷吹量为 $63m^3$，高炉燃料比平均降低 36kg/t，取得了较好的经济、社会、环境和降碳效果。

国外方面，2020 年德国迪林根和萨尔钢铁公司将富氢焦炉煤气吹入高炉的操作[15]，这是德国第一家在高炉正常运行条件下利用氢作为还原剂的操作。此次操作的目的是进一步减少碳排放，同时获得在钢铁生产中使用氢的经验，并计划下一步在两座高炉中进行使用纯氢的试验。2020 年，德国钢铁生产商蒂森克虏伯正式启动了氢能冶金的测试，氢气通过其中一个风口注入了 9 号高炉，计划逐步将氢气的使用范围扩展到 9 号高炉全部的 28 个风口；此外，还计划从 2022 年开始，该地区的三座高炉都将使用氢气进行钢铁冶炼，生产过程可以减少 20% 的二氧化碳排放。

（三）氢基竖炉直接还原技术

1. 技术介绍

氢基竖炉直接还原技术是以富氢或纯氢为还原气，采用大型气基竖炉装备生产直接还原铁的技术。目前全球气基竖炉直接还原工艺主要以天然气作为还原气的气源，针对天然气匮乏而煤资源又相对丰富的情况，正在开发和进行煤制气—气基竖炉工艺及焦炉煤气—气基竖炉工艺的工业试验和项目建设。瑞典钢铁研发的 HYBRIT 项目是以纯氢为还原气，采用气基竖炉直接还原技术。其反应原理如下：

$$Fe_2O_3 + 3H_2 = 2Fe + 3H_2O$$

纯氢直接还原工艺实质上完全不使用碳作为还原剂，排放产物为水，是目前行业内发展纯氢冶金的主流工艺，而大型竖炉装备、氢气加热炉、海绵铁热送电炉系统开发等是该工艺成熟应用的关键突破方向。

利用焦炉煤气生产直接还原铁的关键在于焦炉煤气重整制氢技术，需要解决煤气净化、焦炉煤气干重整、水蒸气重整及相关设备、催化剂等工艺技术问题，并且能够将焦炉和竖炉两大系统进行耦合，实现联动、稳定运行。

2. 应用案例

国内中晋太行矿业已建设 30 万吨/a 焦炉煤气制氢直接还原铁项目，项目总投资约 5 亿元，采用中国石油大学焦炉煤气干重整技术，利用炉顶循环气中 CO_2 与焦炉煤气 CH_4 反应制 CO 和 H_2。其工艺流程如下：从焦化工区来的焦炉煤气经加压到 0.8MPa 后送入重整工区净化工段，依次脱除萘、焦油、无机硫、有机硫等杂质，进入重整工区的转化系统，进行重整反应，制成合格的还原气 $CO+H_2$ 含量为 90%，H_2/CO 体积比为 1.8，在 850~950℃、0.2MPa 工况下进入气基竖炉，与炉内的氧化球团矿进行气固相反应，生成直接还原铁（DRI），经冷却后从竖炉底部排出，送入成品库。竖炉顶部出来的炉顶气经洗涤冷却后返回到重整工区，循环利用。与高炉—转炉长流程相比，该技术能耗降低 30%。

同时，河钢集团与意大利特诺恩合作，利用世界最先进的制氢和氢还原技术，共同研发、建设全球首例 60 万吨规模的氢冶金示范工程，该项目从分布式绿色能源、低成本制氢、焦炉煤气净化、气体自重整、氢冶金、成品热送、CO_2 脱除等全流程进行创新研发，探索出一条钢铁工业发展低碳，甚至"零碳"经济的最佳途径。2021 年，中国宝武推动在湛江建设 100 万吨/a 氢基竖炉直接还原项目，建设（一期）1 套百万吨级、具备全氢工艺试验条件的氢基竖炉直接还原示范工程及配套设施，可按不同比例灵活使用焦炉煤气、天然气和氢气。湛江二期计划再建设 1 套百万吨级氢基竖炉工程，未来逐步采用可再生能源发电—高效水电解生产的绿色氢气，目标是氢气比例达到 80%~90%。

欧洲一些国家联合发起 ULCOS 项目[16]的新型竖炉直接还原项目，采用 H_2 作为还原剂，氢气来源于电解水，可大幅降低 CO_2 排放量。2016 年，瑞典钢铁公司（SSAB）、瑞典大瀑布电力公司（Vattenfall）和瑞典矿业公司（LKAB）联合开展突破性氢能炼铁技术 HYBRIT 项目[17]，该工艺采用氢气直接还原球团矿，以及用于含铁原料在电炉中的熔化和冶炼。其中，氢气制取是通过可再生能源（水电、风电等）发电制氢工艺，并配套氢能储存设施，用于钢铁冶炼的稳定生产。HYBRIT 工艺吨钢 CO_2 排放量为 25kg，比高炉工艺 CO_2 排放量降低了 98%。2020 年，在瑞典能源署的支持下，中试厂于 2020 年 8 月 31 日和 2021 年 3 月 24 日对用氢生产海绵铁进行了试验，并成功生产出氢还原的海绵铁。

日本钢铁联盟开展的 COURSE50 项目[18]主要是通过用氢气还原铁矿石和从高炉煤气分离捕集 CO_2，采用一种新的焦炉煤气的氢分离技术和高炉煤气净化技术，可综合减排约 30%生产工序中产生的 CO_2。目前在开发减排高炉 CO_2 技术方面，日本钢铁联盟建设了 1 座 $12m^3$ 的试验高炉（如图 3-4 所示），确立了将氢还原效果达到最大化的反应控制技术；在分离捕集高炉 CO_2 的技术方面，研发高性能的化学吸收液，进一步提高物理吸附法效率，并且研究使用未利用的热能，从而进一步降低成本。化学吸收法工艺主要是在吸收塔内，吸收液与供给气体呈逆流接触，选择性地吸收 CO_2。CO_2 浓度升高后，将高浓度的吸收液送往再生塔，加热至 120℃左右，释放 CO_2；再生后的吸收液冷却，再送至吸收塔。吸附和分离不断重复，从而达到 CO_2 的分离捕集。该技术计划在 2030 年开始应用。在满足确立 CO_2 封存技术及相关基础设施和确保经济合理性的前提下，预计在 2030 年之前实现碳捕集装置的投运，并配合高炉相关设备的更新，在 2050 年之前实现该技术的工业化。

（四）氢基熔融还原炼铁技术

1. 技术介绍

氢基熔融还原炼铁技术是在熔融还原炼铁技术发展中的进一步创新，将"氢冶金"与"熔融还原"相结合，是推动传统"碳冶金"向新型"氢冶

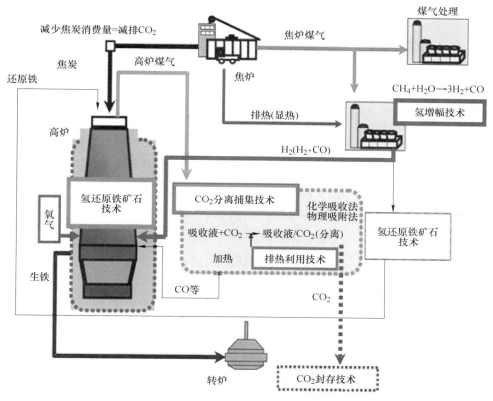

图 3-4 日本钢铁联盟建设的 $12m^3$ 试验高炉[19]

金"转变的关键前沿技术。传统熔融还原炼铁工艺主要为 COREX、HIsmelt 和 HIsarna 三种。

COREX[20]是奥钢联开发的一种直接使用煤和块矿或球团矿生产铁水的新炼铁工艺，可以解决冶金联合企业内的煤气平衡及消化炼钢、轧钢产生出的含铁废料，甚至含有较高有害元素的废料，这一点高炉是难以解决的。COREX 炼铁过程是在两个反应器中完成的，其上部的预还原竖炉将铁矿石还原成金属化率约为 90% 的海绵铁，下部的熔融气化炉将海绵铁熔炼成铁水并产出还原竖炉所需的煤气。该工艺可通过炉顶煤气循环、喷吹富氢气体等措施，降低煤炭消耗，减少碳排放。其最大的优点是可以不用焦炭，并取消了高污染的烧结工序，但实际运行过程中仍需要部分焦炭，存在燃料比高的问题。

HIsmelt 工艺[21]经历了一个漫长的开发周期，最早在 20 世纪 80 年代就已经开始设想；后经产能 1 万吨/a 和 10 万吨/a 的两级中试研发，在西澳奎纳纳（Kwinana）建成第一座 80 万吨/a 的工厂。HIsmelt 工艺的核心是其熔融还原炉 SRV，它由上部水冷炉壳和下部耐材砌筑的炉缸组成，使用下倾式水冷喷枪将煤和矿粉高速喷入熔池，喷入的煤粉经加热、脱除挥发分后溶入铁水，使铁水中的碳质量分数维持在 4% 左右，喷入的矿粉与富碳铁水接触后进行熔炼。该工艺可直接熔炼经预热处理的铁矿粉和其他适合的含铁原料，并喷吹煤粉作为系统的还原剂及热量来源。相对传统的高炉炼铁工艺，HIsmelt 工艺省去了烧结及焦化两个环节，在同样产能下节省了大量的投资及运行成本，且这种工艺在生产过程中产生的大量蒸汽及富余煤气均可以用于发电，使其生产系统的能源利用效率很高，应用前景广阔。但该技术装备的大型化、成熟度仍不及高炉炼铁技术。

HIsarna[22] 是 ULCOS 开发的一种新的熔融还原工艺，直接使用粉矿和粉煤，不需要粉矿造块和焦化环节。该工艺主要包括三个环节：（1）煤炭的预热和部分热解；（2）铁矿石的熔化和预还原；（3）炉底熔池中还原产生铁水。相对于普通高炉流程，由于不需要高能耗、高污染的烧结和焦化两个工序，HIsarna 工艺煤炭用量大幅度降低。HIsarna 工艺与 CCS 技术结合可减少 80% 的 CO_2 排放。

与高炉相比，HIsarna 可显著减少煤的用量，大幅减少 CO_2 排放量。此外，还可以采用生物质、天然气或氢取代煤。ULCOS 与 HIsmelt 合作进行此工艺开发，目标是将 Isarna（HIsarna 技术前身）的旋风熔化炉与 HIsmelt 的熔炼炉合为一体，并采用全氧操作，因此将该工艺命名为 HIsarna。

氢基熔融还原炼铁技术是以 HIsmelt、HIsarna 工艺为基础，采用新型熔融还原炉，通过还原气体喷枪喷吹氢气等还原气体，进行炉内还原反应；同时通过混合喷枪将矿粉和煤粉直接喷入熔池，通过增加喷氢量，大幅降低喷煤量，实现绿色冶金。

2. 应用案例

目前世界上正在运行的 COREX 炉共有 7 座，其中南非 1 座、印度 4 座和中国 2 座，韩国浦项另有 2 座改型后的 FINEX 炉。中国宝武的 COREX 3000 是世界上最大的 COREX 熔融还原炼铁炉，设计年产量为 150 万吨，其余的 5 座均为 COREX-2000，设计年产量为 75 万吨。中国宝武的 1 号、2 号 COREX-3000 相继于 2007 年 11 月和 2011 年 3 月投产运行，通过 4 年的不断摸索和生产实践，在克服了诸多困难后，生产逐步稳定，技术指标不断改善，在节能减排、降本增效等方面取得了显著进步。其中，1台COREX-3000于2012年搬迁至新疆八一钢铁，并于2015年建成投产，经过不断技术创新实现了稳定生产，2020年铁水产量达到110万吨。

在澳大利亚HIsmelt工艺商业化成功的基础上，山东墨龙在引进过程中结合澳大利亚的生产实践，对工艺路线、部分技术方案进行了优化改进，于2016年建设了HIsmelt熔融还原工厂，实现了连续工业化生产。

HIsarna是一种全新的炼铁生产技术，是由塔塔钢铁公司设计和开发，并自2011年开始进行工厂化试验，安赛乐米塔尔、蒂森克虏伯、奥钢联和技术供应商保尔沃特共同参与测试以及进一步开发HIsarna技术。

氢基熔融还原技术由中国建龙集团提出，联合北京科技大学、辽宁科技大学、中钢热能院等科研院所进行研发，建龙氢基熔融还原CISP新工艺将逐步从基于煤的熔融还原过渡到基于氢能的熔融还原。

（五）顶煤气循环氧气高炉冶炼技术

1. 技术介绍

顶煤气循环氧气高炉冶炼技术是在传统高炉基础上，采用纯氧代替热空气鼓风、炉顶煤气循环利用、高煤比的新工艺。与传统的高炉炼铁相比，氧气高炉炼铁的技术特点是：（1）可大幅度提高喷煤量，降低焦比；（2）采用顶煤气循环，可大幅度降低燃料比；（3）可大幅度提高生产效率；（4）采用全氧鼓风，由于煤气中 N_2 含量大幅度下降，致使煤气重整 CO_2 分离过程成本降低，为降低大气碳排放而做的 CO_2 封存捕集和综合利用创造条件[23]。

对于顶煤气循环，目前认为可行的方法有以下三种[24]：

（1）把炉顶煤气经过脱 CO_2 处理后，部分以冷态炉顶煤气加纯氧从炉缸风口喷进高炉，同时把另一部分经过加热到900℃后喷进炉身风口。这种方式只经过JFE理论研究认为可行，还没有经过试验验证。在JFE的研究中，该法与废塑料喷吹相结合，可减排 CO_2 量达25%。

（2）炉缸风口喷吹100%经过脱 CO_2 处理的热态高炉煤气和冷态工业氧或高富氧风。这种情况经过日本东北大学理论计算是可行的，并且经过了俄罗斯图拉钢铁工业试验证实。图拉钢铁的工业试验表明，随着氧浓度提高越多，生产率提高越高，焦比降低越多。在氧浓度为87.7%的情况下，喷吹热高炉煤气时，随焦炭带入的碳素减少了 28.5%，高炉的 CO_2 产生量大幅度降低。

（3）把高炉煤气经过脱 CO_2 处理，分别从炉缸风口和炉身风口喷进高炉。从炉缸风口喷入的高炉煤气要加热到 1250℃，从炉身风口喷进的要加热到 900℃，且用冷态纯氧喷吹代替通常的鼓风操作。这种方法经过 ULCOS 试验证明，可使炉况顺行，炉身工作效率稳定，最大可使燃料比减少 24%。如果加上脱除高炉煤气中的 CO_2 量，会使 CO_2 减排量达到 76%。

2. 应用案例

国内中国宝武以八一钢铁 430m³ 高炉为原型，以富氢碳循环高炉技术为核心，建设工业规模试验基地，探索还原剂利用率 100%、大幅降低碳排放的炼铁新工艺。其主要内容包括：采用高富氧鼓风（鼓风氧含量最高可达到 100%）；顶煤气自身循环利用，煤气脱除 CO_2，加热后从炉身和风口喷入高炉；采用高炉煤气 CO_2 脱除技术；采用煤气加热技术等。2021 年，第一阶段工业实验取得突破性进展，鼓风氧含量达到 35%，并持续推进第二阶段工业试验，采用变压吸附技术脱除 CO_2 打通炉顶煤气循环工艺流程，将向着实现 50% 的富氧冶炼二期目标进军。同时计划进行氧气高炉喷吹富氢气体试验，实现富氢纯氧的冶炼目标。

欧洲启动的 ULCOS 项目把氧气高炉技术作为中长期低碳路径，集政府、企业和科研院所等力量进行联合攻关。试验研究在瑞典律勒欧的 LKAB 试验高炉上进行，该高炉工作容积为 8.2m³，炉缸直径为 1.4m。高炉设 3 个炉缸风口，用于喷吹循环煤气、煤粉和氧气；设 3 个炉身风口，用于喷吹高炉炉顶循环煤气。把高炉炉顶煤气经过脱 CO_2 处理，再加热到一定温度后喷入高炉。从主风口喷入的炉顶煤气温度为 1250℃，从炉身下部的风口喷进高炉的炉顶煤气的温度为 900℃。用冷态纯氧喷吹代替通常的鼓风操作。

在喷煤比为 170kg/t 的条件下，焦比由 400~405kg/t 降至 260~265kg/t，碳耗降低 24%；VPSA 装置运行非常平稳，97% 的高炉炉顶煤气都能循环使用，并且能回收 88% 的 CO，CO_2 平均体积分数约为 2.67%。将高炉炉顶煤气循环技术与 VPSA、CCS 技术结合使用，吨铁 CO_2 排放量最多可以减少 1270kg，占该工序总 CO_2 排放量的 76%[25]。高炉炉顶煤气循环炼铁技术工艺流程如图 3-5 所示。

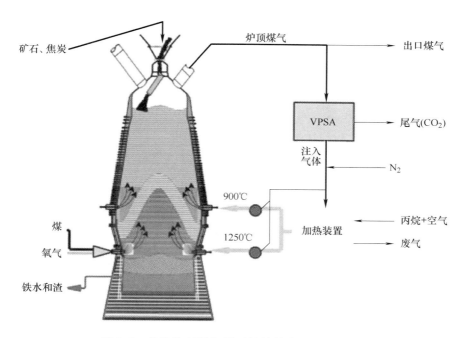

图 3-5 高炉炉顶煤气循环炼铁技术工艺流程图

（六）氢气流化床直接还原技术

1. 技术介绍

氢气流化床直接还原炼铁工艺以氢气为还原剂，在流化床中还原粉铁矿生产海绵铁。该工艺直接对粉矿进行还原，无需烧结球团等工序。具体反应式如下：

$$Fe_2O_3 + 3H_2 =\!=\!= 2Fe + 3H_2O$$

典型技术为 Circored 工艺，该技术流化床反应器分为第一级预热循环流化床（CFB）、第二级预还原循环流化床与第三级终还原卧式鼓泡流化床（FB）组合的多级流化床。粉铁矿在第一级预热循环流化床内预热到 850~950℃；在第二级的预还原流化床内气体流速为 4~6m/s，流化床内温度为 630~650℃，粉铁矿停留时间为 20~30min，预还原度为 65%~85%；第三级卧式鼓泡流化床内气体流速为 0.5~0.6m/s，流化床内温度为 630~650℃，停留时间为 45~240min，经过第三级的卧式鼓泡流化床还原后，直接还原铁产品的金属化率大于 93%。流化床的操作压力为 0.4MPa，流化床出口煤气经过净化、加压、加热,通入流化床中循环使用[25]。

为了达到能量利用最大化,还原气体氢气需循环利用。从 CFB 出来的气体经过旋风分离器后进入热交换器热交换后,进行除尘、淋洗、加压后再返回还原气体回路。另外,从终还原出来的气体,由于还有足够的还原能力,从而加热后进入 CFB 继续参与预还原反应。从终还原炉流化床 FB 出来的 $630 \sim 650℃$ 还原粉矿利用快速加热器加热到 $700 \sim 715℃$,被压成块(HBI),要使 HBI 的密度大于 $5g/cm^3$,以利于贮存和运输,或者进入下游的电弧炉熔炼车间。

2. 应用案例

1996 年德国鲁奇公司在特立尼达(Trinidad)开始建设第一座年产 50 万吨的 Circored 工业生产装置,1999 年投入生产,到 2000 年产出 4.5 万吨海绵铁;但由于卸料系统的问题,生产一度终止。改进了卸料装置、预热环节、添加MgO 粉等措施后,2001 年 3 月重新开工生产,到 2002 年已生产 13 万吨海绵铁,产能达到 63t/h。由于流化床技术工艺成本高,目前处于停产状态。

(七)微波烧结技术

1. 技术介绍

微波烧结是一种利用微波高温加热来对材料进行烧结的工艺技术,将具有的特殊波段与材料的基本细微结构耦合而产生热量,利用电能转换成微波能替代燃料燃烧供热,可实现无碳烧结。传统烧结机的加热是依靠点火煤气和固体燃料,将热能通过对流、传导或辐射方式传递至铁矿粉而使其达到某一温度,热量从外向内传递,烧结时间长,燃料粒度偏析致使烧结过程难以实现均热均质,降低燃料消耗和提高烧结矿质量的空间有限。微波烧结过程的废气和污染物排放可降低至接近零的水平,每生产 1t 烧结矿可减少煤耗约50kg,折算碳减排量 150kg,降碳效果显著;并且,微波烧结工艺可一步实现铁矿石烧结和预还原过程,生产出金属化烧结矿,有利于降低高炉焦比和燃料比。

2. 应用案例

中国宝武在微波烧结技术方面的研究已经进入了实验室阶段,计划 2025年前完成中试优化,2026 ~ 2028 年完成中试试验,2030 年进入工业应用阶段[26]。

参 考 文 献

［1］Onarheim K, Mathisen A, Arasto A. Barriers and opportunities for application of CCS in Nordic industry-A sectorial approach ［J］. International Journal of Greenhouse Gas Control, 2015, 36: 93-99.

［2］Jean-Pierre Birat, 王旭明. 超低 CO_2 炼钢项目与其他减排项目及减排新理念 ［J］. 世界钢铁, 2014, 14 (5): 22-30.

［3］孟凡君. 提升低碳转型能力钢铁业将成碳交易主力 ［N］. 中国工业报, 2018-07-05 (001).

［4］胡俊鸽, 郭艳玲, 周文涛, 等. 美国低碳炼铁新技术的进展及应用前景分析 ［J］. 冶金管理, 2011 (2): 52-58.

［5］刘虹, 姜克隽. 中国钢铁与水泥行业利用 CCS 技术市场潜力分析 ［J］. 中国能源, 2010, 32 (2): 34-40.

［6］王国栋, 储满生. 低碳减排的绿色钢铁冶金技术 ［J］. 科技导报, 38 (14): 9.

［7］王新东, 金永龙. 高炉使用高比例球团的战略思考与球团生产的试验研究 ［J］. 钢铁, 56 (5): 10.

［8］沙永志, 曹军. 国外炼铁生产及技术进展 ［C］//宝钢学术年会, 2015.

［9］刘征建, 黄建强, 张建良, 等. 高炉高比例球团冶炼技术发展和实践 ［J］. 辽宁科技大学学报, 2021 (2): 85-91.

［10］金永龙, 何志军, 王川. 不同炉料结构高炉实现低碳排放的解析 ［J］. 钢铁, 2019 (54): 8-16.

［11］康媛, 朱世杰, 姜海罡. 承钢 6#高炉喷吹焦炉煤气实践 ［C］//2012 年全国炼铁生产技术会议暨炼铁学术年会文集 (下), 中国金属学会, 2012: 21-22, 43.

［12］刘坚, 钟财富. 我国氢能发展现状与前景展望 ［J］. 中国能源, 2019, 41 (2): 32-36.

［13］王赓, 郑津洋, 蒋利军, 等. 中国氢能发展的思考 ［J］. 科技导报, 2017, 35 (22): 105-110.

［14］郭同来. 高炉喷吹焦炉煤气低碳炼铁新工艺基础研究 ［D］. 沈阳: 东北大学, 2015.

［15］刘文权, 苏步新. 全球氢冶金发展态势及展望 ［J］. 钢铁规划研究, 2020 (1): 33-38 (内部资料).

［16］严珺洁. 超低二氧化碳排放炼钢项目的进展与未来 ［J］. 中国冶金, 2017, 27 (2): 6-11.

［17］ Vogl V, Åhman M, Nilsson L J. Assessment of hydrogen direct reduction for fossil-free steelmaking ［J］. J. Clean. Prod., 2018, 203: 736-745.

［18］ 全荣. 日本环境和谐型炼铁工艺技术（COURSE 50）的研发进度 ［N］. 世界金属导报, 2014-01-07（B01）.

［19］ 魏侦凯, 郭瑞, 谢全安. 日本环保炼铁工艺 COURSE50 新技术 ［J］. 河北联合大学学报（自然科学版）, 2018（3）: 5.

［20］ 范彦军. COREX 熔融还原炼铁技术的探讨 ［J］. 冶金丛刊, 2006, 4（8）: 41-43.

［21］ 唐恩. Hlsmelt 熔融还原炼铁技术的新进展 ［J］. 炼铁, 2010, 29（2）: 60-62.

［22］ 王东彦. 超低碳炼钢项目中的突破型炼铁技术 ［J］. 世界钢铁, 2011, 11（2）: 6.

［23］ 李维浩, 李涛. 氧气高炉技术及炼铁工序能耗初步分析 ［J］. 新疆钢铁, 2020,（1）: 1-5.

［24］ 刘文权. 高炉炉顶煤气循环技术: 助推钢企铁前降本和低碳减排 ［J］. 钢铁规划研究, 2021（3）: 33-36（内部资料）.

［25］ Elmquist S A, Weber P, Eichberger H, et al. 特立尼达 Circored 粉矿直接还原工厂的操作结果 ［J］. 世界钢铁, 2009, 9（2）: 12-16.

［26］ 朱仁良. 关于炼铁低碳冶炼的思考 ［J］. 炼铁, 2018, 37（5）: 4.

第四章 节 能 减 排

第一节 超低排放——强化源头、严格过程、优化末端

一、深度挖潜源头减排关键技术

（一）原料场源头减排关键技术

1. 封闭储存技术

原料环保封闭储存技术是将钢铁企业烧结、球团、炼铁、焦化、石灰、炼钢、电厂等用户使用的散状原燃料进行环保封闭储存。与传统的原料露天储存技术相比，该项技术具有技术先进、性能优良、环保减排、节能降耗、节约占地、稳定生产、降低成本等突出优点。

原料环保封闭储存技术适应钢铁行业原燃料品种多、用量大、用户多等特点，设有多种系列类型，适应性广，可根据不同的地理位置、原料品种、地质条件、环境特点、运输条件以及技术经济比较，为企业量身定做，选择合适的工艺结构，满足用户技术改造、环保提升和重组新建等不同需要[1]。

常见的环保型封闭储料场工艺布置结构主要有条形无隔断料场、条形有隔断料场、圆形料场、密闭筒仓等。

（1）条形无隔断封闭料场。条型无隔断料场常称为 B 形料场，是在普通条形露天料场的基础上增加封闭厂房，选用的工艺设备包括悬臂式、门式、桥式、滚筒式等不同形式堆取设备和胶带机设备，设备成熟可靠，检修较为方便，封闭式厂房的布置可根据实际需要进行单跨、双跨或者多跨连续布置。条型无隔断料场广泛用于钢铁、焦化、港口等行业，对于多品种、多批次物料适应性强，在钢铁行业中可用于煤、矿、焦炭、副原料、混匀矿等各种散料的储存。

（2）条形有隔断封闭料场。条形有隔断料场常称为 C 形料场，是在料条

中间加设挡墙，将料堆沿横向和纵向进行分格堆存，物料由顶部通过胶带机输入，经卸料车卸料和堆料作业，采用门式、半门式、桥式刮板取料机或抓斗桥式起重机进行取料作业；该形式封闭料场大大提高料堆高度，堆存能力较大，相同条件下，单位面积储料能力是无隔断料场的 1.5~2.5 倍，同样储量要求下可减少 40%~60% 的用地面积。条形有隔断料场广泛应用于水泥、建材、化工、港口等行业，近年来，根据钢铁行业原料的实际特性，通过对工艺和设备进行研发，逐步在钢铁行业得到验证和使用，除混匀矿外，可用于矿、煤、副原料等多种散料的储存。其工艺布置紧凑和超大储料能力的优点，除适用于新建钢铁企业以外，特别适用于现有钢铁企业产能提升和环保改造项目。

（3）圆形封闭料场。圆形封闭料场常称为 D 形料场，物料由顶部通过胶带机输入，利用圆形堆取料机进行堆料作业，由刮板取料机取料后经下部胶带机输出。圆形堆取料机为堆取一体化设备，堆取作业可同时进行。取料机可采用门式、悬臂式或者桥式刮板取料机。圆形封闭料场直径一般在 80~120m 之间，具有占地面积省、堆存能力大的特点，单位面积储料能力可达到条形无隔断封闭料场的 1.5~3.0 倍，若料场内分堆，则将明显降低料场储料能力和经济性。料场选用的设备配置较复杂，存在易磨损等问题，投资较高。圆形封闭料场最初广泛应用于电厂、水泥、化工等行业，通常用于堆存同一种物料，如需在同一料场内分别堆存不同品种物料，可适当布置隔墙用于料堆分堆，用于储煤时，面积不能超过 12000m²。圆形封闭料场近几年逐渐在钢铁企业中得以应用，适用于物料品种较为单一的矿、煤、混匀矿等散料的储存，相对于多品种、多批次物料适应性较差，对原料种类繁多且对物料品种划分严格的钢铁企业具有一定的局限性。

（4）筒仓。筒仓通常布置为多个筒仓并列的仓群形式，常称为 E 形料场，物料由顶部通过胶带机输入，经卸料车和布料装置将物料卸入筒仓内堆存，物料通过仓下部给料设备及输出胶带机输出，可同时实现物料的储存和配料功能。筒仓高度达 60m 左右，空间堆料高度可超过 40m，是向空间高度发展来提高储料能力的最佳形式，单位面积储料能力可达到条形无隔断封闭料场的 5~8 倍。筒仓土建工程量较大，施工要求高，投资较高，存在不易防护的煤自燃问题，不宜于燃料的长期储存。筒仓兼具储存和配料功能，广泛应用于钢铁、焦化、水泥、建材等行业。由于每个筒仓的储量是一定的，对适应物料品种的灵活性较差。物料从仓顶卸下高空跌落会增加块状物料的粉碎率，不易储存块状物料，目前多用于煤的储存，尤其在钢铁企业焦化厂使用非常广泛，用于焦煤储存和配料。近几年，矩形钢板仓因在相同用地及高度条件下储存量大于筒仓且投资较省，被钢铁企业广泛采用，多用于储存焦炭、烧结矿、块矿和球团矿等原料[2]。

2. 智慧料场技术

原料场采用先进的自动化控制和智能化管理系统，可以实现均衡进料、供料，保证料量稳定，实现原料成分、粒度、水分的均匀性，合理安排作业，确定最佳流程，避免因人为因素导致生产波动；实现机上无人化作业，降低操作岗位人数，提高设备运行效率和故障停机率，实现快速、精确盘库，消除不需要、不急需的库存原料，提高料场有效利用率，降低生产成本，节约能源，减少资金成本。

智慧料场技术主要由智能流程控制系统、智能混匀配料系统、堆取设备无人化系统、数字化料场系统、在线三维生产仿真系统构成，可实现原料输送流程的自动化、智能化、可视化，完成自动混匀配料、堆取设备远程操控及自动作业、料场数字化和料堆堆位管理等诸多工艺内容[3]。

（1）智能流程控制系统。综合考虑运转成本、设备状态、检修计划等信息，智能决策出距离最短、能耗最低的最优动态流程，自动匹配物料属性，自动跟踪物料流向，自动控制运输量，流程一键式操作；胶带机根据用户需求智慧运行，包括进料信息采集、智能流程决策、库存管理、胶带机和移动机械运转、作业实绩收集、画面显示和操作、报表编制、数据通信等功能。通过与在其他单元设置的码头输入、铁路输入、汽车输入系统通信，获取原料进料的相关信息，并进行相关的数据存储和显示。自动检索起点设备和终点设备之间的所有可用流程，并综合考虑各设备属性、运转成本、设备维修计划等信息，智能决策出节能、便捷的最优动态流程。根据流程优化的结果，完成流程预约、流程选择、流程启动、流程停止、一齐停止、清除一齐停止、流程切换、流程合流等控制功能。通过编制料场图，并根据进、出各料场的原料量，动态计算料场的实际库存量，动态更新和管理各料场的品种与库存量等实际信息，接收数字料场系统盘库指令进行料堆库存盘整。根据料仓情况进行分类管理，实时掌握高炉、烧结机等用户料槽料位信息，并在操作画面上直观展示。对关键设备（胶带运输机、移动机械）进行作业运行跟踪，统计开机时间、停机时间、作业运行率等。根据原料运输计划、胶带机系统运转状态、终点设备运转状态、设备的停止信息，监视和控制胶带机系统的启动和运转，同时管理运输量。根据原料运输计划、取料机和堆料机等设备的运转状态信息等，监视和控制所有移动机械的自动运转。收集和存储生产实际操作数据，实时更新数据库，提供报表数据。接收和存储由原料实验室输入的原料物理性能数据，加工处理后，供报表编辑使用。综合显示料场（料仓）库存管理，各移动机械和胶带机工作状态、原料输送等各种操作、生产和管理信息，并实现对生产和设备的操作。根据处理数据库中相关数据，编制各种生产和操作报表。通过工业以太网连接实现与相关计算机系统的数据交换。

（2）智能混匀配料系统。以稳定混匀矿的硅铁含量为目标，采用等硅等铁堆积算法进行模型计算，自动生成原料配槽计划，自动优化和实时动态调节给料装置切出速率，实时预测混匀矿目标成分，多维立体跟踪混匀配料过程，包括配料计划管理、配料计算模型、配料控制模型、配料实绩收集、配料调整、画面显示和操作、报表编制、数据通信等功能。通过制定配料计划，并结合原料质量、库存、成本等信息，进行配料计算，利用物料价格预测配料成本，形成最优配比，使产品质量达到目标要求。采用等硅等铁算法，分解混匀配料计划物料为分槽计划，指导流程物料装槽作业。配料时计算各槽给料装置设定值，配料过程中实时跟踪各槽给料装置切出速率和物料成分，预测混匀矿堆积成分。通过对物料装槽和给料装置切出的有效控制，稳定混匀矿成分，确保混匀质量。收集和存储生产实际操作数据，实时更新数据库，提供报表数据。系统跟踪配料计划的执行情况，对配料计算参数进行调整，使之与实际情况相符，指导下次配料计划的制定。采用大屏幕显示终端，综合显示混匀配料过程的各种操作、生产和管理信息，并提供操作工对生产和设备的操作。处理数据库中相关数据，编制各种生产和操作报表，通过工业以太网连接实现与相关计算机系统的数据交换。

（3）堆取设备无人化系统。根据设定工艺参数，结合运动路径解析模型和堆料动作策略模型，实现自动对位、自动移位、自动遛垛，支持定点堆积、鳞状堆积和自由续堆等多种堆积方式。利用料堆三维图像数据和图像分析模型，结合大车综合姿态定位技术，采用进尺回转分层取料，并通过料堆形状识别模型自动折返，实现自动恒流量取料。在中控室设置智能化管理

PLC 系统、远程操控终端和视频监控终端；在堆取设备设置机上智能化 PLC 系统、大车定位系统、料堆识别系统、防碰撞系统和视频监控系统。利用远程驾驶平台，结合智能定位技术和高清视频监控技术，实现中控远程操控功能。利用料堆识别系统及高清视频监控技术，结合大车的综合姿态定位技术，按照设定的工艺参数、运动路径解析模型和堆料动作策略模型，实现自动堆料作业。利用料堆识别系统及高清视频监控技术，结合大车的综合姿态定位技术，按照设定的工艺参数和取料策略模型，实现自动取料。利用机上安装的数字红外线高清摄像头，将实时作业图像传输至中央控制室的视频终端或大屏幕显示。

（4）数字化料场系统。利用三维激光设备实时扫描料堆轮廓，采用图像处理技术和高精度三维图像重构技术，对料场矢量化建模，建立实时的料堆三维数字化模型，并结合图像分析模型精确计算料堆体积和重量，实现料场数字化管理、自动实时盘库和精细化管控。利用料堆 3D 点云处理结果和料堆识别系统，通过料条参数、料堆参数等多种基础参数数据，编制 3D 料场图，以图形和表格等多元化方式展示各料堆堆积情况，其主要参数包括料堆开始位置、结束位置、体积、重量等主要信息。依据料堆识别系统进行料场建模，构造出料场物料堆存状况，实现自动盘库。机上的激光 3D 扫描系统与堆取料机自动作业系统协作，完成料堆云图数据的采集，盘库模型根据料条堆密度和实际的点云数据，计算料堆体积，实现自动盘库。

（5）在线三维生产仿真系统。通过 3D 仿真技术对原料场生产能力进行建模，模拟实际生产过程并进行展示，根据生产能力、设备状况、物料品种等发生变化时进行仿真，验证当前条件下生产计划、检修计划的可行性。可随时根据原料价格波动调整配比进行虚拟生产，根据仿真结果进行分析判断和调整，为管理层做出科学决策提供可行性支持，使企业在生产平稳、顺行的基础上实现最优采购成本。

（二）烧结工序源头减排关键技术

烧结工序源头减排关键技术主要是有害元素源头减量技术。通过烧结的方法可以脱除 80%~90% 铁矿石中的硫，因此烧结机机头烟气二氧化硫的排放量在整个钢铁流程中占比最高。目前在含铁原料配矿环节中，会经常搭配使用一些铁品位高，磷、二氧化硅等其他有害杂质低的高硫矿，以达到降低成本的目的。但随着环保监管的加严与行业超低排放政策的出台，使用高硫矿、高硫煤、高氮煤等原燃料对后续脱硫脱硝环保压力加大，考虑运行成本和污染物达标排放稳定性的影响，从原燃料环节降低硫硝等杂质元素含量将成为源头减排的重要措施。《钢铁企业超低排放改造技术指南》中也明确提出，鼓励采用低硫矿、低硫煤等源头控制技术。研究证明，烧结燃料粒度越细，焦粉与无烟煤的比例越高，H 含量越低，N 转化率和 NO 排放量越低。因此，保证烧结燃料粒度，提高 0~3mm 范围颗粒比例，采用 H 含量低的燃料，尽可能采取全焦烧结，可从源头削减烟气中氮氧化物的排放量；且原料中 Cl、Cu 作为生产中二噁英产生的重要催化元素，应严格控制使用 Cl、Cu 含量高的物料或返回料。削减烧结原料中 Cl、Cu 元素含量，从源头降低烧结烟气中二噁英排放量。

（三）球团工序源头减排关键技术

1. 高炉大比例配加熔剂性球团矿

熔剂球团技术是采用石灰石或消石灰作为熔剂，满足高炉对球团矿碱度的要求；采用消石灰作熔剂时，可减少黏结剂用量；适宜的焙烧温度比酸性球团矿有所降低，降低 NO_x 的生成量[4]。

2. 镁质球团技术

采用白云石、菱镁石、橄榄石、氧化镁粉等作为镁质熔剂，满足高炉对球团矿 MgO 含量的要求。球团矿内添加 MgO，不仅能有效提高球团矿的冶金性能、降低还原膨胀指数、改善低温还原粉化指数，还能降低烧结矿 MgO 含量，提高烧结机利用系数和烧结矿强度，减少高炉含铁原料中源头粉尘产生量。

（四）焦化工序源头减排关键技术

焦化工序源头减排关键技术主要是干熄焦技术。炭化室内焦炭成焦后，由提升机将焦罐提升送到干熄炉炉顶，通过带布料料钟装入装置将焦炭装入干熄炉内。冷却焦炭的惰性气体由循环风机从干熄炉底部的供气装置鼓入干熄炉，与红焦进行逆流换热。干熄炉外排的热循环气体为 880~960℃，经一次除尘器除尘后进入干熄焦锅炉换热，温度降至约 170℃。降温后的惰性气体从锅炉排出，再经二次除尘器除尘后，由循环风机加压送入给水预热器冷却至约 130℃，然后进入干熄炉循环使用。相较传统湿法熄焦工艺，干熄焦技术从源头减少水蒸气夹带大量烟尘及少量硫化物等有害物质向空中放散，严重污染大气及周围环境的情况。

（五）炼铁工序源头减排关键技术

1. 精料冶炼技术

我国高炉在精料冶炼方面取得的进步包括：提高入炉品位、优化炉料结构、分级入炉、使用干熄焦、提高原燃料强度、降低入炉料的水分和粉末等，对我国高炉实现源头减排起到了至关重要的作用[5]。

2. 富氧喷煤技术

富氧有利于提高理论燃烧温度、喷煤比和生产效率，喷吹煤替代焦炭提供热量和还原剂，减少焦炭用量。我国高炉富氧率最高可达到 8%，喷煤比最高达到 220kg/t，节焦能力明显。

3. 高炉煤气精脱硫技术

高炉煤气中的硫主要来源于焦炭和煤粉，其中焦炭的硫含量占比较大。高炉煤气可从源头控制硫含量，一般建议焦炭含硫量小于 0.6%，煤粉含硫量小于 0.4%。同时，为了实现精脱硫，往往需要建设治理设施，将煤气中的有机硫转化为无机硫后进行脱除，主要有以下几种工艺路线。

（1）水解催化转化工艺。目前钢铁行业已建成或正在实施的羰基硫水解工艺，在常温或中温、中低压工况下实现羰基硫、二硫化碳等较小分子有机硫向无机硫的转化，布置于 TRT 或 BPRT 之前，压损小于 10kPa，设备、管线等工艺装置投资较低，对高炉 TRT/BPRT 煤气发电的影响降至最低。

（2）加氢催化转化工艺。加氢催化转化工艺主要用于甲醇深加工，在较高的操作压力和中高温操作温度条件下将有机硫彻底转化为无机硫。提高压力可增加正反应速度。加氢转化工艺不仅对羰基硫、二硫化碳等小分子有机硫能进行高精度转化，对硫醇、硫醚、噻吩等大分子有机硫组分也能有效转化，加氢转化率高，但由于加氢反应的设备和管线均为中高温、中高压系统[6]，因此装置投资与运行费用较高，钢铁企业实施动力不足。

（3）分子筛或微晶材料吸附转化工艺。该工艺主要采用比表面积很大的分子筛或微晶材料作为吸附剂，吸附煤气中的有机硫和无机硫[6]，用于煤气精制，通过提升物料的比表面积及其对多种硫分的吸附性能，提高吸附传质速度及硫容等关键参数，从而提高脱硫效率。但由于吸附材料价格较为昂贵，设备投资较高，占地面积大，即使材料理论使用寿命较长，但针对动辄每小时数十万立方米煤气量的高炉煤气精脱硫工艺，整体经济可行性欠佳，企业投资负担较大。

（4）干法脱硫工艺。这是以氧化铁、氧化锌、活性炭/焦等作为脱硫剂的固定床式干法脱硫技术，此种工艺在实际生产中存在废弃脱硫剂的处理困难等问题，容易对环境造成二次污染，因此此类脱硫工艺通常用于较小气量煤气的深度脱硫。特别是对于自有活性炭/焦生产线与一体化脱硫脱硝设施的钢铁企业，建议可尝试用于中小规模高炉的煤气精脱硫项目。

（5）催化氧化法工艺。以含催化剂（PDS、配合铁等）的弱碱液作为吸收剂，将煤气中有机硫转化与本来具有的 H_2S 实现高比例脱除的工艺路线，常见的有以氨或钠源为吸收剂；应关注最终脱硫废液的处置，处理后废液用作高炉冲渣水时，要加强监管，防止脱硫废液违法排放，造成环境污染。

（6）化学吸收工艺。以碱液作为吸收剂，将煤气中有机硫转化与本来具有的 H_2S 实现高比例脱除的工艺路线，需考虑后续脱硫废水的达标处理问题，以免对后续综合污水处理厂的进水水质造成影响，导致废水无法达标排放或正常回用。

（六）炼钢工序源头减排关键技术

一键炼钢技术具有突出的优越性，能够显著缩短出钢和冶炼时间，精确控制动态吹氧量，提高冶炼效率，减少点吹、补吹的次数和氧耗，降低钢铁料和熔剂消耗，减少污染物排放，提高转炉炉龄，保证钢水成分及温度的命中率，实现"一键式"炼钢[7]。

（七）轧钢工序源头减排关键技术

轧钢工序源头减排关键技术主要是加热炉低氮减排技术。低氮燃烧技术原理为通过空气、燃料分级燃烧，减少燃料周围氧气浓度，降低火焰峰值温度，及时将已经生成的 NO_x 还原为 N_2。低氮燃烧技术主要有空气分级燃烧、无焰燃烧、燃料分级燃烧以及烟气再循环技术，其中应用最广泛的是空气分级燃烧技术。实现空气分级燃烧的手段有燃烧器优化设计、加装一次风稳燃体（火焰稳定船、盾体等）和炉膛布风等，目前常采用燃烧器优化设计和炉膛分级布风来实现空气分级燃烧。近年来，随着环保标准的进一步提高，国内研究开发了基于空气分级燃烧的双尺度低氮燃烧技术和高级复合空气分级低氮燃烧技术。

二、严格过程管控减排关键技术

（一）烧结烟气循环技术

烧结烟气循环利用技术是将烧结过程排出的一部分载热气体返回烧结点火器以后的台车上循环使用的一种烧结方法，其实质是热风烧结技术的另外一种形式。它可以回收烧结烟气的余热，提高烧结的热利用效率，降低固体燃料消耗，达到降低能耗的目的。烧结烟气循环利用技术将来自全部或选择部分风箱的烟气收集，循环返回到烧结料层。废气中的有害成分将再进入烧结层中被热分解或转化，二噁英和 NO_x 会部分消除，且可抑制热力型 NO_x 的生成；粉尘和硫氧化物会被烧结层捕获，减少烟气中粉尘、硫氧化物的外排总量；烟气中的 CO 作为燃料二次利用可降低固体燃耗。另外，烟气循环减少了主抽风机外排烟气量，降低了后端脱硫脱硝治理设施的烟气负荷，可保证烧结烟气脱硫装置的去除效率，且可控制脱硫装置的建设规格，降低其投运成本。

烧结烟气循环技术经过不断创新和发展，国内外目前主要有 5 种烟气循环利用的工业化烧结技术方案：EOS（Emission Optimized Sintering）、EPOSINT（Environmentally Optimized Sintering）、LEEP（Low Emisson & Energy Optimized Sinter Process）、区域性废气循环和烧结废气余热循环技术[8]。

（1）应用 EOS 烟气循环工艺是将主抽风机排出的烟气大约 50%引回到烧结机上的热风罩内，剩余部分外排。热风罩将烧结机台车整体覆盖，在烧结过程中，通过鼓入冷风与循环废气混合，从而调节循环烟气的氧含量。如此，仅需对约 50%的外排烧结烟气进行处理，使颗粒物、二氧化硫和氮氧化物总量减排的同时，也实现对二噁英等特征污染物的源头减量。EOS 工艺流程如图 4-1 所示。

（2）应用 EPOSINT 内循环工艺的烧结机由台车下方烧结风箱适当数量取烟气循环，循环废气来自温度高、污染物（有害气体、粉尘、重金属、碱金属、氯化物等）浓度最高点的风箱位置，经除尘设施处理后由风机返回封

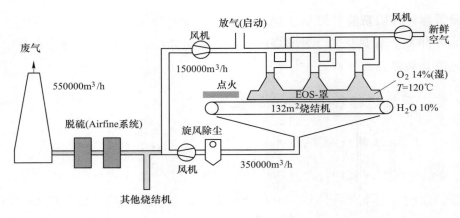

图 4-1 EOS 工艺流程

闭烧结台车料面，同时还包括调节氧含量的冷却废气。具有最高 SO_2 浓度的烟气循环进入烧结料层，过剩硫被固定到烧结矿。综合烟气循环量可达20%～35%，实现主要大气污染物排放总量源头小幅压减的同时，还可进一步节约生产规程固体燃料消耗。EPOSINT 工艺流程如图 4-2 所示。

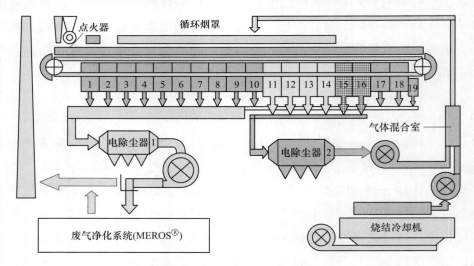

图 4-2 EPOSINT 工艺流程

（3）应用 LEEP 工艺的烧结机设有两个废气管道，一个管道只从机尾处回收热废气，另一个管道回收烧结机前段的冷废气。通过喷入活性褐煤来进一步减少剩余的二噁英。烧结机罩的设计不同于 EOS 装置，这个机罩没有完全覆盖烧结机，有意允许一部分空气漏进来补充气体中氧含量的不足，这样就无需额外补给新鲜空气。选择性利用机尾污染物含量偏高的烟气，并将冷烟气（65℃）和热烟气（200℃）进行热交换，机罩未全覆盖整个烧结机台车，进入的部分空气补充含氧量达18%以上，循环比例约为40%，O₂浓度达18%左右。LEEP工艺流程如图4-3所示。

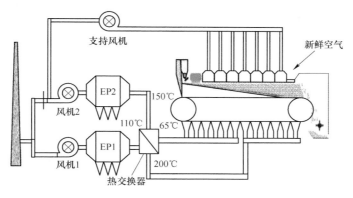

图 4-3　LEEP 工艺流程图

（4）区域性废气循环技术的废气循环率约25%，循环废气的氧浓度达19%左右，水分含量在3%~4%，对烧结矿质量无不利影响。区域性废气循环工艺流程如图4-4所示。

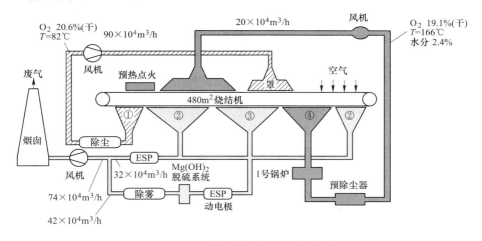

图 4-4　区域性废气循环工艺流程图

（5）烧结废气余热循环利用技术作为节能减排工艺，填补了国内大型烧结机废气循环利用和多种污染物深度净化空白，被列为国家发展改革委低碳技术创新及产业化示范项目。烧结废气余热循环利用技术如图4-5所示。

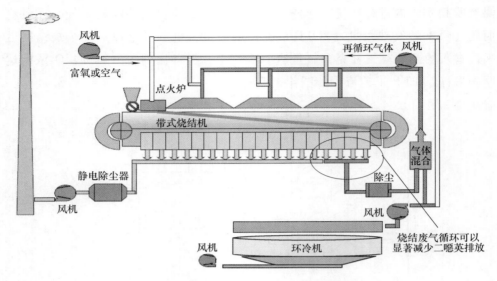

图 4-5 烧结废气余热循环利用技术图

（二）高炉煤气均压放散煤气全回收技术

高炉炉顶均压煤气回收系统分为自然回收和强制回收两部分：当高炉装料系统进入料罐装料程序后，开启均压煤气回收装置，由于压差的存在，从料罐排出的均压煤气首先进入均压煤气回收罐的缓冲区域，经过上部布袋过滤器除尘后进入净煤气管网，直到缓冲罐的压力达到设定值，自然回收步骤结束[9]；自然回收结束后开启强制回收程序，利用引射器将残余压力的均压煤气引至下游袋式除尘净化系统，实现对高炉炉顶均压煤气的全回收过程，彻底避免颗粒物、二氧化硫、氮氧化物和一氧化碳等主要大气污染物对空直排放散，同时增加了高炉煤气回收量，起到减污降碳的协同作用。

（三）轧钢加热炉换向煤气回收技术

在加热炉系统煤烟引风机后的管道上，新增一台引风机，将一部分烟气引入换向阀前的管道上。风机入口设调节阀，用于调节吹扫烟气的压力和流量；风机出口接一组三通阀，用于控制反吹烟气流转。当煤气蓄热结束后，反吹烟气经由调节阀、新增引风机、反吹烟气流转控制三通阀进入吹扫总管道，被引入总管道的烟气通过吹扫阀将蓄热三通阀和烧嘴之间公共管道内的煤气吹扫到炉内进行燃烧。吹扫结束后，通过调整反吹烟气流转三通阀的阀门阻止反吹烟气进入吹扫管道，同时蓄热三通阀烟气阀打开排烟。通过以上换向过程由反吹烟气将蓄热三通阀和烧嘴之间公共管道内残余的煤气进行了吹扫置换，使所有煤气进入炉膛内燃烧，杜绝了煤气外排[10]。烟气反吹系统工作过程如图 4-6 所示。

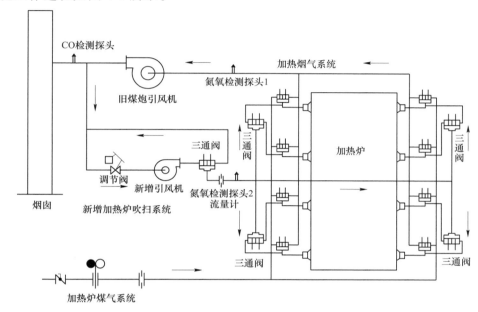

图 4-6　加热炉烟气反吹系统工作过程

（四）无组织排放管控治一体化系统技术

冶金规划院、柏美迪康环境科技（上海）股份有限公司根据钢铁行业无组织排放特征，针对管控难点，将图像智能识别技术首次应用于钢铁生产颗粒物无组织排放控制，并高效应用了生物纳膜、超细雾炮、双流体干雾等抑尘技术装备。同时，运用大数据、模型优化算法、机器学习自适应算法等信息技术建设了钢铁生产无组织管控一体化平台建设。在首钢迁钢开展了工程应用，全面达到国家超低排放无组织改造要求，实现生产工况状态、无组织控制措施运行情况与监控数据的实时联动，企业利用智能化监控监管手段实现效果自证，目前已为国内数十家钢企完成了项目建设，从而保证了无组织超低排放长期科学管控，如图 4-7 所示。

图 4-7 无组织排放管控治一体化系统组成

1. 物料存储管控治一体化系统技术

通过物料存储区域无组织排放源及时精准的系统化治理，有效减少物料存储无组织源头排放。该系统主要包含通过车辆污染行为识别和粉尘烟羽特征图像视觉识别技术，采用先进超细雾化装置，搭载定位技术，高效精准降尘的超细雾降尘技术。

2. 物料输运管控治一体化系统技术

通过物料运输环节无组织排放源及时精准的系统化治理，有效减少物料输运无组织源头排放。生物纳膜源头抑尘技术可减少干态粉状物料受卸料环节的粉尘无组织排放，并通过皮带二次密闭倒料确保对物料输送过程中封闭运输，最终通过配套负压收尘控制系统，将皮带通廊内的粉尘全部收集，将无组织颗粒物通过有组织净化措施后达标外排。

3. 厂区环境管控治一体化系统技术

通过厂区道路环境无组织扬尘源及时精准的系统化治理，有效减少道路扬尘无组织源头排放。通过融合气象数据、省控站数据、厂区内监测微站数据及厂区生产活动数据，采用因子分析技术判断厂区内道路扬尘特征，开发出厂区道路扬尘特征识别技术；通过识别判断厂区道路扬尘特征，结合空间热力分析结果，锁定道路扬尘污染坐标区域，采用优化调度算法，调度环保清洁车辆快速前往精准治理。

4. 系统化建设应用技术

应用 AI 人工智能技术、物联网技术、4/5G 通信技术、大数据分析技术、污染预测模型创建与系统软件及功能建设等多个维度，对数据读取、调用、统计、分析、再生等环节均开展了系统的体系平台创建工作。

三、优化末端治理减排关键技术

（一）中低温选择性催化还原脱硝技术

通过引入过渡金属元素的催化剂，在 260℃ 以下的中低温条件下也能有较好的催化活性，如锰、铁、铜、铬及镍等。此外，中低温 SCR 脱硝系统的脱硝效率虽然较高，但催化剂的价格昂贵，催化剂成本占到整个脱硝系统投资比例的 30%~40%，因此设计过程中要充分考虑系统的投资和运行费用。同时，对于中低温催化剂抗中毒能力的研究也需结合工程实践来逐步完善，硫氧化物、碱金属、结晶态物质的影响都会造成催化剂失活，利用预处理工艺避免或最大限度减少催化剂中毒风险，将是下一阶段该技术大规模市场化的关键[11]。

（二）SCR 高效精准喷氨技术

为了实现在 SCR 脱硝过程中的精准喷氨，最大限度地控制氨逃逸与节约还原剂氨的用量，近年来 SCR 高效精准喷氨技术也从基础理论研究向工程化实践在不断探索前行。喷氨量的大小主要取决于脱硝入口氮氧化物含量的大小，且脱硝入口氮氧化物取样装置设置在氨喷射系统之前，根据脱硝入口氮氧化物调节喷氨量更加快速准确。因此，在实际运行调试过程中，可以依据脱硝入口氮氧化物含量的变化，设计喷氨控制模型，作为喷氨控制的静态前馈控制。在烟气负荷变化阶段，实时修正喷氨量，提升烧结、球团及其他工业炉窑全负荷段喷氨调节的灵活性及适应性，在工况条件波动的情况下，辅助调节喷氨量满足工况变化要求。视工艺系统运行情况选择脱硝出口或总排口氮氧化物含量作为控制目标值，采用常规 PID 控制维持自动系统调节的稳定性。加入目标值保护控制策略，根据目标值限值设定的危险程度，直接控制喷氨调门开度，确保总排口氮氧化物达标排放的同时，防止氨逃逸量超过环境管理要求的控制范围[12]。

（三）智能化高效除尘技术

为对钢铁工业除尘系统进行精准实施操控，目前已有智能化高效除尘案例应用在企业环保设施运营管理中。通过搭建环境除尘系统智能化运营管理平台，集生产运行监控、能源管理、环保数据中心等功能为一体，以自动化、工业网络、工业电视、计算机软件为基础，实现对各种信号的集中处理，以及与主体、点检、能环部、物流部的信号联络。集中监控平台由生产运行监控系统、能耗统计系统、排放监测系统、视频监控系统、电气室监测系统、数据中心等子系统组成，通过数据接口与主体厂部通信。该平台结合信息化网络技术，集成 SCADA 系统实现实时集中监控，并支持制作报表及对实时数据进行应用分析，利用大数据技术，通过算法模型对设备故障进行诊断，对能源用量进行实时监控。其开发的关键技术包括数据采集、远程传输、存储与集中显示技术等。自动化数据传输到集中监控中心后，读取并存入数据库。其中，自主开发的 SCADA 系统，完成对设备的监视与控制、历史数据查询、数据曲线、能源数据显示等功能。同时，平台可以对风机、除尘器等关键设备的运行状态进行实时监控，并首次实现设备故障诊断及预报预警功能，为除尘系统的稳定高效运营提供了技术支撑；在保证末端达标排放的同时，优化了除尘器整体能耗，随工况负荷变化实现节能减排的功效[13]。

四、冶金规划院助力超低排放实施案例

自 2019 年底《关于做好钢铁企业超低排放评估监测工作的通知》发布以来，冶金规划院已经为全国数十家钢铁企业开展了超低排放基本条件评估或正式评估工作。其中作为主要评估单位，全程参与全行业首家超低排放企业及绩效 A 级企业——首钢迁钢的评估过程，该项目获得 2020 年度冶金科技奖一等奖。

截至 2022 年 1 月 31 日，中国钢铁工业协会网站上正式进入公示环节的35 家钢铁企业中，22 家企业的评估监测工作均为冶金规划院牵头开展。同时冶金规划院为国内 8 家钢铁联合企业开展卓越环保绩效管理与创新现场帮扶工作，从强化源头、严格过程、优化末端的总体思路出发，依据减污降碳协同并进的顶层设计方案，为行业中企业提出众多推动制造生命周期节能降碳与超低改造污染物减量协同发展的一站式工程技术咨询服务。

一是由组织末端治理向精益化源头减排转变，源头解决除尘管路私搭乱并导致的能源浪费，部分节点采用滤筒除尘或高品质覆膜滤料，保证排放达标的同时节约风机能耗；二是通过无组织管控措施与管控治一体化平台的创建，助力钢企原料场封闭与棚内抑尘改造，源头减少物料损失与降低铁前冶炼工序能耗。同时，经由烧结烟气内循环的过程控制改造方案，确保企业可在减少固体燃耗的同时，降低脱硫脱硝设施负荷，减少风机能耗和运行成本；三是为众多钢企提供监控监管手段与清洁运输方式创建的要求，协助企业唤醒"沉睡的数据"，实现超低排放全流程监管与全工序碳排放示踪，科学精准治污、统筹规划降碳。各类原燃料与产品清洁运输路径的推广实践，大幅降低柴油汽运车辆污染物排放的同时，也最大限度减少物料遗撒、协同降碳。冶金规划院通过近年来对全国重点钢铁企业的超低排放改造评估与工程技术咨询工作，真正让企业找到正确超低排放改造路径，从工艺可行性、投运成本合理性、减污降碳协同性等方面在较为有限的整改期内实现超低排放效果，避免重复投资与资金浪费，得到部委领导与钢企负责人的一致肯定。

第二节　能源管控与低碳技术

一、国家工业节能技术装备推荐目录

工业和信息化部从 2009 年起每年发布《节能机电设备（产品）推荐目录》，共发布 7 批。2017 年起，每年发布《国家工业节能技术装备推荐目录》[14]，截至 2021 年底，共发布 5 批，其中共收录了 30 项钢铁行业重点节能技术，见表 4-1。

二、绿色技术推广目录

为落实《关于构建市场导向的绿色技术创新体系的指导意见》有关要求，加快先进绿色技术推广应用，国家发展改革委、科技部、工业和信息化部、自然资源部组织编制了《绿色技术推广目录（2020 年）》，其中涉及钢铁的技术主要有 22 项，包括节能环保产业 13 项、清洁生产产业 6 项、清洁能源产业 2 项、生态环境产业 1 项，详见表 4-2。

表 4-1　国家工业节能技术装备推荐目录（钢铁部分，30 项）

序号	技术装备名称	技术装备介绍	适用范围	目前推广比例/%	未来 5 年节能潜力		发布年度
					预计推广比例/%	节能能力（标煤）/万吨·a⁻¹	
1	高温工业窑炉红外节能涂料技术	通过增加基体表面黑度，形成高发射率辐射层，从而减少热量流失，达到炉窑节能效果。涂层可改变传热区内热辐射的波谱分布，将热源发出的间断式波谱转变成连续波谱，从而促进被加热物体吸收热量，强化了炉内热交换过程，提高了窑炉能源利用率	适用于工业锅炉节能技术改造	≤1	5	149.4	2021
2	DP 系列废钢预热连续加料成套设备	开发了具有对流加热功能的振动输送和高效物料热输送装置，改变电炉高温烟气在废钢预热通道内的流动方向，使高温烟气相结合的传热方式变为对流与辐射相结合的传热方式。该成套装备实现了电弧炉冶炼过程连续加料、连续预热、连续熔化和连续冶炼，大幅度降低了炼钢能耗，缩短了电炉冶炼周期，减少了烟气排放	适用于短流程电炉炼钢领域节能技术改造	20	30	175	2021
3	转臂式液密封环冷机	以高刚度模块化回转体单元为核心运行部件，以水作为密封介质，并配合完善的运行监测及控制系统，解决了传统环冷机运行时跑偏及设备的漏风漏料的问题，可实现设备跑漏风率差造成的漏风率大于 5%，余热利用效果不大于 5%，冷却风机总量降低 50% 以上，余热利用效率提高 10% 以上	适用于液密封环冷机节能技术改造	20	60	81.8	2021

续表 4-1

序号	技术/装备名称	技术/装备介绍	适用范围	目前推广比例/%	未来5年节能潜力		发布年度
					预计推广比例/%	节能能力(标煤)/万吨·a⁻¹	
4	汽轮驱动高炉鼓风机与电动/发电机同轴机组技术	采用高炉鼓风与发电同轴技术，设计汽轮机和电动机同轴驱动高炉鼓风机（BCSM），实现了汽电双驱，提高能源转换效率的功能，能源转换效率提高8%以上，缩短汽轮机组80%启动时间，保证复杂机组的轴系稳定性。设计了高炉鼓风与汽轮发电机机组的轴系机组（BCSG），既实现了高炉备用鼓风机功能，又在备用鼓风机闲置期，转为汽轮发电机组用，同时解决了汽轮驱动鼓风机启动时间长的问题，提高了高炉系统的能源利用效率	适用于冶金领域高炉节能技术改造	40	60	40	2020
5	焦炉加热优化控制及管理技术	采用炉顶立火道自动测温技术，对焦炉温度进行精细检测，采用自主研发的控制算法，对焦炉加热分烟道吸力进行精确调节，改善了焦炉温度的稳定性，可节省焦炉加热煤气量2%以上	适用于冶金行业焦炉节能技术改造	5	20	21	2020
6	高能效长寿化双膛立式石灰窑装备及控制技术	采用石灰石双蓄热交换燃烧工艺，通过采取顶部流和并流复合接触，窑内各级 V 形料面燃烧均匀，同向各级燃料精准供给，基于燃料面煅烧特性的最优纵向控制，柔性拼装与强固筑炉衬关键技术，可实现石灰窑的节能化，长寿化多重效益，能耗（标煤）低至96.07kg/t，活性度392mL/4N·HCl，使用寿命约8年	适用于冶金行业节能技术改造	5	35	178	2020

续表 4-1

序号	技术/装备名称	技术/装备介绍	适用范围	目前推广比例/%	未来5年节能潜力		发布年度
					预计推广比例/%	节能能力(标煤)/万吨·a^{-1}	
7	宽粒级磁铁矿湿式弱磁预选分级磨矿技术	采用宽粒级磁铁矿湿式弱磁预选、分级磨矿新工艺，解决了磁铁矿石磁级范围宽不能直接湿式预选的问题；通过选矿机预选抛出磁铁矿中的尾矿量，减少了磨尾矿量，再利用绞笼式双层脱水旋流器和尾矿进行筛分，粗粒精矿进入球磨机，细粒精矿进入旋器分级，粗粒尾矿作为建材综合利用，细粒尾矿改善总尾矿粒级分布，从源头上提高了充填强度和尾矿库安全性，节能效果明显	适用于冶金行业的磁铁矿磨矿工艺节能技术改造	<5	15	18	2020
8	基于工业互联网钢铁企业智慧能源管控系统	采用大数据、云计算、人工智能等新一代信息技术，对能源生产全过程进行能耗分析、平衡预测预析和耦合分析，对能源效评价分析、消耗量进行精准预测；通过与数据共享、协同，建立能源流、铁素流、价值流及设备状态的动态平衡优化体系，有效降低能源损失，提高能源转化效率，可降低综合能耗	适用于钢铁行业能源信息化节能改造	10	30	18	2020
9	钢铁企业智慧能源管控系统	运用新一代数字化技术，构建钢铁工业智慧能源管控系统，实现了钢铁企业水、电、风、气能源平衡预测预测和调度模型，大数据能源预测和动态变化的一体化、高效化、无人化管理，有效提高能源循环利用和自给比例	适用于钢铁行业能源信息化管控节能技术改造	5	15	41	2020

续表4-1

序号	技术/装备名称	技术/装备介绍	适用范围	目前推广比例/%	未来5年节能潜力		发布年度
					预计推广比例/%	节能能力(标煤)/万吨·a⁻¹	
10	钢渣立磨粉磨技术	采用料层粉磨、高效选粉技术，集破碎、粉磨、烘干、选粉为一体，集成了粉磨单元与选粉单元；通过磨内除铁排铁、外循环除铁、高压力少磨辊研磨等技术，使得钢渣粉磨立磨粉磨系统能耗降低至40kW·h/t以下	适用于钢铁、建材等行业的钢渣微粉制备工艺节能改造	10	30	8.9	2020
11	特大型空分关键节能技术	利用低温精馏原理，采用以系统能量耦合为核心的工艺包、高效的精馏塔和换热器系统、高效的分子筛脱除和加热系统、高效传动设备等，实现空分设备的低能耗、安全稳定运行	适用于煤化工、石油化工、冶金等行业的空分设备领域	20	50	24	2019
12	水处理系统污料原位再生技术	在过滤器池内对失去过滤效能的滤料，使用压缩空气、高压水、超声波、专用再生介质等合适的方式快速恢复它的功能，使之达到再利用的目的	适用于工业水处理领域	<1	10	2.03	2019
13	高效工业富余煤气发电技术	高压蒸汽进入汽轮机高压缸做功后再通过锅炉加热到初始温度，加热后的低压缸蒸汽进入汽轮机带动发电机发电。做完功后的蒸汽变为凝结水再次进入锅炉进行加热再热循环，从而完成一次热力过程	适用于冶金行业的富余煤气发电技术	5	25	61.2	2019

续表 4-1

序号	技术/装备名称	技术/装备介绍	适用范围	目前推广比例/%	未来 5 年节能潜力		发布年度
					预计推广比例/%	节能能力（标煤）/万吨·a⁻¹	
14	焦炉正压烘炉技术	利用专门的空气供给系统和燃气供给系统，通过向炭化室内不断数入热气，使焦炉在整个烘炉过程中保持正压，推动热气流经蓄热室、燃烧室、烟道等部位从烟囱排出，使焦炉升温至正常装煤（或装煤）温度，整个烘炉过程实现自动控制	适用于冶金行业焦炉烘炉节能技术改造	50	70	97.6	2019
15	焦炉上升管荒煤气高温显热高效高品位回收技术	采用无应力复合壁管式螺旋盘管上升管换热器结构，对焦炉上升管内排出的 800℃高温荒煤气进行高品位显热回收，降温幅度 150~200℃，回收热量可用于产生不低于 1.6MPa 饱和蒸汽，或对蒸汽加热至 400℃以上，或产生不低于 260℃的高温导热油，可替代脱苯管式加热炉	适用于冶金、焦化等行业的焦炉上升管荒煤气高效回收利用领域	1	15	4.82	2019
16	转炉烟气热回收成套技术开发与应用	基于能量梯级利用及有限元模拟计算分析，采用转炉烟道汽化冷却优化用能关键技术，通过一系列高效节能核心动力设备，实现了烟气的高效回收利用	适用于冶金行业转炉炼钢烟气热回收利用领域	10	20	51	2019
17	循环水系统高效节能技术	通过对流体输送的检测及参数采集，建立水力数学模型，计算流体输水输送方案，找到系统最匹配的高效流运行工况点，设计生产与系统最佳运行方式；同时配套完善的高效流体自动化控制方式，使系统始终保持在最佳运行工况，实现循环水系统高效节能	适用于化工、冶金行业，热电行业的循环水系统节能改造	3	10	4.5	2019

续表 4-1

序号	技术/装备名称	技术/装备介绍	适用范围	目前推广比例/%	未来5年节能潜力		发布年度
					预计推广比例/%	节能能力（标煤）/万吨·a⁻¹	
18	国产高性能低压变频技术	控制单元与功率单元分开，控制单元使用 X86-CPU 作为核心芯片，功率单元采用 DSP 完成控制，通过以太网高速通信，采用实时多任务控制技术，整流器技术、同步电机矢量控制技术等实现高效稳定变频	适用于冶金、船舶、港机等行业的低压高端变频调速领域	1	5	7.5	2019
19	基于热泵技术的低温余热综合利用技术	通过吸收式热泵技术，制出低温冷源，回收工艺装置余热；通过大温差输配，减少余热输配损失，同时吸收式换热，向用户传送余热，同时实现热量的品位匹配	适用于石化、钢铁、化工等行业余热回收利用领域	2.5	20	34	2019
20	循环氨水余热回收系统	采用一种直接以循环氨水作为驱动热源的溴化锂制冷机组，实现余热回收，可用于夏季制冷、冬季供暖。一方面实现荒煤气显热高效安全回收，另一方面改善现有生产工艺，提高产能	适用于钢铁、焦化行业的循环氨水余热回收领域	20	50	12.42	2019
21	球形蒸汽蓄能器	当转炉吹氧时，汽化冷却装置产生的多余蒸汽被引入球形蒸汽蓄能器内，随着压力升高，热水被加热同时蒸汽凝结成水，水位随着升高，完成了充热过程。在转炉非吹氧或蒸发量较小的瞬间，用户继续用汽时，球形蒸汽蓄能器中的压力下降，伴随蓄能器中部分热水发生闪蒸以补产汽，水位开始降低并实现了放热过程（向外供汽）	适用于钢铁、冶金、火电、造纸等行业的蒸汽回收利用领域	10	30	4.07	2019

续表 4-1

| 序号 | 技术/装备名称 | 技术/装备介绍 | 适用范围 | 目前推广比例/% | 未来 5 年节能潜力 | | 发布年度 |
					预计推广比例/%	节能能力（标煤）/万吨·a⁻¹	
22	流程型智能制造节能减排支撑平台技术	该技术是一个 UNIX 版本的支撑实时仿真、控制、信息系统软件开发，调试和执行的软件工具，实现了生产工艺流程的全面在线监视、在线预警、在线诊断和优化，应用高精度、全物理过程的数学模型形成了系统节能减排的在线仿真试验床，支持设备在线特性研究、热效率优化和动静态配合等深层次控制生产能耗的研究，研究保证产品质量和降低生产能耗的方法	适用于电力、水泥、钢铁等行业的数字化管控领域	1	10	22	2019
23	新型固体物料输送节能环保技术	将物料从卸料，转运到受料的整个过程控制在密封空间进行；根据物料自身的物性结构模型，采用计算机模拟仿真数据，设计输送设备结构型，通过减少破碎和粉尘产生，降低除尘风量，大幅度降低除尘系统风量和风压，实现高效输送、减尘、抑尘、除尘	适用于钢铁、矿山、火电、石化等行业的散装物料输送领域	1	15	2.3	2019
24	永磁涡流柔性传动节能技术	应用永磁材料所产生的磁力作用，完成力或力矩无接触传动，实现能量的空中传递。以气隙的方式取代以往电机与负载之间的物理连接，改变了传统的调速原理，在满足安全可靠的基础上实现了传动系统的节能降耗	适用于电机传动系统节能改造	1	8	120	2018

续表 4-1

序号	技术/装备名称	技术/装备介绍	适用范围	目前推广比例/%	未来5年节能潜力		发布年度
					预计推广比例/%	节能能力（标煤）/万吨·a⁻¹	
25	卧式油冷永磁调速器技术	采用永磁调速器技术，通过调节从动转子与主动转子之间的气隙（距离）的大小，进而控制电机转速与输出转矩；可取代风机、水泵等电机系统中控制流量和压力的阀门或风门挡板，实现高效调速	适用于大功率负载设备节能调速	1	5	3.5	2018
26	新型纳米涂层上升管换热技术	上升管内壁涂覆纳米自洁材料，在荒煤气高温下内表面形成均匀光滑而又坚硬的釉面，焦炉荒煤气与上升管内壁换热时，难以凝结焦油和石墨，高效回收荒煤气余热，并实现管内壁自清洁	适用于钢铁焦化行业余热、余能利用领域	10	50	57.7	2018
27	干式高炉煤气能量回收透平装置技术	利用高炉炉顶煤气的余压余热，采用干式煤气透平技术，把煤气导入透平膨胀机，充分利用高炉原有的热能和压力能，驱动发电机发电，最大限度地利用煤气的余压余热进行发电	适用于钢铁行业高炉煤气余压余热发电	10	35	100	2017

续表 4-1

序号	技术/装备名称	技术/装备介绍	适用范围	目前推广比例/%	未来 5 年节能潜力		发布年度
					预计推广比例/%	节能能力（标煤）/（万吨·a⁻¹）	
28	烧结余热能量回收驱动技术	集成配置原有的电机驱动的烧结主抽风机和烧结余热能量回收发电系统，形成将烧结余热热能与电动机同轴驱动烧结主抽风机的新型能量回收机组。避免了能量转换的损失环节，增加了能量回收，最大限度回收利用烧结烟气余热	适用于冶金领域烧结余热能量回收	10	35	112	2017
29	焦炉上升管荒煤气显热回收利用技术	通过上升管换热器结构设计，采用纳米导热材料导热和焦油附着，采用耐高温耐腐蚀合金材料防止荒煤气腐蚀，采用特殊的几何结构保证换热和稳定运行有机结合；将焦炉荒煤气利用上升管换热器和除盐热器的部分显热进行交换，将荒煤气的部分显热回收利用换，产生饱和蒸汽	适用于钢铁、冶金、焦化行业焦炉荒煤气余热利用	1	35	185	2017
30	热风炉优化控制技术	通过采集处理温度、流量、压力和阀位等工艺参数，建立各热风炉工艺特点数据库；适时判断不同的参数变化和烧炉情况、利用模糊控制、人工智能和专家系统等控制技术，自动计算出最佳空燃比，配合人机界面和数据库对烧炉控制参数进行修改维护，实现烧炉全过程（强化燃烧、蓄热期和减烧期）自动优化控制	适用于钢铁行业高炉热风炉的优化控制	3	10	141	2017

表 4-2 绿色技术推广目录（2020 年）（钢铁行业，22 项）

一、节能环保产业

序号	技术名称	适用范围	核心技术及工艺	主要技术参数	综合效益
1	磁悬浮离心鼓风机综合节能技术	高效节能装备	采用磁悬浮轴承技术，消除摩擦，无需润滑；高速电机直驱技术，省去机械传动损失；利用智能管理模式，根据工况进行风量、风压调整，防喘振、防过载及异常工况下的操作，高度智能化，降低了操作维护要求	功率 50～1000kW；鼓风机正压压升压范围 30～150kPa；鼓风机正压压流量 40～450m³/min；鼓风机负压真空度范围 -10～-70kPa；鼓风机负压抽速 80～1120m³/min；噪声不大于 85dB	无机械损耗，核心部件可回收；比罗茨风机节能 30%，负压比水环能 40%
2	基于低品位余热利用的大温差长输供热技术	余热利用	在热力站设置吸收式换热机组降低一次网回水温度，提高供回水温差，增加管网输送能力；在热电厂设置吸收式余热回收机组回收汽轮机余热，减少环境散热；同时换热站内的低温回水促进电厂内余热供热效率得到提升，提高电厂整体供热效率	利用既有传热过程中的温差损失，在不增加能耗的前提下，提高热电厂供热能力 30% 以上；降低热电联产能耗 40% 以上；提高既有管网输送能力 80%	余热回收利换热站改造投资 1000～1500 元/kW。300MW 热电厂改造后每年减少标煤 9.3 万吨，减少 CO_2 排放量 24.2 万吨，SO_2 排放量 0.7 万吨，NO_x 排放量 0.34 万吨，烟尘排放量 6.3 万吨

续表 4-2

序号	技术名称	适用范围	核心技术及工艺	主要技术参数	综合效益
3	集成模块化窑衬节能技术	工业窑炉节能	通过原位分解合成技术，制备气孔微细化、高强度、耐侵蚀的轻量化碱性耐火材料。将轻量化耐火制品、功能耗板、纳米微孔绝热材料等分层组合固化在其各自能承受的温度和强度范围内，保证窑衬的节能效果和安全稳定。采用自改进机器人智能设备，对集成模块在回转窑内进行高效运输和智能化安装，大幅降低回转窑能源消耗和污染物排放	体积密度 2.66~2.75g/cm³，显气孔率 22%~25%，水泥回转窑筒体温度降低 80~130℃	窑衬重量减少 15% 以上，节约回转窑主电机电耗；提高检修效率，缩短检修时间，通过增加回转窑有效径提高产量
4	高效节能低氮燃烧技术	工业燃烧器	采用"3+1"段全预混燃烧方式，三个独立燃烧单元，使炉内温度均匀，热效率提高，解决燃烧不充分导致的高排放。透过风的流速引射尾气，燃烧过程中逐渐加速，同方向上混合燃烧，充分利用燃气的动能，增加炉内尾气循环，延迟排烟温度，降低排烟温度，提高热交换效率，有效抑制 NO_x、CO_2、CO 的产生，节约燃料。通过分段精密配风，实现最佳风燃比，火焰稳定，负荷变化小于 40%时，热效率不变	火焰的出口速度 240~360m/s，烟气的含氧量 0.5%~10%，实现节能 10%~30%	污染物排放浓度：NO_x 含量低于 25mg/m³，CO 含量低于 10mg/m³，CO_2 含量低于 20%

续表 4-2

序号	技术名称	适用范围	核心技术及工艺	主要技术参数	综合效益
5	介质浴盘管式焦炉上升管荒煤气余热回收技术	焦化余热利用	通过上升管无机械损耗，核心部件可回收；比罗茨风机节能30%，负压比水环式结构节能40%。管换热器实现对焦炉高温荒煤气热余热的回收，换热器采用复合同壁式结构，烟气在内筒自下而上流动，中间层为换热层，螺旋盘管缠绕于内筒外壁，沉埋于导热介质内，利内筒通过导热介质层复合成一体化弹簧结构，最外层为换热介质在螺旋盘管内流动，外筒壁。可适应高温荒煤气流量和温度的脉冲式剧烈交变、内壁温度高，焦油蒸汽不凝结	800℃荒煤气可降温200℃，可产生不低于2.5MPa饱和水蒸气（或不低于260℃高温导热油，或低于400℃过热蒸汽）；同等条件下每吨产焦产汽比水夹套技术增加20%以上	节省20%喷氨量；完全依靠回收焦炉荒煤气热量替代脱苯管式炉，使富油加热设备的热效率再提高35%以上，减少污染排放点
6	钢铁窑炉烟尘细颗粒物超低排放预荷电袋滤除尘技术	工业炉窑烟气净化	预荷电袋滤技术可使烟气中细颗粒物预荷电，荷电后的粉尘在直通式袋滤器滤袋表面形成多孔、疏松的海绵状粉饼，可强化过滤时细颗粒物的布朗扩散电作用，提高细颗粒碰撞几率和吸附凝并效率，从而提高细颗粒物净化效率；超细纤维面层滤料实现表面过滤，减少细颗粒物进入滤料内部，防止PM2.5穿透逸，稳定实现超低排放	颗粒物排放浓度小于10mg/m³，PM2.5捕集效率大于99%，设备阻力700～1000Pa，设备漏风率小于1.5%；预荷电装置工作电压50～72kV，二次电流80～120mA	与传统袋式除尘技术相比，预荷电袋滤器颗粒物排放浓度下降30%～50%，环保效益显著；运行阻力降低40%以上，节能效益显著；占地减少35%，单位产品钢耗量降低25%

续表 4-2

序号	技术名称	适用范围	核心技术及工艺	主要技术参数	综合效益
7	钢铁烟尘及有色金属冶炼渣资源化清洁利用技术	重金属固废/危废处理	通过对原料的火法富氧燃烧挥发与湿法综合回收有价金属，对固废中的锌、铜、铅、铋、镉、铁等进行综合回收，并从生产过程产生的碱洗废水中回收碘及钠钾工业混盐，处理后全部回用于生产，减少新水消耗	锌冶炼总回收率大于88%，火法锌回收率大于93%，湿法锌回收率大于95%，湿法炼锌直流电耗为2850～2950kW·h/t，湿法炼锌直收率大于92.5%，熔铸回收率大于99.68%，铜冶炼回收率大于82%，铅直收率大于99%，镉直收率大于98%，吨锌新水消耗低于5m³	可附带回收超细化纯化铁粉等产品，经济效益良好
8	带液固废深度脱水化及资源化利用成套技术	工业废水/固废处理	集成带液固废进料过滤、隔膜压榨、真空干化、钢炉掺烧或残碳炉等关键工艺，利用压强与物相变化等关系，大幅降低传统常压下热干化的热源温度（150℃降至85℃）和汽化温度（100℃降至45℃），实现固液分离工艺节能和低温固废的脱水与干化技术合为一体，在同一系中一次性连续完成，处理后的固废直接进入钢炉进行掺烧，运行稳定，实现固废资源化利用	进料含水率70%～99%，出料含水率不大于25%，进料压力0.5～0.8MPa，压榨压力0.8～1.0MPa，真空度-0.095～-0.075MPa，热水温度85～95℃	与传统真空带式过滤机相比，处理后固废含水率和固废排放量均降低，如：热值提高64%；含水果滤饼按残碳30%、含水率25%计算，1t滤饼可产2t高温高压蒸汽，节能效果和经济效果显著

续表 4-2

序号	技术名称	适用范围	核心技术及工艺	主要技术参数	综合效益
9	磁悬浮变频离心机技术	高效节能装备	利用磁悬浮轴承技术替代常规轴承，压缩机采用永磁同步电机直接驱动转子，电子转轴和叶轮组件通过数字控制的磁轴承在悬转过程中悬浮运行，在不产生磨损且完全无油运行下实现高能效的制冷功能。利用智能控制安全保护技术，保证机组节能运行	磁悬浮离心机组部分负荷最高能效比达到 34.58，综合能效比最高达到 13.18；380V 电源单台压缩机仅 2A 启动电流，可实现 2%~100% 负荷连续智能调节，出水温度控制精度 ±0.1℃	制冷季或者全年运行时，综合能效较常规机组节能约 50%，噪声最低 70dB
10	焦炉炉头除尘技术	焦化除尘	采用"炉门上方设固定除尘罩+推焦车封闭及两侧移动密封挡板"形式以及炉门头吸尘罩控制技术，收集焦炉产生过程中、装煤和出焦时炉门产生大量有毒含尘无组织排放的废气	净烟气粉尘超低排放（标态）3.1mg/m³，低于国家标准的 10mg/m³	烟气中的苯并芘、焦油等有机物一并得到治理，降低焦炉生产环境对其他影响
11	基于脉冲式旋流澄清的矿井水及采出水处理技术	工业废水处理	利用脉冲发生器周期性向澄清池中放水，使废水在其自身重力作用下，在流澄清池中沿水平和竖直两个方向上同时形成周期性的变加速旋转运动，废水中的悬浮物在旋转过程中发生碰撞、絮凝在池底中急速沉淀，达到提高沉淀、泥水分离的目的，大幅提高设备的处理效率和沉淀效果	抗冲击负荷能力强，进水悬浮物浓度最高可达 5000mg/L；产悬浮物去除率不低于 90%	消耗电能较同类污水处理设备低 50%~75%；产生具有一定热值的污泥可与原煤一起综合利用；处理后的废水可直接对地下水体进行补水

续表 4-2

序号	技术名称	适用范围	核心技术及工艺	主要技术参数	综合效益
12	多能互补型直流微电网及抽油机群节能技术	高效节能装备	通过风/光/储/网电等多能互补控制构成直流微电网，为多油井电控终端供电，发挥直流供电和多机集群优势。各抽油机冲次依采油工况优化调节，通过物联网实现集群协调调控管理，使各抽油机间发电馈能经直流母线共享循环利用，提高能效，降低谐波污染，解决油田抽油机电控采油工艺和能效问题，大幅降低油机电耗，台数、线路损耗和油机电耗	工作温度-40～+80℃。驱动适应范围为额定电压380V、660V、1140V的三相异步电动机，永磁同步电动机，功率范围在5～55kW的各种抽油机	与传统模式相比，节约变压器台数90%以上，节约变压器容量65%；吨液生产有功节电率15%～25%，无功节电率90%～95%；网侧功率因数优于0.95
13	CO_2捕集、运输、驱油、埋藏工程技术	温室气体减排	针对工业生产过程中不同浓度CO_2排放源，分别采用有针对性的捕集方法，尤其针对低浓度CO_2捕集，基于"AEA胺液"、CO_2双塔解吸节能技术，使采集成本大幅降低；捕集的CO_2采用管道超临界区输送，利用CO_2混相气驱、CO_2辅助蒸汽吞吐、CO_2非混相驱+刚性水驱、CO_2前置蓄能压裂采油技术，将CO_2注入多种类型油藏，实现CO_2地质封存，提高油藏采收率，尤其对强水敏低渗油藏和火成岩裂缝取得驱油藏技术突破	CO_2捕集热耗小于3.2GJ/t，低于国内平均水平30%；CO_2管道压力控在8～11.7MPa，采用密相/超临界区输送；稠油总体换油率达2.01，稀油总体换油率达0.78	实现温室气体减排，同时每埋藏1t CO_2可采出原油约0.3t

续表 4-2

二、清洁生产产业

序号	技术名称	适用范围	核心技术及工艺	主要技术参数	综合效益
1	复杂多金属物料协同冶炼及综合回收关键技术	固体废弃物处理及综合利用	利用氧化物、硫化物、硫酸盐、单质等交互反应过程以及固相、液相、气相等多相耦合反应过程，处理含有铅、锑、铜、锡、镍、砷、铋、铁、氟、氯、锌、硫、镉、钴、铬等十几种元素的复杂物料，进行回收。采用逆流焙烧干燥、富氧侧吹冶炼、富氧燃料浸没燃烧等技术，保证处理后弃渣属于一般固废	铜回收率大于96%，锑回收率大于97%，铅回收率大于90%，银回收率大于97.5%，金回收率97.5%，铋回收率大于90%，锌回收率大于98.5%，氧浓度最高95%，脱硫率大于90%，废气、废水、固体废物优于国家现行排放标准	能够实现铅、锌、锑、铜、铋、银、金、硒、硫等多金属复杂原料的综合回收，以及各种渣料的无害化处置，废气、废水达标排放，渣处理投资1200元/t，回收锌10kg/t，铜20kg/t
2	钢铁行业多工序多污染物超低排放控制耦合技术	工业烟气尾气处理	根据烧结风箱烟气排放特征差异，在不影响烧结矿质量前提下，选择特定风箱烟气循环回烧结台车表面，用于热风烧结剩余烟气首先通过脱硫区进行 SO_2 吸附与氧化，然后与喷入的氨气混合进入脱硝区发生脱硝反应，氧化等过程制备硫酸副产品	颗粒物不大于10mg/m³，SO_2不大于50mg/m³，NO_x不大于15mg/m³，二噁英0.021ng TEQ，烟气循环率大于25%，吨矿烟气量减少21.5%~25%，CO减排	固体燃耗降低6.3%~10.8%，烧结矿提产3.2%~6.2%，综合治理成本12~15元/t

续表 4-2

序号	技术名称	适用范围	核心技术及工艺	主要技术参数	综合效益
3	金属表面无酸除鳞成套技术	无毒无害原料替代	采用高压水为动力，用一定压力的高压水和一定浓度的钢丸在耐磨除鳞喷头内充分混合，形成高能磨料液两相流，通过高速微细磨料的打击与高压水楔强力冲蚀共同作用，一次性清除金属表面氧化层、油、盐、粉尘等杂质，确保待加工金属基体表面无任何附着物，过程中水与磨料可循环使用，产生的废渣作为铁精粉等可直接回收，并且无其他废水、废气排放	除鳞效能不高于 3.5kW·h/m²，清理后表面清洁度 Sa 3.0 级，表面粗糙度 R_a = 2.0～16（可调）；技术适应性：普碳钢、不锈钢、钛合金、高强钢等材质	相比传统酸洗等表面清理工艺，该技术可实现吨钢废酸减排 20kg，含酸废水减排 0.6t；可全面满足不同材质金属、不同类型表面污染物的清理需求，生产成本较传统工艺降低 10%～70%
4	金属膜冶炼炉高温气体干法净化节能减排技术	大气污染防治	融合金属膜材料、膜元件制备技术、膜分离、膜装备、膜系统工程应用等技术，实现矿热炉及类矿炉烟气（标态）（含尘小于 150g/m³）在高温下精密气固分离，得到洁净煤气（含尘小于 10mg/m³）后，送至高温净滤能（同时得到纯净焦油等）。核心净滤户处作为化工原料或燃料发电。核心净滤材通过粉末冶金阿肯青达尔效应原理制备，成套系统实现高温在线反吹、高温多级排灰、防结露、防焦油膜、自动检测控制和安全防爆等功能	工作温度 200～550℃；净化前气体含尘量（标态）0～150g/m³，净化后气体含尘量（标态）小于 10mg/m³，过滤精度为 0.1μm	22500kV·A 铁合金矿热炉上应用，年可多回收净煤气（标态）约 4492.8 万立方米，颗粒物年减排量 1797t

续表4-2

序号	技术名称	适用范围	核心技术及工艺	主要技术参数	综合效益
5	烧结（球团）多污染物协同式干式协同净化技术	工业烟气尾气处理	以循环流化床反应器为核心，通过反应器内激烈湍流双重净化、细微颗粒物凝并结合选择性催化还原（SCR）、循环氧化吸收（COA）和超滤布袋除尘技术，并通过智能化检测与控制系统，高效脱除 SO_2、NO_x、SO_3、HCl、HF 等酸性气体，重金属（铅、砷、镉、铬、汞等）、二噁英及颗粒物（含 PM2.5）等多组分污染物	出口 SO_2 浓度（标态）不大于 $35mg/m^3$，NO_x 浓度（标态）不大于 $50mg/m^3$，烟尘浓度（标态）不大于 $5mg/m^3$，多种污染物协同脱除（标态）：出口 SO_3（硫酸雾不大于 $5mg/m^3$，重金属汞不大于 $3\mu g/m^3$，二噁英不大于 0.1ng-TEQ/m^3	多污染物同脱除，无有色烟羽排除；可减小占地面积约 50%，耗水量节约 30%，无废水排放
6	利用交变脉冲电磁波的循环冷却水处理技术	工业循环冷却水处理	运用特定频率范围的交变脉冲电磁波，激励水分子产生共振，增强水的内部能量，促使在冷却水中形成无附着性的文石及在钢铁表面形成磁铁石，解决结垢和腐蚀问题，具备一定抑制细菌、藻类和微生物的作用	循环冷却水中的总 Fe 含量小于 1mg/L，异养菌总数小于 1×10^4 cfu/mL，循环冷却水的浓缩倍率不小于 6	循环冷却水系统压缩机能耗降低 3% 以上；节约用水 30% 以上

三、清洁能源产业

序号	技术名称	适用范围	核心技术及工艺	主要技术参数	综合效益
1	智慧能源管理系统技术	能源系统高效运行	综合通信技术通过具有对等通信的工业物联网与工业以太网无缝连接，并通过网络变量捆绑实现去中心化的设备互动。采用数据采集与处理模型，实现模型及策略、智能能源控制，能效提升、能源平衡与调度、动态柔性调峰。在统一平台上解决了信息孤岛同题，实现了用能系统的监控管一体化	工业物联网传输速率不小于 1Mbps；子网在线率 100%（光纤模式），传输误码率不大于 10^{-6}，循环误码率不大于 1s；系统响应时间不大于 1s	能效提高率 10%～40%；提高能源保障与安全管理水平，减少运维人员 1/3 以上

续表 4-2

序号	技术名称	适用范围	核心技术及工艺	主要技术参数	综合效益
2	燃气轮机干式低排放技术	清洁能源装备	采用贫油预混燃烧模式，控制燃料/空气当量比，实现燃料与空气较均匀预先混合，将主燃区温度控制在1670~1900K之间，兼顾自燃、回火等因素；采用分级燃烧方式，保证低排放燃烧室在各工况下稳定工作；利用先进冷却技术，保证低排放燃烧室火焰筒寿命；切换点及燃料比例调节技术保证低排放燃烧室稳定工作，避免发生回火和振荡燃烧问题	燃烧室出口温度不均匀度应满足燃机整机对周向温度分布系数及径向温度分布系数的要求，燃烧效率不小于99.5%	80%~100%工况下，排放烟气中 NO_x 不大于 $50mg/m^3$，CO 不大于 $100mg/m^3$

四、生态环境产业

序号	技术名称	适用范围	核心技术及工艺	主要技术参数	综合效益
1	基于"类土"基质的矿山生态环境综合治理技术	矿山生态环境恢复	结合工程学、植物学、土壤学等学科，通过仿生技术快速模拟出自然界中适合植物生长的土壤快速腐殖质层和淋溶层，辅以适宜的乔灌木比例。基质与岩质（土质）边坡有足够的黏结力，以保证边坡面的植被能包容岩质（土质）的植被能生长扎根。无需人工管理，植被自然生长，恢复原有山貌	质量密度 0.8~1.2g/cm²，有效持水量 65%~79%（体积），有机质不小于4%；速效氮 100~169mg/kg，有效磷 40~200mg/kg，速效钾 130~220mg/kg，pH 值 5.6~7.5，电导率 0.1~0.3mS/cm	矿山综合治理成本下降31%~49%，实现增加碳汇，增强水土保持能力，改善气候，提高生物多样性

从节能技术推广效果来看，以上目录的发布大大提高了重大节能技术在行业的普及率。

三、钢铁行业先进适用节能低碳技术

钢铁企业要始终坚持技术进步是做好节能减排工作的最重要举措。当前，钢铁企业仍然要把技术进步和重点节能技术项目应用作为钢铁节能工作的重中之重。

截至目前，钢铁行业主要节能低碳技术有：

（1）原料准备领域。原料准备领域包括原料混匀技术、封闭储存技术、智能控制、皮带机智能监控等节能和节电技术。

（2）焦化领域。焦化领域包括高温高压干熄焦技术、烟道气余热回收利用、焦炉上升管余热回收利用技术、煤调湿技术、负压脱苯和蒸氨、循环氨水及初冷器上端余热回收利用技术、焦炉高辐射涂层、焦炉加热自动控制技术、焦炉煤气制 LNG 和联合高炉煤气或转炉煤气制醇类产品等节能技术。

（3）烧结球团领域。烧结球团领域包括烧结机漏风治理、烧结大烟道烟气余热回收、烧结余热回收及高效发电、热风烧结技术、富氧烧结技术、烧结料面喷吹蒸汽、烧结烟气循环利用技术、烧结余热与电动机联合驱动主抽风机技术（SHRT）、烧结蓄热式点火技术、球团烟气余热回收利用等节能技术。

（4）炼铁领域。炼铁领域包括高炉 TRT 高效发电技术、高炉煤气干法除尘技术、煤气透平与电机同轴驱动技术（BPRT）、高炉炉顶均压煤气回收技术、热风炉烟气双预热技术、高辐射覆层技术、变压吸附制氧技术、脱湿鼓风技术、冲渣水余热回收技术、高风温热风炉技术、高效喷煤技术、非高炉炼铁等节能技术。

（5）炼钢领域。炼钢领域包括转炉煤气干法回收技术、转炉煤气高效回收技术、干式真空精炼技术、连铸坯节能切割技术、钢包加盖节能技术、AOD 炉烟气余热回收利用技术、转炉烟气余热回收利用技术、蓄热式烘烤技术、废钢预热技术、电炉烟气余热回收利用技术、电炉优化供电技术等节能技术。

（6）轧钢领域。轧钢领域包括钢坯热装热送技术、加热炉黑体强化辐射技术、加热炉蓄热式燃烧技术、智能燃烧技术、低氮燃烧技术、富氧燃烧技术、免加热炉直接轧制技术等节能技术。

（7）公用设施领域。公用设施领域包括高参数煤气发电技术、CCPP 发电技术、中低温余热回收及发电技术、ORC 发电技术、汽轮机冷端优化等提升发电量技术、变压吸附技术、空压机系统优化节能技术、节能型水泵、永磁电机、永磁调速、开关磁阻电机、变频调速技术、电能质量治理技术等节能技术。

（8）新能源和能源替代领域。新能源和能源替代领域包括光伏发电、风力发电、储能储热、氢能制取和利用等节能技术。

（9）信息化领域。信息化领域包括智慧能源管控中心和能源信息化管理技术。

四、节能低碳技术未来发展方向

总体来看，尽管钢铁工业技术节能挖潜空间逐步缩小，难度也越来越大，但采取正确的发展方向和应对措施仍有可能实现技术节能跨越式的发展。为此，未来我们认为可以在以下几方面加大工作力度。

一是以不断提升能效水平作为技术节能的基本立足点。能效被认为是除煤炭、石油、天然气、可再生能源之外的第五大能源，对于钢铁工业节能技术措施的应用，在任何发展阶段均应以提高能效为基本立足点。因此，无论是现阶段已获得广泛推广普及的，或者是尚未广泛推广的，或者是现阶段应用尚有一定障碍的，均应将不断提高能效水平作为未来发展的根本。

二是技术节能的集成优化是提升能源利用水平的重要转折点。中国钢铁工业发展至今，面临产能过剩严重以及日益严峻的生产经营形势，正经历从单纯追求数量向追求质量乃至科学发展的转变。钢铁生产过程各工艺流程紧密相连，因此技术节能同样需要实现从简单追求回收数量向注重回收质量乃至科学合理回收利用方式的转变。未来的发展阶段，多系统耦合分析、集成优化，实现优化配置应成为提升技术节能利用水平的重要转折点。

三是技术的不断创新仍是提升回收利用水平的关键。加强钢铁工业节能减排，必须切实加强设备的更新改造，加快核心、关键技术的开发推广，大力推进重要技术装备和基础装备，提高装备制造企业的自主创新能力，推进节约、高效、环保的重大技术装备的自主制造。

未来发展阶段，技术的不断创新仍将是进一步提高钢铁行业能源利用水平的关键。面对应用难度增大、空间缩小的严峻形势，实现关键技术的突破是化解现阶段节能瓶颈的关键，这需要行业协会、研究机构、设备生产制造企业以及钢铁生产企业的共同协作和努力。

五、前沿节能技术发展目标及领域

钢铁制造流程相对其他工业流程来说，工序多，流程长，结构复杂。钢铁联合企业一般包括原料准备、焦化、烧结、球团、高炉、转炉（电炉）、精炼、连铸、热轧、冷轧及其他深加工、石灰、自备电厂、制氧等十多个工序环节，各环节节能降耗方向和重点各不相同。

（1）焦化工序。焦化就是将煤在隔绝空气中加热到 $950\sim1050℃$，经过干燥、热解、熔融、黏结、固化、收缩等阶段最终制得焦炭的过程。炼焦的产物是焦炭和粗煤气，1t 煤约有 75% 变成焦炭、25% 变成粗煤气。将粗煤气进行加工处理，可以得到多种化工产品和焦炉煤气。

焦化厂是能源转换的工厂，生产 1t 焦炭要消耗 $1.33\sim1.35t$ 洗精煤、$185m^3$ 焦炉煤气（或 $970m^3$ 高炉煤气），并产生 $420m^3$ 焦炉煤气，在巨大的能源转换过程中节能潜力很大。在焦化工序中，炼焦过程的能耗占整个焦化工序能耗的 70%~80%，所以降低炼焦过程能源消耗水平是降低焦化工序能耗的重中之重。在炼焦过程中，能源的最大消耗主要是焦炉加热用煤气的消耗，煤气燃烧所产生的热量除了焦炉本体的散热和燃烧废气带走的热量外，绝大多数被焦炉的产物带出，其中焦炭的显热居第一位，荒煤气的显热居第二位，两者合计占焦炉总输出热量的 70% 以上。

降低炼焦耗热量，加强余热的回收利用，减少电力、蒸汽和水等的消耗是炼焦工序节能降耗的方向。

（2）烧结和球团工序。烧结和球团工序能耗约占冶金总能耗 12%，是仅次于炼铁的第二大耗能工序。烧结和球团工序实现节能降耗主要从三个方面考虑，一是降低煤气消耗；二是余热利用技术；三是降低电力消耗。

据调研，目前我国钢铁企业烧结厂通过实施精料方针，已广泛应用厚料层烧结、降低漏风率，减少固体燃料用量等清洁生产技术。另外，烧结工序中有 50% 左右的热能被烧结烟气和冷却机废气带走。除去热风烧结、热风点火、热风保温所用热风之外，热风还有大量剩余，所以通过技术创新最大限度地回收烧结环冷机的烟气余热，实施和推广烧结烟气余热利用技术是未来的发展方向。

（3）炼铁工序。我国主要采用的是高炉—转炉长流程钢铁生产工序，高炉炼铁工序是我国钢铁生产流程中能耗最高的工序，占整个工序能耗的50%以上。因此，炼铁工序是钢铁企业推进节能的重点领域。

根据计算，高炉炼铁生产所需的能量有78%是来自焦和煤燃烧、19%来自热风、3%来自炉料反应热。炼铁工序节能的工作重点首先是要努力降低燃料比，其次要努力提高二次能源回收利用水平。

同时，鉴于高炉炼铁工艺自身在节能减排方面存在的缺点，与高炉工艺相比，具有低消耗、使用未经处理的原料、对环境污染小以及投资低等特点的非高炉炼铁工艺成为研发的热点，出现了 Corex、Finex、ITmk3 等非高炉炼铁工艺。但这些新的炼铁工艺还不够完善，在未来一个阶段随着技术的不断进步，将成为高炉炼铁有益的补充。

（4）炼钢工序。转炉炼钢是以铁水、废钢、铁合金为主要原料，不借助外加能源，靠铁液本身的物理热和铁液组分间化学反应产生热量而在转炉中完成炼钢过程。

转炉炼钢是当代钢铁生产中耗能最少，并且是唯一可以实现总能耗为"负值"的工序。未来，进一步降低工序能耗、物耗，实现更加高效的能源转换和回收，更加有效地利用二次能源，开发低温余热回收利用新途径是炼钢工序节能降耗的重点。

同时，随着碳约束时代的来临以及我国工业化进程的加快、废钢积蓄量的不断增加，大力发展电炉钢生产将是未来世界钢铁工业的主流。在电炉炼钢中，如何降低电炉能耗是其节能的主要思考方向。电炉优化供电，建立合理的废钢回收、分类管理机制，电炉烟气除尘/余热回收利用、废钢预热等技术的广泛应用无疑将对电炉炼钢的节能减排工作做出重大贡献。

（5）轧钢工序。轧钢工序能耗在钢铁全流程中所占比重为 10%～15%。在轧钢工序能耗结构中，主要包括燃耗、电耗、蒸汽和其他介质能耗，其中燃耗占轧钢工序能耗比重的 65%～70%，而电耗占 25%～33%。由于燃耗为加热炉消耗，故加热炉是轧钢工序的主要耗能设备，其能耗水平直接影响轧钢生产成本，因此降低加热炉能耗是轧钢节能的主要方向和目标。

此外，实现工序之间的连续化、一体化以及采用一些节能型的新工艺和新技术，如热装热送、低温轧制、在线热处理、无头轧制等，也能显著降低吨钢能耗。

同时，钢铁行业总体经营形势严峻，进一步优化产品结构，提高产品附加值，提高相同能源消耗的产值也是轧钢工序重点发展的方向。

中国钢铁生产产销量大，同时资源禀赋及行业发展历程造成中国钢铁工业以高炉—转炉长流程生产为主，因此，中国钢铁工业是典型的能源、资源消耗密集型行业，也是能源消耗的重点行业。从行业自身来说，钢铁工业是工业领域节能降耗的重点行业。

从各生产工序能源消耗所占比例来看，炼铁、能源动力转化、烧结、焦化生产工序能源消耗在钢铁企业生产总能耗中占比较大，是钢铁行业能源消耗的主要工序，也是钢铁工业各生产工序中应重点优先发展的领域。

钢铁工业各生产工序能源消耗占比情况，如图4-8所示。

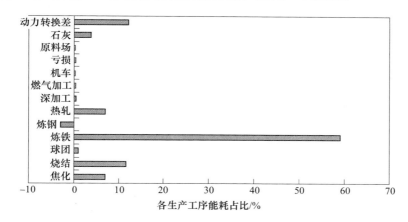

图 4-8　钢铁工业各生产工序能源消耗占比情况

六、钢铁企业节能诊断

（一）开展节能诊断专项咨询的必要性

1. 满足国家有关政策要求的需要

鼓励引导广大工业企业开展节能诊断，查找用能问题，深挖节能潜力，促进企业实施节能改造，提升能源管理水平，是推动工业能效持续提升的重要手段。为此，工业和信息化部已在全国开展工业企业节能诊断服务行动，构建节能诊断服务体系，大力培育第三方机构，向广大企业提供节能诊断服务，推进工业能效持续提升，实现工业高质量发展。因此，钢铁企业开展节能诊断是积极响应国家有关政策要求。

2. 符合行业发展趋势的需要

2020 年，全国粗钢产量为 10.65 亿吨，比上年增长 7%，但全行业利润总和同比下降 7.5%，降本增效仍为企业重要战略。行业内很多优秀钢铁企业已经开展了节能诊断工作，节能诊断已经作为行业内通用的降低生产成本最重要的手段之一。行业内武钢、马钢、湘钢、莱钢、新兴铸管等企业都先后通过开展节能诊断工作，大幅提升了企业能源利用效率，降低了企业生产成本。因此，钢铁企业开展节能诊断是符合行业发展趋势，钢铁生产企业提高能源利用水平的通用做法。

3. 企业自身降本增效的需要

当前，钢铁行业产能过剩又重现抬头之势，企业面临的竞争形势进一步加大，降本增效又成为企业提升竞争力最重要的手段之一。一般而言，钢铁企业能源生产成本占总生产成本的 25%~40%，优秀节能企业和落后节能企业能源利用成本能够相差 300 元/t 左右，开展节能诊断是钢铁生产企业降低能源利用成本最有效的手段。因此，钢铁企业开展节能诊断工作是企业自身降本增效的需要。

（二）工作思路

1. 主要工作内容

对企业烧结、炼铁、炼钢、轧钢及公辅系统等各工序全系统诊断及优化，通过结构节能、技术节能、管理节能，实现系统节能和科学用能，降低企业生产成本。

结构节能：对企业生产工艺、流程结构进行诊断，降低企业铁钢比、燃料比等结构指标，优化企业矿-铁界面、铁-钢界面、钢-轧界面等界面技术。

技术节能：对企业原料场、烧结、炼铁、炼钢、轧钢及公辅系统进行专业诊断，提出各生产工序可以实施的节能技术，测算节能效益，计算节能成本。

管理节能：重点帮助企业建立完善的能源管理体系，提高信息化管控水平，从各方面推进企业能源的精细化管理。充分体现节能增效和能源结构转型；充分体现技术革命性创新和数字化、智能化转型；充分体现低碳经济和协同效应；充分体现"减存量、控增量、挖潜力"的统筹及碳市场的重要工具手段。

系统节能：重点从系统节能层面，优化企业燃气—蒸汽—电力系统，从使用端多节约燃气、蒸汽和电力，从回收端提高燃气、蒸汽和电力回收量及品质，并对整个系统进行综合平衡，最终体现到提升企业自发电上，减少外购能源成本。

2．工作方式

节能诊断采用专家诊断＋冶金规划院团队诊断＋节能技术对接综合诊断模式。

（1）专家诊断。依据冶金专委会、冶金规划院专家委员会和平台优势，可以根据企业实际需要，广泛邀请冶金领域和节能领域知名专家、其他优秀企业管理专家等为企业提供专家诊断服务。

（2）冶金规划院团队诊断。冶金规划院具有包括原料场、焦化、烧结、球团、炼铁、炼钢、轧钢、燃气、热力、电力、给排水、总图运输、技术经济等全流程专业队伍，从各工序进行综合诊断。

（3）节能技术对接。经过诊断，发现企业各工序节能存在的问题和提出的节能技术需求，优选行业内先进的节能减排技术，进行节能技术现场对接，保证重点项目能够落地实施。

（4）开展专项培训。针对企业需要，后续还可以针对性开展节能管理提升专项培训等工作。

（三）效果预测

（1）实现企业能源消耗总量和煤炭消耗总量的降低，满足地方政府对企业能源任务考核的要求。

（2）实现企业主要能耗指标的改善，包括吨钢综合能耗、各生产工序能耗、主要能源消耗指标等，预计主要生产工序能耗降低3%～10%。

（3）实现企业综合能效水平的全面提升，包括主要二次能源回收利用指标、能源加工转换效率、企业二次能源自发电率指标等。

（4）实现企业能源成本的有效降低，节能与增效并行，保守估计，预计吨钢能源成本降低30～100元/t，按照800万吨粗钢计算，年可节约成本2.4亿～8亿元，大幅提升企业竞争能力。

（四）冶金规划院助力节能实施

（1）行业标准的制订者。冶金规划院正在牵头制订行业标准《钢铁企业节能诊断技术导则》，在节能诊断领域具有最强的话语权，精通节能诊断工作流程，熟悉主要技术要求，可以为企业提供最权威的诊断报告。

（2）丰富的专家资源。冶金专委会组建了包括 6 位院士在内的专家委员会，包括冶金领域和节能领域的专家，以及国内各大钢铁企业的能源部长和能源管理专家，为企业开展节能诊断工作提供可靠丰富的专家团队。

（3）完整的专业团队。冶金规划院拥有最完整的专业力量，从原料场、烧结球团、炼铁、炼钢、轧钢等主体工序到燃气、热力、电力、节能、环保、总图物流、技术经济等辅助工序，专业力量一应俱全，为开展全系统能源诊断提供了专业保证。

（4）强大的资源整合能力。冶金专委会和冶金规划院平台汇集了行业内各类先进节能技术的供应商和资金提供方，具有强大的资源整合能力，为诊断出来的后续节能项目提供了落地保证，还可以为企业提供后续项目的政策资金申报等服务。

（5）数量众多的实际案例。冶金规划院先后为国内多家企业开展了节能诊断专项咨询工作，如中国宝武、华菱湘钢、江苏申特、新天钢集团、首钢迁钢、芜湖铸管、华乐合金、东方特钢、山东鲁丽、首钢水钢、陕钢集团、徐州宝丰、赤峰远联等多家国有企业和民营企业，为企业能源诊断提供成熟的案例。

第三节　低碳节水技术

钢铁行业是规模庞大的基础性产业，同时也是高耗水行业，钢铁行业用水量约占工业用水的 10%。钢铁行业用水系统主要为循环冷却用水系统，其基本特点是冷却过程以水为介质，升温后的水需要通过冷却塔等设备蒸发降温再利用，循环冷却水的蒸发耗水巨大，钢铁行业的用水主要用于循环冷却水的补充水。

根据相关统计数据显示，"十一五"期间，钢铁行业重点统计企业吨钢取水量年均下降 13.89%；"十二五"期间，吨钢取水量年均下降 4.30%；

"十三五"期间，吨钢取水量年均下降6.24%。总体上看，钢铁行业节水成效显著，用水效率得到了大幅提升。用水效率的提升，与钢铁行业节水低碳技术的应用是密不可分的。同时，钢铁行业低碳节水工作还需进一步完善，具体如下。

（1）节水管理水平不高。虽然近年来大多数企业成立了节水管理部门，但供、用、排水的实际工作仍有大量企业由多个部门管理运作，缺乏有效的综合协调和统一管理机制与严格考核手段。部分企业还未建立有效的节水激励和约束机制，缺少规范化、标准化的用水节水管理体系。普遍存在节水管理机构不健全、用水台账不完整、用水计量设施配置不合规、用水计量不精准、未落实用水定额管理以及未定期开展水量平衡测试等问题。

（2）位于水资源相对富余地区企业节水空间大。从统计资料看，位于严重缺水地区的中国钢铁企业节水指标普遍比水资源相对富余地区的钢铁企业先进，而且与国外先进水平相比，如韩国浦项吨钢取水量为3.36m³，德国蒂森克虏伯吨钢取水量为3.2m³，严重缺水地区的多数企业吨钢取水指标已接近或优于国际先进水平。但水资源相对富余地区的钢铁企业吨钢取水指标与先进水平相比，还存在较大节水空间，如部分钢铁企业吨钢取水量大于3.7m³。

（3）非常规水的取用量占钢铁企业取水量的比例还较低。目前沿海企业的数量在增加，利用海水对区域水资源短缺程度有较大缓解作用。但沿海钢铁企业利用海水的积极性不高，导致海水淡化水使用比例还很低，主要是淡水价格与海水淡化价格有较大的差别。另外，我国城市钢厂多，但目前使用城市中水的企业还较少，原因是城市中水水质较差，水量不稳定，制水成本高，影响企业用水安全和排水量。

（4）缺乏低成本处理浓盐水技术，影响钢铁行业用水效率进一步提高。随着节水工作的不断深入，企业采取提高循环水浓缩倍数，实施污水回用等节水措施，以及要求焦化酚氰废水、冷轧废水单独处理回用于生产水系统等，都不可避免地产生大量的浓盐水。目前处理浓盐水成本高，因此多数企业对浓盐水的利用以低质使用为主，没有进一步处理的积极性，影响钢铁行业用水效率的进一步提高。

（5）短流程电炉炼钢比例较低。短流程电炉炼钢比长流程转炉炼钢既省水也减污，但目前我国短流程电炉炼钢比例还较低，而国际高比例达到60%以上。

随着钢铁行业用水效率不断提升，总体上看，钢铁行业低碳节水技术主要有以下几类。

一、低碳节水工艺措施

（一）干熄焦工艺措施

干熄焦工艺是利用惰性气体，主要成分是 N_2，在干熄炉中与赤热焦炭换热从而冷却焦炭，吸收了焦炭热量的惰性气体将热量传给干熄焦锅炉产生蒸汽；蒸汽一般采用并入厂内蒸汽管网或者单独送去配套的发电机组进行发电，被冷却的惰性气体再由循环风机鼓入干熄炉冷却赤热焦炭。干熄焦工艺不但减少了湿熄焦工艺所需水量，而且还能将余热转换为电能，属于低碳节水的典型工艺。

某钢铁企业采用大型 260t/h 干熄焦余能利用技术，配备 2 套 30MW 发电机组，与湿熄焦工艺相比，不但节省水电消耗，每年还减少 CO_2 排放量约 55 万吨。其主要设备由干熄炉、装入装置、排焦装置、提升机、电机车及焦罐台车、焦罐、一次除尘器、二次除尘器、干熄焦锅炉单元、循环风机、除尘地面站、水处理单位、自动控制部分和发电部分等组成，主要流程如下：

循环风机→给水换热器→干熄炉的送风装置→冷却室→斜道区环行气道→一次除尘器→余热锅炉→二次除尘器→回到循环风机，干熄焦余热锅炉换热产生的蒸汽，或并入厂内蒸汽管网，或送去发电。

（二）高炉冲渣水余热回收利用措施

近年来，国内多家企业对冲渣水低温余热回收用于集中供热进行了研究和试验，实施了近百座高炉。按照取热工艺划分主要有四种：渣水直供工艺、渣水直接换热工艺、渣水过滤换热工艺、闪蒸工艺。现阶段国内广泛应用的两种高炉冲渣水余热利用工艺为：渣水直接换热工艺和渣水过滤换热工艺。

高炉冲渣水余热回收利用系统设备比较简单，主要包括循环水泵、换热设备以及相应的供水管道等。高炉冲渣水余热利用具有较高的减碳效果，根据相关数据显示，2018 年我国生铁年产量约 7.71 亿吨，63% 在北方采暖地区，考虑南方生活热水可利用部分，若推广应用程度达到 70%，平均采暖期按 5 个月计算，年可实现余热回收量约 5.397×10^7 GJ，可实现节能（标煤）

184.4 万吨。与燃煤集中供热相比，可大量减少碳排放、SO_2 排放、NO_x 排放、粉尘排放，带来巨大的经济和社会效益，具有广阔的推广应用前景。

（三）重复用水工艺措施

1. 密闭循环冷却技术

密闭循环冷却水系统，采用全密闭的循环用水方式，不与空气接触；与敞开式循环冷却水系统相比，不存在冷却过程中蒸发或风吹等因素导致的水量损失，仅有系统漏失水量，无系统排污水产生。现阶段大型高炉、转炉等冶炼设备，均采用了密闭循环冷却水系统。

密闭循环冷却水系统采用软水作为系统补充水，主要设备包括软水补充水泵、循环水系统供水泵、板式换热器、稳压脱气罐以及为保持水质稳定而配套的加药装置。

密闭循环冷却水系统与敞开式循环冷却水系统相比，软水密闭系统的补充水量小，水质好，腐蚀小，换热效率高，冷却效果好，水的循环率在 99% 以上。而敞开系统在循环过程中水不断蒸发，加上排污和泄漏损失，水的循环率一般在 95% 左右。因此密闭循环冷却水系统，具有更好的低碳节水效果，具有较高的推广意义。

2. 综合污水回用工艺技术

钢铁企业生产过程中会产生大量的生产废水，经厂区排水管网汇总后成为综合污水，可经过适当处理及再生作为生产新水资源化利用。钢铁企业综合污水中的成分主要是颗粒物、无机盐等污染物，处理工艺以物理处理为主，主要去除水中悬浮物 SS 等污染物，也可以对部分废水采取深度脱盐措施，进一步去除无机盐类，改善水质，提高综合污水回用率。

综合污水回用主要水处理设施包括调节池、混凝沉淀池、过滤池、回用水池以及相应的水泵系统、加药系统。综合污水回用工艺，减少了钢铁企业新水消耗量，降低了新水使用成本。

例如，太钢采用国内先进处理技术，集中处理太钢及周边生活污水，实现治理水污染和废水资源化"双赢"战略。太钢将太原市尖草坪区域生活污水以及北沙河、北涧河生活污水进行处理，处理后的水质完全达到回用水的标准。设计日处理生活污水量 5 万吨，生活污水经过污水处理厂处理后，作为膜处理的进水。

天津荣程钢铁根据其所在地区水资源特点，更换了生产用水水源，将常规水资源变为非常规水源。采用了城市中水、城市污水、雨水作为生产水源，在节约水资源的前提下，还承担了城市污水处理职责，处理所在区域城市污水，服务于社会。

（四）水系统设备减碳措施

1. 水泵冷却塔变频改造

钢铁企业循环水系统水量约占总用水量的70%以上，冷水池中的水通过水泵送至生产换热设备，水温升高后利用余压流入冷却塔，在冷却塔内利用风机所产生的空气与水对流接触后，使水温下降。而循环冷却水系统中，冷却塔风机电量消耗是循环水系统主要能耗指标之一。受不同季节大气温度的差异性影响，冷却塔的冷却效果不同，因此，钢铁企业循环水系统的冷却塔风机变频改造，是降低循环水系统能耗的主要措施之一，可以根据水温和周边大气温度的不同，变频调节风机效率，达到减少无效能耗的效果。另外，冷却塔填料的维护也是钢铁企业需要关注的工作，确保水流在填料上的均匀分布，从而达到稳定运行、提升冷却效率的目的。

2. 节能泵应用

节能泵的使用也是钢铁行业常见的节能降耗措施，节能泵的原理是通过选择优秀水力模型、叶轮出口角修正、流道打磨、泵体与泵盖的合缝修正、提高加工精度、减少摩擦、减小容积损失等方式来减少无功功率，调节水泵内水体流态，使紊乱的流体通过装置后变为平稳的层流，降低水力。

特别是三元流叶轮，在叶轮的设计上，采用最佳的水力模型，调整叶片的扭曲度，使流面更加流畅平滑，达到最佳流体输送要求，大大提高了水泵的运行效率。根据某钢铁企业实际应用案例，采用节能泵与常规水泵相比，可以降低15%~20%的电耗。

二、低碳节水技术措施

（一）循环水水质稳定技术措施

目前钢铁行业用于提升循环水系统浓缩倍率的方法，主要有化学药剂法、电化学法、超低频波水处理方法等。化学药剂法通过在循环水系统中添加缓蚀阻垢剂的方式，提升循环水系统的浓缩倍率。电化学方法是通过直流电压让水中 pH 值局部性在负极增高，水中钙离子和碳酸根离子因此结合成碳酸钙并结垢在负极，通过清除负极上的碳酸钙来达到阻垢的目的。超低频波水处理方法是利用超低频波增强水分子的氢键，水分子团变大，水的溶解能力增强，让水中的钙、镁离子和碳酸根离子不以碳酸钙的形式析出来。根据先进钢铁企业的运行经验看，循环水系统浓缩倍率可以提升到 4~5 倍，从而降低循环水系统的新水补充量，提升循环水系统的用水效率。

（二）冷凝水回收技术措施

钢铁企业均有较多的蒸汽使用设施，如管道伴热、设备保温、锅炉系统冷凝水、生活采暖用汽设施，这样就会产生蒸汽冷凝水，其水质近似于蒸馏水，相当于除盐水，硬度、碱度、溶解性固体含量极少。冷凝水回收后，回用于生产用水系统，可以降低制水成本，减少碳消耗量，对钢铁企业具有重要的推广意义。

（三）雨水回收利用技术措施

雨水回收利用技术，是将钢铁企业厂区雨水进行收集利用，减少新水使用量的有效措施。现阶段，新建钢铁企业一般都是采用雨污分流技术，在此基础上，进行了雨水收集利用。某企业实际运行情况，充分利用现有自然地形条件，汇集厂区东部和厂区周边水系约 30km² 区域的雨水，同时雨水收集池接纳地表水来水，雨水收集池有效库容为 $120\times10^4 m^3$，储水量可满足全厂一周的用水量，同时起到雨水收集、安全供水、调蓄排洪三重作用。

（四）梯级用水技术措施

梯级用水技术已被广泛应用于钢铁企业，对降低钢铁企业吨钢取水量具有重要的意义。梯级用水是基于"高质高用、低质低用"的理念形成的，梯级用水应从水量平衡及水质标准入手。上级系统排水满足下级水系统补水量需求，同时补水后的水质不低于原系统水质标准。

梯级用水在钢铁企业的应用，需要关注重点为：首先采用"低质低用"的方式，将企业内部的低质水消纳到各个用水系统，如高炉水冲渣系统、炼钢闷渣系统对水质要求较低，应优先消纳低质水。特别是炼铁工序，应立足于钢铁企业整体水系统平衡，优先消纳其他工序的低质水，在此基础上，再考虑消纳本工序的循环水系统排水。对于综合污水处理厂深度处理后的浓盐水，若无法全部消纳于低质用水户，那么需要考虑浓盐水的再次浓缩，直至做到低质用水的整体平衡。

（五）冷却塔节水技术措施

钢铁企业循环水系统主要依托于冷却塔冷却的方式，降低循环水系统中的水温，使回用水达到生产用户水温要求。而开式循环冷却塔在钢铁企业中占有较多的数量，其主要水损失量包括风吹损失量和蒸发损失量。要降低冷却塔运行过程中的水量损失，可采用顶置式冷却塔收水器，对冷却塔排风进行二次冷凝收水，从而降低冷却耗水。开式冷却塔收水装置主要包括表面冷凝器、冷却风机、导风板、收水填料等，节水量可达到循环水系统耗水量的30%左右。

三、低碳节水管理措施

（一）智慧水系统管控技术

智慧水系统管控是钢铁企业水系统管理的发展趋势，主要包括以下几个方面。

（1）将各个生产工序用水数据连接成为一体，实现了孤岛数据回归到工艺本质，促进了信息流和水流的高度耦合。

（2）实现了生产监控一体化展示，将操作、巡检、调度、技术、管理等各类人员集中在一个平台上工作，方便了各类管理人员的统计分析。

（3）实现了水量的动态平衡，一般而言，钢铁企业需要3年左右做一次水系统平衡，从而对钢铁企业的整体用水平衡有一个较为全面的掌握。智慧水系统管控平台实现了"工艺过程数字化、大数据分析量化"，对钢铁企业水系统运行情况可以进行实时显示，做到了钢铁企业"跑冒滴漏"及时反馈，可以帮助水系统管理人员快速分析决策。

（4）操作管理的数字化，与传统的人工管理相比，可以快速反应，实现远程操控，极大提升水系统运行效率；同时节约了大量的人工成本，降低水系统的运行能源消耗。

中国宝武湛江钢铁基地水系统集控中心对中央水处理、高炉、炼钢等 7 个工序以及全厂管网等 47 个用户集中监视，建立水系统数据中心和一体化管控平台，对全厂各工序的耗水指标及全厂水平衡进行精细化管理，充分利用水资源，提高水系统稳定性，降低水系统生产运行成本，提高了水系统运行劳动效率[16]。

（二）钢铁企业水系统整体优化措施

水资源是国家战略资源，是生命之源，生产之要，生态之基。必须坚持最严格的水资源管理制度，科学合理开发利用水资源，节约用水。钢铁企业应贯彻"源头减少用水，过程高效用水、再生用水，末端减少排水"的水系统优化思路，建立高效的水管理体制，通过水量平衡优化、水质平衡优化、水系统优化的方式，达到按需用水、以质供水，企业整体协同高效用水的目的。

1. 水量平衡优化

钢铁联合企业用水单元包括焦化、烧结、球团、炼铁、炼钢、轧钢等主工序以及制氧、空压、发电等辅助工序。各个用水单元有着自己特征的用水网络，在供水—用水—废水—回用水等涉水环节，受水质以及污染物排放等因素影响，具有自己特征的水量平衡，同时受到总图布置、管理方式以及实施的技改措施等因素影响，用水系统需要综合起来实施优化，使系统用水量降低。

2. 水质平衡优化

钢铁联合企业一般均建有水质化验室，拥有各系统的水质数据，对各个系统的水质进行分析。根据补水水质、系统运行水质、排水水质的情况，寻找水质变化对系统影响情况以及对产品质量的影响；根据各类的变化数据，建立用水系统水质平衡与污染物排放的关系，从而找出最佳的水质平衡参数，指导生产运行，达到补水量与排水量的最佳匹配。

3. 水系统整体优化

（1）工序内用水分析。根据钢铁生产各工序生产用水特点，结合水质及单元模型建模研究，分析工序内涉水单元用水水量、水质控制指标以及其他限制条件，探索多级、串级及循环利用等使用方式的可能组合。

（2）工序间用水关联分析。根据企业供全厂分配使用的水资源及管路可达性分析，结合典型钢铁联合企业水网络总图布置特点，探索工序间可能的水路连接方式，实现各个生产工序间的用水调节管理。

（3）钢铁联合企业用水整体分析。充分研究钢铁联合企业供水、用水、排水、废水处理、中水回用等涉水系统的特点和各系统间的相互影响规律，探索企业各类用水单元的水量平衡关系，根据水质、水量变化特点，分析对各个单元生产运行的影响，以及对用水系统排水中的污染物影响，建立能根据生产运行工况及时调整水质、水量的动态管理。

（4）钢铁企业污染物排放与周边水体环境可容纳量分析。依据典型钢铁企业水系统的情况，分析钢铁企业污染物排放与周边水体环境可容纳性的关系，在满足水量、水质平衡、最大化废水处理和消纳能力的情况下，分析周边水体环境能接纳的污染物情况，从而达到新水补充量少、用水效率高、环境影响低的目的[17]。

4. 各工序低碳节水技术应用

（1）原料工序主要低碳节水技术，包括原料场喷洒、冲洗、清扫、加湿等过程中，尽量采用对物料没有不利影响的再用水和复用水；环保抑尘采用高效雾化喷水节水型喷头；凝固剂覆盖或干雾抑尘等节水技术，可节约用水量70%以上；采取原料厂雨水收集利用措施不仅节水还可减少物料的损耗。

（2）烧结、球团工序低碳节水技术，包括混合料制粒加水采用再用水和复用水；双层放灰阀烧结机烟道水封替代技术；烧结设备冷却用水采用净循环用水技术；余热发电冷却用水采用净循环用水技术；烧结脱硫废液采用化学絮凝沉淀及深度处理技术；造球混合料加水采用节水喷嘴，采用再用水和复用水；球团设备冷却用水采用净循环用水技术。

（3）焦化工序主要低碳节水技术，包括干熄焦技术是用氮气代替水冷却红热焦炭的熄焦工艺；水湿熄焦用水采用浊循环用水技术；煤气净化设备冷却水采用净循环用水技术；制冷系统设备冷却用水采用净循环用水技术；干熄焦发电设备冷却用水采用净循环用水技术；焦化酚氰废水处理回用技术，采用生化二级处理及深度处理。

（4）炼铁工序主要低碳节水技术，包括大型高炉炉体和热风阀设备冷却水采用除盐水或软化水的密闭循环用水技术，主要有空气冷却器、板式换热器等冷却装备；高炉煤气干法除尘技术逐渐替代湿法除尘；汽动鼓风机或电动鼓风机设备冷却水采用净循环用水技术；煤气余压发电设备冷却水采用净循环用水技术；高炉冲渣水采用浊循环用水技术；铸铁机设备冷却用水采用浊循环用水技术。

（5）炼钢工序主要低碳节水技术，包括电炉烟道汽化冷却技术；转炉氧枪密闭循环用水技术；电炉变压器密闭循环用水技术；连铸结晶器密闭循环用水技术；转炉烟气干法除尘技术替代湿法除尘。

（6）轧钢工序主要低碳节水技术，包括加热炉炉底水梁汽化冷却技术；冷轧废水采用酸碱中和、超滤等技术[18]。

5. 冶金规划院业绩

冶金规划院作为国家发展改革委、工业和信息化部、水利部、生态环境部和中国钢铁工业协会的技术支撑单位之一，为国家各部委相关政策的制定提供专业的参谋与指导工作；先后完成了《工业节水专项规划》《钢铁行业节水专项规划》《国家鼓励重大工业节水工艺技术及装备目录》《钢铁、纺织、造纸行业落后高用水工艺设备淘汰目录》《钢铁行业节水报告》《典型重点监控用水单位用水效率分析（钢铁行业）》《高耗水工业企业耗水指标识别与分析》等课题研究工作。

冶金规划院承担了工业和信息化部钢铁行业节水标准化秘书处的相关工作，通过标准化工作引领钢铁行业用水效率提升；先后完成了《取水定额　第2部分　钢铁联合企业》《节水型企业钢铁行业》《钢铁行业项目节水量计算方法》等国家标准，《高炉冲渣水余热利用技术要求》《钢铁企业水系统优化　第1部分　炼铁工序》《钢铁企业综合污水回用于净循环水质技术要求》等行业标准的制修订工作。

冶金规划院致力于为钢铁企业提供节水咨询服务，为钢铁企业提供用水总量控制和用水效率现状评估、水管理问题诊断优化、水系统降本增效问题诊断优化、水污染治理问题诊断优化、废水再利用等方面服务；先后完成了《山东九羊集团富伦钢铁水系统诊断》《山西太原不锈钢水效领跑者申请报告》《天津荣程钢铁水效领跑者申请报告》《湘钢能源环保诊断》《本钢能源环保规划》以及钢铁企业规划或可研报告的节水章节内容的编制工作。

第四节　资源综合利用

中国钢铁行业资源综合利用技术创新和开发应用不断加强，按固废分类，主要资源综合利用技术有高炉渣处理、钢渣处理和尾矿与含铁尘泥处理等技术。

一、高炉渣处理及资源化技术

高炉渣是炼铁生产过程中必不可少的副产物，炉渣中大量的有用价值成分可回收利用。高炉渣综合利用技术可分为过程处理技术和末端资源化利用技术。

（一）高炉渣过程处理技术

高炉渣过程处理技术可分为干法和湿法处理技术。干法处理可利用高炉渣显热资源，利用高炉渣与传热介质的直接或间接接触，对其进行粒化和显热回收，不仅能够充分利用高炉渣的显热节约能源，同时几乎没有有害气体排出，是一种环境友好的处理工艺。目前，生产实践中干式粒化方法有三种：滚筒转鼓法、风淬法和离心粒化法，其中离心粒化法使用最多，也最具发展前景。干式粒化技术具有明显的节能减排优势：冲渣水循环系统可以省去、占地面积减小、维修工作量减小、水资源消耗少、污染物排放少、热量的二次利用等。湿法处理是指高温炉渣经高压水水淬冷却处理后得到水渣的处理方式，通过对水淬方式的调整使炉渣具有良好的物化性能。水渣玻璃体的特性使得能够被应用于水泥工业、绝缘石棉工业，甚至陶瓷工业。但水淬法需要消耗大量的水资源，并伴随有含硫蒸汽的排放，大量显热资源浪费的同时还造成一定污染。按粒化方式和水渣分离方式的不同，高炉渣水淬处理方法主要有底滤法、图拉法和因巴法[19]。

1. 滚筒转鼓法

滚筒转鼓法分为双滚筒法和单滚筒法。双滚筒法是滚筒在电动机带动下连续转动，带动熔渣形成薄片状黏附其上，滚筒中通入的有机、高沸点（257℃）流体迅速冷却成薄片状熔渣，这样就得到了玻璃化率很高的渣，黏附在滚筒上的渣片由刮板清除。有机液体蒸汽经换热器冷却返回滚筒循环使用，回收的热量用来发电。单滚筒法是当渣流冲击到旋转着的单滚筒外表面上时被破碎，粒化渣再落到流化床上进行热交换，可以回收50%~60%的熔渣显热。滚筒法存在着处理能力不高、设备作业率低等缺点，不适合在现场大规模连续处理高炉渣。

2. 风淬法

风淬法工艺流程为：从高炉排出的1450℃液态渣流入风洞内的粒化区域，在此高压、高速的气流将熔渣吹散、微粒化。大部分渣粒与安装在风洞内的分散板和内壁碰撞而落下，此时渣粒的温度已经降到1050℃，在渣粒下落的过程中从风洞的下部吹入的冷却空气使渣粒冷却到800℃并从风洞中排出。排出的粒化渣经热筛筛出大颗粒炉渣后，储存在高温漏斗内，然后在多段流动层内进行二次热交换，把粒化渣进一步冷却到150℃左右。风淬法在粒化过程中动力消耗很大，设备的尺寸大、结构复杂，造价相应也高。

3. 离心粒化法

离心粒化法使用可变速的转杯对渣液进行粒化。熔渣通过覆有耐火材料的流渣槽从渣沟流至转杯中心，在离心力作用下熔渣在转杯的边缘被粒化，然后渣粒在飞行中被冷却，渣粒碰到粒化器内壁时不会黏到壁上。初步冷却后的渣粒收集和二次热交换有两种形式：（1）流化床式，从内壁上反弹落下的渣粒进入主流化床进行热交换，它约占回收总热量的43%；溢出的渣粒进入副流化床进一步进行热交换，它约占回收总热量的20%；处理好的粒化渣由副流化床排出。（2）移动床式，冷却的渣粒落到粒化器内部的环形出料槽（移动床）内，进一步吹风冷却至300℃经过出料口和皮带排出；环形出料槽由与水平面成小角度吹入的气体推动。从装置上方排出的气流温度可达400~600℃，在集气罩上设有余热回收系统。离心粒化法设备简单，动力消耗小，处理能力大，适应性好，产品粒度分布范围窄。

4. 底滤法

底滤法工艺流程为：高炉熔渣在冲制箱内由多孔喷头喷出的高压水进行水淬，水淬渣流经粒化槽，然后进入沉渣池，沉渣池中的水渣由抓斗吊抓出堆放于渣场继续脱水。该法冲渣水的压力一般为0.3~0.4MPa，渣水比为1:10~1:15，水渣含水率为10%~15%，作业率为100%[2]。底滤法工艺流程的主要特点是占地面积小、工艺简单、系统故障率低、炉渣粒化和渣水分离效果好；但该工艺的缺点是蒸汽排放量大，环境不友好。

5. 图拉法

图拉法炉渣处理工艺过程，包括炉渣粒化和冷却、水渣脱水、水渣输送与外运以及冲渣水循环等。炉渣经渣沟流嘴落至高速旋转的粒化轮上，被机械破碎、粒化，粒化后的炉渣颗粒在空中被水冷却、水淬；渣粒在呈抛物线运动中，撞击挡渣板被二次破碎；渣水混合物落入脱水转鼓的下部，继续进行水淬冷却。采用圆筒形转鼓脱水器对水渣进行脱水。脱水器下方的热水槽需保持一定水位，以确保炉渣的冷却效果。水经溢流装置进入分为两格（一格为沉渣池，一格为清水池）的循环水池。循环水池底部沉渣，由提升装置或渣浆泵打到转鼓脱水器内进行脱水。熔渣粒化、冷却过程中产生的蒸汽和有害气体混合物由集气装置收集通过烟囱向高空排放。图拉法工艺简单，耗水量低，机械粒化下可处理含铁量大于40%的熔渣，运行效率高；但机械粒化下熔渣的粒化效果差，水渣玻璃体含量低。

6. 因巴法

因巴法的工艺流程为：高炉熔渣由熔渣沟流入冲制箱粒化器，由粒化器喷吹的高压水流将熔渣水淬成水渣，经水渣沟送入水渣池再进一步细化。在这里大量蒸汽从烟囱排入大气，水渣则经水渣分配器均匀地流入转鼓过滤器。渣水混合物在转鼓过滤器中进行渣水分离，随着滚筒过滤器的旋转，水渣被带到滚筒过滤器的上部，脱水后的水渣落到筒内皮带机上运出，然后由外部皮带机运至水渣成品槽储存，在此进一步脱水后，用汽车运往水渣堆场，滤出的水经处理后循环使用。因巴法工艺布置紧凑，转鼓过滤效果好，蒸汽排放相对集中较少，后续环保设有冷凝塔，可对蒸汽进行回收，环境友好；不足之处在于设备的检修维护量大，循环水中悬浮物过多易磨损管道和水泵。

（二）高炉渣末端资源化利用技术

高炉渣主要含有钙、硅、铝、镁、铁的氧化物和少量硫化物，主要用于建材、路基材料等。目前，应用范围最广的是利用高炉渣生产矿渣微粉。

1. 高炉渣制备矿渣微粉技术

矿渣微粉是指将炼铁高炉排出的水淬矿渣经超细粉磨后得到的一种粉末状产品。经过超细粉磨的矿渣微粉根据一定比例掺入水泥或混凝土中，从而大幅度提高水泥混凝土的致密度，同时将强度较低的氢氧化钙晶体转化成为强度较高的水化硅酸钙凝胶，可以明显改善混凝土和水泥制品的综合性能。

矿渣微粉生产成本低，销售价格低于水泥价格，而且是高性能混凝土的优质原料，适用于大型的商品混凝土搅拌站，它可等量代替各种混凝土中的水泥用量，掺入 15% 的量，可生产 500 号的硅酸盐水泥，掺入 30%~50% 的量，可生产 400~500 号的硅酸盐水泥。矿渣也可以直接用于配置混凝土，将渣中配入激发剂（如水泥、石膏、石灰）加水成砂浆后与粗骨料混合而成，替代部分细骨料。

2. 高炉渣制备矿渣棉技术

高炉渣制备矿渣棉主要有新一步法、热装热送法和直接成纤法等。热装热送法是当前成熟的主流技术之一，该工艺是将液态高炉渣从高炉排出后直接进入渣罐，送至矿渣棉厂，再将约 1400℃ 的熔渣装入电炉（粗炼炉）内升温，并与调质剂一起进入另一电熔炉（精炼炉）内完成调温、调质处理以满足熔体成纤的要求。此后，电熔炉内熔渣进入两条生产线制备相应的矿渣棉制品，较好地利用了熔渣显热，相比传统的冲天炉工艺，能耗降低约 70%。

二、钢渣处理及资源化技术

随着铁矿石等资源被日益重视和选矿等工业技术的发展，钢渣处理工艺也得到不断完善。当前，根据炼钢工艺与设备、造渣制度、钢渣性能、利用途径的不同，国内和国外的钢渣资源化处理工艺呈现多样化，过程处理方法有热泼法、热闷法以及滚筒法等；资源化主要由两部分组成，一部分磁选出的含铁物料作为烧结原料返回炼铁或成渣剂返回炼钢等，另一部分剩余尾渣以建材利用为主。

（一）钢渣过程处理技术

1. 钢渣热泼工艺

钢渣热泼工艺是国内大多数钢厂使用的一种钢渣处理工艺。此工艺首先应保证炉渣的温度高于可淬温度，之后向炉渣中集中喷水，使炉渣能够产生一定的应力，发生碎裂现象，同时使其中的氧化钙在水化作用中裂解。钢渣热泼工艺可使钢渣快速膨胀，游离物质得到消解、渣铁分离度大、稳定性好，金属回收率高并且安全可靠，钢渣处理能力大，适合机械化生产；同时，热泼工艺处理后的原料进行棒磨磁选后可获得粒度不大于 10mm、品位不小于 50% 的钢渣精粉和品位不大于 15% 的尾渣，钢渣精粉可用作炼钢、炼铁以及烧结原料，尾渣可用于筑路、生产钢渣水泥等建材。热泼法的缺点是钢渣粉化率低，渣铁分离困难，处理后大块钢渣比例高，不利于后续的破碎筛分磁选；经处理后的钢渣中游离钙镁氧化物含量为 5%~10%，远超 3% 的资源化利用指标要求，安定性不合格无法直接利用，往往陈化数年才考虑资源化利用；生产过程产生的大量含尘蒸汽无组织排放，占地面积大，在反应过程中粉尘污染较多，生产环境十分恶劣。

2. 钢渣热闷工艺

钢渣热闷工艺在炼钢中是一种较好的钢渣处理方式，在我国多家钢厂中开始使用，并发挥了有效作用。传统热闷法为池式热闷法，将高温钢渣分批次倒入热闷池，依次进行喷水冷却、搅拌、热闷池装满后加盖喷水热闷。在封闭的空间内高温钢渣遇水产生大量饱和水蒸气，水蒸气和游离钙镁氧化物产生反应。该反应产生体积膨胀，有利于渣铁分离，同时使得游离钙镁氧化物实现了消解稳定化，确保了处理后钢渣的安定性。热闷法对钢渣流动性没有要求，处理后渣铁分离效果好，粒径 60% 以上小于 20mm；同时游离钙镁氧化物和水充分反应消解，处理后游离氧化钙含量在 3% 以下，能够满足综合利用产品指标要求。热闷法不仅能够实现渣铁高效分离，也解决了钢渣不安定因素，有利于铁资源回收和尾渣的综合利用。传统钢渣热闷工艺的缺点是热闷钢渣板结问题突出，钢渣粉化效果差，闷渣装置使用寿命短，热闷易发生喷爆，严重影响热闷生产的正常运行。

3. 钢渣辊压破碎—余热有压热闷技术

钢渣辊压破碎—余热有压热闷技术（简称有压热闷）是一种新型的钢渣热闷技术，其工艺装备主要包括钢渣辊压破碎装置和有压热闷罐两种核心装备。有压热闷技术可简单分为辊压破碎和余热有压热闷两个生产阶段。高温钢渣经渣罐运输至有压热闷车间，采用自动倾翻机或天车倾倒至辊压破碎区渣床上进行破碎。辊压破碎机可进行旋转、前进、后退等操作，通过一定的运动方式实现破渣、推渣等功能。钢渣经辊压破碎机破碎的同时进行打水作业，在辊压力和冷却应变力双重作用下实现了初步破碎和冷却。辊压破碎处理后钢渣经天车或转运设备放置在有压热闷罐内打水热闷。采用有压热闷处理提高了热闷压力，加速了水蒸气和钙镁氧化物的消解反应，现在有压热闷罐工作压力为 0.2~0.4MPa，是普通池式热闷压力的 20 倍以上。

4. 钢渣热滚筒处理工艺

钢渣热滚筒法在国内部分企业已得到推广应用。其主要工艺流程为：液态钢渣自转炉导入渣罐，经渣罐车运至渣处理场。吊车将渣罐运至滚筒装置的进渣溜槽顶上，并以一定的速度倾入滚筒装置内，液态钢渣在滚筒内同时完成冷却、固化、破碎及钢与渣分离，然后经板式输送机送到粒铁分离车间选铁。其工艺特点是流程短、投资少、处理成本低，粒化钢渣中游离氧化钙和游离氧化镁质量分数均在 4% 以内，钢渣粒度均匀，金属回收率高，环保性能好。但该工艺要求钢渣流动性好，处理后的钢渣活性差，粒度不均且偏大。

（二）钢渣资源化利用技术

钢渣相比高炉渣，应用范围更广，但由于硬度大、游离氧化钙含量等影响，钢渣资源化率较低，工业化应用难度较大。目前，钢渣综合利用以破碎磁选铁金属及尾渣建材化利用为主。

1. 钢渣磁选深加工技术

钢渣磁选深加工技术主要以冷却后的钢渣为原料，采用大型机械破块、磁性铁锤破碎，然后分级筛选。分离出的大块铁分拣送入堆仓，分级下的小块渣经棒磨机进一步粉碎，粉碎后经分级筛及磁选机，分离出铁精粉和尾砂。该技术可实现金属回收率 80% 以上，尾渣铁金属含量小于 1%。

2. 钢渣生产水泥及混凝土掺合料

钢渣中含有具有水硬胶凝性的硅酸三钙（C_3S）、硅酸二钙（C_2S）及铁铝酸盐等活性矿物，符合水泥特性。因此可以用作生产无熟料水泥、少熟料水泥的原料以及水泥掺合料，钢渣水泥具有耐磨、抗折强度高、耐腐蚀、抗冻等优良特性。

3. 钢渣代替碎石和细骨料

钢渣碎石具有强度高、表面粗糙、耐磨和耐久性好、质量密度大、稳定性好、与沥青结合牢固等优点，相对于普通碎石还具有耐低温开裂的特性，因而可广泛用于道路工程回填。钢渣作为铁路道渣，具有不干扰铁路系统电讯工作、导电性好等特点。由于钢渣具有良好的渗水和排水性，其中的胶凝成分可使其板结成大块。因此，钢渣同样适于沼泽、海滩筑路造地。

4. 碳化法钢渣处理技术

造成钢渣稳定性不好的主要因素是游离氧化钙和游离氧化镁，它们都可以和 CO_2 进行反应，且钢渣在富 CO_2 环境下，会在短时间内迅速硬化。利用这种性质，可以将钢渣制成钢渣砖，用到不同的建筑中，碳化养护材料的物理化学性能得到了重大改进。与此同时，有效控制了 CO_2 的排放，改善了温室效应。

三、含铁尘泥等处理和资源化技术

钢铁冶炼过程中，烧结、炼铁、炼钢、轧钢等工序产生大量的烟尘粉，是钢铁生产流程中品种最多、成分最复杂的一类废弃物。其不仅含有大量的铁素资源，而且含有锌、铅、铟、铋、锡、铁、碳等有价元素，具有较高的回收利用价值。含铁尘泥产生量随原料成分、工艺流程、设备配置、管理水平的差异而不同。传统的高炉—转炉钢铁生产工艺，含铁尘泥产量为钢产量的 $6\% \sim 10\%$ [21]。企业对生产过程中产生的含铁尘泥，大部分经直接或间接处理后返烧结、球团、炼铁、炼钢等工序循环利用；少量烧结机头灰、高炉瓦斯灰（泥）等锌/碱金属含量较高的烟尘，则直接外卖或自行提铁处理利用；少数钢铁企业将氧化铁皮和氧化铁红用于生产磁性材料、直接还原铁粉、硅铁等产品[22~25]，实现了高附加值利用。但整体而言，含铁尘泥大部分未得到高效回收处理，回收处理市场前景十分广阔。

（一）火法处理法

火法处理法是在一定的高温下，利用金属氧化物的还原温度及熔沸点的差异，采用粉尘中的碳或者无烟煤粉作为还原剂，还原粉尘中金属氧化物并加以回收部分或者全部有价元素的一种处理方法。火法处理法主要用于处理含锌粉尘，属于直接还原应用最广泛的工艺，主要有回转窑工艺、转底炉工艺等。

1. 回转窑工艺

回转窑工艺是把钢铁厂固废尘泥与无烟煤均匀混合，无需造球或压球，直接装入回转窑，用煤气来进行焙烧；将窑内物料加热到部分熔化和软化，焙烧温度一般为 $1100 \sim 1300$℃，物料中铁氧化物部分被还原成金属铁，物料中的氧化锌被还原成金属锌，锌蒸气进入烟气被氧化后进入布袋回收；窑内物料在出窑过程被机械破碎形成块状或者颗粒状，冷却后送烧结或炼铁循环利用。回转窑工艺技术相对简单，投资低，但能耗高，窑内易结圈，金属化率一般低于75%，脱锌率为80%左右，产品质量不稳定，生产效率低。由于该工艺具有投资小、工艺相对简单的特点，国内应用较为广泛[26]。

2. 转底炉工艺

转底炉工艺是把含铁含碳尘泥按照一定比例与黏结剂混合，并造球或压制成球，经烘干、布料进转底炉，生球经过预热、还原；在一定的温度下，铁氧化物部分被还原成金属铁，锌、铅等氧化物被还原；在高温下金属蒸气随烟气排出，在烟气冷却过程中被氧化，形成氧化物颗粒，通过布袋回收成为富锌精粉；铁氧化物被还原后形成的金属化球团通过排料机进入冷却系统，冷却到一定温度后进入成品仓储存。金属化球团送炼钢或炼铁使用。转底炉还原温度一般为1200~1350℃，还原时间为20~30min，金属化率最高可达90%以上，脱锌率比回转窑高，最高达95%以上，生产作业率维持在80%~90%[27]。但是转底炉料层薄，最多只能铺1~2层球团，有效空间利用率只有10%，制约了转底炉的生产能力；另外，烟气中粉尘质量分数大，且含有大量腐蚀成分，对换热器或余热锅炉管道堵塞和腐蚀严重，影响了换热器或锅炉管的寿命，同时转底炉投资往往高达上亿元，企业负担重，这些都是转底炉发展面临的难题。

（二）湿法处理工艺

湿法处理工艺是采用酸、碱、氨等溶液来浸出分离锌、铅等物质；或者用水浸法浸出溶入水的化合物，然后通过蒸发进行结晶分离；或者利用固废尘泥颗粒大小进行水力旋流分级，从而提取所需物质。湿法处理工艺一般用于中、高锌粉尘的处理，低锌粉尘必须先经过磁选或者离心方式富积氧化锌粉尘，再进行湿法处理。湿法处理工艺浸出产品质量高，浸出率偏低，生产率偏低，生产处理工艺较长，操作条件较恶劣，设备腐蚀严重，容易造成二次污染，废水处理成本较高，处理量难以满足生产需要；相对而言，能耗少，设备投资低，投资成本低。

（三）火法-湿法联合处理工艺

火法-湿法联合处理工艺是利用火法和湿法各自的优点，分步对粉尘进行处理的方法。火法-湿法联合处理工艺可以先火法后湿法，也可先湿法后火法，火法通过高温还原反应去除锌、铅等，湿法通过水或者添加添加剂（酸、碱、化合物等）浸出或者通过化学反应等方法过滤、结晶蒸发分离所需回收物质。常用的火法-湿法联合处理工艺可以先进行火法还原焙烧，锌及其他金属挥发收集后对其进行湿法浸取；也可以先对粉尘进行湿法浸取，分离其中的一些成分，然后对过滤后的浸渣进行高温处理，回收粉尘中有价值的物质[28]。广东韶钢、广西柳钢等企业均有应用，并且取得较好的经济效益和环保效益。火法-湿法联合处理工艺能耗和原料消耗较少，处理方式灵活，所获产品质量高，粉尘利用率高；但是流程长，设备投资大。

四、钢铁资源综合利用发展趋势

低成本、高附加值和大规模工业化将是资源综合利用技术未来的主要发展趋势。未来一段时间内，高炉渣生产矿渣微粉仍将是主流，钢渣以及含铁尘泥等综合利用技术、资源综合利用管理水平将逐步取得突破性进展。

（一）综合利用技术实现突破，综合利用产品附加值提高

目前钢铁固废尤其是钢渣未能得到有效利用，最根本的原因是处理成本高，产品附加值低，导致未能形成良好的产业价值链，而先进的技术是提高综合利用产品附加值最关键因素。未来，将在以下几个方面取得突破：

一是熔融渣直接利用技术。可以利用熔渣的高温特性，在线进行"调质处理"，直接生产产品，将熔渣余热回收和高附加值利用有机结合起来；还可以采用合适的处理工艺对热态熔渣调质预处理，除去硫、磷杂质之后，再重返冶炼过程，实现钢渣梯级利用。因此，熔融渣的直接利用将是未来热态钢渣利用的发展趋势。

二是钢渣稳定性工艺。通过深入研发及推广热闷技术，尤其是有压热闷新技术，可实现钢渣中金属铁和尾渣的更有效分离，同时进一步提高钢渣的稳定性。

三是热态渣显热回收技术。高炉渣和钢渣含有大量显热资源，如果回收热量前后熔渣的温度分别以1400℃和400℃计，则每吨热态渣可回收1.2GJ的显热，大约相当于41kg标煤热量。

四是钢渣高附加值技术。利用钢渣尾渣生产高附加值值产品（高纯碳酸

钙）技术已在国内某一企业取得中试成果，工艺、技术和经济性均可行。可大幅度提高尾渣的潜在利用价值和回收有益元素，从工艺源头开始，钢渣综合利用向规模化、多途径、高附加值利用方向发展。

五是固态钢渣高效粉磨技术。针对不同硬度、易磨性和细度，高效节能的粉磨设备，可以提高物料比表面积，促使其晶体结构及表面物化性质发生变化，使钢渣活性得以充分发挥。

六是含铁尘泥回收利用技术。目前，尘泥主要的利用方式以烧结回用为主，但存在有害杂质富集、混配和储运困难、能耗大及影响烧结矿质量等问题，因此开发含铁尘泥有益金属回收利用技术和高附加值利用技术将成为趋势。

（二）资源综合利用将逐步实现精细化管理

目前大部分企业固废在内部进行循环，容易造成大量固废堆积或影响工序顺行。未来，在部分固废厂内循环的基础上，大量固废将通过与其他行业建立起来的产业链进行处理，发挥产业协同发展效应，进一步可建立以固废资源综合利用为核心的新兴产业，形成行业与社会间的大循环。同时，通过企业内部精细化管理，可实现不同固废的分级分类利用，大大提高其回收价值。

参 考 文 献

[1] 金晖．原料场粉尘抑制技术与措施的探讨 [J]．中国钢铁业，2013 (9)：28-29.

[2] 张毅，李刚．环保型封闭式料场及其在宝钢原料场改造中的应用 [J]．烧结球团，2014 (4)：47-49.

[3] 刘怡，杨博，林涛，等．三维数字化料场系统在智能化原料场的应用 [J]．冶金自动化，2021，45 (3)：111-113.

[4] 王新东，李建新，胡启晨．基于高炉炉料结构优化的源头减排技术及应用 [J]．钢铁，2019，54 (12)：105-109.

[5] 白永强．我国高炉炼铁碳素消耗现状和节碳潜力分析 [J]．中国科技期刊数据库　工业 A，2019 (9)：79-80.

[6] 徐志钢，樊响，周景伟．高炉煤气脱硫可行性工艺路线研究 [J]．环境工程，

2019：9.

[7] 许维康. 山钢日照公司 210t 转炉"一键式"炼钢技术的研究 [J]. 科技视界，2019（14）：92-93.

[8] 刘玉东. 烧结烟气循环技术应用现状及分析 [J]. 中国金属通报，2019（7）：190.

[9] 张波，薛庆斌，牛得草，等. 高炉煤气利用现状及节能减排新技术 [J]. 炼铁，2018（2）：52-53.

[10] 孙宝，丁国伟. 烟气反吹技术在蓄热式加热炉 CO 减排中的应用 [J]. 山西冶金，2020（3）：104-105.

[11] 陈勇，郑鹏辉，樊彦玲. 烧结烟气 SCR 脱硝技术探讨 [J]. 科学技术创新，2021（1）：173-174.

[12] 李卫平. SCR 脱硝系统精准喷氨改造 [J]. 生物化工，2021（1）：112-113.

[13] 王冠，焦礼静，王惠明，等. 钢铁行业智能制造技术发展现状 [J]. 环境工程，2020，38（12）：174-176.

[14] 工信部节能与综合利用司. 中华人民共和国工业和信息化部公告 2021 年第 30 号. 工信部官网，2021-12-09，https：//www. miit. gov. cn/zwgk/zcwj/wjfb/gg/art/2021/art_722250e2d62b49c5963d325477234d98. html.

[15] 中国钢铁工业协会信息统计部. 中国钢铁工业环境保护统计. 2019.

[16] 冶金工业规划研究院，中国水利水电科学研究院. 国家鼓励的工业节水工艺、技术和装备（2019 年）应用指南及案例. 中华人民共和国工业和信息化部网站，https：//www. miit. gov. cn/jgsj/jns/xydt/art/2020/art_61d6ca2ab9e64a7082e412f900d98294. html，2019-12-17.

[17] 武建国，程继军. 钢铁企业水系统优化探讨 [J]. 冶金设备，2018（2）：76-80.

[18] 程继军，秦福兴. 钢铁行业用水节水技术 [M]. 南京：河海大学出版社，2016：1-8.

[19] 李迎龙. 浅议低碳绿色高炉炼铁技术发展方向 [J]. 冶金与材料，2020，40（2）：119-120.

[20] 潘钊彬. 炼铁工业发展现状及趋势之我见 [J]. 炼铁，2020，39（6）：21-25.

[21] 毛瑞，张建良，刘征建，等. 钢铁流程含铁尘泥特性及其资源化 [J]. 中南大学学报（自然科学版），2015（3）：774-785.

[22] 邓玉珍，朱俊. 热轧氧化铁渣的综合利用 [J]. 金属矿山，1996，12（7）：45-49.

[23] 黄平峰，叶海波. 我国合成氧化铁颜料的生产现状及发展方向 [J]. 中外技术情报，1996，6（18）：13-17.

[24] Tang G，Wang Guangli. Facile route to α-FeOOH and α-Fe$_2$O$_3$ nanorods and magnetic

property of α-Fe_2O_3［J］. Inorganic Chemistry，2006，45（3）：13-16.

［25］张朝晖，刘安民，赵福才. 氧化铁皮综合利用技术的发展［J］. 钢铁研究，2008，36（1）：59-61.

［26］王天才. 回转窑处理钢铁含锌粉尘关键技术探析［J］. 中国资源综合利用，2019，37（7）：181-184.

［27］李博，毛艳丽，王博蔚. 转底炉技术及其在含铁尘泥处理中的应用［J］. 鞍钢技术，2017（6）：8-12.

［28］付筱芸，王碧侠，刘欢，等. 钢铁厂含锌粉尘处理技术和锌的回收［J］. 热加工工艺，2019，48（2）：10-12.

第五章　绿色低碳钢铁生产

第一节　绿色矿山

一、绿色矿山内涵

矿业是社会发展和国民经济建设的基础产业。新中国成立后，特别是改革开放以来，中国矿业得到了快速发展，为中国国民经济发展、社会进步和人民生活水平的提高，提供了可靠的资源保障，做出了重要贡献。但是随着社会经济快速发展，人口、资源、环境的矛盾也日益突出，矿业面临的形势是机遇与挑战并存。

传统的矿产资源"先开发后治理"模式，虽然较快速地推动了经济的发展，但由此造成了对环境的破坏。突出表现为粗放式的资源开发导致资源的巨大浪费；资源的无序开发造成植被生态破坏，水土流失；采选冶技术相对落后，造成环境污染；缺少资金投入进行闭矿后生态环境恢复。如何解决矿产资源开发与环境保护这对矛盾，是矿业在发展中面临的一个重大课题。

随着经济建设快速发展，对矿产资源的需求不断增长，矿产开发带来的生态环境破坏问题日益突出，制约了矿业经济的发展。建设绿色矿山、走发展绿色矿业之路，是保障矿产资源的有效和长期供给的首要问题。

绿色矿山，以保护生态环境、降低资源消耗、追求可持续发展为目标，将绿色生态的理念与实践贯穿于对矿产资源开发利用的全过程，体现了对自然原生态的尊重、对矿产资源的珍惜、对景观生态的保护与重建。发展绿色矿山就是要在矿产资源开发全过程中既要严格实施科学有序的开采，又要对矿区及周边环境的扰动限定在环境可控制的范围内；对于必须破坏扰动的部分，应当通过科学设计、先进合理的有效措施，确保矿山的存在、发展直至终结，始终与周边环境相协调，并融合于社会可持续发展轨道中，形成一种崭新的矿山形象。

二、冶金矿山绿色矿山建设现状

在 2006 年中国国际矿业大会上，国土资源部的领导首次提出了"坚持科学发展，建设绿色矿业"的发展新理念；此后经过几年的实践，逐渐被矿业领域所认同，成为中国矿业发展的目标，建设绿色矿业也就成为中国矿业发展的必由之路。

2008 年，中国矿业联合会会同中国铝业公司、首钢矿业公司、山西大同煤业集团公司、江西铜业公司、中国黄金总公司、山东新汶矿业集团公司、中国有色金属工业协会、中国冶金矿山企业协会、中国化工矿山协会等十一家矿山企业和行业协会共同倡导发起制定《绿色矿山公约》。

2008 年国务院正式批准了《全国矿产资源规划（2008—2015 年）》，并于 2008 年 12 月 31 日正式发布。这是首次在国家层面的规划和文件中明确提出发展绿色矿业和推进绿色矿山建设的理念和要求；明确了矿山建设在资源利用效率、矿山地质环境保护和矿区土地复垦等方面的要求，并确定了"大力推进绿色矿山建设，到 2020 年绿色矿山格局基本建立"的总体规划目标。

2010 年 8 月 13 日，国土资源部正式发布《关于贯彻落实全国矿产资源规划发展绿色矿业建设绿色矿山工作的指导意见》，提出要按《全国矿产资源规划（2008—2015 年）》要求，确定到 2020 年基本建立绿色矿山格局的基本目标任务；明确各有关单位要按照国家转变经济发展方式的战略要求，通过开源节流、高效利用、创新体制机制，改变矿业发展方式，推动矿业经济发展向主要依靠提高资源利用效率带动转变；力争用 1~3 年时间完成一批示范试点矿山建设工作，建立完善的绿色矿山标准体系和管理制度，研究形成配套绿色矿山建设的激励政策。

2011~2014 年，国土资源部先后公布了 4 批 661 家国家级绿色矿山试点单位，其中铁矿 93 家。

2017 年 3 月 22 日，国土资源部、财政部、环境保护部、国家质量监督检验检疫总局、中国银行业监督管理委员会、中国证券监督管理委员会等六部委联合印发《关于加快建设绿色矿山的实施意见》，并随文附带了煤炭、石油和天然气、有色、黄金、冶金、化工、非金属矿以及绿色矿业发展示范区等 8 个行业的建设要求，绿色矿山建设进入全面推进和实施阶段，绿色矿山申报也由国土资源部组织集中申报改为由矿山自建自评、第三方评估、名录管理、达标入库、动态调整的模式。

2019~2020 年，自然资源部先后公告 2019 年度、2020 年度绿色矿山遴选名单 555 家和 301 家，以及 398 家原按国家级绿色矿山试点单位一并纳入全国绿色矿山名录，接受社会监督。

截至 2020 年底，入选全国绿色矿山名录铁矿山共 108 家，与全国超过 1000 家铁矿采矿权相比，达到绿色矿山标准的铁矿山仍占少数比例。

三、冶金矿山绿色矿山发展趋势

（一）矿区环境优美

（1）矿容矿貌方面。矿区建设布局合理，按生产区、管理区、生活区和生态区等功能分区，生产、生活、管理等功能区应有相应的管理机构和管理制度，运行有序、管理规范。矿区地面道路、供水、供电、卫生、环保等配套设施齐全；在生产区应设置操作提示牌、说明牌、线路示意图牌等标牌，标识、标牌等规范统一，清晰美观；在需警示安全的区域设置安全标志，矿山安全标志应包括禁止标志、警告标志、指令标志、路标、名牌、提示标志等主标志及补充标志。矿山生产、运输、储存过程中做好防尘保洁措施，地面运输系统、运输设备、储存场所实现全封闭或采取设置挡风、洒水喷淋等有效措施进行防尘，确保矿区环境卫生整洁。矿区环保设备等配套设施应齐全，实施环保设备提标改造，生产过程中产生的废气、废水、噪声、废石、尾矿产生的粉尘等污染物得到有效处置，采用合理有效的技术措施对高噪声设备进行降噪处理，积极推进超低排放和无组织排放综合治理。

（2）矿区绿化方面。高度重视矿区绿化工作，在作业区突出工业绿化、生态绿化，在生活区突出休闲绿化、园林绿化，有效实现矿区绿化与周边自然环境的融合协调，绿化植物搭配合理，因地制宜建设"花园式"矿山，矿区绿化覆盖率应达到 100%，真正实现天蓝、地绿、水净、花香。已闭库的尾矿库、露天开采矿山的排土场应进行复垦及绿化，矿区主运输通道两侧因地制宜绿化美化。具备条件的需设置隔离绿化带，因地制宜进行绿化；客观上不具备绿化条件的，可美化、制作宣传牌或宣传标语。建立矿区绿化长效保障机制，明确绿化养护计划及责任人，建立和落实等级检查机制。

（3）废弃物处置方面。设置废弃物专用堆积场所，建立健全废弃物安全处置管理体系，完善数据统计及台账记录，加强建设、运行和监督管理。采用洁净化、资源化技术和工艺合理处置矿山废水，达标处理后用于洒水降尘、喷雾降尘、选矿等作业。充分利用矿井水，循环使用选矿废水，且循环利用率不低于85%，干旱戈壁沙漠等特殊地区选矿废水循环利用率不低于50%，未能回用的100%达标排放。废石、尾矿等固体废弃物应分类处理，持续利用，通过井下回填、筑路、制砖、制作建筑材料等途径实现废石、尾矿综合利用，建立废石、尾矿加工利用系统，并积极发展砂石料、混凝土骨料等多元产业，固体废弃物安全处置率达到100%。露天开采矿山剥离表土需符合安全、环保等相关规定，处置率达到100%。强化对废石和尾矿处置及资源利用过程监控和管理，统筹协调开展废弃物处置技术研发与推广应用，提高固废资源利用规模和资源化利用水平。

（二）环境友好型开发利用方式

1. 采矿

经过多年开采，中国浅部铁矿资源逐渐枯竭，露天开采逐渐闭坑或者向地下开采转变，同时多地政策也已明确控制甚至禁止新建露天矿山项目，因此地下开采将是铁矿行业未来的主要开采方式。同时，采矿技术的发展将不断趋向生产工艺简单化、生产过程连续化以及作业过程的高效化、数字化与绿色化。

（1）采矿技术和方法更加节能高效。

1）露天开采。随着大型铲运设备的推广，高台阶开采技术越来越普及，增加台阶高度有利于提高穿爆效率，缩短运输距离，增加阶段矿量，提高作业连续性，从而更加节能高效。

2）地下开采。利用充填技术，不仅有助于减少尾矿排放量，避免尾矿堆存带来的环境污染和安全隐患问题，而且大大降低矿山环境治理和土地复垦的难度，助力矿山绿色转型，已被越来越多的矿山所采用。

（2）数字化采矿更加普及。数字化矿山是对整个矿山整体的数字化再现和认识，以矿山各个应用技术软件为工具，以高效、自动化的数据采集系统为手段，最终实现高度信息化、自动化、高效率，以至实现无人采矿和智能采矿，将是中国铁矿行业未来的发展方向。

（3）绿色化采矿成为趋势。传统采矿方式不仅对自然环境造成破坏，还会产生大量废气、废水和废渣。绿色化采矿将最大限度地减少废弃物的产出和排放，提高资源综合利用率，减轻矿产资源开发的负面影响，从而真正实现无废、低碳发展。

2. 选矿

选矿技术的发展不断趋向为高效、低耗、低成本、循环开发等特点。新的高效分选设备、新的高效浮选药剂以及新的分选工艺是今后的发展方向。特别是难选铁矿石（褐铁矿、菱铁矿、鲕状赤铁矿）选矿技术、复合铁矿石选矿技术以及矿石预选技术等研究是未来选矿技术发展的方向。选矿设备的主要发展方向则是在设备高效化和大型化方面，通过引进和研制新型先进设备，推动矿山开发的规模化和资源的高效回收。未来中国铁矿山选矿技术装备的主要发展趋势如下：

（1）对落后的选矿工艺设备进行现代化改造。选矿设备的工作效率对铁矿资源开发利用的整体效率有着巨大影响，因此，应当及时投入必要的资金，对作业设备进行更新，并积极地与国内外先进同行进行技术交流，学习其先进的经验技术，为我所用，切实提高中国铁矿资源的开采效率。另外，还要加强对各个作业模块进行统一规划，统一管理，使之相互协调，共同推进中国铁矿选矿工艺和综合利用效率的发展。

国外非常注重高效大型选矿设备的开发与应用，先后发展了原创性的高压辊磨机（德国）、塔磨机（芬兰）、高频振动细筛（美国）、超导磁选机（美国）、大型浮选机（瑞典）、浮选柱（加拿大）、高压浓密机（澳大利亚）、大型高压过滤机（芬兰）等新型高效节能装备，并不断推进高效化、大型化、智能化，节能减排效果显著。大型、高效及智能化的选矿设备研发与应用是选矿设备的发展趋势。

（2）选矿厂生产管理自动化、信息化。近年来，基于 DCS、FCS 等计算机控制系统已在国外的大型选矿厂普遍采用，基于专家系统、模糊控制理论等先进控制策略也开始进入实用阶段。计算机集成制造系统（CIMS）是选矿自动化发展的方向。国外工业发达国家选矿厂普遍采用数字化信息化管理，实现全流程生产过程自动控制，保证了精矿产品质量，提高了劳动生产率和选矿厂综合效益。

（3）针对中国矿山铁矿石选矿特点研制新型选矿设备。针对中国矿山铁矿石选矿特点，一方面要继续改善目前已应用设备的结构性能，使其性能更优，对矿石选别针对性更强；另一方面，要加快絮凝脱泥工艺设备和浮选柱等新型选矿设备的研制，用新设备的性能突破，带动铁矿石选矿工艺技术的创新。

（4）优化设计，提高设备的科技含量。在磨矿和选别设备方面，节能型超细碎设备的引进及合作开发，加大了对微细粒铁矿物的节能型选矿的研制，包括强磁设备的永磁化、高效节能球磨机、高科技行星球磨机、微细粒浮选机及浮选柱等。要对具有多段连选性能的多筒磁选机进行更深入的研究。应加强嵌布粒度极细红铁矿及复合多金属红铁矿石选矿技术的研究，以进一步提高中国贫红铁矿石的利用率。重视降低有害杂质的选矿技术的研究，包括 S、P、K、Na、F 等有害杂质。应将先进的技术应用在选矿设备的设计中，如计算机技术、电气控制技术等，通过优化设计使设备运行平稳，加工精确，操作简单，降低噪声，减少磨损。

（5）加强对复杂难选铁矿石选矿技术的研究。虽然中国复杂难选铁矿石选矿技术的研究已取得可喜进展，但由于受铁矿石种类复杂及综合选矿技术经济水平不高的制约，复杂难选铁矿石资源的利用率还比较低，甚至个别矿种基本没有得到利用。因此，中国以后应加强针对复杂难选铁矿石的多碎少磨、磨矿分级、高效细粒铁矿选矿工艺与装备、新型高效浮选药剂和过往无法利用的尾矿资源综合利用等重点领域的研究工作。

3. 数字化智能化矿山

党的十九大报告明确提出推动互联网、大数据、人工智能和实体经济深度融合，为工业的智能化发展指明了方向。互联网、大数据、人工智能、5G等新一代信息技术与传统工业在业务模式、生产体系等方面加速融合，推动融合领域技术应用、平台建设、模式变革、业态创新不断取得突破，两化融合迈向快速发展的新阶段。传统产业通过数字化改造，推动研发、设计、生产、营销、供应和服务体系变革，加速数字化转型步伐，是矿业行业未来主要的发展方向之一。

矿业作为国家的基础产业之一，随着铁矿资源的日益减少和矿石品位的逐渐下降，开采难度加大，人工成本上升，矿山企业追求高质量发展的愿望日益迫切，智能矿山可主动感知、自动分析。依据深度学习的知识库，形成最优决策模型并对各环节实施自动调控，实现设计、生产、运营管理等环节安全、高效、经济、绿色的矿山，以自动化、数字化、信息化和智能化带动传统矿业转型升级，提高核心竞争力，是中国铁矿行业甚至矿业行业发展的必由之路。"十四五"期间，中国数字化智能化铁矿山正在加速推进，如首钢矿业杏山铁矿井下有轨无人运输、马钢矿业张庄铁矿井下遥控采矿技术、包钢白云鄂博铁矿东矿卡车无人运输技术、中国宝武智能制造"四个一律"理念的推广、鞍钢矿业智慧矿山试点等，铁矿行业智能化信息化水平大幅提高，铁精矿全员劳动生产率也得到大幅提升。

4. 节约集约循环利用

《中华人民共和国矿产资源法》明确提出，提高矿产资源节约集约利用水平；鼓励采选废弃物的减量化、资源化再利用。《关于加快建设绿色矿山的实施意见》明确了节约集约循环利用冶金矿产及共伴生资源的绿色矿山建设要求。

《全国矿产资源规划（2016—2020年）》指出，要树立节约集约循环利用的资源观，加强全过程节约管理，推动资源利用方式根本转变，加快发展绿色矿业，大力推进生态文明建设；到2020年，节约与综合利用水平显著提高，主要矿产资源产出率提高15%；矿山企业应当采取科学的开采方法和选矿工艺，减少尾矿、矸石、废石等矿业固体废物的产生量和储存量。未来铁矿资源节约集约是中国铁矿行业发展方向之一，在全国《关于全面开展矿产资源总体规划（2021—2025年）》编制工作的通知中，也明确提出节约集约循环利用的资源观。

以固废减量化和无害化为基础，以固废资源高效化利用为主导方向，积极推进固废资源综合利用。加快构建循环经济产业链和产业体系，大力提升矿山绿色发展能力。重点抓住废石和尾矿资源建材化利用，同时统筹考虑区位、市场、技术和产业发展基础，因地制宜，科学合理配套措施，充分发挥资源优势和产业政策优势，构建废物资源高效循环利用产业体系和绿色建材服务体系，提高固废治理和资源化利用的综合水平，推进固废资源综合利用产业规模化、高值化、集约化发展，做到企业效益、社会效益和环境效益相协调。

鼓励矿山企业加强固废综合利用，减少固废排放；以"资源化、再利用"为原则，大力发展矿山循环经济，提高固废资源综合利用率。优先开展企业内部固废资源利用，如废石、尾矿砂做井下充填体；加快推进尾矿有价元素综合回收，通过尾矿再选富集进而减少尾矿排放量；大力发展废石、尾矿加工建筑砂石骨料、水泥、混凝土等产品，形成产业规模及资源化产品，以末端治理方式降低固废排放。

5. 良好矿山企业形象

树立良好矿山企业形象，包括以下几个方面：

一是创建良好的企业文化。建立以人为本、创新学习、行为规范、高效安全、生态文明、绿色发展的企业核心价值观，培育团结奋斗、乐观向上、开拓创新、务实创业、争创先进的企业精神。企业发展愿景符合全员共同追求的目标，企业长远发展战略和职工个人价值实现紧密结合。健全企业工会组织，并切实发挥作用，丰富职工物质、体育、文化生活；建立企业职工收入随企业业绩同步增长机制；加强对职工和群众人文关怀，建立健全职工技术培训体系，完善职业病危害防护设施，提高企业职工满意度。建立环境、健康、安全和社会风险管理体系，制定管理制度和行动计划，确保管理体系有效运行。

二是构建企业诚信体系。生产经营活动、履行社会责任等方面坚持诚实守信，及时公告相关信息。在公司网站等易于用户访问的位置披露企业组建及后续建设项目的环境影响报告书及批复意见；环境、健康、安全和社会影响、温室气体排放绩效表现；企业安全生产、环境保护负责部门及工作人员联系方式，确保与利益相关者交流顺畅。

三是建立和谐的企地关系。构建企地共建、利益共享、共同发展的办矿理念。通过创立社区发展平台，构建长效合作机制，发挥多方资源和优势，建立多元合作型的矿区社会管理共赢模式。建立矿区群众满意度调查机制，加大对矿区群众的教育、就业、交通、生活、环保等方面的支持力度，提高矿区群众生活质量，促进企地和谐，实现办矿一处，造福一方。加强利益相关者交流互动，对利益相关者关心的环境、健康、安全和社会风险，应主动接受社会团体、新闻媒体和公众监督，及时受理并回应项目建设或公司运营所在地民众、社会团体和其他利益相关者的诉求。与矿山所在乡镇（街道）、村（社区）等建立磋商和协商机制，及时妥善处理好各种利益纠纷，不得发生重大群体性事件。

四、冶金矿山绿色矿山建设实践

（一）鞍钢矿业

鞍钢矿业有 9 座大型铁矿山（配套 7 个大型选矿厂）和 2 座辅料矿山，具备了 7000 万吨铁矿石、2200 万吨铁精矿和 800 万吨石灰石的生产能力。"十三五"规划期间，鞍钢矿业围绕相关产业政策，树立绿色发展理念，大力推进绿色矿山建设，工业废气、废水污染物稳定达标排放，建设项目"三同时"执行率 100%，重大环境污染事故为零，完成生态恢复面积 2000 万平方米，复垦绿化苗木成活率达到 95% 以上。2019 年，弓露天矿和井下矿、齐矿、东矿、大矿、眼矿、关宝山和碱子山矿、大连石灰石新矿等 9 座矿山通过自然资源部专家审核、复核和验收，成为国家级绿色矿山。

该公司贯彻十九大"建设生态文明是中华民族永续发展千年大计"的思想，树立和践行"绿水青山就是金山银山"的理念，坚持走"科技、绿色、人文"的发展道路，实现"开采方式科学化、资源利用高效化、企业管理规范化、技术创新常态化、生产工艺环保化、矿山环境生态化"的"六化"总体目标，力争把鞍钢集团矿业公司各矿区建设成为"资源节约、环境友好、企地和谐、职工幸福、可持续"的新型企业。近年来开展了大量相关工作，主要有：

（1）在依法办矿及企业规范管理方面，该公司根据国家统一规划和产业结构合理布局进行开发建设。鞍钢矿业各矿山在运营过程中，始终坚持依法办矿的宗旨，严格遵守相关法律法规，积极及时缴纳矿产资源补偿费和采矿权价款，三年内未受到相关行政处罚，未发生严重违法事件。

（2）在资源综合、高效利用方面，该公司开展了废石综合利用项目、尾矿综合利用项目、红矿高效选矿项目等。

（3）在节能减排与环境保护方面，该公司通过矿山 GPS 智能调度系统优化铲车比、自主研发应用选矿低温药剂、引进高效换热设备利用余热等切实可行措施，建立磨选高能耗工序电能消耗预测模型、公司级水循环动态平衡模型等精细化能源管理系统的应用实践，综合能耗呈逐年下降趋势。按照中央打好污染防治攻坚战要求，不断加大环境整治力度，2016 年以来累计投资 2.08 亿元，改造环保项目 54 项。

（4）在科技创新与智能矿山方面，该公司通过不断推进采选技术进步，采矿技术处于国内领先水平，选矿技术达到国际同行业领先水平，主要选矿技术经济指标处于国际领先水平。"十三五"规划期间，鞍钢矿业创造性地把系统工程理论引入到贫赤铁矿的选矿难题攻关上，形成了具有完全自主知识产权的"三力场"联选技术，研发了"提铁降硅"的新技术、新工艺、新药剂，创造性地提出"五品联动"理论及矿冶工程模式，首创露天井下协同开采技术、矿山生态修复和铁尾矿综合利用技术，从根本上破解了贫铁矿开发利用的世界性难题。完成科研项目185项，专利776件，制订国家标准、行业标准42项，取得省部级以上科技进步奖27项，其中国家级科技进步奖二等奖2项，科技创效总值达12.3亿元。

（5）在企业文化建设与社区和谐发展方面，该公司以振兴中国冶金矿山为己任，组织编制《中国铁矿行业中长期发展规划》，组建中国冶金矿业发展研究中心，承接国家和行业标准制定，牵头组织冶金行业"鞍钢矿业杯"技能竞赛等，行业龙头地位和社会影响力显著提升，鞍钢矿业已成为国内最具竞争优势的冶金矿山龙头企业。该公司多年来一直坚持开展政企共建打造和谐社区活动，以当地政府为主导和依托，以矿山职工为基础，以社区全体居民为主体，在全民健身、普法宣传和平安矿山建设及维护社会稳定等各方面，全力支持和配合，相互协调共同化解社区内各种社会矛盾，注重做好民调和信访工作，及时妥善解决各类潜在的矛盾，积极履行企业社会责任，实现了矿区和社区的和谐发展，树立了良好的企业形象。

未来，该公司将保证管理规范的持续性，进一步加大科技创新体系建设及相关投入，加强人才队伍建设和企业文化建设与社区和谐发展，努力成为绿色矿山中的标杆企业。

（二）马钢矿业

马钢矿业按照国家绿色矿山建设相关要求，将发展绿色矿业、建设绿色矿山作为保障矿业健康可持续发展的重要抓手，统筹矿山发展的资源、环境和社会效益，加快建设"高于标准、优于周边、融入景区"的绿色生态矿山。坚持高效开发资源、绿色智能发展，全力推进马钢矿业平安、质量、科技、精益、人文、可持续"六型矿山"建设，全面打造中国一流冶金矿山企业品牌。

1. 绿色发展，理念先行

马钢南山矿业高村铁矿在矿山发展过程中，遵循"边生产，边建设，边复垦"的方针，因地制宜做好矿山土地复垦工作。根据矿山环境保护与治理恢复方案，对矿区存在的地质环境问题进行了治理，矿区地质环境恢复治理率和绿化覆盖率达到80%以上。

马钢姑山矿坚持"绿水青山就是金山银山"的发展理念，加快转变发展方式，积极打造绿色生态矿山，以"生态恢复、环境友好、资源节约、和谐发展"为主题，以安全管理规范化、资源利用高效化、生产工艺科学化、矿山环境生态化为基本要求，已录入全国绿色矿山名录库。

2. 综合高效利用资源

马钢桃冲矿长龙山铁矿高度重视矿产资源综合利用，投入大量资金用于回收矿山难采矿和低品位矿，并积极优化采矿工艺；在确保回采安全的情况下，实施对民采区的治理，并对民采残留矿进行回收，充分利用有限矿产资源。

马钢南山矿长期致力于资源综合利用，在凹山采场资源即将枯竭时实施技术改造，率先对碎矿系统进行设备升级；新建了超细碎辊磨系统，在全国冶金矿山开创了工艺先例，使选矿厂的破碎装备条件大为改观。同时，三段磨矿系统的升级改造，保持了凹山铁精矿质量的稳定。

3. 建设现代数字化矿山

充分利用云计算、物联网、大数据、人工智能等先进技术打造绿色、智能、协同、安全、低耗，效率一流、质量一流的数字矿山，围绕智能装备、智能生产、智能管理、智能决策四个方面，按照强基、固本、提智"三步走"的战略推进数字矿山的发展实施。

加大两化深度融合，扎实推进数字化采矿和选矿厂的建设和优化。实现马钢矿业的南山、姑山、桃冲、罗河、张庄各矿业公司生产数据自动采集，按照就源输入、数出一源、一源多用的原则，为生产、管理、决策支持提供支撑。

4. 探索近城矿山整体开发利用新模式

马钢矿业积极探索矿山与城市相适应的共享发展模式和途径，以文化建设、政策运用、关键技术开发、关键设施完善为着力点，在生活区布局、生态环境治理、社会文化发展方面与城市发展对接，科学规划矿山的未来。

将自有矿山发展与示范基地建设有机结合，探索出矿山整体开发和近城矿山建设等资源综合利用新模式，催生了一批国内首创、行业领先的核心技术成果，如第一个在露天铁矿中实现大规模采场内排土等。

马钢南山矿对现有废弃地加以复垦，以农林利用为主，扩大茶园、果园面积；姑山矿钟山排土场实现生态复垦，种植白杨、香樟等观赏树种，建成桃、梨等经济园，成为名副其实的"花果山"。

（三）冶金规划院助力绿色矿山建设

"十四五"时期是我国"两个一百年"奋斗目标的历史交汇期，也是矿业企业转型发展的重要战略期，绿色矿山、智能矿山是必然路径，也是矿山"十四五"发展的重点。冶金规划院长期为矿业企业提供战略规划、中长期发展规划、五年发展规划以及绿色矿山规划等专项规划咨询，提供地方政府区域和矿产资源开发规划等规划咨询服务。冶金规划院为武钢、鞍钢、沙钢、中钢、五矿、德龙、力拓、中铝等企业"走出去"提供了大量信息咨询、技术咨询等专家顾问服务。作为国家首批甲级工程咨询单位，冶金规划院长期致力于冶金行业绿色矿山发展，先后完成多个绿色矿山建设规划和发展咨询等报告，深受政府和企业好评。据不完全统计，已完成内蒙古大中矿业股份有限公司《书记沟铁矿国家级绿色矿山建设规划》《东五分子绿色矿山建设规划》《首钢集团有限公司矿业公司高效绿色产业发展规划》《马钢矿业资源集团有限公司2020~2024年总体发展规划》等多项规划。

第二节　绿色制造

一、长流程炼钢

（一）铁前工序绿色制造技术

1. 工艺现状

据不完全统计，截至2020年底，符合规范条件钢铁企业（简称规范企业）共有炼铁高炉约850座，高炉炼铁总产能约9.1亿吨。其中，2000m³及以上高炉119座，产能约29366万吨/a；1000~2000m³高炉约有328

座，产能约 37101 万吨/a；1000m³ 以下高炉约有 403 座，产能约 24533 万吨/a。重点统计企业烧结机共 433 台，总生产能力 110318.1 万吨，平均单机生产能力 254.8 万吨。重点统计企业球团矿总生产能力 17479 万吨，其中链算机—回转窑球团矿产能占比 53.9%，竖炉产能占比 28.5%，带式焙烧机产能占比 17.5%。铁前工序绿色制造技术方面的进步包括以下方面：

（1）装备大型化。大型高炉的能源利用效率、生产效率、节能设施配置率和使用效果等均高于中小型高炉，是实施各项低碳、节能炼铁技术的保障。我国高炉装备大型化进程得到迅速发展，目前 2000m³ 级以上高炉产能比例已达到 30%，4000m³ 以上高炉有 25 座，5000m³ 以上的达到 8 座，占全世界巨型高炉数量大约 1/4。大型化烧结机产能占比超过 85%，120 万吨及以上的球团矿生产装备产能比例超过 60%。

（2）精料冶炼技术。我国高炉在精料冶炼方面取得的进步，包括提高入炉品位、优化炉料结构、分级入炉、使用干熄焦、提高原燃料强度、降低入炉水分和粉末等，对我国高炉的高效、低碳冶炼起到了至关重要的作用。

（3）富氧喷煤技术。富氧有利于提高理论燃烧温度、喷煤比和生产效率，喷吹煤替代焦炭起提供热量和还原剂的作用，减少焦炭用量。我国高炉富氧率最高达到 12%，喷煤比最高达到 220kg/t，节焦能力明显。

（4）高顶压冶炼技术。高顶压有利于提高煤气对铁矿石的渗透性，降低煤气线速度，促进间接还原，抑制直接还原，每提高 10kPa 约可降低燃料比 2kg/t，我国巨型高炉顶压最高可达 280kPa。

（5）高炉热风炉双预热技术。利用热风炉烟气，通过换热器对煤气和助燃空气进行预热，降低煤气消耗并可提高鼓风温度。高风温有利于改善高炉下部热制度，提高能源利用率，降低焦比和燃料比；热风温度每提高 100℃可降低焦比 8~15kg/t，宝钢、沙钢等超大型高炉热风温度曾达到 1250℃。

（6）脱湿鼓风。将鼓风中的湿度降低到某一固定数值之后送往高炉，以降低鼓风湿度对高炉稳定性的影响，同时减少热量消耗，处于高湿度地区的大型钢铁企业已有使用，吨铁约可节焦 5kg。

（7）烧结采用低温厚料层技术，料层厚度最高达到 1050mm，降低焦粉、无烟煤等含碳物料消耗；烧结烟气循环、低漏风率技术降低烟气产生量和处理量，减少污染物排放。

（8）链算机—回转窑和带式焙烧机采用焦炉煤气和天然气等高热值、低碳燃料，大幅降低球团矿生产过程碳排放。

2. 绿色制造技术趋势

（1）大型带式焙烧机优质球团矿生产技术。球团矿生产过程的工序能耗、碳排放和污染物排放明显低于烧结，带式焙烧机球团矿生产工序能耗（标煤）最低可降至16kg/t，吨矿碳排放可低至65kg，是烧结矿生产过程的1/3。由于历史、资源和技术等原因，国内高炉的球团矿使用比例平均不足15%，且现有竖炉和链箅机—回转窑工艺装备生产的主要是高硅酸性球团矿，不能满足高比例使用球团矿的碱度要求。带式焙烧机具有单机规模大、原料适应性强、能源消耗低、生产稳定性高、产品质量好、产品品种多样等优势，在国外被广泛应用于球团矿生产，可以有效满足高炉大比例使用时对球团矿质量和品种的要求；在国内，带式焙烧机工艺因设备设计及制造能力有限，以及缺少天然气等高热值煤气等原因，一度发展相对缓慢。

近年来，为了推动球团工艺发展，实现低碳炼铁，在中钢国际、首钢京唐等国内设计和生产单位的带动下，带式焙烧机生产高品质球团矿的技术取得了较大进展。通过基础理论研究、高黏结性熔剂开发、低硅碱性球团矿还原膨胀率攻克、球团用资源瓶颈突破等技术研究，开发出了大型高炉可高比例使用并大幅度降低渣量和燃料消耗的优质低硅碱性球团矿和低硅酸性球团矿。主要技术创新包括以下方面[1]：

一是开发了用消石灰生产低硅碱性球团矿的新工艺，研究并制定了球团用消石灰质量标准，首次在504m² 大型带式焙烧机使用消石灰生产出了超低硅高碱度球团矿，碱度1.1~1.2，SiO_2 含量2.0%。

二是提出了通过形成合理的液相和铁酸钙等物相，控制低硅碱性球团矿还原膨胀率的理论及措施，使超低硅碱性球团矿还原膨胀率控制到17.5%以下。

三是通过开发使用新型箅条和堵塞处理装置及高频电源等措施，攻克了球团生产过程带式焙烧机箅条和布风板堵塞、电除尘器故障等问题，并通过调整造球和热工参数，解决了影响球团矿产量的参数问题，生产效率超设计值6%以上。

四是开发了烧结用富矿资源用于球团生产技术，突破了球团精粉资源不足，限制球团进一步发展的瓶颈问题，生产出了粒度均匀、品位高、SiO_2 含量低的高铁低硅酸性球团矿。

采用该技术后，首钢京唐烧结球团工序的颗粒物、氮氧化物、硫氧化物等污染物减排 1.5 万吨/a，CO_2 减排 90 万吨/a。

（2）大型高炉高球团矿比冶炼技术。欧洲及北美地区高炉都已采用高比例球团矿冶炼工艺，但国内 3200m³ 以上大型高炉在高比例球团矿冶炼方面长期处于空白。为了推动炼铁工艺低碳绿色化发展，2015 年首钢京唐规划在原炼铁工艺系统基础上新建 1 座 5500m³ 超大型高炉和 2 条 504m² 大型带式焙烧机球团生产线，形成以球团矿为主的炉料结构，利用球团矿的高品质及工艺低能耗、低污染物排放优势，大幅度降低炼铁系统的二氧化碳和污染物排放。采用的先进低碳流程和技术装备主要包括以下三方面[2]：

一是开发出了低碳清洁冶炼炉料结构及工艺流程配置，确定了"35%熔剂性球团矿+20%酸性球团矿+40%烧结矿+5%块矿"的基础炉料结构，创新配置了"3 台 504m² 带式焙烧机+2 台 500m² 烧结机+3 座 5500m³ 高炉"的炼铁工艺装备。

二是建立了高比例球团矿低碳高效冶炼技术体系，开发出与高比例球团矿冶炼相匹配的合理布料及煤气流分布控制技术，建立了以"中心焦+水平料面"、高富氧、高顶压、高风温、湿分控制为特点的超大型高炉高比例球团矿冶炼技术体系。

三是开发出适宜高比例球团矿冶炼的高炉装备，设计了适用于高比例球团矿冶炼的并罐布料装置、炉身角度及合适的高径比，有效解决了高比例球团矿冶炼时布料偏析、炉料膨胀等难题，为超大型高炉高比例球团矿稳定冶炼创造了有利条件。

采用该技术后，首钢京唐高炉燃料比下降约 20kg/t，CO_2 减排约 10%，减排量超过 200 万吨/a；颗粒物、NO_x、SO_2 等污染物减排 20%，约 2000t/a。

（3）高炉大数据智能管控降碳技术。中国钢铁行业以高炉—转炉长流程炼钢为主，高炉是钢铁制造流程中的关键工序，是铁素和碳素物质流转换的核心关键单元，高炉工序碳排放约占钢铁总排放的 70%。针对高炉冶炼过程的特点及稳定顺行控制要求，中国冶金科研工作者长期致力于优化提升高炉专家系统技术水平，旨在提高精细化和标准化操作水平、降低碳排放，成功开发出了高炉大数据智能管控系统———一套面向炼铁高炉操作人员、技术专家及高层管理者等用户的一体化智能管控系统[3]。

一是基于高炉水温差、炉缸热电偶、炉顶成像等整体监测系统，采集高炉一级操作数据、检化验等系统数据，建立支撑整个系统高效准确运行数据仓库；运用高炉冶炼机理模型、专家推理机、大数据分析及移动互联网等先进技术，建立服务于炼铁厂的安全预警、生产操作优化、智能诊断、生产管理、在线监测、实时预警等一系列业务功能，对高炉"黑箱"可视化，实现企业端"自感知"，建立高炉专家系统，实现"自诊断""自决策"和"自适应"。

二是通过在企业端部署自主研发的工业传感器组成物联网，推行炼铁物联网建设标准化、炼铁大数据结构和数据库标准化、数字化冶炼技术体系标准化，建立行业级炼铁大数据智能互联平台，实现各高炉间的数据对标和生产优化，促进信息互联互通、数据深度挖掘应用、产学研用的紧密结合，提高综合核心竞争力。

三是通过炼铁大数据平台的建设，降低炼铁异常工况及燃料消耗，减少CO_2排放，实现低碳炼铁，对高炉的长寿、高效、优质、低耗、清洁生产起到了关键性的促进作用[4]。

酒钢针对高炉类型多样化、原燃料质量差等造成炉况频繁波动、设备故障频出、操作难度大等突出问题，引进了"炼铁大数据智能互联平台"，打破了传统的依靠经验操作以及高炉分散操作的模式，建立了集高炉炼铁机理模型、推理机、大数据机器学习、云计算、物联网、移动互联网为一体的酒钢厂区高炉的集中智能管控中心，实现对 6 座高炉的集中智能管控；同时实现行业先进技术的网络化共享及外部专家的远程诊断，建立不同类型高炉合理的工艺操作与安全防范技术体系，提升整体技术操作水平和盈利能力，实现酒钢各高炉的安全、长寿生产。酒钢 1 号高炉通过智能系统优化后，焦比降低 19kg/t，吨铁碳减排量超过 50kg，获得甘肃省重大科技成果奖[5]。该技术填补了行业在此领域的空白，助力炼铁工序节能低碳，向智能生产、绿色智造转型升级，作为炼铁大数据案例从全国 2000 多个案例中脱颖而出，在中央电视台第 9 频道"大数据时代"播出，形成强大的示范效应。

2021 年 7 月宝钢股份炼铁控制中心运行智能管控系统上线，这是宝钢股份深化推进"一总部多基地"的专业化整合模式，平台采集四大基地 14 座高炉的产量、经济技术指标、质量、实时运行等数据，既能对宝山基地 4 座 4000m³ 级大高炉实行集中化操作控制和生产管理，还可对青山、东山、梅山基地 10 座高炉进行实时远程管控与技术支撑，汇集四大基地炼铁工序 L2、

L3、L4 各级系统，集互联网、大数据、工艺技术规则、模型库于一体，使宝钢股份跨基地高炉大数据能实时汇聚到宝山管控基地，实现了高炉炉况指数化诊断、高炉运行智能化控制、高炉指标全面化对标及高炉操作数字化转型，并具备事前预警、分层推送、实时对标、自学习和闭环控制等功能。通过该平台，宝钢股份可推行远程信息化支撑体系，实现专家远程指导，有效提高操作协同指挥、远程支持效率，进而探索建立多基地协同的世界先进水平的高炉生产管理模式，实现中国宝武高炉炼铁系统高效节能生产技术水平的整体提高，力争四大基地高炉燃料比降低至 495kg/t 以下，大幅降低吨铁碳排放强度。

（4）大型气基竖炉直接还原炼铁技术。大型气基竖炉直接还原炼铁技术属于短流程炼铁生产工艺，在技术成熟度、单机生产规模水平等方面最接近高炉，不使用焦炭、煤和烧结矿等高污染、高碳排放强度的物料，是低碳的炼铁技术。目前投入商业生产的气基直接还原炼铁工艺主要有 MIDREX 工艺和 Tenova-HYL 工艺，最大单机生产规模超过 200 万吨/a。

气基直接还原竖炉的主要原料为氧化球团矿或块矿，要求品位达到 67%以上，且对于 MIDREX 工艺，对原料 S 含量低于 0.01%，避免转化炉催化剂中毒。在直接还原竖炉内主要是利用 H_2 和 CO 作为铁氧化物的还原剂，在固态下将氧化球团矿还原为海绵铁，产品为冷态直接还原铁、热压块和热态直接还原铁[6,7]。MIDREX 工艺中还原气成分（体积分数）为 H_2+CO>90%、体积比 H_2/CO=1.5~1.7，其余为 CH_4、CO_2、N_2 和 H_2O 等，主要通过天然气经转化炉催化重整反应制取；Tenova-HYL 工艺还原气成分（体积分数）为 H_2+CO>90%、体积比 H_2/CO=2~4，其余为 CH_4、CO_2、N_2 和 H_2O 等，主要通过天然气经过自重整反应制取。

在 MIDREX 工艺流程中，还原气以天然气为原料，在转化炉内用竖炉炉顶气中 CO_2 作转化剂，与新鲜天然气按反应化学当量混合，然后送入装有镍催化剂反应管的重整转化炉。转化炉内的转化原料气在 900~950℃下进行反应，得到 CO+H_2 含量近 90% 的还原气。转化后的还原温度（850~900℃）恰好符合竖炉还原工艺的要求，可直接送入竖炉使用。进入竖炉的还原气温度为 750~850℃，压力为 0.1~0.2MPa，流量（标态）为 1800m^3/t。入炉原料在固体状态下还原成金属铁，金属化率达 92%，碳含量 0.5%~2.5%可按要求进行控制。

Tenova-HYL工艺显著特点是工作压力在0.55MPa以上，炉顶煤气有三分之二左右被循环使用，另外三分之一作为尾气外排以避免反应生成的CO_2或重整工艺带入的N_2循环累积。该技术采用了天然气或焦炉煤气零重整技术，与MIDREX工艺相比，取消了天然气重整炉及催化剂，可以节省一部分投资，采用加氧提温技术将工艺煤气温度提高到1080℃，煤气入炉后由于炉内还原铁的催化作用，甲烷迅速分解大量吸热，加上氢气还原及甲烷使铁渗碳反应也消耗热量，使入炉煤气温度降低到800℃以下，对原料要求更高。

以天然气基直接还原铁为原料的钢铁企业，吨钢碳排放强度可控制在1t以内，较高炉——转炉长流程钢铁企业吨钢碳排放可减少约0.8t。

（二）转炉炼钢工序绿色制造技术

1. 工艺现状

截至2020年底，全国符合规范条件钢铁企业（简称规范企业）共有炼钢转炉727座，生产能力85500.0万吨。其中，200t及以上转炉生产能力11049.0万吨，占转炉炼钢总能力的12.9%；100～199t转炉生产能力45456.5万吨，占53.2%；50~99t转炉生产能力24004.5万吨，占28.1%；50t以下转炉生产能力4990.0万吨，占转炉炼钢总能力的5.8%。目前，国内转炉炼钢工艺装备水平大幅度提高，主体装备总体达到国际先进水平，转炉冶炼工序生产设备大型化、智能化、绿色化取得新进展。

转炉炼钢作为钢铁行业不可或缺的重要生产环节，其绿色低碳技术发展对推动钢铁行业技术进步、提高能效水平和生产效率起到至关重要的作用。到目前为止，在转炉炼钢工序成功应用的绿色低碳技术主要有以下几种：

（1）转炉煤气高效回收利用技术。转炉煤气作为炼钢生产过程中的副产品，是钢铁企业重要的二次能源，转炉煤气回收占整个转炉工序能源回收总量的80%以上，是实现负能炼钢和降低工序能耗的关键环节[1]。转炉炼钢吹炼过程中，碳氧反应是一个重要反应，反应的生成物主要是CO，热值高，具有较高的利用价值。将转炉冶炼过程产生的煤气回收再利用，是钢铁冶金行业实现绿色、节能生产的一项重要举措。各大钢铁企业历来重视转炉煤气回收，以煤气回收与炼钢生产同等重要的理念指导转炉生产[9]。转炉煤气的高效回收和合理利用，不仅能降低炼钢工序能耗，缩减生产成本，为实现负能炼钢奠定基础，而且能极大地降低废气排放量，使企业中较为严重的大气污染得到有效控制，周边环境得到改善，实现清洁生产[10]。其主要工艺是采用电除尘净化转炉运转时的热烟气，并回收煤气，收集的除尘灰，进行热压块后又回到转炉中，作为转炉的冷却剂。转炉煤气干法烟气除尘处理、煤气回收及可以部分或全部补偿转炉炼钢过程中的能耗。

2020 年方大集团九江钢铁有限公司通过采用多举措提升转炉煤气回收率，完成转炉煤气回收 150.98m³/t，其中西区转炉煤气回收达到155.96m³/t，为公司降本增效打下良好基础。

（2）转炉烟气余热回收—余热发电技术。该工艺利用强制循环余热锅炉回收冶炼烟气余热，实现热电联产，最大限度提高余热蒸汽利用效率。转炉余热发电系统主要包括余热锅炉、饱和蒸汽汽轮机、发电机三大主体设备及蒸汽蓄热、排气冷却（空冷系统或水冷系统）、给水除氧三大汽水系统。炼钢转炉在吹炼过程中，产生大量的高温烟气，为降低烟气温度、回收高温烟气中的余热，转炉配套设置了烟道式汽化冷却余热锅炉[11]。余热锅炉由于受到转炉吹炼时烟气波动的影响，在整个冶炼周期内，只有吹炼期才有饱和蒸汽产生，同时由于吹炼期烟气量的急剧变化，余热锅炉产生的蒸汽量也随之急剧波动。因此为保证汽轮机进气流量的连续性和稳定性，一般还设置蓄热器系统。转炉在吹炼期内，转炉产生的高温烟气进入汽化冷却烟道，经换热后产生 1.0~1.6MPa 的汽水混合物送入余热锅炉汽包，再经汽包汽水分离后送出饱和蒸汽，一部分蒸汽进入蓄热器内，通过内部充热装置喷入过冷水中，蒸汽将蓄热器内的过冷水加热同时冷凝成水，形成饱和水，使蓄热器内水的焓值升高，这样就完成了蓄热器的充热过程；另一部分蒸汽经调压阀后送入汽轮发电机房。转炉在非吹炼期内，汽化冷却余热锅炉不产生蒸汽，调压阀前蒸汽压力不断下降，此时蓄热器内低压下降，饱和水成为过热水后沸腾，产生饱和蒸汽，饱和蒸汽经调压阀送入汽轮发电机房。由于饱和蒸汽对汽轮机使用寿命影响很大，并且饱和蒸汽的发电效率低，汽耗率大，造成发电收益较低，投资周期长。因此系统中增加蒸汽过热系统，既可以充分保证汽轮机使用寿命，也可以大幅度提高发电量，缩短投资回收期。该工艺技术可充分回收炼钢工序中不同的余热资源并将其转化为电能。到目前为止国内已经有多家企业配备了转炉余热发电技术，典型的企业有唐山东海特钢集团有限公司、高义钢铁有限公司等，通过转炉烟气余热回收—余热发电技术为企业创造了良好的经济效益。

（3）转炉少渣冶炼工艺。传统炼钢工艺流程模式主要是先把铁水进行脱硫，然后进行预处理，再将处理好的铁水转入到炉中进行冶炼[12]。在传统的炼钢工艺中，转炉中的炼钢渣含量比较大，同时转炉渣中氧化铁的含量也比较高，因此，使用传统的炼钢工艺进行冶炼将会消耗大量的能源和材料。转炉少渣炼钢工艺的主要中心思想是对脱碳的炉渣进行循环利用，将上一个炉次脱碳之后剩余的炉渣再转换到下一个炉次内进行使用，从而打破传统炼钢过程中排除碱度过高的炉渣现象。同时也能有效地提升转炉中炉渣的量，使得最终所排除的炉渣碱度能够达到规定标准[13]。鉴于此，少渣炼钢工艺在炼钢过程中得到了广泛应用，并且代替了传统的炼钢工艺。

转炉使用少渣冶炼工艺，则可以有效提升铁水的利用率，提升企业的经济效益。少渣炼钢所使用的铁水硅含量较低，因此造渣所使用的石灰含量也明显下降，有效地降低了渣料的消耗和能源的消耗，同时减少了污染物的排放量，为环境保护作出了贡献。由于转炉内渣含量较少，氧气能够得到充分的利用，吹炼终点钢水中氧含量较低[14]。少渣炼钢工艺有效地缩短了冶炼时间，提升了转炉的应用效率，同时也延长了转炉的使用年限。此外，少渣炼钢工艺提升了钢水的纯度，使钢材的生产更加纯净。

2013年上海梅山钢铁股份有限公司全面推广转炉少渣冶炼工艺后，吨钢石灰消耗量由53.3kg降低为23.3kg，降幅达56.3%，二氧化碳排放量减少6.36万吨/a，转炉渣减少6.78万吨/a。

2020年红河钢铁有限公司推行少渣冶炼工艺后，上半年钢铁料消耗从年初的1095kg/t降低到1080kg/t，下降了15kg/t。

（4）铁水"一包到底"技术。铁水"一包到底"技术是近几年在钢铁行业发展起来的一种全新的铁水供应技术，核心是高炉出铁、铁水运输，直至炼钢厂向转炉兑铁均使用同一铁水罐，中途不倒罐的技术[15]。该工艺把高炉出铁的铁水罐与炼钢厂转炉兑铁水的铁水包合二为一，节约了转炉炼钢的铁水包，取消了传统的鱼雷罐车或温铁炉等环节，减少铁水二次倒罐环节，节约了铁水运输时间，减少了因倒罐引起的环境污染，有利于实现清洁生产[16]。

采用铁水罐从高炉炉下盛装铁水至炼钢厂直接进入转炉兑铁，期间不再进行折铁、分兑等流程，可节省行车电耗、简化生产工序、降低铁水温损，保证转炉在大废钢比的冶炼模式下具有良好的热平衡条件。转炉铁水"一包到底"工艺具有简化生产流程、降低能源消耗、稳定转炉工艺、可推进大废钢比冶炼等优点，符合绿色、高效、环保理念[17]。

2019年安阳钢铁实施"一包到底"技术以来，促进了企业生产的均衡、稳定、连续、高效、低成本运行，每年可增效6000万元。

2020年首钢长治钢铁有限公司实施"一包到底"技术以来，实现了铁钢界面无缝衔接，降低了铁水温降，提升了产量，降低了生产成本。

2. 发展趋势

（1）持续推进精料入炉。精料入炉是降低炼钢生产过程固废排放最直接有效的手段。该技术在钢铁料质量控制方面，可降低入炉料的硫、磷含量（含硫易切削钢等钢种除外），减少铁水温降和成分波动，合理控制铁水硅含量、碳含量和带渣量；按需采购符合国家和行业标准的废钢，制定实施更加细化的企业标准或团体标准，开展废钢带入混杂元素（铜、锌）脱除与控制技术研究，严格控制废钢中有害元素的含量，废钢分类堆存并保持清洁干燥，炼钢过程实现废钢料型结构动态调整。该技术在造渣料质量控制方面，可提升入炉冶金石灰的活性，降低生过烧比例，有效提高造渣效率，减少转炉热损失、炉衬侵蚀和钢渣产生量[18]。

炼钢厂在热量足够的前提下，灵活配比块矿、烧结矿、氧化铁皮球等含铁料，以石灰石、白云石替代部分活性石灰、轻烧白云石，可有效降低冶炼成本；但从碳排放角度考虑，相当于将其他工序的部分碳排放量转移到炼钢工序。因此，在冶炼中碳、高碳钢种需使用增碳剂，或在高废钢比冶炼需额外补充热源的情况下，应尽量减少这些冷料的使用量，并尽量使用合适粒度的，固定碳较高的，灰分、挥发分、硫、磷、氮等含量低的增碳剂。

（2）注重废钢预热，提高废钢比。炼铁系统碳排放量约占高炉—转炉全流程的76.1%[19]，每提高1%废钢比，吨钢可减排CO_2约22.36kg[20]，因此降低铁耗、提高废钢比是减少CO_2排放的重要抓手。

提高废钢比的措施，主要包括高炉出铁或配料过程中加废钢、铁水罐加废钢及预热、废钢槽加废钢及预热、炉后加废钢及预热、废钢连续加料及预热等。从技术可靠性和经济性角度综合考虑，在转炉炼钢流程中，铁水罐或废钢槽加废钢及预热技术是重点推广方向。此外，纯氧燃烧预热废钢技术和转炉废钢连续预热加料技术已有应用案例，具体实施效果值得关注。

（3）智能化炼钢，提高生产效率。采用智能化手段实现高效、连续、稳定生产，能够降低炼钢生产过程的物料和能源消耗，减少 CO_2 排放。转炉智能化重点是聚焦吹炼终点控制技术[13]，包括静态控制模型、副枪动态控制技术、炉气分析控制系统、滑板挡渣与下渣检测、声呐化渣技术等，人工智能技术特别是神经网络或其结合算法应用于转炉生产过程控制和优化，已成为转炉终点控制技术的重要发展方向。

此外，对于炼钢车间运转工段的智能化控制将逐步引起重视。例如，钢包跟踪管理技术可实现自动识别包号、实时自动跟踪、优化钢水温度控制、精确配包等；智能化铸造起重机可实现智能化控制、自动巡航、超精准定位、电气防摇、智能诊断、远程监控等功能。

（4）开源节流，提高系统用能效率。通过精细化管理和标准化操作，提高能源利用效率，是减少炼钢生产过程 CO_2 排放的重要措施。对于转炉炼钢车间，根据转炉煤气和蒸汽的用户需求，合理优化转炉煤气回收操作参数，针对提高二次能源综合回收量开展技术攻关，是转炉负能炼钢的关键；转炉一次烟气采用干法除尘和半干法工艺，与传统 OG 湿法相比，不仅能够稳定实现超低排放标准，而且节水、节电效果突出。

此外，为实现企业全流程能源利用最优化，开展炼钢工序典型用能设备节能技改将成为行业关注的重点：一是钢包全程加盖技术，该技术成熟可靠，可有效降低生产成本、提高生产效率，降低转炉氧气和物料消耗，减少保温剂和烘烤煤气消耗；二是钢包蓄热式烘烤技术，该技术可有效提高燃烧效率，节约烘烤煤气和引风机动力电消耗。

（5）降低转炉出钢温度，节约冶炼能耗。对转炉炼钢工艺来说，温度就是生命，温度不仅是炼钢过程的基础，更是获得良好铸坯质量的基础[21]。转炉炼钢系统温度控制水平的高低关系到钢铁料消耗、合金料消耗、耐火材料消耗等多项指标的好坏，直接决定炼钢成本的高低，降低转炉出钢温度对保障生产顺行、提高产品质量、降低生产成本有着重要意义。转炉"低温出钢"是在保证生产顺行的前提下，基于降低原材料消耗、提高炉龄和废钢比、降低生产成本等目的，通过降低钢水周转、浇铸等过程温度损失，实现降低转炉冶炼终点温度的综合技术。

该技术首先要通过严格控制转炉入炉原料质量、优化氧枪工艺参数以及开发石灰、冷料、脱氧剂和合金等加入量的计算机静态控制模型，为降低转炉终点温度提供了良好的基础；然后再根据自身转炉公称容量、炉机匹配、冶炼钢种等情况，采取改善出钢口、烘烤钢包、烘烤合金料、钢包加盖、中间包加盖等措施，出钢温度可取得较大改善，出钢温度可保持在 1635℃ 以下。由于实行低温出钢技术，转炉、连铸、钢包周转、生产调度系统工作得以不断优化，各项经济技术指标可得到明显改善，能耗明显降低[22~24]。

（6）推进大型转炉洁净钢高效绿色冶炼技术。中国大型转炉发展较晚，但发展迅速，长期以来国内对转炉冶炼规律缺乏系统、针对性的研究，主要是未有效解决一些矛盾，导致了冶炼过程效率低、消耗高、能耗高、排放大、生产不稳定，使得转炉洁净钢冶炼平台无法发挥高效、绿色的潜能。

大型转炉洁净钢高效绿色冶炼技术，主要结合高强度顶底复吹工艺技术、低耗高效率脱磷技术、有效复吹的长寿命维护技术、高效率冶炼及自控技术、绿色冶炼集成控制技术。经过系统的研发，打通工艺流程，进行全工艺贯通的生产实践，形成适合大型转炉洁净钢高效绿色化稳定生产的冶炼关键技术，建立大型转炉高品质钢高效、绿色、洁净、稳定、低成本生产的多目标协同冶炼体系。

通过应用大型转炉绿色冶炼控制技术，冶炼过程节能减排效果显著：钢铁料消耗可降低 5kg/t 以上，炉渣减少 20%，减少补炉耐材消耗达 50%，同时减少辅料及合金消耗。转炉工序能耗（标煤）达到 -32.01kg/t，间接减少 CO_2 排放 11.37kg/t 以上。

（7）加大研发力度，提高品种质量。从钢铁产品的全生命周期考虑，提高钢材质量和加工性能，可直接降低以钢材为原料的下游产品在服役过程中的碳排放强度[25]。

钢铁企业应进一步优化炼钢、精炼、连铸工艺，提高通用钢材产品的质量稳定性、可靠性和耐久性，加大海洋工程及高技术船舶、先进轨道交通、航空航天等领域用高端钢材的研发和产业化推进力度。重点关注钢水洁净度、宏观偏析、非金属夹杂物、窄成分控制等关键技术，超低氧特殊钢精炼工艺优化、RH 精炼吹氧脱碳、二次燃烧、喷粉脱硫等技术，控制连铸二次氧化、中间包电磁冶金、厚板坯连铸凝固终点大压下、薄板坯连铸直轧技术等。同时，钢铁企业向服务型制造企业转变，还须研发适应"个性化"制造的工艺技术，如变装入量转炉冶炼和炉外精炼、中间包热更换、规格不同铸坯同时连铸等。

（8）CO_2 用于炼钢，实现减排与资源化应用。钢铁行业中，CO_2 主要是用作炼钢反应气体、搅拌气体及保护气体。转炉冶炼时在氧气中添加一定量的 CO_2 可降低射流火点区温度，有效控制铁的挥发及大量烟尘的产生；也可利用 CO_2 的吸热效应及产生 CO 气体的反应特性，为脱磷反应提供良好的热力学及动力学条件，提高了炼钢的冶金效果。采用 CO_2-O_2 混合喷吹可降低炉渣铁损，提高脱磷率，提高煤气热值，增加煤气回收；利用 CO_2 代替部分氧气、氩气或氮气进行转炉复合吹炼可降低氧气、氩气或氮气消耗和生产成本。目前，国内相关科研团队已经完成了首钢京唐 300t 转炉炼钢 CO_2 资源化应用的工程示范，实现吨钢烟尘减排 9.95%、钢铁料消耗降低 3.73kg、煤气量增加 5.2m³、CO_2 减排 20kg 以上[26]。目前该技术已经应用于天津钢管、西宁特钢等多家企业。

二、短流程炼钢

（一）支持国内电炉钢发展必要性

1. 发展电炉短流程是践行绿色低碳发展的迫切要求

钢铁行业是中国国民经济的重要基础产业，是建设现代化强国的重要支撑，是实现绿色低碳发展的重要领域。相比高炉—转炉长流程工艺，全废钢电弧炉短流程工艺的绿色低碳优势更加突出，由于取消了高炉及烧结、焦化等工序，全废钢电弧炉短流程工艺可减少 97% 的采矿废弃物、90% 的原料消耗、86% 的空气污染、70% 的 CO_2 排放、50% 的能源消耗和 40% 的用水，污染物排放量大大减少。

2. 发展电炉短流程是钢铁行业发展的必经之路

中国钢铁行业长期以高炉—转炉长流程为主导，目前电炉钢产量占比约 10%，与世界平均水平 30% 左右、美国近 70%、中国以外其他地区 50% 左右相比，差距显著。世界上典型国家（地区）钢铁行业发展规律表明，随着工业化进程推进，废钢资源逐步积聚，发展电炉短流程是必然趋势。在已完成工业化且粗钢产量曾突破 1 亿吨的国家及地区（如美国、欧盟和日本），电炉短流程均是在粗钢产量峰值区中后期兴起，且电炉钢比例提升历时较长。中国粗钢产量已进入峰值区，合理利用废钢资源，有序发展电炉短流程，已成为流程结构优化的迫切要求。

3. 发展电炉短流程是引导钢铁行业高质量发展的重要手段

近年来，中国钢铁行业大力推进供给侧结构性改革，行业发展质量有所改善，但仍然存在产能过剩压力、产业安全缺乏保障、生态环境制约、产业集中度偏低等问题。科学引导电炉短流程发展，是中国钢铁行业以改革创新为动力深化供给侧结构性改革，坚持新发展理念推动高质量发展的重要手段，是充分发挥市场资源配置的决定性作用，加快构建现代化的钢铁产业体系，更好融入以国内大循环为主体、国内国际双循环相互促进的新发展格局的良好契机。

（二）中国电炉钢发展现状

1. 电炉钢产量

2010～2020 年中国电炉钢产量情况如图 5-1 所示。近年来，中国电炉钢占比长期保持 10% 以下低位徘徊。随着国家化解钢铁行业过剩产能工作的持续推进，特别是"地条钢"被依法取缔后，行业发展环境好转，电炉钢产量出现小幅增长。2020 年中国粗钢产量约 10.65 亿吨，电炉钢产量占比约10%，比历史最低 7% 提高 3 个百分点。

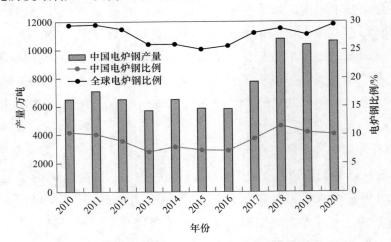

图 5-1　2010～2020 年中国电炉钢产量及其比例情况

2. 电炉钢布局

根据冶金规划院统计资料整理，按照工业和信息化部《钢铁行业产能置换实施办法》折算产能估算，截至 2020 年底，中国电炉钢产能为 17375 万吨，其中全废钢电炉短流程产能为 12820 万吨。中国电炉钢主要布局在华东、中南地区，其电炉钢产能占全国电炉钢产能达到 67.6%，如图 5-2 所示。

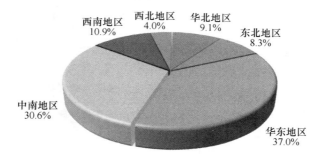

图 5-2　中国电炉钢分地区产能占比

广东省、江苏省、福建省、四川省和湖北省分别位居电炉钢产能的前五位，合计产能占全国电炉钢总产能的 49.1%，如图 5-3 所示。

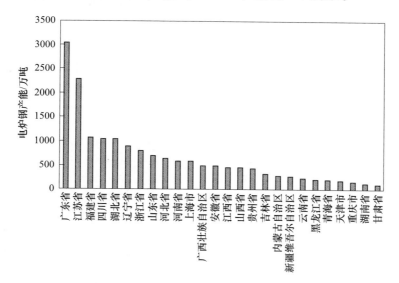

图 5-3　中国电炉钢分省市（区）产能情况

（三）电炉装备选型分析

1. 按供电方式分类

电炉炉型对炼钢技术经济指标和生产效率起决定性作用。从供电方式分类，电炉分为直流电炉和交流电炉。与交流电炉相比，直流电炉电极消耗较低、对电网冲击较小、冶炼噪声较低、冶炼电耗较低，但设备投资相对较高，炉底电极结构相对复杂；近年来出现针式底电极等已基本解决炉底寿命较短问题，但国内直流电炉普及率不高，仍以交流电炉为主。随着设备厂家和生产企业的不断创新实践，交流电炉的电耗、电极消耗等指标已与直流电炉接近[27]，见表5-1。

表 5-1　直流电炉和交流电炉主要参数对比

类型	结构复杂性	电弧稳定性	投资	安全性	炉底寿命	电极消耗	热量分布
直流电炉	复杂	高	高	较差	短	低	均匀
交流电炉	简单	低	低	好	长	高	存在冷热区

2. 按加料方式分类

按照加料方式分类，电炉分为传统式电炉（旋开炉盖加料）和带废钢预热功能的电炉。传统式电炉技术成熟、故障率低、原料适应性强、应用广泛，但电耗、电极消耗等主要技术经济指标一般。带废钢预热功能的电炉主要分为两类：竖炉式电炉和水平连续加料式电炉。竖炉式电炉的废钢预热系统预热效果优于水平连续加料式电炉（见表5-2），但其可靠性和稳定性有待进一步验证。目前，国内传统式电炉和水平连续加料式电炉的普及率较高[28]。

表 5-2　竖炉式电炉和水平连续加料式电炉主要参数对比

预热类型	设备商	电炉名称	预热效果	厂房要求	应用实绩	备注
竖炉式	PRIMETALS	QUANTUM	好	高度高	少	
	SMS	SHARC	好	高度高	较少	仅限直流电炉
	SPCO	ECOARC	好	高度高	较少	
水平连续加料式	TONOVA	CONSTEEL	一般	面积大	多	需炉体称重
	DANIELI	ECS	一般	面积大	较多	需炉体称重

（四）典型带废钢预热功能电炉分析

1. PRIMETALS-QUANTUM

量子电炉（EAF Quantum）是德国普瑞特公司研发的高效、节能、环保型电炉。采用梯形竖炉设计加保持系统优化了废钢的分布和废气的流动路径，废钢预热效果好。为保证平熔池冶炼，留钢量非常大，约70%。采用

FAST 虹吸出钢专利产品，可以在通电情况下，装灌砂料、出钢和出钢孔修补。电耗为 280kW·h/t，炼钢周期 33min，电极消耗 0.9kg/t，熔池平稳[29]。

2. SMS-SHARC

SHARC 电炉是由德国西马克公司开发的高效废钢预热电炉。采用双竖井预热模式，2 个单独的竖井位于炉壳正上方，取消了炉盖，减少了水冷炉盖带走的大量热量。加料方式仍采用天车料篮，废钢可 100% 被预热，采用轻薄料，堆比重可在 0.25~0.3t/m³，所用的废钢价格比较低。二次燃烧充分，热源充分预热废钢，取消了燃烧沉降室，高温废气不需要再用烧嘴提温，以避免二噁英生成。采用直流供电，电极、耐材消耗低，但所需电极直径大，价格高。

3. SPCO-ECOARC

ECOARC 电炉是由日本 JP Steel Plantech（简称 SPCO）公司开发的生态电弧炉。采用偏心的烟道竖井预热废钢，竖井与熔炼炉直接相连。废钢在整个熔炼及精炼期间，分小批连续加入竖井，被废气预热，废钢预热温度高。小批量加料，平熔池冶炼。可使用各种辅助能源，生产率很高，每个公称容量年产钢超过 1 万吨，电耗低于 250kW·h/t，电极消耗低于 0.9kg/t，一次性设备投资较高，运行稳定，最大的特点是能把废钢预热中产生的二噁英处理掉[30]。

4. TENOVA-CONSTEEL

CONSTEEL 电炉是由意大利特诺恩公司提供的水平连续加料式电炉。废钢铁料入炉之前，经带有磁盘的吊车不断往电炉废钢输送机上料段加料，随着输送机的周期性运动，将废钢铁料送入废钢预热段，电炉产生的一次高温烟气不断对废钢进行预热并加入炉中，废钢铁料预热温度可达 400~500℃。在连续加料过程中，电炉炉盖始终处于关闭状态，减少了电炉热损失；同时由于 Consteel 电炉具有大留钢量特点，最大留钢量可达 40%，废钢熔化过程实现了"以钢化钢"且炉内熔池始终保持熔清状态，减少了废钢通电熔化过程对电网的闪烁干扰[31]。

5. DANIELI-ECS

ECS 电炉是由意大利达涅利公司开发的水平连续加料式电炉。采用带预热的水平连续加料方式，废钢预热温度 400℃，废钢堆比重不敏感，无需任何化学能用于二次燃烧，预热段出来的烟气被迅速冷却，急冷系统二噁英控制标准小于 0.5ng/m³。据相关公开资料整理，国内已建成项目包括安徽贵航 1 座 90t 电炉。

（五）电炉钢短流程炼钢发展趋势

1. 注重电炉炉型选择

围绕炼钢生产高效化、洁净化、绿色化、智能化，电弧炉技术发展迅猛，出现了量子电炉（Quantum EAF）、生态电炉（ECOARC EAF）、绿色智能电炉（CISDI-Green EAF）等一批新型电弧炉。这些电炉广泛应用废钢预热、二次燃烧、强化吹氧助熔等新工艺、新技术，在生产效率、节能减排、成本控制、自动化水平等方面远超普通电炉。未来电炉炉型的选择将更加关注连续加料、废钢预热、绿色环保、余热回收及智能炼钢技术的优化集成。

2. 加快智能化发展

电炉炼钢企业建设智能工厂具有先天优势，未来智能化发展亟待突破。发展方向包括：采用先进的监测手段和整体优化控制方案相结合，重点关注智能化供电、炉况实时监控、电极智能调节、自动判定废钢熔清、冶炼过程质量分析与成本优化控制等技术，同时加强界面和亚界面技术、电炉炼钢全流程管控与优化等研究，系统提高中国电炉炼钢智能化水平。

3. 强化冶炼实现高效节能

电炉炼钢工艺将进一步突出高效节能，提高生产效率，降低生产成本。一是提高输入电功率和用电效率，如优化电炉供电制度和短网结构，采用长弧操作、长寿底吹技术等；二是强化物理和化学供热，如废钢预热、炉壁碳-氧-燃复合式集束喷枪等；三是优化操作工艺，如连续加料、快速测温取样分析等；四是回收烟气余热，利用余热产生蒸汽，供给车间内真空精炼装置或并网发电。

（六）支持中国电炉短流程发展相关建议

1. 环保政策向电炉钢企业倾斜

研究推动主要污染物排放总量指标随钢铁产能跨区域转移。由京津冀及周边地区、长三角地区和汾渭平原等大气污染防治重点区域向其他地区转移钢铁产能的，其主要污染物排放总量指标可随产能转移。环境空气质量未达到要求的地区，不得作为主要污染物总量指标调入地。

所有电炉炼钢企业要全面达到超低排放要求，在城市达到全社会重污染天气应急减排比例要求的前提下，全废钢电炉企业可以不停不限不搬。全废钢电炉企业碳交易配额放宽或不设额度。

2. 废钢资源向电炉钢企业倾斜

持续加大对废钢加工企业的税收优惠，建议对《资源综合利用产品和劳务增值税优惠目录》中关于废钢铁准入企业增值税即征即退的政策进一步修订，将30%比例提高到70%（按废钢不含税价格2500元，13%增值税率估算，可降低废钢成本147元/t）；将废钢铁资源纳入资源综合利用所得税优惠目录，减免所得税，拉动废钢铁收购散户和中小规模废钢铁加工企业积极性，创造废钢市场公平竞争环境。

引导废钢资源适度向电炉企业倾斜。对销售给电炉企业的废钢加工企业优先享受废钢即征即退税收政策；电炉企业采购民间废钢资源，税务局优先发放进项凭证，作为列支成本抵扣。

3. 电价改革向电炉钢企业倾斜

进一步推动深化电力体制改革，落实相关清理电价附加收费政策，降低电炉炼钢用电成本。鼓励地方政府先行先试，推动大用户跨区域直购电，对全废钢电炉用电实施价格补贴；在煤电资源丰富地区，推动煤电钢联营；在西南等水电丰富地区，积极开展水电和电炉钢厂专线供电试点，降低用电价格，增加本地电力消纳，改善当地弃水问题。出台可再生能源电力跨省跨区交易优惠政策。

4. 金融政策向电炉钢企业倾斜

鼓励金融机构针对钢铁行业实际发展态势，按照风险可控、商业可持续原则，积极向实施长流程转型短流程的钢铁企业、采用全废钢电炉短流程炼钢工艺的企业提供综合性金融服务。

5. 技术进步与标准体系建设

充分利用绿色制造、首台套保险等渠道，引导和鼓励社会资本加大对智能化、绿色化电炉短流程炼钢工艺和装备等领域的投资力度。支持企业与高校、科研院所、上下游行业等开展产学研用联合，加快电炉短流程炼钢新工艺和新装备的推广应用及成果转化，持续提升重大技术装备领域所需高端钢材品种的保障能力；支持上下游产业加强配套体系建设，进一步降低电炉炼钢成本。

三、轧钢

（一）无头轧制技术

1. 板带材无头轧制技术

板带材无头轧制包括 ESP 技术和 Castrip 技术，下面分别进行介绍。

（1）ESP 技术及工程案例。

1）技术介绍。ESP 技术是意大利 Arvedi 公司开发的新型热轧带钢无头轧制生产技术。该技术的特点是流程简化、设备布置紧凑、能源利用率高、可更大比例地生产薄规格产品，在实现"以热代冷"方面优势明显。ESP 工艺设备主要包括回转台、中间罐、结晶器、液压振动装置、大压下轧机、摆式分段剪、感应加热器、除鳞装置、精轧机组、层流冷却装置、高速分段飞剪装置、卷取机及穿带装置设备等。

该生产线有两种轧制模式，即无头轧制模式和半无头轧制模式。前者主要生产 0.7~4.0mm 的成品带钢，钢水通过连铸机浇注成钢坯直接进入三架大压下轧机轧制成中间坯，用摆式飞剪切除中间坯不规则的头部（尾部），经过感应加热装置加热（需要补热时）和高压水除鳞装置清除氧化铁皮后，再进入五架精轧机组轧制成设定厚度的成品带钢，成品带钢经过层流冷却装置冷却后，穿过高速飞剪进入三台地下卷取机进行卷取；卷取到设定卷重后，由设在卷取机前的高速飞剪进行分断。对于厚度超过 4mm 的热轧带钢，则采用半无头轧制模式。

2）工程案例。日照钢铁公司现已投产 5 条 ESP 生产线，产品厚度范围达到 0.7~4.0mm，从钢水到带卷，生产线成材率可达到 98.5% 以上；产品表面质量及加工性能接近同规格冷轧板的水平，部分实现以热代冷。同时，与常规热连轧相比，该生产线在工艺布置上取消了加热炉、粗轧机组等设备，工序能耗比常规热连轧机减少约 40%，减少温室气体和有害气体的排放 50%~70%，降低水耗 70%~80%。

（2）Castrip 技术及工程案例

1）技术介绍。薄带坯连铸连轧生产工艺技术是一种短流程、占地少、低能耗、投资省、成本低和绿色环保的新工艺，是未来热轧宽带钢的重要发展方向。与常规热轧宽带钢生产工艺相比，该工艺技术将连铸、加热、轧制等工序集为一体，可以在较短时间内直接生产出超薄规格产品，在绿色、环保、节能等方面具有明显优势。

Castrip 产线典型的工艺装备有钢水包、中间包、双辊结晶器、纠偏辊、四辊轧机、超强冷却装置等。主要生产流程是：钢水经中间包进入双辊结晶器的熔池中，钢水紧贴双辊结晶器中的铜辊表面向下运动并逐渐凝固，形成连铸薄带坯。连铸薄带坯从铸辊出口处经纠偏辊进入四辊不可逆轧机轧制成设定厚度的成品带钢，再经过超强冷却装置对成品带钢进行强制喷雾冷却。冷却后的成品带钢经卷取、检查、称重、打捆，再吊运至钢卷库存放，等待平整加工，全部钢卷必须经过拉矫平整机组处理后才能外销或者进一步深加工。

2）工程案例。沙钢 Castrip 生产线设计总长度仅 50m，生产能力为 50 万吨/a，超薄热轧宽带厚度范围是 0.7～1.9mm，宽度范围是 1175～1580mm，设计生产钢种主要有普通碳素钢、优质碳素钢、耐候钢、双相钢等。从沙钢生产建设实践来看，与传统热连轧相比，Castrip 工艺能耗仅为传统热连轧的 16%，二氧化碳排放量仅为传统热连轧的 25%，在节能减排方面具有极大的优势。

2. 棒线材无头轧制技术

棒线材无头轧制技术及工程案例如下：

（1）技术介绍。棒线材无头轧制可分为焊接型无头轧制和连续铸轧型无头轧制两类。

1）焊接型无头轧制。焊接型棒线材无头轧制系统主要由加热炉、夹送辊、除鳞装置、焊接机、活动辊道、毛刺处理机、钢坯保温装置、液压站和轧制机构成。钢坯经加热炉加热后，首先进行除鳞，随后其前端与已经在粗轧机中进行轧制的钢坯尾部进行闪光对焊。其中，移动式闪光焊机是无头轧制系统的核心设备，可自动对移动中的大截面预热钢坯实施焊接，通常可焊接的钢种包括中低碳钢和部分合金钢。夹送辊安装在加热炉出口和第一架粗轧机入口，驱动钢坯进入焊机或轧机，实现钢坯端部在焊机内定位；经过焊接的钢坯通过毛刺处理设备后，在保温罩内对钢坯进行保温，实现焊缝、钢坯基体温度的均匀化，从而提高轧件质量。

2）连续铸轧型无头轧制技术。近年来，随着拉速大于 6m/min 的高速连铸机出现，棒线材连续铸轧型无头轧制技术逐渐得到推广。该技术主要工艺流程为：连铸机钢坯首先经过轻压下装置改善铸坯内部质量，通过液压剪将连铸坯剪切分段后，置于收集台架上冷却、收集，之后钢坯通常进入感应加热器，对头部、尾部进行补温，保证钢坯整体温度均匀，由夹送辊送入棒线材连轧机组进行轧制，通过在机组之间、成品机架后设置水冷装置，实现控轧控冷，从而控制产品性能；最终，成品进入精整区进行冷却、打捆、称重和收集。

（2）工程案例。山西建邦集团 MIDA 连铸连轧棒材生产线主要用于生产螺纹钢、锚杆钢、优质碳素结构钢、合金钢等，生产能力 60 万吨/a。该生产线连铸机弧形半径已提高到 12m，生产过程连续稳定，不间断的连铸坯持续轧制，实现金属成材率的提升。总体看，该生产线采用的 MIDA 工艺可以减少铸机流数，无需钢坯加热炉，公辅系统少，因而可以降低投资成本，减少煤气消耗，实现高效节能和减少二氧化碳排放；中间包容积小、自动化程度高、工艺更稳定，因此操作人员相对较少；连铸连轧的工艺特殊性，使得连铸坯质量明显提高，所需停机时间短，具有延长设备使用寿命、降低事故率等一系列优点，可有效提高生产效益。

（二）　加热炉节能减排技术

1. 蓄热式燃烧技术

蓄热式燃烧技术及工程案例如下：

（1）技术介绍。蓄热式燃烧技术（全称为高温低氧空气燃烧技术）是一种在高温低氧空气状况下燃烧的技术。该技术将燃烧系统和废热回收系统有机的结合，使助燃空气或煤气温度预热到烟气温度的 80%～90%，排烟温度降为 150～200℃，余热回收效率可达 80%，从而提高工业炉的热效率，降低燃料消耗。

蓄热式燃烧装置系统主要由燃烧装置、蓄热室（内有蓄热体）、换向系统、排烟系统和连接管道五大部分组成，其原理为：当燃烧装置处于燃烧状态时，被加热介质（助燃空气、煤气）通过换向阀进入蓄热室，高温蓄热体把介质预热到比炉温低 100～150℃的高温，通过空煤气烧嘴（或火道）进入炉内，进行弥散混合燃烧。而另一个配对的燃烧装置则处于蓄热状态，高温烟气流入蓄热室，将蓄热体加热，烟气温度降到 150～250℃后流过换向阀经排烟机排出。

（2）工程案例。包钢轨梁厂原设有与轧钢机组相配套的大型加热炉三座，单炉设计产量100t/h，全部燃烧较高热值的高焦混合燃气。为提高节能减排水平，包钢轨梁厂利用生产线不停产、单体设备大修的机会，把轧钢加热炉技术改造成高效蓄热式加热炉。自2009年9月投产以来，蓄热式加热炉节能效果明显，得到现场操作、技术人员的好评。根据包钢能源测试中心当年实际热平衡测试结果表明，高效蓄热加热炉创出了同类型轧钢加热炉的新水平[32]。

2. 汽化冷却技术

汽化冷却技术及工程案例如下：

（1）技术介绍。汽化冷却是利用水的汽化潜热对支撑梁进行冷却的技术，具备冷却效率高、节能、节水、提升钢坯表面质量、延长设备使用寿命等优势。根据汽化冷却循环系统的不同，可分为自然循环系统和强制循环系统两类。自然循环系统的循环动力来自下降管和受热面之间的自然压力差，而强制循环系统则依靠热水循环泵加压强制进行。自然循环系统包括软水箱、软水泵、除氧器、给水泵、给水应急泵、汽包、循环管路、蒸汽管路等[33]。强制循环系统相较于自然循环系统增加了热水循环泵、热水循环应急泵。

（2）工程案例。步进梁式加热炉汽化冷却技术使用的是强制循环系统，其中旋转接头作为关键部件早期被少数国外公司垄断，价格昂贵，限制了该技术的推广。直到1992年，中国成功研发出该类型旋转接头，并应用于上钢二厂步进梁式加热炉汽化冷却系统，开启了中国步进梁式加热炉使用汽化冷却技术阶段[34]。1999年，鞍钢热轧带钢厂引进德国汽化冷却技术，完成了中国第一座大型步进梁式汽化冷却装置的安装[35]。目前，汽化冷却技术已日趋成熟，并广泛应用于国内各大钢铁企业[36~39]，成为中国钢铁行业节能降耗、实现绿色发展的重要措施。

3. 余热锅炉技术

余热锅炉技术及工程案例如下：

（1）技术介绍。轧钢加热炉余热锅炉技术是将轧钢工序加热炉的烟气余热通过余热锅炉转化为可用蒸汽，从而有效降低加热炉排烟温度，实现节能的目标。余热锅炉典型装备包括中压过热器、中压蒸发器、低压过热器、中压省煤器、低压蒸发器共五组受热面以及中压汽包、除氧一体化汽包。其工艺原理是：由补给水泵送来的锅炉水首先进入除氧一体化汽包，被低压蒸发器产生的饱和蒸汽加热至饱和温度，脱出大部分氧气。除氧后的水由给水泵送入中压蒸发器，吸收烟气的热量，产生汽水混合物，通过上升管进入中压汽包的水空间，在中压汽包内进行汽水分离。由汽水分离装置分离出饱和蒸汽进入蒸汽过热器，饱和蒸汽在过热器内被加热至360℃左右，提供给汽轮机发电。

（2）工程案例。鞍钢2150mm热轧生产线加热炉采用了余热锅炉技术，从运行数据分析来看，加热炉的平均进口烟气温度为467℃，排烟温度为160℃，产生平均蒸汽30t/h，蒸汽压力平均1.1MPa，平均过热蒸汽温度330℃。按年生产7200h计算，采用余热锅炉技术，年效益达2239万元，折合吨钢效益为5.33元[40]。

（三）在线热处理技术

1. 钢板超快冷技术

钢板超快冷技术及工程案例如下：

（1）技术介绍。近年来，随着直接淬火、回火工艺在中厚板生产中的应用逐渐增多，有力推动了中厚板生产方法由单纯依赖合金化和离线调质的传统模式转向采用微合金化和形变热处理技术相结合的新模式。该工艺不仅可使钢材强度成倍提高，而且在低温韧性、焊接性能、抑制裂纹扩散、钢板均匀冷却以及板形控制等方面都比传统工艺优越。

直接淬火工艺：是指钢板终轧后在轧制作业线上实现直接淬火、回火的新工艺，这种工艺有效地利用了轧后余热，有机地将形变与热处理工艺相结合，从而有效地改善钢材的综合性能。

直接淬火+在线回火工艺（Super-OLAC+HOP）：是指经过在线超快速冷却装置（Super-OLAC）淬火的钢板，通过高效的感应加热装置HOP进行快速回火，从而实现对碳化物的分布和尺寸的控制，使其均匀、细小地分布于基体之上，提高调质钢的强度和韧性。与传统的离线热处理相比，将Super-OLAC与HOP组合起来，在轧制线上完成调质过程，可灵活地改变轧制线上冷却、加热的模式，组织控制的自由度大幅度增加。

（2）工程案例。目前，中国宝武、首钢、沙钢、鞍钢中厚板生产线大部分配备了在线淬火设备，生产性能稳定的20~50mm厚低合金高强高韧钢板，广泛用于冶金、石化、水电及船舶等行业。其中，直接淬火工艺利用轧制余热直接实现钢材的在线淬火，与离线保护气体淬火热处理相比，省去了传统的再加热淬火，不需消耗燃料和保护气体，能耗大幅降低，同时可减少离线热处理制造费用，吨产品成本一般可降低200元左右，具有较好的经济效益；直接淬火+在线回火工艺真正实现了轧制与热处理工艺的一体化，省去了传统的离线再加热淬火和离线再加热回火工艺，该工艺在线回火从传统的煤气加热改为感应加热，可节约大量能源，并大幅降低 CO_2 的排放量。

2. 钢轨在线热处理技术

钢轨在线热处理技术及工程案例如下：

（1）技术介绍。目前，国内外钢轨生产企业普遍采用钢轨轧后余热直接冷却的在线热处理工艺，该工艺具有生产成本低、节省能源、生产效率高、产品综合质量好等显著优势，是目前世界上最先进的钢轨全长热处理工艺。

根据冷却介质的不同，钢轨在线热处理工艺主要有喷水、喷雾、喷压缩空气（喷风）、浸聚合物溶液等4种方式，前3种工艺均采用"走行式"，即钢轨在冷却机组中走行的同时进行热处理，而浸聚合物溶液是指将轧后钢轨浸入固定的聚合物溶液槽中进行冷却。现阶段，上述4种工艺均成功应用于工业生产[41]。但从实际应用情况来看，喷水、喷雾和浸聚合物冷却工艺，对工艺控制、生产管理和设备维护要求高。喷压缩空气冷却工艺尽管冷速较慢，但钢轨组织性能稳定，波动较小，不易出现异常组织，且采用单一冷却介质，均匀性好，生产管理相对简单，是应用最为广泛的一种工艺。

（2）工程案例。攀钢是国内最早拥有钢轨在线热处理技术的厂家，同时也是世界上钢轨在线热处理技术最先进的、实物质量最好的企业。攀钢钢轨在线热处理机组，能够稳定可靠地不间断地对主要规格50kg/m、60kg/m和75kg/m钢轨进行热处理，其生产节奏快，生产能力大，产品使用寿命是普通钢轨的2~3倍，达到了世界同类产品的领先水平。同时，采用钢轨在线热处理技术，避免离线二次加热，节约了能源，大幅降低污染物排放。

3. 无缝钢管在线热处理技术

无缝钢管在线热处理技术及工程案例如下：

（1）技术介绍。无缝钢管在线热处理技术形成了包括在线常化、在线淬火和在线快速冷却等多种工艺，呈多样化发展。其中，在线常化是在热轧生产线上轧管工序后，使钢管在奥氏体相区内空冷或强制冷却，得到均匀金相组织，从而获得高强、高韧无缝钢管产品的工艺。无缝钢管在线快速冷却技术是基于超快速冷却技术的新一代控轧控冷技术，即在精轧机后利用轧制后余热直接进行热处理的工艺，其控制原理是对轧制后的奥氏体施以强化冷却，使金属在很短时间内迅速冷却到铁素体相变温度附近，从而抑制奥氏体晶粒长大，尽量保持奥氏体的硬化状态。

（2）工程案例。经过多年攻关，中国宝武自主集成关键工艺技术，相继突破了圆形断面钢材、高强度均匀化、冷却机理、装备关键技术开发、钢种及配套工艺策略控制等一系列技术难题，开发出可实现精确控温的热轧无缝钢管控制冷却工业化装备平台，2016 年 4 月成功实现热负荷试车，成为全球首家掌握热轧无缝管在线控冷技术的企业。该产线冷后温度控制精度高、冷却均匀、冷后钢管管形良好；同时，吨钢平均制造成本降低 200 元以上，能耗下降 20% 以上。2020 年，随着鲁宝钢管 PQF 机组 2 号回火热处理线投产，宝钢技术团队相继开发用于套管、管线管等品种的直接淬火低应力钢种及配套冷却工艺，进一步缩短生产流程、降低能耗，有效缓解了瓶颈工序热处理的产能压力。

第三节　绿色产品

一、绿色产品的定义

（一）绿色产品

绿色产品（Green products）是指其在营销过程中具有比目前类似产品更有利于环保的产品[42]。就狭义而言，绿色产品是指不包括任何化学添加剂的纯天然食品或天然植物制成的产品；就广义而言，绿色产品是指生产、使用及处理过程符合环境要求，对环境无害或危害极小，有利于资源再生和回收利用的产品。从广义及动态的角度看，绿色产品应包括以下几点：

（1）以产品的整体概念考虑产品的设计，产品形体及售后服务要节约资源及保护环境。

（2）企业在选择生产何种产品及应用何种技术时，必须考虑到尽可能减少对环境的不利影响。

（3）在设计产品时，应考虑使产品尽可能节省材料。考虑材料选用要无毒无害易分解处理，考虑使产品在使用过程中要安全和节能。

（4）生产绿色产品要选择绿色资源，应重视使用无公害、养护型的新能源和资源。

（5）产品在生产过程中要考虑安全性，要进行完善的管理。

（6）生产中应采用少废无废的工艺和高效的设备，物料应再循环使用，包括企业内和企业外。

（7）清洁的产品包括：节约原料和能源；在使用过程中及使用后不含危害人体健康和生态环境的因素；易于回收、再生和复用；合理的使用功能和使用寿命，且有节能、节水、节电、节油及降噪的功能。

（8）产品包装应采用同类型、等级型、组合型、更新型、复用型等节料少废材料，还应该选择纸质等无毒害少公害，易分解处理的材料，尽可能单纯化、简单化、降低原材料消耗，避免过度包装。

（9）售后服务应考虑产品的功能延伸和再利用，废弃物的回收和处理的方便性，并提供相应的服务来方便消费者处理废弃物，减少其他一些污染环境的无意破坏。

（二）绿色钢材产品

对于钢铁产业而言，绿色钢材产品一般是指在设计、制造、运输、使用、回收和再利用以及废弃的全生命周期内节省能源、降低消耗、减少污染物排放，并且在改善环境质量和减少对人体健康的危害方面有贡献的产品。钢铁绿色产品分为两类，一是基础类绿色产品，二是先进类绿色产品。基础类绿色产品是指符合环保、节能、循环经济和产业政策等相关法律法规和政策要求，采用绿色制造工艺生产的钢材。先进类绿色产品是指符合国家节能、环保、循环经济和产业政策等相关法律法规和政策要求，并在设计、生产、运输、使用和回收再利用的全生命周期内更节省资源能源、减少污染物排放、减少或改善对环境和社会的影响的钢铁产品。其中，先进类绿色产品主要可以分为环保型、节能型和节材型绿色产品三种。

（1）环保型绿色产品。环保型绿色产品是指对环境无污染、对环境影响小或通过改进减少对环境和社会危害的钢材产品，包括不含铅、汞等重金属和放射性元素的无害环保钢材产品以及环保涂镀层钢材产品等。

（2）节能型绿色产品。节能型绿色产品主要是指全生命周期内更节约资源能源的钢材产品，既包括生产制造过程中资源能源消耗低的钢材产品，也指在使用、回收和再利用过程中节约资源能源的钢材产品。

（3）节材型绿色产品。节材型绿色产品是指在使用过程中具有高强度、耐磨、耐酸、耐蚀、耐候、耐火等性能的节约钢材的产品。

（三）发展绿色产品的意义

发展绿色钢铁产品是满足经济社会发展全面绿色转型的需要，是满足人民对美好环境、美好生活的迫切需要；钢铁行业实现绿色产品策略，能促进企业持续、协调、健康发展，对于培育并提升绿色竞争力具有重大意义。

（1）响应和落实国家政策。《国务院关于加快建立健全绿色低碳循环发展经济体系的指导意见》提出，促进绿色产品消费，加大政府绿色采购力度，扩大绿色产品采购范围，加强对企业和居民采购绿色产品的引导。《中国制造 2025》提出，支持企业开发绿色产品，推行生态设计，显著提升产品节能环保低碳水平，引导绿色生产和绿色消费。《绿色制造标准体系建设指南》提出，为支持企业开发绿色产品、推行绿色设计、提升产品节能环保低碳水平、引导绿色生产和绿色消费而制定绿色产品标准。截至 2021 年 5 月，工业和信息化部节能与综合利用司共发布涉及钢铁行业 26 类产品 29 个绿色设计产品标准。积极开展绿色产品申报，已成为钢铁企业落实绿色制造政策的途径之一。

（2）中国钢铁绿色发展新风向钢铁行业高度重视绿色发展。2019 年，中国宝武、鞍钢、首钢、河钢、沙钢、安阳钢铁、山钢、新天钢、建龙重工、中信泰富特钢等 15 家中国钢铁企业联合签署发布《中国钢铁企业绿色发展宣言》，提出要基于全生命周期理念开展生态产品设计，开发优质、高强、长寿命、可循环的绿色钢铁产品，发布产品环境声明，公布核心产品环境绩效，倡导环保型绿色钢铁推广应用。

（3）提高经济、环境和社会效益，提升综合竞争力。绿色产品的开发以生态设计和绿色制造为基础，对树立企业社会形象、强化节能减排、减少对环境的影响等方面有积极的促进作用，同时为下游用钢行业绿色发展提供重要支撑，经济、环境和社会效益显著。

二、国家关于绿色产品的支持政策

（一）国务院关于加快建立健全绿色低碳循环发展经济体系的指导意见

2021 年 2 月发布的《国务院关于加快建立健全绿色低碳循环发展经济体系的指导意见》，要求统筹推进高质量发展和高水平保护，建立健全绿色低碳循环发展的经济体系，确保实现碳达峰、碳中和目标，推动中国绿色发展迈上新台阶。提出要健全绿色低碳循环发展的消费体系，加大政府绿色采购力度，扩大绿色产品采购范围，逐步将绿色采购制度扩展至国有企业；加强对企业和居民采购绿色产品的引导，鼓励地方政府采取补贴、积分奖励等方式促进绿色消费；推动电商平台设立绿色产品销售专区，从而促进绿色产品消费。

（二）工业和信息化部绿色制造体系

为贯彻落实《中国制造 2025》《绿色制造工程实施指南（2016—2020年）》，加快推进绿色制造，工业和信息化部办公厅于 2016 年 9 月发布了《工业和信息化部办公厅关于开展绿色制造体系建设的通知》，在发展目标中提出：全面统筹推进绿色制造体系建设，到 2020 年，绿色制造体系初步建立，绿色制造相关标准体系和评价体系基本建成，在重点行业出台 100 项绿色设计产品评价标准、10~20 项绿色工厂标准，建立绿色园区、绿色供应链标准，建设百家绿色园区和千家绿色工厂，开发万种绿色产品，创建绿色供应链，绿色制造市场化推进机制基本完成。

其中，绿色产品是以绿色制造实现供给侧结构性改革的最终体现，侧重于产品全生命周期的绿色化。按照全生命周期的理念，在产品设计开发阶段系统考虑原材料选用、生产、销售、使用、回收、处理等各个环节对资源环境造成的影响，实现产品对能源资源消耗最低化、生态环境影响最小化、可再生率最大化。选择量大面广、与消费者紧密相关、条件成熟的产品，应用产品轻量化、模块化、集成化、智能化等绿色设计共性技术，采用高性能、轻量化、绿色环保的新材料，开发具有无害化、节能、环保、高可靠性、长寿命和易回收等特性的绿色产品。

截至 2021 年 7 月底，工业和信息化部节能与综合利用司发布的绿色设计产品标准清单中，涉及钢铁行业 26 类产品 29 个标准，包括稀土钢、铁精矿（露天开采）、烧结钕铁硼永磁材料、钢塑复合管、取向电工钢、管线钢、新能源汽车用无取向电工钢、厨房厨具用不锈钢、家具用免磷化钢板及钢带、耐候结构钢等，具体标准清单见表 5-3。

表 5-3 绿色设计产品标准清单（2021 年 7 月更新）

序号	标准名称	标准编号
1	《绿色设计产品评价技术规范 稀土钢》	T/CAGP 0026—2018
		T/CAB 0026—2018
2	《绿色设计产品评价技术规范 铁精矿（露天开采）》	T/CAGP 0027—2018
		T/CAB 0027—2018
3	《绿色设计产品评价技术规范 烧结钕铁硼永磁材料》	T/CAGP 0028—2018
		T/CAB 0028—2018
4	《绿色设计产品评价技术规范 钢塑复合管》	T/CISA 104—2018
5	《绿色设计产品评价技术规范 五氧化二钒》	T/CISA 105—2019
6	《绿色设计产品评价技术规范 取向电工钢》	YB/T 4767—2019
7	《绿色设计产品评价技术规范 管线钢》	YB/T 4768—2019
8	《绿色设计产品评价技术规范 新能源汽车用无取向电工钢》	YB/T 4769—2019
9	《绿色设计产品评价技术规范 厨房厨具用不锈钢》	YB/T 4770—2019
10	《绿色设计产品评价技术规范 家具用免磷化钢板及钢带》	YB/T 4870—2020
11	《绿色设计产品评价技术规范 建筑用高强高耐蚀彩涂板》	YB/T 4871—2020
12	《绿色设计产品评价技术规范 耐候结构钢》	YB/T 4872—2020
13	《绿色设计产品评价技术规范 汽车用冷轧高强度钢板及钢带》	YB/T 4873—2020
14	《绿色设计产品评价技术规范 汽车用热轧高强度钢板及钢带》	YB/T 4874—2020
15	《绿色设计产品评价技术规范 桥梁用结构钢》	YB/T 4875—2020
16	《绿色设计产品评价技术规范 压力容器用钢板》	YB/T 4876—2020
17	《绿色设计产品评价技术规范 低中压流体输送和结构用电焊钢管》	T/CISA 064—2020
18	《绿色设计产品评价技术规范 铁道车辆用车轮》	YB/T 4901—2021
19	《绿色设计产品评价技术规范 钢筋混凝土用热轧带肋钢筋》	YB/T 4902—2021
20	《绿色设计产品评价技术规范 冷轧带肋钢筋》	YB/T 4903—2021
21	《绿色设计产品评价技术规范 锚杆用热轧带肋钢筋》	YB/T 4904—2021
22	《绿色设计产品评价技术规范 球墨铸铁管》	YB/T 4915—2021
23	《绿色设计产品评价技术规范 非调质冷镦钢热轧盘条》	T/CISA 082—2021
24	《绿色设计产品评价技术规范 预应力钢丝及钢绞线用热轧盘条》	T/CISA 083—2021
25	《绿色设计产品评价技术规范 不锈钢盘条》	T/CISA 084—2021
26	《绿色设计产品评价技术规范 弹簧钢丝用热轧盘条》	T/CISA 085—2021

（三）产业结构调整指导目录

国家发展和改革委员会发布的《产业结构调整指导目录（2019年本）》，在鼓励类中提出，钢铁行业鼓励发展高性能轴承钢，高性能齿轮用钢，高性能冷镦钢，高性能合金弹簧钢，先进轨道交通装备用钢，节能与新能源汽车用钢，低铁损高磁感取向电工钢，高性能工模具钢，建筑结构用高强度抗震钢筋、钢板及型钢，超高强度桥梁缆索用钢，高性能管线钢，高性能耐磨钢，高性能耐蚀钢，高强度高韧性工程机械用钢，海洋工程装备及高技术船舶用钢，电力装备用特殊钢，油气钻采集输用高品质特殊钢，高性能不锈钢，高温合金，高延性冷轧带肋钢筋，非调质钢，汽车等机械行业用高强钢，高纯度、高品质合金粉末，复合钢材，半导体用高纯高性能钢等。这些鼓励发展的钢材产品，均属于绿色产品范畴。

（四）关于促进钢铁工业高质量发展的指导意见

工业和信息化部、国家发展和改革委员会、生态环境部联合发布的《关于促进钢铁工业高质量发展的指导意见》，在主要任务"大幅提升供给质量"中提出，支持钢铁企业瞄准下游产业升级与战略性新兴产业发展方向，重点发展高品质特殊钢、高端装备用特种合金钢、核心基础零部件用钢等小批量、多品种关键钢材，力争每年突破5种左右关键钢铁新材料，更好满足市场需求。

三、生命周期评价

（一）生命周期评价的概念及作用

生命周期评价（Life Cycle Assessment，LCA）最早起源于20世纪60年代末，美国中西部研究所（Midwest Research Institute）受可口可乐公司委托，对不同包装材料从原材料开采直至废弃物回收处理进行全流程跟踪，对比综合环境影响差异。在此以后，欧洲、日本和瑞士等各国研究机构也陆续开展了相关研究。1998年，国际标准化组织（ISO）正式公布了ISO 14041—1998标准，对生命周期评价方法进行了技术规范。目前，国际上应用最为广泛的是国际标准化组织于2006年修订发布的标准，按照此标准，生命周期评价定义为：对一个产品系统（可以是物质生产系统也可以是服务提供系统）的生命周期输入、输出及其潜在环境影响的汇编和评价[43]。

生命周期评价以产品系统或服务系统为研究对象，贯彻全生命周期思想，即产品从自然环境中经由若干工序获得，使用报废后以废弃物的形式回归自然环境的周期，通过科学的计算方法评估其"从摇篮到坟墓"（from cradle to grave）全过程的潜在环境影响。目前，生命周期评价方法已成为国际通用的产品或服务系统绿色水平的评价方法，并在世界各地得到了广泛的应用；国内外通用的碳足迹、水足迹等评价方法均以生命周期思想为边界进行模型建立与核算，是生命周期评价的拓展应用。

（二）生命周期评价方法和意义

生命周期评价（LCA）的基础结构可以归纳为四个有机联系的部分，即：定义目的与范围、清单分析、影响评价和结果解释。目前，LCA 研究方法已经趋于成熟，国际标准化组织（ISO）分别对 LCA 原则与框架、目的和范围及清单分析、影响评级和结果解释等内容进行了规范。

目标和范围的确定是生命周期评价的第一步，该部分应根据该方法使用时的具体信息确定评价的目的及范围，并按照评价目的界定评价范围，包括系统的定义和边界及功能单位的确定。生命周期清单分析（Life Cycle Inventroy，LCI）是生命周期评价中对所研究产品系统整个生命周期中输入和输出进行汇编和量化的阶段，即收集产品系统中定量或定性的输入输出数据、计算并量化的过程，所评价的产品或服务系统需描述采用的技术方法、特点及相应的现场数据。生命周期影响评价（Life Cycle Impact Assessment，LCIA）的目的是评估产品系统的生命周期清单分析结果，将 LCI 结果转化为资源消耗、人类健康影响和生态影响等方面的潜在环境影响，以便能更加了解该产品或服务系统带来的环境负荷。生命周期解释是对生命周期清单分析和影响评价结果进行辨识、量化、核实和评价的系统技术。实施生命周期解释的目的是确定最终结果的可靠程度并用公正、完整和准确的方式对结果进行交流[44]。

生命周期评价对钢铁企业绿色发展具有重要意义，一是量化产品综合环境影响，能够科学地表征钢铁产品的实际环境损害，进而通过对比同类产品或不同生产技术了解自身优势和不足，指导企业实施绿色发展决策。二是支撑企业实现产品生态设计，生命周期评价考虑产品系统全流程资源、能源耗竭和污染物排放，助力钢铁企业从产品开发源头充分考虑环境因素，研发绿色环保产品。三是满足市场需求，生命周期评价结果作为工业和信息化部绿色设计产品评选基准，能够为下游用户绿色采购提供数据支撑。此外，生命周期评价是产品碳足迹的有效证明，是应对未来的欧盟碳边境调节税等贸易壁垒的重要举措。

（三）国内外钢铁企业开展生命周期评价的实践

近年来，国内外钢铁企业积极开展生命周期评价实践工作，世界钢铁协会从 1994 年开始收集各地生命周期清单（LCI）数据并在建筑行业和汽车行业开展生命周期评价应用工作。蒂森克虏伯集团在产品研发创新阶段引入 LCA 进行综合环境影响核算，甄别造成较大环境影响及难以回收利用的产品种类，为其他专业人员提供决策依据。浦项集团 2005 开始建立集团生命周期评价数据库，并应用 LCA 进行轻量化汽车车身产品设计。

宝钢股份在 2003 年组建专业团队开展 LCA 研究工作，研发产品环境绩效指数方法，并完成部分大类及具体牌号产品的环境绩效指数核算，建立宝钢产品碳足迹计算模型和数据库。2012 年，宝钢获得世界钢铁协会生命周期评价领导奖。此外，宝钢将 LCA 方法充分应用于产品生态设计过程，以 BCB Plus 环保白车身为例，2018 年宝钢正式开展 "BCB Plus 生命周期评价与生态设计"项目，结果显示，该车身的轻量化设计较替代产品生产过程减少二氧化碳排放 253kg，而汽车使用过程减少二氧化碳排放 336kg。

包钢集团于 2015 年开展 LCA 工作，至今已牵头完成相关标准 6 项，钕铁硼磁性材料等四项产品生命周期评价报告通过 SGS 鉴审，并完成 U76CrRE 钢轨、稀土抛光粉、610L 和烧结钕铁硼永磁材料产品环境声明（EPD）。2017 年，包钢荣获世界钢铁协会生命周期评价卓越奖。

目前，LCA 评价方法广泛应用于国内外先进钢铁企业中，其先进的全生命周期视角和科学地量化方法均有效支撑了钢铁企业绿色发展和钢铁产品的生态设计，是未来钢铁绿色发展的重要途径。

（四）国内外相关机构提供开展的工作

近年来，随着世界各国环境意识的增强，各行业对 LCA 的关注越发强烈。中国各行业研究机构对 LCA 越发重视，其中水泥、钢铁、汽车等行业的 LCA 应用已逐步开展。在钢铁领域，冶金规划院积极开展生命周期评价在钢铁行业的相关应用研究，目前已经牵头组织完成了 23 项钢铁领域绿色设计产品评价技术规范系列标准的制定，研究了钢材产品生命周期评价的方法学和相关数据库建设，并积极联络和协助多家钢铁企业开展产品生命周期评价。同时，冶金规划院对多家钢铁企业的十余种钢铁产品开展生命周期评价诊断咨询工作，通过编制产品的生命周期评价报告，协助企业建立产品绿色设计及评价的体系，推进企业进行有害物质替代与减量化，提出持续改进的措施建议，力争最大限度地减少产品的资源能源消耗，降低环境影响，并量化改进后的环境效益，分析各项改进措施可行性，推动企业绿色发展。

四、钢铁企业开发绿色产品的实践

（一）钢铁企业积极申报工业和信息化部绿色产品

健全绿色市场体系，增加绿色产品供给，建立统一的绿色产品标准、认证、标识体系，是引导绿色生产和绿色消费、培育绿色市场、全面提升绿色发展质量和效益的有效途径和重要举措。冶金规划院积极联合首钢、沙钢、河钢等国内主要钢铁企业高水平完成了绿色设计产品评价技术规范系列标准制定工作，标准立足于促进全产业链和产品全生命周期绿色发展，统筹考虑资源环境、产业基础、消费需求等因素，兼顾资源节约、环境友好、消费友好等特性。截至 2021 年底，工业和信息化部已累计采信绿色设计产品评价技术规范 26 项。绿色设计产品评价技术规范系列标准涉及范围比较广泛，除铁道用材、棒材、线材、型材、中厚板、热轧板带、冷轧板带、电工钢、焊管等多个钢材品种外，还包括露天开采铁精矿、烧结钕铁硼永磁材料等原材料，而且仍在持续丰富完善中。

目前，已发布的绿色设计产品评价技术规范系列标准主要从资源属性、能源属性、环境属性、产品属性四大方面分别对原材料获取、产品生产和产品使用三个阶段提出具体评价指标要求，如高炉入炉料品位、废钢、水资源和能源消耗、污染物排放等，并根据不同产品的使用环境提出相应的使用属性指标。同时绿色设计产品评价技术规范要求生产企业依据《环境管理生命周期评价原则与框架》（GB/T 24040）、《环境管理生命周期评价要求与指南》（GB/T 24044）、《钢铁产品制造生命周期评价技术规范（产品种类规则）》（GB/T 30052）、《生态设计产品评价通则》（GB/T 32161）等相关标准要求建立生命周期评价方法学，编制产品生命周期评价报告。生产企业应积极开展产品绿色设计，在产品设计开发阶段系统考虑原材料选用、生产、销售、使用、回收、处理等各个环节对资源环境造成的影响，力求在钢铁产品制造生命周期中最大限度降低资源消耗、尽可能少用或不用含有害物质的原材料，减少污染物产生和排放，并根据生命周期评价结果提出产品绿色设计改进方案，不断降低环境影响，提升产品生态友好性，从而实现环境保护的活动。

自 2018 年钢铁行业第一批绿色设计产品评价技术规范发布实施以来，包钢、柳钢、泰钢、广青、兴澄特钢、南钢等生产企业积极参与绿色设计产品申报，截至 2022 年 1 月底，已有 50 家企业的 80 项产品通过工业和信息化部绿色设计产品认定。这一批高品质绿色产品在市场推广应用，对于引领绿色消费、推动产业链低碳发展、践行"碳达峰、碳中和"发展目标起到了积极作用，未来随着更多的绿色设计产品评价技术规范陆续发布实施，更多的绿色设计产品将获得认定，将为中国建立健全绿色产品消费市场体系，不断提升绿色产品市场份额和质量效益，持续扩大绿色产品市场认可度，推动经济实现绿色低碳循环发展提供有力的支撑。

（二）钢铁企业绿色产品发展情况

近年来，国内钢铁企业日益重视发展绿色产品。2019 年，中国宝武、鞍钢、首钢等 15 家中国钢铁企业联合签署发布《中国钢铁企业绿色发展宣言》，承诺发展绿色钢铁，包括基于全生命周期理念开展生态产品设计，开发优质、高强、长寿命、可循环的绿色钢铁产品，发布产品环境声明，公布核心产品环境绩效，倡导环保型绿色钢铁推广应用。

大中型钢铁企业在推进绿色产品方面成效显著。例如，中国宝武提出了绿色产品评价方法产品环境绩效指数（BPEI），包含碳钢、不锈钢、特钢共 131 个大类产品、35 个具体牌号产品环境绩效数据，建立了宝钢钢铁产品碳足迹计算模型和数据库。包钢制定了《包钢（集团）公司生态设计与绿色制造三年行动计划（2019—2021 年）》，组织开展稀土钢相关产品的生态设计，引导产品开发人员树立生态设计理念，从产品及工艺设计阶段引入 LCA 概念。河钢编制了《河钢集团绿色发展行动计划》，贯彻绿色产品在内的"六位一体"绿色发展理念，提出深入推进研发应用绿色产品，并针对五氧化二钒提钒产线，开展生命周期评价工作，制定钒的清洁提取标准，为产品生态化设计提供支撑。南钢坚持以产品绿色设计为理念，持续推进生产工艺绿色化、节能降耗低碳化、环保排放超低化、固体废物资源化，构建管线钢产品全生命周期的价值服务与跟踪机制，成功开发出全系列、高强度、长寿命、减量化绿色产品，实现了各管线钢级产品的全覆盖。

目前，钢铁企业纷纷进行绿色低碳转型，力争构建更高水平的绿色产品生产体系，包括大力发展具有轻量化、长寿命、耐腐蚀、耐磨、耐候等特点的绿色产品，以此引导建筑、机械、汽车、家电、造船等下游行业绿色消费。国家也在鼓励重点工程优先选用绿色钢铁产品，通过提高消费质量和档次，实现下游行业减量用钢，促进全社会绿色发展。

五、绿色产品发展展望

（一）双碳发展背景下，绿色产品驱动上下游绿色发展

碳达峰、碳中和发展背景下，绿色产品侧重于产品全生命周期的绿色化，是驱动上下游产业链绿色发展的关键，是以绿色制造实现供给侧结构性改革的最终体现，"十四五"及长远时期都将得到更大重视。钢铁绿色制造的实质，是依托产品设计绿色化、生产过程清洁化、能源利用高效化、回收再生资源化和产业耦合一体化"五化"协同发展。推行钢铁产品绿色设计，降低其在全生命周期内对环境的影响，有利于推动钢铁工业成为与生态环境共融共生的低碳绿色产业，为实现碳达峰、碳中和目标发挥重要作用。

（二）政府促进绿色产品消费的政策陆续出台，推动绿色产品生产和消费

《国务院关于加快建立健全绿色低碳循环发展经济体系的指导意见》明确提出了促进绿色产品消费，加大政府绿色采购力度，扩大绿色产品采购范围，加强对企业和居民采购绿色产品的引导，鼓励地方政府采取补贴、积分奖励等方式促进绿色消费。工业和信息化部印发的《关于促进钢铁工业高质量发展的指导意见》也提出了鼓励钢铁企业引入产品全生命周期绿色发展理

念，建立健全钢铁绿色设计产品评价体系，大力推广绿色设计产品。随着钢铁行业绿色设计产品评价技术规范系列标准的不断发布，可申报工业和信息化部绿色设计产品种类不断增多，将推动钢铁企业积极构建产品绿色生产体系，加快推进产品全生命周期绿色管理，为下游用户提供绿色用钢解决方案。在建筑领域，住建部已发布《建筑碳排放计算标准》国家标准，该标准鼓励建材生产阶段的碳排放因子宜优先选用由建材生产商提供的且经第三方审核的建材碳足迹数据。由此可见，国家政策相继出台后，钢铁绿色产品附加值将得到进一步提升。

（三）钢铁企业生产绿色产品和下游企业采购绿色产品的积极性增强，绿色产品将成为钢铁企业综合竞争力的重要组成部分

从国内看，打好污染防治攻坚战、打赢"蓝天保卫战"，破解资源能耗约束和缓解生态环境压力，也迫切要求钢铁企业加快推进钢铁产品绿色设计工作，补齐自身在绿色制造方面的短板，提高产品的市场竞争力。从国际看，欧盟等发达经济体已建立了较为完善的环境法律法规体系，下阶段加快推动碳边界调节税，这很可能将对中国产品出口形成了绿色贸易壁垒。未来，在钢铁行业大力推行产品绿色设计，从源头提升产品绿色水平，才有可能应对绿色贸易壁垒，实现中国钢铁产品对外贸易的可持续发展。

第四节　绿色物流

一、钢铁物流总体情况

中国是全球最大的钢铁生产国，根据 2020 年国家统计局数据显示，2020 年中国钢铁产量为 10.65 亿吨。而钢铁生产利用大量煤炭等化石能源作为原燃料，钢铁行业的碳排放约占全国二氧化碳排放总量的 15% 以上。与此同时，钢铁行业是物流规模较大、运输方式多样的行业。中国钢铁企业因布局、采购与销售半径及运输成本等多方面因素的综合考量，大量采用公路运输方式满足企业的生产需要，而公路运输是众多运输方式中碳排放总量最大的运输方式。低碳物流既是钢铁行业低碳发展的重要环节之一，也是物流及交通运输行业绿色低碳发展的重要领域。因此，在中国宣布 2060 年实现碳中和的目标背景下，钢铁行业的物流环节必须进行升级与变革，绿色低碳

发展刻不容缓。

钢铁行业为大物流产业，按照长流程生产工艺粗钢产量与内外部物流运输的比例计算，1t 粗钢会产生 4~5 倍的外部物流运输需求、约 8 倍的内部物流运输需求。按照 2020 年粗钢产量 10.65 亿吨计算，钢铁行业全年产生外部物流量为 42 亿~52 亿吨，内部物流量为 80 亿~100 亿吨，规模巨大。外部运输方面，中国钢铁企业全国布局，其中包括沿海、沿江布局、内陆布局等，故钢铁企业根据外部交通运输条件，采用多种运输方式满足企业对外运输需求，包括铁路运输方式、水路运输方式、公路运输方式、管道运输方式以及皮带运输方式等，而汽车运输为各钢铁企业对外运输中占比较高的运输方式。内部运输方面，钢铁企业设施布局紧密，大宗原燃料多采用皮带运输方式，除此之外采用铁路运输、公路运输以及管道运输方式运输厂内铁水、钢坯、钢材成品以及副产品等，其中汽车运输为内部运输环节必不可少的运输方式。

宏观层面，2018 年中国交通运输领域的碳排放占全国终端碳排放总量的 10.7%，其中公路运输方式占比最大为 73.5%，水运占比为 8.9%，铁路占比为 6.1%，民航占比为 11.6%[45]。

微观层面，据不完全统计，钢铁企业内外部物流运输环节二氧化碳排放量占钢铁企业总排放量的 5%~8%，其中汽车运输占比 90% 以上，其他为铁路运输、水运及部分管道运输。皮带运输计入工序能耗。

二、铁路运输绿色低碳技术

（一）钢铁企业采用铁路运输方式降低二氧化碳排放的优势

根据企业区域位置，参考外部交通运输条件以及不同运输方式二氧化碳的排放强度，并充分结合国家"公转铁"的政策导向，外部运输环节应逐步向铁路运输方式、水路运输方式转变。结合钢铁行业超低排放的改造契机，钢铁企业外部运输力争实现 80% 清洁运输比例的目标。行业及重点企业应完善自有铁路专用线、码头泊位以及皮带输送系统的建设工作，并不断提高清洁运输比例，从企业外部供应链降低物流的传统能源消耗量。

从铁路运输及公路运输单位能源消耗量角度分析交通运输结构调整的成效。铁路运输环节，根据相关研究内容，特定条件下电力牵引单位电耗为

110.6×10^{-4} kW·h/(t·km)（二氧化碳单位间接排放为 0.978×10^{-5} t/(t·km)）[46]。公路运输环节，重型商用车辆百千米燃油消耗限值按照车辆的类型分布在 $38.5 \sim 41.5$ L（柴油）区间，车辆设计总重为 $31 \sim 49$ t，综合考虑钢铁行业外部运输用车特点，采用最大耗油量以及最大车辆设计质量进行单位消耗计算的重型商用车百吨千米耗油量（柴油）为 0.84L（二氧化碳单位排放为 0.221×10^{-5} t/(t·km)）。

综上所述，折合成万吨千米的二氧化碳排放量，铁路运输方式比汽车运输方式少约 0.1232×10^{-5} t/(t·km)，故企业采用铁路运输方式可降低外部原燃料运输的二氧化碳排放量。

同时，铁路运输方式为清洁运输方式，符合国家"公转铁"政策鼓励方向，也满足钢铁企业超低排放提高外部清洁运输比例的要求，避免差别电价和限产政策的影响。

（二）钢铁企业采用铁路运输方式降低二氧化碳的建议及成果

因历史原因，部分内陆及近海近江钢铁企业建厂未建设铁路专用线，主要采用汽车运输方式满足企业外部运输需求。现阶段，企业建设铁路专用线受土地、拆迁、技术工程等外部条件限制，无法第一时间开展铁路专用线建设（现阶段，不同条件下外部铁路专用线建设每千米投资 1000 万～3000 万元不等，并且还涉及征地拆迁等诸多问题，诸多外部因素也是影响企业建设铁路专用线的主要原因）。同时，企业专用线建设先期投资较高，运行成本相对于公路运输优势不明显，故钢铁企业投资意愿不强。现阶段全国有冶炼能力的钢铁企业清洁运输（铁路运输及水运）的完成率仅约45%，距离150万吨货运量能力钢铁企业或园区80%建设铁路专用线的目标还有一定差距。

借助钢铁企业超低排放改造的契机，推动钢铁企业铁路专用线以及水运等清洁运输方式设施的建设和清洁运输比例的增加。按照粗钢产量 10 亿吨计算，外部运输将达到40亿～45亿吨，其中现有全国40%采用清洁能源运输，未来30年增加到60%～80%；按照平均300km的运距计算，外部运输结构调整能够减少295万～591万吨的二氧化碳。

建议环保部门牵头会同国土资源部门、交通部门以及铁路总公司、地方铁路公司等，开展钢铁企业铁路专用线专项推动工作，解决企业建设铁路专用线的外部限制问题。

（三）铁路运输方式在降低二氧化碳排放量的技术特点

铁路在能耗方面有明显的比较优势，电气化铁路既节能又能替代石油。铁路的节能不仅在于自身能源利用效率，而更在于替代其他运输方式的节能和改善能源结构效应，所以对于铁路的节能效果，主要分为外部效应和内部效应。其中，外部效应主要是指节能效应和节油效应，节能效应主要为铁路替代其他运输方式所产生的节能量，外部节油效应主要为铁路用电力牵引替代内燃牵引或者铁路替代其他运输方式所产生的节油量。内部效应主要为铁路因能效改善所直接产生的节能量，主要体现在铁路单位运输量的能耗变化。

铁路对公路替代节能效应主要为铁路运输量提高而实现的节能量，该环节充分体现出运输结构变化产生的节能效应。

铁路电气化效应，铁路机车牵引主要为电力机车及内燃机车两种形式。铁路电气化的替代作用主要为电力牵引替代内燃牵引而产生的节能效果。同时，铁路电气化不仅能够节能，还可以通过"电代油"取得节油效果。

综上所述，在铁路电气化率75%以上的条件下，铁路替代公路运输、电力机车替代内燃机车的运输，将对包括钢铁产业在内外部交通运输环节的降碳做出巨大贡献。

三、水路运输绿色低碳技术

（一）水路优势突出

水路运输相对于其他的运输方式优点突出，水路运输单位周转量碳排放强度是公路的 $1/8 \sim 1/4$，具有运送量大、能源消耗小、碳排放量低的特点，符合践行低碳环保理念的发展要求。

（二）推动货运"公转水"

水路运输的碳排放量仅占全球温室气体排放量的 3%，但是水路运输的运输总量却占据总运输量的 50%，并且水路运输还具有较高的经济性，水路运输的成本也只占公路运输成本的 10% 左右。同等距离下按照比例计算，普通载货汽车的油耗量是水路运输的 8 倍，推动货物运输"公转水"能够有效地降低运输过程中的碳排放。

数据显示，内河水运的单位收入碳排放强度（CO_2）约为133g/元、公路运输为398g/元、铁路运输为875g/元、海运为108g/元。由此可见，内河水运的单位收入碳排放强度最低，体现了水运在低碳环保发展方面的优势。内河水运与铁路运输和公路运输存在一定程度的可替代性，内河水运在碳排放强度上的优势可以成为"公转水""铁转水"的政策依据。

（三）推动"公、铁、水"多式联运

大力发展多式联运，加快推进大宗货物和中长距离运输的"公转铁""公转水"。加大水运基础设施建设，畅通水运大动脉，提高水路运输货物周转量。提升集装箱的铁水联运和水水中转比例，开展绿色出行创建行动，提高绿色出行比例。

（四）推广清洁能源船舶

碳达峰的本质是能源转型，电气化是最成熟的方式，出台相关激励引导政策，逐步提高船舶电气化率。与使用柴油相比，电气化船舶的硫氧化合物和碳烟排放降低70%以上，氮氧化合物减排35%～40%，无颗粒物排放，二氧化碳也减排20%～25%，发动机噪声降低10%以上。

（五）推动港口配套设备"零排放"

港口配套设备主要包括集装箱岸桥、轮胎式集装箱场桥、门座起重机、集装箱正面吊、集装箱牵引车、叉车、装载机等。除大型设备外，港口主要装卸设备燃料仍为柴油和LNG，作业过程中能耗大、排放高、污染重。应用清洁化能源的氢能或电气化设备可大幅降低作业过程中尾气排放强度，从而实现港口设备作业过程中的"零排放"；而且港口配套设备作业的时间、路线和范围相对固定，对于充电桩、加氢站的建设具有便利条件。

（六）配套出台碳税政策

水路运输单位收入的碳排放强度、单位运输量的碳排放强度都相对其他运输方式较低，在低碳环保的发展理念下具有明显优势。由于水运的碳排放比较分散，因此若配套出台碳税的政策，不但可以为交通运输基础设施和公

共基础设施建设引入资金渠道，还可以通过价格因素进一步推动"公转水""铁转水"，从而实现交通运输结构的调整。

四、自动化立体仓库

（一）　自动化立体仓库优势

自动化立体仓库简称为"立体仓库"，是指采用高层货架来储存单元货物，用相应的物料搬运设备进行货物入库和出库作业的仓库。自动化立体仓库的主体由货架、巷道式堆垛机、出/入库输送机系统、出入库工作台及周边系统组成。

从全球范围来看，自动化立体仓库主要经历三个阶段。第一阶段为传统物流时代，以叉车运货、输送带出入库为特点，这种方式效率较低，难以满足较大的储存需求。第二阶段为自动化物流时代，自动化立体仓库配合自动导引运输车（AGV）使用，极大地节省了人力，但这种模式前期投入较大，对于一些小型企业难以推广应用。第三阶段为智能化物流时代，仓储管理及识别设备的智能升级进一步提高了自动化立体仓库存取货物的效率。

中国自动化立体仓库的研究与应用主要经历了四个阶段。第一阶段（1975～1985年）为起步阶段，1973年开始研制第一座由计算机控制的自动化立体仓库，该系统1980年投入运行，但受经济发展的限制，应用非常有限。第二阶段（1985～1995年）为初步发展阶段，通过引进吸收，研制了基于PLC控制的立体库系统，应用领域逐步扩展到医药、化工、机械、烟草等，市场应用超过200套。第三阶段（1995～2005年）为高速发展阶段，以联想电脑公司自动化物流系统为起点，基于激光测距的第三代技术得到全面应用；这一时期立体仓库得到了广泛应用，市场保有量约为500套，每年平均有40套左右增长。第四阶段（2005年以后）为成熟应用阶段，自动化立体仓库技术已经基本成熟，并进入大量应用阶段，每年市场需求平均达到90套左右，其技术水平与先进国家的差异主要在于高速性能、工艺可靠性等方面[47]。

自动化立体仓库采用高层货架分层储存，通过大幅度增加仓库的有效高度，有效提高仓储面积和储存空间，使货物储存集中化、立体化；相比传统仓库，可以彻底解决翻堆倒垛问题，减少能源消耗，减少碳排放。

自动化立体仓库可随意存储任意货物，系统可自动记录精确位置；传统仓库必须进行物品分类存放，造成大量空间闲置。自动化立体仓库充分利用垂直空间，减少占地面积，提高空间利用率，单位面积的储存量远远高于传统仓库，减少土地资源占用，提高土地资源产出，减少碳排放。

自动化立体仓库采用巷道堆垛机办理装卸、堆垛作业，整个作业过程消耗电能；传统仓库采用天车、叉车、铲车、挖掘机、吊车等设备办理装卸、堆垛作业，作业过程中既有电能消耗，又有化石能源消耗；在能源结构调整、绿电比例大幅提升的背景下，相比传统仓库，自动化立体仓库减少化石能源消耗，减少碳排放。

自动化立体仓库利用计算机进行控制和管理，作业过程和信息处理迅速、准确、及时，可实现仓库作业的自动化、智能化，可大大降低设备无效作业，减少能源消耗，减少碳排放。

（二）自动化立体仓库的设计

1. 主要设计原则

（1）系统性原则。自动化立体仓库是一个完整的系统，设计时不仅要考虑到它自身的完整性，对立体仓库系统的平面布局、装卸工艺、设备选型、生产管理策略以及长远的发展进行统一考虑，还要将它作为供应链中的一个环节，考虑与其他物流环节的相互衔接和配合问题，对立体仓库系统中的物流、信息流以及资金流进行综合分析，确定系统设计的大致框架。

（2）先进性原则。自动化立体仓库属于一次性投资较大的固定投资，风险较大，且改造费用不菲。因此，在自动化立体仓库的规划设计中，要结合企业的实际情况，有一定的前瞻性，尽量采用比较先进的物流设施设备。这样，一方面可以减少更换旧设备的经费，节约仓库的维护成本；另一方面仓库也能适应生产的发展，能满足将来需要的容量，具有一定的先进性。

（3）经济性原则。自动化立体仓库的设计在满足其主要功能的前提下，尽量减少投入成本，减少工程量，选用性价比较高的设备，减少不必要的项目开支。

（4）最优距离原则。尽量避免返回、侧绕和转向，减少设备和人员的冗余移动，保证最少的消耗能源，提高作业效率。

（5）设备协调原则。立体仓库系统中包含有许多设备，这就要求在设备选型中尽量考虑设备之间的相互协调性以及匹配程度，并尽量保持统一的标准，因为设备的标准化可以提高立体仓库系统内部各环节对货物处理的衔接能力。

（6）高利用率原则。系统的自动化程度越高，其固定成本越高，减少仓储设备设施的闲置率，因此要追求最少故障时间和最大运行时间。

（7）最少人工处理原则。人工处理成本高，易出错，应尽量减少。

（8）安全性原则。设计的系统应能保护人、产品和设备不受损伤。在设计时必须考虑防撞、防掉落和防火措施。保证工作环境良好，安全工程设施齐全，有效地保证人身安全。

（9）有效利用空间原则。由于自动化立体仓库需要土地、基础和各种设施，因此要充分利用空间，避免浪费[48]。

2. 主要性能参数

（1）库存容量。立体仓库的容量，包括所有需储存和暂存在该立体仓库中的物品总量。

（2）系统工作能力。立体仓库物流系统出库、入库和操作的能力。

（3）信息处理。立体仓库信息处理的能力，包括信息采集、信息加工、信息查询、信息通信，甚至业务信息处理等方面的能力。

（4）周边物流处理。如何将货物卸车、检验、组盘、运送到高层货架的巷道口，货物从高层货架取出后拆盘、合并、拣选、搬运、装车等处理。

（5）人机衔接能力。操作人员与该系统的衔接、人机界面，信息录入、检验不合格品的处理、进入自动搬运线等。

3. 规划设计步骤

（1）需求分析。对用户提出的要求和数据进行归纳、分析和整理，确定设计目标和设计标准，还应认真研究工作的可行性、时间进度、组织措施及影响设计的其他因素。

（2）确定货物单元形式及规格。根据调查和统计结果，并综合考虑多种因素，确定合理的单元形式及规格。这一步很重要，因为它是以下各步设计和实施的基础。

（3）确定自动化仓库的形式、作业方式和机械设备参数。立体仓库的形式有很多种，一般多采用单元货格形式。根据工艺要求确定作业方式，选择或设计合适的物流搬运设备，确定它们的参数。

（4）建立模型。确定各物流设备的数量、尺寸、安放位置、运行范围等仓库内的布置，以及相互间的衔接。

（5）确定工艺流程，对仓库系统工作能力进行仿真计算。确定仓库存取模式以及工艺流程，通过物流仿真软件和计算，得出物流系统作业周期和能力的数据；根据仿真计算结果，调整各有关参数和配置，直到满足要求为止。

（6）确定控制方式和仓库管理方式。控制方式有多种，主要是根据以上的设备选择合理的方式，并满足用户需求。一般是通过计算机信息系统进行仓库管理，确定涉及哪些业务部门、计算机网络及数据处理的方式、相互之间的接口和操作等。

（7）确定自动化系统的技术参数和配置。根据设计确定自动化设备的配置和技术参数，如选择什么样的计算机、控制器等问题。

（8）确定边界条件。明确有关各方的工作范围、工作界面以及界面间的衔接。

（9）提出对土建及公用工程的要求。提出对基础承载、动力供电、照明、通风采暖、给排水、报警、温湿度、洁净度等方面的要求。

（10）形成完整的系统技术方案。考虑其他各种有关因素，与用户讨论，综合调整方案，最后形成切实可行的初步技术方案。

4. 注意事项

（1）不要过分追求单台（种）设备的高性能，而忽视了整体系统的性能。

（2）各种要求应适当，关键是要满足自己的使用要求。要求太低满足不了使用需要，过高地要求将可能使系统造价过高、可靠性降低、实施困难、维护不便或灵活性变差等。

（3）系统日常维护十分重要，应经常对系统进行保养，使系统保持良好的工作状态，延长系统使用寿命，及时发现故障隐患。

（4）为使用好自动化立体仓库，需有高素质的管理和维护人才，需要有相应的配套措施。

（三）应用案例

随着钢铁企业对物流重视程度的提高，自动化立体库已在很多钢铁企业得到应用，典型应用案例如潍坊特钢公司的钢材成品库、天津钢管公司的半成品轧管库和吉林建龙钢铁公司的备品备件库等。

第五节　绿色布局

一、钢铁产业绿色布局

（一）钢铁企业布局特点

中国钢铁产业布局是在新中国成立后逐步形成的，20 世纪 50 年代奠定了"三大、五中、十八小"的产业布局基础；"三线"建设期间，又建设了攀钢、水钢、酒钢、长城特钢等钢铁企业；到改革开放前，依托资源的内陆钢铁产业布局基本形成，改革开放之前中国钢铁产业布局更多的出于国家产业安全的角度，多数属于政策型布局。改革开放以来到 2015 年，国内钢铁工业处于快速发展阶段，中国钢铁企业的建设，大多呈现出"资源+物流+市场型"布局特征。宝钢股份、鞍钢鲅鱼圈、首钢曹妃甸、日照钢铁、宝钢湛江基地等沿海基地以及江苏、江西、湖北、安徽等地沿江型钢铁企业绝大多数属于"物流+市场型"布局；辽宁、山西以及河北的唐山、邯郸等地内陆型钢铁企业，依靠自身铁矿石或煤炭资源优势得以快速发展，突出体现了资源型布局的特点。

钢铁产业布局受到诸多因素的影响，其中资源、物流及市场三方面起主导作用。根据工业和信息化部前后 5 批公布的符合《钢铁行业规范条件》（以下简称《条件》）的近 300 家钢铁企业名单[49]，就该名单中的钢铁企业分布情况进行分析，中国钢铁产业在空间布局上主要呈现以下特点：

一是产业布局"东多西少""北重南轻"。从东西方向来看，中国钢铁产能集中在东部沿海地区，西部地区较少。符合《条件》的钢铁企业中，东部地区约占 2/3，粗钢产能约 6.3 亿吨，占公告产能的 61%；中部地区约占 1/4，粗钢产能 3.1 亿吨，占 29%；剩余为西部地区，粗钢产能约 1.0 亿吨，仅占 10%。在钢铁企业数量及钢铁产能上具有明显的"东多西少"特征。

南北方向上，中国北方钢铁企业生产力布局较多，南方钢铁企业相对较少。2019 年河北、江苏、辽宁、山东、山西 5 个省的粗钢产量合计 5.59 亿吨，占全国总产量比例高达 56%；而同期广东等五省粗钢产量合计 1.20 亿吨，仅占全国总产量比例约为 12%。以江苏省为界限，2019 年粗钢产量前 20 家钢铁企业，南方钢厂仅有中国宝武、柳钢、三钢、华菱、方大特钢 5 家企业，其余 15 家钢铁企业均位于江苏省或江苏省以北，呈现出"北重南轻"的特点[50]。

二是钢铁企业内陆多、临海临江布局少。改革开放以前，在计划经济模式下，中国钢铁产业主要依托各地资源能源条件在内陆地区呈分散布局。围绕铁矿石和焦炭资源丰富的地区建设了一大批地方中小型钢铁企业。中国铁矿石生产空间格局较为集中，主要位于河北省、辽宁省、内蒙古自治区等地，大部分铁矿石生产大省同时也是钢铁生产大省，以河北省唐山市为例，唐山市具有丰富的铁矿、煤炭等能源基础，钢厂大多围绕当地矿山建设而成，经过多年发展，唐山市已成为中国钢铁产能最集中的区域，产能占河北省的 55%。煤和焦炭也是钢铁行业重要的燃料资源，山西省和内蒙古自治区拥有丰富的煤炭资源，也帮助这两个省（区）的钢铁产能处在全国前列。

改革开放以后，随着东部沿海地区经济快速发展以及矿石进口增加，中国钢铁产业沿海布局开始启动。改革开放初期中国打破传统思维，实施沿海、沿江布局，举全国之力建成了第一个沿海型钢铁基地——宝钢，随后首钢曹妃甸、鞍钢鲅鱼圈和宁波钢铁等沿海基地的建成，以及江苏省、江西省、湖北省、安徽省等地沿江型钢铁企业快速发展进一步推动了中国钢铁沿海、沿江布局的战略实施。但总体上看，中国临海临江钢铁企业数量少，钢铁产能仍是内陆型布局为主导的格局。

三是城市钢厂仍占有较大比例。中国钢铁企业中有很大一部分位于城市，相当一部分钢铁企业位于省会城市或地区中心城市，区域集中度较高，其中"2+26"城市钢铁产能总量大、结构重，钢铁、焦化产能全国占比分别为 30.8%、29%。据不完全统计，2019 年末，重点大中型企业中，除去已经完成搬迁或关停的首钢、重钢、广钢和大连特钢等之外，还有 36 家城市钢厂，合计产能 27809 万吨，占公告总产能的 24.2%。城市钢厂很大程度上支撑了当地经济社会发展，随着城市钢厂规模的快速增长，城市规模也随之快速扩张，但城市扩大和功能定位的矛盾也日益突出。由于中国城市钢厂大多以长流程生产工艺为主，污染物排放源头多，环保达标排放压力大，有限的环境容量限制了城市钢厂的生产，成为企业进一步发展的瓶颈问题。

（二）钢铁企业布局存在的主要问题

中国钢铁产业布局不均衡带来了一些问题，主要有以下几点：

一是产能布局与环境承载力不协调。由于钢铁布局区域集中度较高，污染物排放总量过大，地区集聚化发展加剧了环境承载力。在中国钢铁产能最为集中的环渤海地区，河北省、山东省、辽宁省、天津市 2020 年的粗钢产能为 3.9 亿吨，占全国总产能的 37.2%，产能过于集中为区域环境带来的环境污染持续存在。根据 2020 年全国空气质量监测报告，产能较集中的京津冀及周边地区和汾渭平原地区污染相对较重。2020 年，邯郸市空气优良天数为 214 天，北京市、天津市空气质量优良天数分别为 276 天、226 天，与全国平均优良天数 317 天仍有差距。在西部地区，由于社会经济发展水平相对落后，钢材需求量不大，钢铁企业规模不大，但企业管理者环保意识不强，环保投入少，节能减排配套设施不完善，再加上西部地区生态环境脆弱，部分地区也存在严重的环境问题。

二是产能布局与消费市场不协调。东部沿海地区经济发展迅猛，导致东西部差距进一步增加，经济发展较快的东部地区对于钢材的需求量持续保持在较高水平，而钢铁产能布局调整显然落后于需求的变化。产量大的华北地区，每年都要大量调出钢材，而中南、西南等制造业发达的地区需调入大量钢材。这种产能布局与消费市场的不协调，加大了物流运输的成本和压力，也增加了能源消耗。产业布局与消费不匹配的矛盾对国民经济平稳较快增长和钢铁产业健康发展带来了一定打击。

（三）未来钢铁绿色布局趋势

根据国内钢铁产业布局现状及存在问题，充分考虑影响钢铁产业布局的因素，未来钢铁产业实现绿色布局将主要由以下几个要素驱动调整：

一是物流成本。物流成本是制约钢企布局的重要因素之一。为降低成本、提升竞争力，未来钢铁产业布局应趋向于物流便利、成本低廉的区域，比如华东、东北、华北地区。华东地区以水运为主，外销比例最低，物流成本也是最低；东北地区外销比例最高，但物流条件较好，因此，钢企在此布局也能得到物流运输方面的成本优势；华北地区水路和铁路并重，综合看其物流成本也相对较低，且更有利于满足钢企日益增长的清洁化运输需求。整体来看，物流成本通过影响成本端发挥重要作用，供需相对平衡、物流便利性高且物流成本低的区域，钢企生存环境相对较好，如华东地区。

二是资源能源条件。中国铁矿石资源储量大，但矿石品位普遍不高，综合成本与国外矿山相比存在较大差距。中国铁矿石生产空间格局较为集中，东北、华北地区由于过度开采，对生态环境产生了相当的破坏。目前中国铁矿石对外依存度已超过80%，从保护环境和可持续发展的角度出发，中国钢铁工业的发展在未来仍将主要依赖于从国外进口铁矿石，因此华东、华南等沿海地区，在采购国外矿资源、利用海外资源方面更具优势。未来钢铁产业也将向沿海等采购更便利的地区布局调整。

三是靠近消费市场。钢铁是国民经济发展的重要原材料之一，被广泛用于建筑业、机械制造、交通运输装备、石油天然气化工、家电等领域。这些下游行业的发展决定了钢材的需求量、品种结构等，进而影响钢铁产业布局。市场因素最直接的体现就是钢铁企业与下游用户之间的运输距离，进而影响了运输量、运输时间以及信息反馈周期。此外，市场规模、市场结构以及市场竞争对产品的需求量、产品结构以及产业聚集协同发展都有着较大的影响。随着现代交通的完善，特别是国内钢铁行业所需的优质铁矿、优质焦煤主要来自进口，原燃料对钢铁行业区位影响有所减弱，市场因素影响日益增强。未来，越来越多钢铁企业将向下游消费市场布局。

四是环保改善需要。京津冀及周边"2+26"城市、长三角、汾渭平原等大气污染防治重点区域的钢铁企业，面临的环保压力巨大，采暖季、重污染天气停限产与常规月份常态化限产制约企业生产，持续投入进行超低排放改造的企业也因进度不一，一直面临着生产管控问题。因此，未来重点区域的部分钢铁企业，尤其是京津冀及周边"2+26"城市地区钢企，将陆续以产能置换或搬迁的方式，向省内沿海钢铁基地，甚至向广西壮族自治区、内蒙古自治区等环境容量相对宽松的省外地区调整布局。

五是产业结构升级。就产业结构而言，研发新工艺推进短流程稳步发展，减轻环保压力。由于历史和资源禀赋原因，中国钢铁工艺流程长期以长流程为主导，但目前中国钢铁产业布局与环境承载力不协调等问题凸显，并随着中国社会积蓄废钢资源不断增长，电力供应更加充足，合理利用废钢资源，有序发展电炉短流程炼钢工艺，已成为钢铁工业实现结构优化、绿色发展的迫切要求。中国钢铁短流程正逐步进入起步阶段，2019年中国电炉钢占比 10%左右，与世界平均水平 30%左右、美国近 70%、中国以外其他地区 50%左右相比，差距显著。同时，由于废钢成本高、用电成本高，导致中国短流程炼钢生产成本偏高，短流程钢铁企业竞争力不强。因此，未来推进短流程炼钢的发展还需要突破性的技术研发，加强关键共性技术的研发，突破化石能源的障碍，实现清洁绿色制氢，稳步推进电炉短流程炼钢的发展[51]。

（四）实现钢铁产业绿色布局路径

一是加强规划指引，建立健全激励约束机制。严格按照中央和地方政府的产业发展政策，综合运用各种技术手段加强对钢铁企业的宏观管理。严格执行环境影响评价制度，加强钢铁项目的审核管理，实行严格的钢铁行业排放标准[52]。

二是加强财税政策扶持，充分利用好国家各项财税优惠政策。充分利用国家淘汰落后产能中央财政奖励资金、省级专项资金和设区市的配套资金，对积极淘汰落后产能的钢铁企业给予适当奖励性补偿。

三是加大金融支持力度，拓宽钢铁企业的投融资渠道。改变钢铁企业的资金构成比例，形成钢铁企业多元化投资格局。完善政企银紧密合作机制，进一步拓宽间接融资渠道。支持有条件的钢铁企业上市融资，提升企业资金实力。

四是加快淘汰落后产能，引导企业合理退城搬迁和兼并重组。以生产和市场为导向，根据企业优势，合理调整钢材品种，确定产品类型，避免区域内恶性竞争。锚定产品市场方向，着力发展成本低、品质高、环保性能好的精品钢材。以需求为导向，通过淘汰和限制落后产品的生产倒逼企业的重组，提升钢铁产品的技术含量和企业的市场竞争力。

五是充分利用钢铁企业所在区域在能源、物流、基础设施等方面的优势，推进现有钢铁企业的精品基地建设。钢铁企业的搬迁除了能够有效改善城区空气、缩减产能外，还可以借此全面淘汰落后的生产设备，全面提高生产设备和生产工艺水平，进一步提升钢铁企业的竞争优势。除此之外，由于钢铁行业民营企业多且分散，工艺技术装备水平低且同构化现象严重，而钢铁行业属于资源密集型行业，对资源能源的依赖性较强，民营钢铁企业缺乏矿山资源。在国家实施产能调控的现实背景下，大批民营企业缺乏竞争力，最终会因产品质量、环保压力等原因被市场淘汰，因此兼并重组对于优化钢铁产业布局的意义重大。通过企业整合，可进一步提高各钢铁行业的市场集中度，提升企业的资金实力和产业规模，通过统一采购、统一销售，真正降低企业采购成本；同时企业的兼并重组有利于提升企业的研发实力，保证钢铁产品和生产工艺的技术领先。

六是推行产学研联合创新，以科技创新推动绿色布局。推行产业、大学、研究院所联合战略，借助科研院所的科研能力，通过企业与高校的科研合作，形成产学研合作平台。一方面借助大学和研究机构解决民营钢铁企业没有研发机构、产品科技含量较低的问题，帮助企业提升产品附加值和竞争力；另一方面通过与企业合作，可促使高校和研究机构的科研成果快速落地。实现产业化，提升钢铁企业在关键领域的技术水平。尤其是在节能减排和低碳等创新课题下，努力促成以科研项目为纽带，以大学及科研院所为核心，以各钢铁企业自身技术研发部门为支撑的产学研协同创新的技术研发系统，帮助钢铁企业提升在节能技术、节水技术和能源转换高效集成技术等方面的科技实力，真正实现"少投入、多产出、低污染、高效益、可持续"的发展模式，助推钢铁产业绿色布局的落地实施。

（五）冶金规划院钢铁产业布局实践

产业绿色布局是产业竞争力要素的重要组成部分，是产业结构调整的主要内容。我国钢铁产业先后实施了"三大、五中、十八小"基础布局，"三线"建设国防布局，宝钢湛江、鞍钢鲅鱼圈、首钢曹妃甸及武钢防城港沿海布局，钢铁产业布局正逐步由资源布局向近市场、近资源和沿海三者合理并重布局调整。但以内陆为主的产业布局尚未根本改变，不仅在国土空间分布上存在不平衡，与资源、能源、环境和市场也未能有效衔接，增加了经济运行的成本，已经成为影响产业由大到强转变的重要因素。

同时，随着近年来联合重组进展的加快，国内已经形成了中国宝武、鞍钢及河钢、沙钢等大型企业集团，这些集团的生产、销售、原料保障及服务体系布局对其可持续发展和竞争力提高意义重大，企业集团的产业板块布局优化需求正快速增加。

冶金规划院依靠优势，编制国家及重点企业联合重组和产业布局规划、搬迁规划、总图物流规划等，主要工作如下：

（1）京津唐国土规划中的钢铁工业布局；

（2）9000 万吨钢规划框架布局与企业规划要点；

（3）钢铁工业生产力布局问题的研究；

（4）长江三角洲钢铁产业发展布局规划研究；

（5）京津冀都市圈钢铁发展布局规划研究；

（6）推进城市钢厂环保搬迁，优化钢铁产业布局对策研究；

（7）国家开发银行境外钢铁布局规划；

（8）山东钢铁集团有限公司结构调整优化产业布局总体发展规划；

（9）国家开发银行非洲、拉美钢铁产业链战略布局规划思路研究；

（10）中国钢铁工业合理布局、有序转移及相关政策研究。

二、构建循环经济产业链

循环经济是以资源的高效利用和循环利用为核心，以"减量化、再利用、资源化"为原则，以"低消耗、低排放、高效率"为基本特征，是对传统粗放式发展模式的根本变革，是符合可持续发展理念的新经济发展模式。钢铁工业是国家打造循环经济产业的重点行业，也是实现循环型社会的重要组成；同时循环经济是打造资源节约型和环境友好型钢铁企业的重要手段，是钢铁工业实现可持续发展的必由之路。

钢铁工业是典型的流程制造业，囊括了众多生产工序和工作部门，如采矿、选矿、焦化、烧结、炼铁、炼钢、轧钢等。钢铁生产过程消耗大量资源和能源，并排出大量废弃物，如废水、废气、固体废物、余热余能等二次资源，给环境带来一定的影响。通过实施清洁生产、固废利用、资源回收等可大幅降低资源和能源消耗，减少污染物排放，实现社会效益、经济效益与环境效益的良性互动、协调发展。

构建循环经济产业链必须大力推进钢铁与各工业行业及钢铁与城市间的耦合发展，实现钢铁制造、能源转换和废弃物消纳三大功能。

（一）钢铁与工业企业——实现资源能源的交互转化

一是钢铁与建材，实现钢铁固废的资源化利用。钢铁行业固体废物主要有尾矿、高炉渣、钢渣、尘泥、粉煤灰、脱硫石膏等。据初步测算，中国钢铁行业每年固体废物产量约 5 亿吨，其中高炉渣产生量每年增长约 3%，钢渣产生量年增长更是接近 5%，整个行业固体废物产生量基本占产品总产量的 15%~20%。因此，钢铁行业固体废物再利用和全量处理已成为行业需要重点解决的问题。建材行业作为中国国民经济发展的重要材料工业，能够承接大量工业固废，实现工业固废资源的合理资源化利用。

典型钢铁企业循环经济模式如图 5-4 所示。

铁尾矿根据岩性的不同[53]，主要可以生产建筑用砂石骨料、微晶玻璃、饰面玻璃、免烧砖、墙体砌块、铺路砖、筑路材料等。其中利用尾矿生产的砂石骨料具有质量优、性能好、环保性高等优势，相对天然砂更有竞争力，并且能在循环利用固废资源的同时解决天然砂资源消耗与开采成本越来越高的问题。利用铁尾矿、废石等固废生产的微晶玻璃，可以作为钢材的良好替代品。

高炉产生的炉渣可以作为生产水泥的主要原料，在水泥生产原料中加入 20%~30% 的炉渣可有效提高水泥后期强度。另外，高炉渣冷却后形成的致密矿渣可用于生产高炉渣碎石，进而用于生产混凝土，成品与普通混凝土相比具有更好的隔热性、保温性和耐久性。高炉渣也可以用于生产微晶玻璃，该生产过程不仅能降低生产成本，还可以固定炉渣中的有害成分。除此之外，高炉渣在墙体材料、筑路材料、填充材料等建筑材料领域也有广泛应用。

钢渣是钢铁行业的主要固体废物之一，由于其含有金属铁及铁的氧化物、耐磨性好、抗压强度高、水化活性低及抗冻性好等优点，经筛分后，可将钢渣作为骨料代替砂石生产沥青混凝土，用作道路材料。除此之外，钢渣还能够用于回填材料、水泥熟料辅料的生产制备中[54]。

以首钢为核心的曹妃甸工业区项目在构建循环产业链上起到了良好的示范作用。在钢铁固废资源化利用方面，厂区每年消耗铁矿石 1334.8 万吨，实现废钢资源化 100 万吨，产钢量近 950 万吨，综合利用钢厂固废粉煤灰、转炉钢渣、高炉水渣分别为 26.0 万吨、83.7 万吨、224.6 万吨，分别生产钢渣微粉、矿渣微粉和新型建材 60 万吨、170 万吨、85 万吨，实现每年减少石灰石开采 250 万立方米，节约山石开采约 35 万立方米。在曹妃甸工业区，以精品钢项目为龙头的循环经济产业链，以首钢京唐钢铁厂为中心建立众多企业共同构成的钢铁循环产业链初具雏形。围绕首钢京唐钢铁厂产生的固废资源，产业链条进一步延伸，红星海联建材、恒元太空板业等建材企业陆续建立，实现了钢铁固体废物的高效利用[55]。

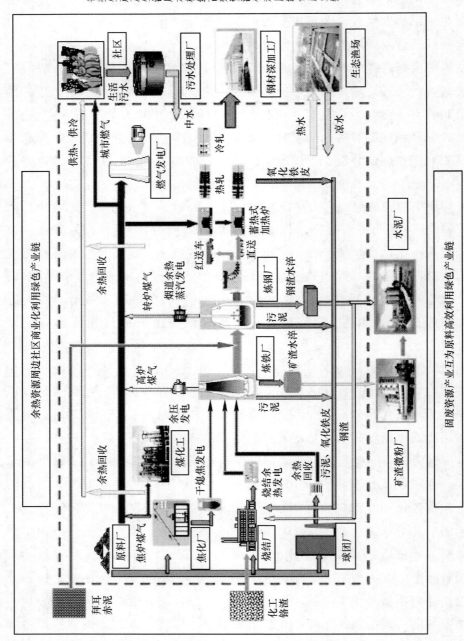

图 5-4　典型钢铁企业循环经济模式

　　二是钢铁与化工，实现钢铁废气的循环利用。煤气是钢铁生产过程中产生的大量副产物，主要被用于烧结、轧钢等工序，以满足钢铁企业自身的动力需求。同时中国也是化工生产和消费大国，目前化学工业总产值已居世界首位。但由于中国的能源结构中石油和常规天然气储量相对较低，随着石油化工能源消费的迅速增长，石油、天然气消费缺口巨大，尤其是石油消费严重依赖进口，因此中国石油化工受国际能源格局和国外产品价格波动的影响较大。

　　为弥补石油天然气消费缺口，缓解国内对进口石油的依赖问题，保障国家能源供给安全，国内积极探索煤化工技术的发展，推进钢铁生产副产物与化工能源间的这些不仅是气体燃料，还可以作为化工原料，为化工合成提供基本原料气，这是发展钢化联产的基础[56]。

　　钢铁生产工序上副产的煤气分别有高炉煤气、焦炉煤气及转炉煤气，根据三种副产煤气成分和热值的差异，需要对三种煤气进行不同的净化处理才能付诸应用。

　　焦炉煤气产生于独立焦化过程，其中有40%~50%需要返回用于满足自身焦室加热需求，富裕的焦炉煤气可作为优质的煤气资源，用于发电或供给周边企业。目前焦炉煤气制备的化工产品主要有两大类：（1）制备天然气。通过甲烷化反应将焦炉煤气中的 CO、CO_2 及 H_2 生成 CH_4，反应后的气体通过分离提纯可以得到合成天然气、压缩天然气或液化天然气等产品。（2）采用纯氧催化部分氧化的方式将焦炉煤气中 CH_4 转化为 CO 和 H_2，达到合适的氢碳比后合成制备甲醇。此外，还有使用焦炉煤气合成氨进而生产尿素化肥的工业技术。焦炉煤气中低成本分离提取的氢可达44%，也是当前灰氢阶段重要廉价氢能来源。

　　转炉煤气中 CO 的体积分数可以超过50%，由于化工产品中都含有一定比例的氢，而转炉煤气中几乎不含氢元素，因此转炉煤气的利用基本都要涉及加氢环节。可以通过分离焦炉煤气中 H_2 与转炉煤气中提纯的 CO 结合，用于合成乙醇、乙二醇、草酸及甲酸等化工产品。

　　高炉煤气的发生量大，但是热值相对较低且 CO 含量不高，体积分数仅为23%~27%，N_2 含量较高，体积分数超过55%。同时由于 CO 和 N_2 在沸点、分子直径和四极矩上都极接近，导致两者很难分离，因此高炉煤气目前仅被用于燃烧发电过程，采用高炉煤气生产化工产品国内还没有成功的案例。

　　通过钢铁与化工产业的联合，钢铁企业原本用于燃烧的 CO 经过氢固化，进入化工产品中，不再产生 CO_2，从源头减少了碳排放，并且大大降低了煤气在燃烧过程中产生的大量粉尘、二氧化硫和氮氧化物等有害物质；同时以钢铁副产煤气作为原料生产化工产品，也减少了化工企业对煤气化装置的投资，而且气体提纯工艺成本接近后续化学合成工艺，可节省煤化工工艺总成本，化工产品的利润有大幅度提高，能够大大增强企业在市场中的竞争力。目前国内已有钢化联产装置建成投产，以山东阿斯德钢化联产项目为例，该项目自 2018 年 4 月投产以来，采用钢厂尾气资源化利用技术，将石横特钢煤气建设成年产 20 万吨甲酸、5 万吨草酸以及下游甲酰胺、甲酸钾、甲酸钙等精细化工产品，各项化工产品成本与传统煤化工产品相比，可降低 30%～60%，仅碳排放每年固碳 30 万吨，经济效益、社会效益和环保效益十分显著[57]。

（二）钢铁与城市——实现与城市和谐共生

　　目前，中国重点钢铁企业近七成建于城市之中，随着钢铁工业布局调整，城市钢厂在面临搬迁压力的同时，也迎来产城共融的发展机遇。城市在为钢铁企业提供土地、能源、物质资源的同时，钢铁企业很大程度上支撑了当地经济社会发展，钢铁企业与城市发展相互成就相互依托。因此实现循环经济产业链，钢铁企业与城市间的关联性发展必须引起重视。

　　钢铁与城市共融发展，企业首先要从自身出发，通过完善工艺结构、强化系统节能以及优化能源结构等措施严格实施超低排放，同时通过整合物流资源、推进物流信息化系统配套建设以及扩大清洁运输比例等举措，提高绿色物流运输效率，着力在生产源头和物流运输上降低污染物的排放，助力城市环境空气质量的改善和提升。除此之外，钢铁企业的转型升级能够更有针对性地为城市的社会经济发展，尤其是工业发展提供更高附加值的高质量钢材，实现上游钢铁原材料与下游制造业一体联动，进一步推动钢铁深度融入城市发展大局，实现和谐共融发展。

　　钢铁企业不仅为城市提供清洁绿色钢铁制品，而且能够进一步促进社会能源的高效利用。钢铁企业生产过程中产生的高温余热、燃气余能等二次能源可以应用于城市建设、市政工程中，实现钢铁工业与社会的循环产业链。由于钢铁生产具有高温、还原等特性，利用工业窑炉可协助城市消纳处理生活垃圾，降低环境治理成本；同时生产过程中的回收煤气可并入城市管网，为城市提供生活用燃气；利用高炉冲渣余热、烧结余热等可以供给城市居民采暖，取代传统燃煤取暖，降低采暖燃煤碳排放；广泛吸纳回收市政污水用于生产，提高污水利用率，同时利用厂区自身污水处理设施对周边居民的生活污水进行深度处理。太原钢铁作为城市钢厂的代表，在产城共融方面有了很多实质性的进展：太钢充分利用 2×300MW 机组乏汽余热、高炉冲渣水余热、烧结余热等，圆满完成太原市城区 2150 万立方米居民住宅冬季供暖任务；将生产过程中的燃气并入城市管网，每年为太原市提供市民生活用燃气 4000 万立方米；利用自身污水处理设施处理城市生活污水 2000 万吨；除此之外，还利用原有工业设施，建设博物馆并设立"公众开放日"，组织一系列的科普宣讲与互动座谈活动，不仅大大增进了太钢与市民之间的沟通，而且对近年来环保改造、绿色生产等成果形成了强有力的宣传[58]。

钢铁企业为城市环境治理缓解压力、提供便利的同时，城市也能够为钢铁企业提供源源不断的"矿产资源"。随着工业化和城镇化发展，势必带动装备制造业、新兴产业、日用制品业蓬勃发展，社会钢铁积蓄量不断增长，促进了废钢铁资源产出量的进一步增加，预计 2025 年废钢资源产生量在 3.4 亿吨左右，城市将是现在和未来最大的矿山。

目前，报废汽车拆解和废旧家电拆解产业是社会废钢铁的重要来源。报废汽车作为循环经济上游重要的原料来源，具有存量大、资源价值高、零件可再制造应用等特点。报废汽车中含有约 72% 的钢铁（69% 钢铁 +3% 铸铁）、11% 的塑料、8% 的橡胶和 6% 的有色金属，基本上可以全部回收利用，是再生资源利用体系中最为核心的前端综合型再生资源。回收的废钢铁可用于钢铁冶炼，废旧轮胎可用于电炉炼钢的增碳剂。废旧家电是废钢铁的第二大来源，相关数据显示，中国平均每年需要报废的家电总量在 2000 万台以上，其中电冰箱约 400 万台以上、洗衣机约 500 万台以上、电视机约 500 万台以上，再加上其他厨卫电器设备，每年报废的家电数量惊人。家用电器中可供回收再利用的资源非常丰富，例如黑色金属、有色金属、塑料、玻璃、橡胶等。据分析，回收 2t 废旧家电可获得 1t 铁，与高品位铁矿相同。

在社会废钢资源日益充足的情况下，钢铁企业可重点发展废钢加工、废旧汽车拆解、废旧家电拆解等城市矿产资源开发产业，有计划性地布局短流程炼钢，打造绿色城市钢厂。通过短流程吸纳城市重点废钢资源，积极推进城市矿产资源的开发利用，促进钢铁企业与城市间的资源循环。

（三）冶金规划院助力循环经济发展实践

冶金规划院自 2003 年开展推进循环经济发展工作开始至今，累计完成国家各级政府部门、行业组织和钢铁企业委托的资源综合利用、循环经济、"两型企业"等专题研究、规划咨询项目 150 余项。通过大量专题研究和规划编制，形成鲜明专业优势和特点，为中国冶金工业可持续发展的理论和实践做出突出贡献。冶金规划院循环经济业务的优势及主要工作业绩有：

一是循环经济业务起步早、业绩好。2003 年，冶金规划院编制了行业第一个循环经济专项规划——《鞍钢建设循环经济型示范企业规划》，这是冶金规划院循环经济业务迈出的第一步，也是全国钢铁企业凝聚循环经济发展理念的起始；冶金规划院率先在国内提出钢铁企业创建循环经济型企业规划思路和系统措施，该规划获得了 2004 年中国工程咨询协会钢铁行业咨询项目成果一等奖。继《鞍钢建设循环经济型示范企业规划》后，《攀钢集团有限公司钒钛资源综合利用及产业结构调整规划》是以建设西昌钒钛资源综合利用项目为主要内容的，该项目是《汶川地震灾后重建生产力布局和产业调整专项规划》中提出的攀西钒钛基地建设的冶金类项目，属灾后重建重点项目之一，这项规划于 2012 年同样获得了中国工程咨询协会钢铁行业咨询项目成果一等奖。以上这两项咨询成果均获得了全国工程咨询行业的最高奖项。

二是循环经济业务水平高，引领行业政策导向。受国家发展改革委、工业和信息化部、中国钢铁工业协会等政府和行业协会组织委托，先后开展了《"十二五"钢铁行业循环经济发展研究》《钢铁行业循环经济评价指标体系研究》《中国循环经济年鉴（钢铁行业）》《钢铁行业清洁生产推行方案及重点技术推广目录》《钢铁工业循环经济课题》等政府与行业 20 余项循环经济课题研究。

三是循环经济业务服务对象多，推进行业发展进程。受钢铁、铁合金等各类冶金企业委托编制循环经济专项咨询报告，如《鞍钢建设循环经济型示范企业规划》《沙钢循环经济总体规划》《首钢京唐循环经济总体规划》《湛江东海岛钢铁石化产业聚集区循环经济发展规划》《首钢集团水钢煤电钢一体化总体发展规划》《武钢防城港基地循环经济总体规划》《攀钢循环经济总体规划》《湖南华菱集团公司循环经济规划》《贵州钢绳（集团）有限责任公司新址循环经济建设基地规划》《贵州遵义汇兴铁合金有限责任公司退城进园产业升级循环经济发展规划》等，已完成 40 余项工业企业循环经济规划课题研究。

四是循环经济业务领域广，为区域发展提供解决方案。受各级地方政府委托开展园区循环经济产业规划，如《邯郸钢铁国家级循环经济示范区规划》《甘肃肃北县马鬃山循环经济工业园规划》《西藏自治区国家级重要有色基地规划》《藏青工业园总体规划及产业发展规划》《冀津（涉县天铁）循环经济产业示范区规划》《陕西韩城钢铁配套产业园产业发展规划》《酒泉市资源综合利用发展规划》《青海柴达木循环经济试验区格尔木工业园（昆仑经济技术开发区）200 万吨/a 钢铁一体化项目评估报告》等，已完成 30 余项园区循环经济产业规划课题研究。同时，受地方政府与矿山企业委托编制了《湖北竹山矿业开发循环经济规划》《山东苍山矿业循环经济产业园规划》《沈阳金属深加工产业园循环经济规划》《陕西柞水小岭循环经济集中区规划》《大型低品位难采选矿产资源开发综合利用示范项目资金申请报告——福建马坑矿业》等矿业开发及金属深加工循环经济产业规划，已完成 20 余项矿业与深加工循环经济规划课题研究。

此外，还编制了《首钢集团水钢资源综合利用规划》《东北特钢集团公司：大连基地再生资源综合利用规划》《承德钒钛资源综合利用产业基地项目可行性研究报告》《广西百色百矿集团有限公司：新山铝产业示范园煤电铝一体化项目申请报告》《华菱湘钢创建国家资源节约型、环境友好型试点企业申请报告》《河北钢铁集团唐钢公司：创建"两型"示范企业规划》《中国钢铁烟尘及有色冶炼渣回收利用研究报告》等资源综合利用和"两型"企业专项循环经济规划，已完成 40 余项企业资源综合利用课题研究。

三、节能服务产业

（一）产业概况

据不完全统计，截至 2020 年底，全国从事节能服务业务的企业数量达到 7046 家，行业从业人员 76.6 万人，节能服务产业总产值 5916.53 亿元，形成年节能标煤 4050.06 万吨，相当于减排 10172.27 万吨二氧化碳。

从成立时间看，2005 年以前成立的节能服务公司数量为 769 家，占总数的 11%；2006～2010 年成立的公司数量为 1351 家，占总数的 19%；2011～2015 年成立的公司数量为 2628 家，占总数的 37%；2016～2020 年成立的公司数量为 2298 家，占总数的 33%。

从注册资金看，注册资金在 500 万元以下的节能服务公司数量为 2490 家，占总数的 35%；500 万～2000 万元之间的公司数量为 2656 家，占总数的 38%；2000 万～1 亿元之间的公司数量为 1545 家，占总数的 22%；1 亿元以上的公司数量为 355 家，占总数的 5%。

从分布地域看，节能服务公司数量最多的五个省市分别为北京市、江苏省、山东省、上海市和广东省，数量分别为 879 家、694 家、664 家、535 家和 472 家。宁夏回族自治区、青海省和西藏自治区的节能服务公司数量较少。节能服务公司数量最多的区域是华东地区，数量为 2930 家，占总数的 42%；其次是华北地区，数量为 1536 家，占总数的 22%；数量较少的区域是西南和西北地区，数量分别为 436 家和 308 家。

（二）钢铁企业节能服务公司

目前，钢铁行业内宝钢工程、鞍钢、马钢等钢铁企业纷纷成立自己的节能服务公司。通过节能服务公司运作，在获取钢铁主业节能效益的同时，收获了相关产业的利润。

1. 上海宝钢节能环保技术有限公司

上海宝钢节能环保技术有限公司隶属于宝钢工程技术集团有限公司，公司成立于 2010 年。宝钢节能聚集了中国宝武内热工、电气、机械、信息化、检测、环保、资源利用等众多专业的人才队伍及相关核心技术，业务涉及烧结烟气脱硫脱硝脱二噁英、焦炉烟气脱硫脱硝、钢渣全流程处理、工业污泥处置、烧结余热回收利用、焦炉荒煤气显热回收、钢/铁包烘烤低温 ORC 发电设计、新能源应用等方面。

2. 鞍钢集团节能技术服务有限公司

鞍钢集团节能技术服务有限公司隶属于鞍钢集团工程技术有限公司，公司成立于 2010 年 12 月，在研发烧结竖式冷却、超高风力发电装备、焦炉上升管余热利用等节能新技术上，能够提供系统节能减排综合解决方案。在铁前工业废气一体化综合治理、炼钢烟气特超低排放、联合钢铁企业废水零排放、高炉渣转杯粒化等技术上，具有比较优势。

3. 安徽欣创节能环保科技股份有限公司

安徽欣创节能环保科技股份有限公司成立于 2011 年 8 月，隶属于马钢，截至 2020 年底，安徽欣创在工业烟气粉尘治理、市政污水治理与生态修复（PPP 模式）等领域获得多项专利，包括不少发明专利。该公司自主研发的微孔膜除尘器一体化设备、侧进风除尘器等多项产品，曾获得安徽省高新技术产品称号。

参 考 文 献

[1] 赵民革，青格勒吉日格乐，等．大型高炉低碳冶炼用优质球团矿开发与应用［J］．中国冶金，2021（3）：140.

[2] "京唐低碳清洁高效炼铁工艺和技术集成"项目科技成果评价会．中国金属学会，2021 年 1 月 4 日．

[3] 赵宏博，刘伟，李永杰，等．基于炼铁大数据智能互联平台推动传统工业转型升级［J］．大数据，2017（6）：15-26.

[4] 北科亿力荣获"2016 工业大数据应用案例"奖［J］．炼铁，2017（2）：9.

[5] 程子建，高建民，赵宏博，等．炼铁大数据智能互联平台在酒钢的应用［J］．世界金属导报，2017（12）：B02.

[6] 雷华．氢气竖炉直接还原技术的应用［J］．现代冶金，2015（1）：29-31.

[7] 胡俊鸽，毛艳丽，赵小燕．气基竖炉直接还原技术的发展［J］．鞍钢技术，2008（4）：9-12.

[8] 周建宁．转炉煤气的高效回收和利用．2010 年全国炼钢-连铸生产技术会议论文集［C］// 北京：中国金属学会，2010：214-216.

[9] 邓灿．提高转炉煤气回收利用技术的实践［J］．黑龙江科学，2019，12（8）：38-39.

[10] 杜佳．转炉炼钢过程中能量的回收与利用［D］．西安：西安建筑科技大学，2009.

[11] 周朝辉．杭锅转炉余热锅炉产品简介［J］．余热锅炉，2019（2）：1-3.

[12] 程玉林．日、法 12 家公司完成"新炼钢工艺"的开发［J］．山东冶金，2010，7（3）：40-44.

[13] 张永羴. 浅议少渣炼钢工艺的进步与展望 [J]. 江西建材, 2015, 22 (175): 103.

[14] 殷宝言. 对少渣炼钢工艺的进步与展望研究 [J]. 上海金属, 2011, 4 (2): 50-52.

[15] 张灵, 刘俭, 方音, 等. 沙钢 650 万吨钢板工程 "一罐到底" 的设计与生产 [J]. 中国冶金, 2009 (2): 31-32.

[16] 郭永谦, 田云生, 孙拓, 等. 150t 转炉铁水 "一罐到底" 系统研究与应用 [J]. 金属制品, 2019, 45 (3): 38-46.

[17] 李晓. 我国炼钢工艺低碳技术发展方向 [J]. 冶金经济与管理, 2019 (4): 21-24.

[18] 张春霞, 上官方钦, 胡长庆, 等. 钢铁流程结构及对 CO_2 排放的影响 [J]. 钢铁, 2010, 45 (5): 5-10.

[19] 孙建新, 张继强. 提高转炉废钢比的整体解决方案 [J]. 炼钢, 2018, 34 (5): 25-31.

[20] 王新华. 中国钢铁工业转型发展时期炼钢科技进步的展望 [J]. 炼钢, 2019, 35 (1): 6-16.

[21] 朱波. 降低出钢温度的综合措施 [J]. 中国冶金, 2011, 21 (8): 43-45.

[22] 张新建, 周金泉. 强化科学管理实现小转炉低温出钢和小连铸高速浇注 [J]. 连铸, 2002 (3): 38-40.

[23] 欧阳飞, 曾令宇, 刘志明. 炼钢—连铸钢水过程温度的控制 [J]. 连铸, 2005 (4): 3-5.

[24] 左都伟. 降低转炉出钢温度的探索与实践 [J]. 湖南冶金, 2003, 31 (2): 32-35.

[25] 刘颖昊, 刘涛, 郭水华. 从 LCA 视角评估钢铁产品改进的环境效益 [J]. 环境工程, 2012 (S2): 444-446.

[26] 朱荣, 王雪亮, 刘润藻. 二氧化碳在钢铁冶金流程应用研究现状与展望 [J]. 中国冶金, 2017, 27 (4): 4-7.

[27] 李晶, 王新江. 我国电弧炉炼钢发展现状 [N]. 世界金属导报, 2018-12-11 (B02).

[28] 杨永森. 当代炼钢电炉新技术新炉型及其选用原则 [J]. 工业加热, 1999 (3): 14-18.

[29] 罗玉镯, 花皑, 赵世杰. 采用新传热机理的现代化电弧炉 [J]. 冶金设备, 2014 (6): 1-5, 9.

[30] 兰若. EcoArc——新型电炉 [J]. 钢铁, 2000 (6): 78.

[31] 赵建, 阎军, 张有震. CONSTEEL (康斯迪) 电弧炉的设备与工艺特点 [J]. 河北冶金, 2013 (3): 59-61.

[32] 胡广钢. 蓄热加热炉的燃烧及控制技术 [C]//全国轧钢加热炉综合节能技术研讨

会论文集，2013：51-63.

[33] 曹晓岭，陈锦．中厚板加热炉汽化冷却系统的改进［J］．新疆钢铁，2014（4）：36-39.

[34] 余秋根．中国第一座步进式加热炉汽化冷却装置的设计和推广价值［J］．冶金能源，1995（1）：37-40.

[35] 郭晓燕．水冷却和汽化冷却以及空气冷却探析［J］．山西建筑，2003，29（8）：115-116.

[36] 杨成文，齐春生，杨永波，等．步进梁式加热炉汽化冷却技术的研究［J］．北方钒钛，2017：49-51.

[37] 孙延刚，仵阳．步进式加热炉节能技术的应用［C］// 全国工业炉学术年会，2011.

[38] 李振明．大棒线加热炉汽化冷却系统蒸汽回收应用［J］．酒钢科技，2012（3）：282-286.

[39] 秦建超，黄夏兰．宝钢2050热轧3#加热炉节能改造实践［J］．工业炉，2013，35（4）：54-56.

[40] 刘常鹏，张宇，李卫东，等．加热炉不同余热回收方式下节能效果分析［C］//第八届全国能源与热工学术年会论文集，2015.

[41] 费俊杰，周剑华，董茂松，等．全长在线热处理钢轨生产工艺研究及产品开发［J］．钢铁技术，2019（2）：69-75.

[42] 绿色产品．MBA智慧百科，https：//wiki. mbalib. com/wiki/% E7% BB% BF% E8% 89% B2% E4% BA% A7% E5% 93%81.

[43] 聂祚仁．材料生命周期评价资源耗竭的㶲分析［M］．北京：科学出版社，2021.

[44] 邓南圣．生命周期评价［M］．北京：化学工业出版社，2003.

[45] 袁志逸，李振宇，康利平，等．中国交通部门低碳排放措施和路径研究综述［J］．气候变化研究进展，2021，17（1）：29.

[46] 谢汉生，黄茵，史立新，等．铁路对我国发展低碳经济的影响和效应研究．中国环境科学学会．中国环境科学学会学术年会论文集［C］// 北京：中国环境出版社，2010.

[47] 李璐．自动化立体仓库专利技术综述［J］．物流技术与应用，2020（11）：116，117.

[48] 韩伟．自动化立体仓库系统的研究与开发［D］．南昌：南昌大学，2008：1-5.

[49] 工业部原材料司．中华人民共和国工业和信息化部公告_2020年第20号：符合《钢铁行业规范条件》企业名单（第五批）．工信部官网，2020-05-15，https：//www. miit. gov. cn/jgsj/yds/wjfb/art/2020/art _ ca21e93def5b4519bba9e0dd2d580f49. html.

[50] 李新创．优化产业布局提高钢铁竞争力［J］．中国冶金，2015（6）：1-5.

［51］李新创．新时代钢铁工业高质量发展之路［J］．钢铁，2019，54（1）：7-13.

［52］吴清．新常态下地方政府在钢铁产业结构调整中的作用研究［D］．福州：福建师范大学，2016.

［53］孙志强，李晋梅，尹靖宇，等．多行业固体废物在建材行业的资源化利用［J］．中国水泥，2020（11）：114-117.

［54］庞才良，杨雪晴，宋杰光，等．钢渣综合利用的研究现状及发展趋势［J］．砖瓦，2020（3）：77-80.

［55］李娇娇．以首钢为核心的曹妃甸工业区钢铁循环产业链［J］．现代经济信息，2013（6）：207-208.

［56］郭玉华，周继程．中国钢化联产发展现状与前景展望［J］．中国冶金，2020，30（7）：5-10.

［57］毛运秋．煤化工与钢铁行业协同发展趋势分析［J］．河南化工，2021，38（6）：4-7.

［58］太原钢铁（集团）有限公司．都市型钢铁企业与城市融合发展的实践与成果［J］．冶金管理，2019（8）：36-43.

第六章　数字驱动绿色低碳发展

第一节　钢铁绿色智能制造现状与问题

一、钢铁绿色智能制造概述

钢铁行业是国内二氧化碳排放量最高的制造业行业，排放占国内二氧化碳总量的15%以上，是碳减排的重要责任主体，钢铁行业的绿色低碳转型是推动中国经济高质量发展和生态文明建设的重要抓手。实现钢铁行业的绿色低碳转型，离不开工业互联网、物联网、大数据、人工智能、5G等新一代信息通信技术的有效支撑。因此，为推动钢铁行业深入贯彻新发展理念，夯实高质量发展基础，必须要以"绿色化"和"智能化"为核心主题，实现钢铁行业的绿色智能制造。

绿色智能制造，是一种可持续发展观，是符合新发展理念和可持续化发展要求的智能化制造。钢铁绿色智造是钢铁行业绿色制造和智能制造的新融合，是两者有机结合共同作用的钢铁行业创新发展[1]。绿色制造强调的是资源消耗少、污染排放低，智能制造强调互联互通、生产自动化、决策智能化、服务个性化，两者相互补充、相互促进。

（一）绿色制造

绿色制造是综合考虑环境影响和资源消耗的现代制造模式，其目标是使产品从设计、制造、包装、运输、使用到报废处理的整个生命周期过程中，对环境的负面影响最小，资源利用率最好，并使企业经济效益、社会效益和生态效益的协调优化[2]。绿色制造强调以人为本，实现绿色制造，需要集成各种先进技术和现代管理技术。

《中国制造2025》提出，要坚持"创新驱动、质量为先、绿色发展、优化结构、人才为本"，绿色发展是发展的重要方向，"坚持可持续发展作为建设制造强国的重要着力点，加强节能环保技术、工艺、装备推广应用，全面推行清洁生产，发展循环经济，提高资源回收利用效率，构建绿色制造体系，走生态文明的发展道路"[3]。钢铁行业作为能源消耗高密集型行业，是践行绿色制造的重点行业之一，必须要坚决围绕实现绿色发展的目标，实施低碳行动和绿色制造工程、淘汰落后产能、提高冶炼技术、大力推广清洁生产、实现超低排放改造、提升资源和能源综合利用水平、提高生产效率、节约生产成本、实现钢铁行业绿色制造，从而全面提升钢铁行业的绿色发展水平，实现可持续发展。

钢铁行业的绿色发展，本质上是通过制造效率的提高，以更低的消耗和更少的排放来实现同样或更大的产出价值，而智能制造是实现钢铁业绿色发展的重要抓手。

（二）智能制造

智能制造是先进信息技术与先进制造技术的深度融合，贯穿于产品设计、制造、服务等全生命周期的各个环节及相应系统的优化集成，旨在不断提升企业的产品质量、效益、服务水平，减少资源消耗，推动制造业创新、协调、绿色、开放、共享发展[4]。具体而言，就是在互联网、大数据、人工智能等先进技术的基础上，通过智能化感知、人机交互、决策和执行的现代化生产技术，可以实现设计过程、制造过程和装备制造的智能化。

当前，智能制造已经成为全球价值链重构和国际分工格局调整下各国的重要选择。发达国家纷纷加大制造业回流力度，提升制造业在国民经济中的战略地位，中国作为制造业大国，也在积极部署智能化，将智能制造作为"中国制造2025"的主攻方向，大力推进新一代信息技术与先进制造技术的融合，全面提升企业研发、生产、管理和服务的智能化水平，推动中国制造模式从"中国制造"向"中国智造"转变。

钢铁行业作为国民经济的基础产业，为中国经济快速发展和制造业高质量发展提供了重要支撑。通过传感器、工业软件、网络通信、人工智能等，加强生产制造、物流和厂区内人、车、生产设备等对象的有效感知和识别，实现生产资源和生产数据的互联互通，加强钢铁企业研发、生产、管理、服务和互联网的紧密结合，从而促进钢铁产品质量的提升、企业运营效率的提高，倒逼钢铁企业改变原有的粗放管理模式，打造钢铁行业竞争新优势。例如，建立智慧能源管控系统，实现对钢铁企业能源动力的全方位管理，通过企业能源流进行实时监控和调度、动力设备在线监诊系统管理、趋势分析、超限报警以及数据分析等功能，实现能源动力的精细化管理，助力企业提高能源利用率，减少污染物排放，促使企业向能源智能化、绿色化发展迈进。

绿色制造和智能制造的有效融合是新时代钢铁行业实现高质量发展的必经之路，在新形势下，钢铁行业在实现智能升级的同时，必须坚持绿色发展的理念，将可持续发展作为钢铁行业转型的着力点，使智能化和绿色化并驾齐驱，不偏不倚，构建强有力的钢铁行业绿色智造体系，走高质量发展之路。

二、钢铁绿色智能制造历程回顾

钢铁绿色智能制造主要体现在利用信息通信技术，支撑企业实现节能降碳。考虑到低碳管控平台目前正处于探索阶段，钢铁绿色智能制造的发展历史主要体现在能源管理中心的建设。当前，钢铁企业节能降耗主要有三个途径：一是提高现有设备和工艺技术水平，如提高设备热效率；二是采用各种新技术提高能源的二次利用，如余热余压发电；三是加强企业能源管理水平，建立能源优化调度系统。钢铁企业能源管理中心是一项融合自动化和信息技术的管控一体化解决方案，通过对能源产生、输配和消耗实施动态监控和管理，不断改进和优化能源平衡，实现系统性的节能降耗[5]。

（一）节能降耗发展历史

1. 国际方面

不同国家由于钢铁产业结构不同、发展所处阶段不同、政策导向差异等因素，钢铁工业节能降耗工作的进展和重点各有不同[6]。

（1）日本。自1960年以来，日本钢铁工业节能降耗工作主要分为以下四个阶段。

第一阶段（20世纪60年代初期到70年代中期）：国家陆续颁布实施了一系列法律法规，为后期有效开展节能降耗工作奠定基础。

第二阶段（20世纪70年代中期到80年代中期）：实行干熄焦、高炉炉顶余压发电、废热回收、连续铸钢、热装炉轧制和连续退火等诸多有效的节能措施，并改善生产结构，实现钢铁生产的集中化和大型化。

第三阶段（20世纪80年代中期到90年代中期）：实施更全面更先进的污染控制与节能，采取软焦煤大配比炼焦、高炉喷煤、加强废热回收、提高电厂和氧气厂的换能效率等节能减排措施。

第四阶段（20世纪90年代中期至今）：把"以节能作为降低生产成本"的思维，转变为"降低CO_2和所有温室气体排放是钢铁工业的重大任务"的观念。开发降低CO_2排放的节能重要技术，使用生命周期评价（LCA）和更深入的废弃物回收方法以实现可持续发展。

（2）韩国。浦项制铁在韩国钢铁工业具有举足轻重的地位，浦项制铁提出以能效提升为重点的改进战略，希望通过提高能效和技术突破加强钢铁工业竞争力。改进战略包括短期、中期、长期三个阶段。

短期（2015年）：以提高能效为目标，通过废热回收与重复利用，提高当前工艺的能效。主要采取措施包括通过煤气副产物联合循环发电厂等，提高能源效率。

中期（2020年）：以开发新的二氧化碳减排工艺为目标，主要通过开发创新型炼钢工艺，实现节约能源。

长期（2050年）：以开发氢气炼钢为目标，主要通过氢气取代煤炭作为还原材料，从而实现大幅减少二氧化碳排放目的。

（3）德国。德国高度重视钢铁工业的可持续发展，制订了相关计划：开发新钢种，生产满足用户要求的新性能材料；开发新的制造设备，提高劳动生产率和成材率及连续化、自动化水平；开发新工艺，简化或缩短生产流程；严格控制二氧化碳排放等。

（4）美国。美国钢铁工业多年来采取的主要节能降耗措施包括：淘汰效率低的老旧设备，使用喷煤技术减少焦炭用量；对高炉进行技术改进，增加顶压发电，提高炉顶气体利用率；采取热装热送，直接熔炼，薄板带坯连铸连轧等，减少工序转换环节的能源消耗；尽可能收集废气的化学能；在加工过程中使用传感器，改进生产效率，扩大产量，降低生产成本等。

2. 中国方面

中国钢铁工业厉行节能40多年，节能降耗工作发展大体经过以下几个阶段：

（1）20世纪80年代初，中国提出"能源开发与节约并重，把节约放在优先位置"的方针，钢铁工业大力加强节能工作。

（2）"六五"期间，钢铁工业在全行业进行节能宣传教育、组建机构和队伍；抓管理、建制度，减少能源的损失浪费。至此，钢铁企业的能源管理逐步走上了科学化和制度化轨道。

（3）进入"七五"以后，由于浅层次的能源浪费现象减少，只依靠管理"扫浮财"的节能效果逐步减少，钢铁工业主要工作是搞好"三个转向"，即节能工作的着眼点要从单体设备、工序的节能转向企业的整体节能；节能管理方式要从经验管理转向现代化管理，提高管理工作水平和效率；节能管理体系要从单一节能部门转向整个企业管理体系的分工协作综合管理。

（4）"九五"以后，钢铁工业工作重点是生产设备技术改造和建设大型节能装置，如发展连铸、提高喷煤比、建设 TRT 及烧结机、高炉热风炉等设备的余热回收装置等；在企业深入学习邯钢经验的过程中，节能管理上引入了经济价值量，开始了"能源经济"节能的探索，重点分析能耗指标变动对企业利润的影响、分析节能关键部位和增利潜力、分析和预测能源价格变化对企业利润的影响，直接显示节能与生产成本的联系，促进节能工作的深入开展。

（5）"十一五"以来，国家把节能减排作为调整经济结构、转变发展方式、推动科学发展的重要抓手，首次将单位 GDP 能耗下降目标作为经济社会发展的约束性指标，并在"十二五"规划中提出国内生产总值二氧化碳排放下降目标。随着中国碳市场的建立，钢铁工业将进入全面碳约束时代。

（二）能源管理中心发展阶段[7]

1. 国际方面

钢铁企业能源管理系统起步于 20 世纪 60 年代，日本、西欧和北美等发达国家的钢铁企业根据二次能源的不同种类率先开发了各类能源管理系统，初步实现能源数据采集、集中控制和统一管理。

早期的能源管理系统功能较为简单，主要采用常规气动、液动和电动仪表对钢铁生产过程中的温度、流量、压力和液位等进行控制，随着企业规模的不断扩大，对能源管理系统的功能需求也越发复杂。随着计算机技术和大规模集成电路的发展，DCS 被引入到能源管理细节中，企业可以利用 DCS 实现分散控制、集中管理。

20 世纪 80 年代，控制技术、信息技术、能源系统工程及管理技术在能源管理系统中的应用进一步深入，能源管理系统的范围不断扩大，调度功能逐步增强，决策优化取得突破。1990 年日本新日铁推出 FAIN 专家系统开发工具，并在八幡制铁取得良好应用；日本 NKK、川崎钢铁分别研制成功了高炉温度模糊控制系统和烧结均一性模糊控制系统。

21 世纪以来，计算机技术和智能控制技术日新月异，国外大多数钢铁企业把能源管理系统和生产管理系统结合起来，形成生产—能源协同管理的集成化系统。神经网络、人工智能、数据挖掘等技术在能源管理系统中逐步得到应用。

2. 中国方面

中国钢铁行业在能源管理工作较世界发达国家起步较晚，1981 年鞍钢首先提出建立能源管理中心的设想，但国内第一个能源管理中心在宝钢率先建成。

1982 年，宝钢从日本引进能源管理中心设备，建成了国内最早投入运营的能源管理中心。宝钢能源管理中心建设共分为三期：一期建立了覆盖原料场、烧结、焦化、高炉、转炉、轧钢等各工序的计算机监控系统；二期采用较为先进的分布式计算机系统，增加了数据采集点和相关功能；三期采用德国西马克 EMS 集散系统，实现了能源信息的在线管理。

鞍钢于 20 世纪 80 年代完成能源管理中心的总体方案论证工作。能源管理系统的功能包括企业各工序、产线、分厂、企业等多级数据的实时监测与集中管理，并对能源的产生与消耗进行预测，支撑能源的优化调度，有效地保证了生产的安全和稳定。

随后的 20 年里，鞍钢、唐钢、湘潭钢铁、太原钢铁、本溪钢铁、酒泉钢铁等企业陆续开始建设能源管理中心，现场采集能源相关数据，实时监测设备运行状态，改进和优化能源平衡，并逐步开展能源优化系统的相关研究，实现系统性节能降耗。

三、钢铁绿色智能制造现状分析

当前，钢铁企业已经普遍认识到绿色低碳发展的重要性，将绿色低碳发展提升到关系企业生存的战略高度。钢铁工业能源高效利用领域面临新的形势和挑战，智能制造对绿色的支撑作用也越发明显。

（一）新形势和新挑战

钢铁工业节能降耗工作经历了一个由浅到深的发展过程，总结世界钢铁工业，特别是中国钢铁工业近年来在能源高效利用领域取得的快速发展，主要呈现出以下几方面新的特点。

1. 更加注重系统能源效率最大化的实现

钢铁工业节能工作从最初的"扫浮财"、杜绝跑冒滴漏的简单管理和针对单体设备的节能降耗逐步扩大到了工序节能、系统节能。近年来，随着企业能源精细化管理工作的逐步深入，系统节能工作在钢铁行业获得更多的重视。例如：能源管理中心、能源管理体系建设在钢铁企业的推广应用，推动钢铁企业全系统能源管理精细化；钢铁企业积极开展提高余热余能自发电率研究、铁前降本增效研究、轧钢产线综合节电研究，均是站在系统节能角度开展整体或局部优化工作。

2. 创新技术的研发及工业化进程加快

伴随中国钢铁工业的快速发展，钢铁工业能源高效利用技术也取得快速发展，干熄焦、烧结余热回收、高炉余压发电、蓄热式燃烧、全燃煤气发电、燃气蒸汽联合循环发电技术、热装热送等关键共性技术得到广泛推广应用。同时，钢铁工业也一直重视不断加快先进能源高效利用技术的研发、创新和工业化进程，例如：高温超高压煤气发电、焦炉荒煤气显热回收、烧结矿竖式冷却等技术均在近年获得了突破性的进展和工业化应用。

3. 能源管理水平不断提高

钢铁工业节能管理方式经历了从经验管理向现代化管理的转变，节能管理体系经历从单一节能部门向整个企业管理体系综合管理的转变，整体节能管理水平不断提升。1982年，《钢铁企业能源平衡及能耗指标计算办法的暂行规定》发布，钢铁企业率先步入能源统计与能耗指标正规化和标准化；近年来，随着能源管理中心、能源管理体系在钢铁行业的推广应用，钢铁行业逐步迈向系统化、精细化管理行列。

（二）当前存在的问题

经过40年的发展，中国钢铁企业的能源管理系统取得了显著成效。面向"双碳"目标，现有的信息系统难以支撑企业绿色低碳发展。

1. 钢铁企业发展水平不均衡

中国宝武、鞍钢、首钢等企业对能源管理系统投资较大，数据采集及系统功能较为完善，可以有效地实现能源介质的实时监测、集中控制和统一管理，在部分领域实现了能源的优化调度。例如，首钢迁钢应用了煤气预测与调度优化系统，可实现煤气的产生预测、消耗预测及平衡调度。但有部分中小企业，能源管理处于初级阶段，仍采用手工抄报、简单统计和电话调度等传统方式，仅实现了部分能源数据的采集与监视，难以支撑企业实现系统性的节能降耗。

2. 大部分钢铁企业能源决策功能缺失

受限于能源计量点位不完善、计量仪表数据不准确，覆盖全介质、全工序的能源产生预测、消耗预测、优化调度等功能不完善，能源决策仍依赖人工经验。5G、人工智能、大数据等先进技术在能源决策优化领域仍处于研发及试点应用阶段，尚未在钢铁行业实现大面积推广。

3. 能源计划与生产计划协同性不足

当前，能源管理系统主要是针对生产运行过程中的能源利用进行实时监测、集中控制和统一管理，其第一要务是保证生产稳定运行，而钢铁企业在制定生产计划时，往往很少考虑到能源利用的经济性。

4. 低碳管控平台处于规划阶段

低碳管控平台有助于企业提高碳排放管理效率、改进碳排放报告编制、满足政府核查要求以及分析改善碳排放水平。目前，针对钢铁企业节能低碳指标体系高效利用的碳排放管理数据平台的创建相关研究十分有限，少量已有的碳排放管理平台也存在无法实现全工序碳排放数据准确自动实时采集、难以智能预判企业碳排放潜力空间等问题。

随着钢铁行业对能源环保、碳排放管控要求的不断提高，钢铁企业亟须对现有系统进行智能化升级改造，关键点在重点装置管控、区域智能优化、系统全局优化和能源与环境协同优化、各工艺线工序节能项目的方面，以实现对重点用能设备精细化的能源管控，对能源与环保系统实现协调管控，促进各工艺线精细化节能生产。

四、钢铁绿色智能制造应用实践

目前全球正逐步迈向低碳经济转型阶段，世界各国都非常重视低碳发展，纷纷利用先进技术赋能钢铁工业绿色低碳发展，运用智能化手段在钢铁行业减碳、无碳、去碳方面开展深入探索应用。国外钢铁企业相较于国内企业来说，绿色低碳发展起步较早，通过大数据分析、人工智能及低碳技术的应用带来了质量提升、生产效率提升、经营管理水平提升与能源高效利用，从而实现低碳发展的目标。

（一）国外案例

1. 日本制铁

为应对全球气候变暖，2013 年日本开始推行《低碳社会行动计划》。日本制铁积极参与《低碳社会行动计划》，并提出了到 2030 年实现二氧化碳排放比 2013 年减少 30%；到 2050 年向零碳钢铁挑战实现碳中和的愿景[8]。旨在通过生态工艺、生态产品、生态解决方案、开发创新技术实现碳减排目标，充分运用高炉数字模型、精炼模型解析技术构建高生产效率体制实现碳减排，运用数字化技术革新生产流程和业务流程提高效率、提升决策能力实现碳减排[9]。

（1）运用高炉数字模型实现碳减排。在钢铁工业中，大约 70% 的 CO_2 排放是在高炉炼铁过程中产生的，炼铁工序的碳减排工作尤为重要。日本制铁通过炼铁大数据管理平台将配料、布料、喷煤、送风、冷却、渣铁等各个工序的数据进行清洗、匹配和存储；利用布料仿真、风口回旋区、多流体仿真等机理数学模型，采用机器学习、优化算法建立的驱动模型，将专家经验规则进行数字化转换，实现高炉智能化控制。通过高炉数字模型，合理调整高炉内气体流量、固体流量、液体流量、炉料分布等基本因素，提高反应效率，降低了焦炭等还原剂的比例，减少了能源消耗，利用智能化手段实现了碳减排。

（2）运用精炼反应解析技术实现碳减排。炼钢流程一般包括转炉、精炼和连铸流程，为应对全球竞争、钢材产品需求变化和高端钢材生产需求，日本制铁不断推进炼钢技术的进步。日本制铁在精炼操作室合并实现少人化数字控制的基础上，利用计算模型的精炼反应解析技术，准确预测钢水精炼时的终点温度、成分分析，使控制精度接近专家操作水平，提升了高等级钢材稳定生产，有效减少钢渣排放量、二氧化碳气体排放量和废气粉尘含量，实现了碳减排。

（3）通过产业链高效协同实现碳减排。日本制铁作为一总部多基地的全球管理者，致力于利用大数据、工业互联网和数字技术构建经营管理和决策管理的综合数据平台，形成及时响应全球客户的最优综合生产计划平台，利用创新能力提高钢铁管理运行效率、整个产业链的协同效率，从而实现碳减排。

2. 韩国浦项制铁

韩国浦项钢铁制定了碳中和的短期、中期和长期目标。到 2030 年二氧化碳减排 20%，到 2040 年二氧化碳减排 50%，到 2050 年实现碳中和。浦项钢铁实现碳中和的路径主要包括以智能化、部分氢还原、废钢（低铁水比）、CCUS、氢基炼钢等创新技术为代表的绿色工艺，以环保产品开发设计为代表的绿色产品，以国内外合作为代表的绿色伙伴这三种方式[10]。通过智能化手段优化原料结构、合理化运营，从而提高生产效率、能源利用率，进而在减少碳排放、实现绿色工艺方面起着重要作用。

近年来，浦项加快智能工厂建设工作的推进速度，启动了覆盖全面的基础设施、IT 设备、管控设施、消防设施、防震设施的智能数据中心的建设，该中心作为"智能工厂"的控制塔，发挥着极其重要的作用。同时，打造了智能工厂平台 PosFrame，利用人工智能、大数据分析等技术在智能订单处理、智能炼铁系统、智能炼钢工序控制、连铸工序缺陷预测、厚板轧制工序平整度自动控制、连续热镀锌工序的智能表面处理等取得了显著的效果。实现了精细化管理，有效地提升了生产和经营管理效率，节约了原燃辅料和能源消耗，保障了产品质量，减少了吨钢碳排放量，逐步实现减碳降耗的目标。

（1）智能订单处理。借助"智能任务"工具，运用人工智能的自学习对之前数据进行分析，平台自动组织、整合小批量订单，将人工需要 12h 的订单处理压缩为 1h，大大提高了经营管理效率。

（2）智能炼铁系统。运用人工智能的深度学习和优化设计的特征，对高炉内通风情况、铁水温度、炼铁原燃料用量进行数据分析和自动控制，实现了炼铁专家化，降低了原燃用料、能源消耗及成本，提高了生产效率和经营管理效率。

（3）智能炼钢综合控制系统。运用人工智能深度学习和优化设计的特征，对转炉到连铸生产过程中温度、成分、辅料用量、到站时间进行实时评估、数据分析和精准控制，缩短了连续生产的时间，节省了原料用料、能源消耗及成本，提高了生产效率和经营管理效率。

（4）连铸工序缺陷预测。运用人工智能深度学习和预测的特征，通过对以往缺陷材料大数据的分析，预测目标缺陷材料，缩减了检查时间，提高了筛检效率和准确率，提高了经营管理效率。

（5）连续热镀锌智能表面处理。运用人工智能深度学习和优化设计的特征，通过对热处理后的板卷进行钢种、板厚、宽度、操作条件和目标图层重量匹配，自动控制镀锌涂层重量，节约了镀锌材料，实现了精准涂镀，提高了生产效率和经营管理效率。

（二）国内案例

近年来，中国钢铁企业高度重视绿色智能制造应用实践。2020年9月22日，国家主席习近平在第七十五届联合国大会一般性辩论上发表重要讲话："中国将提高国家自主贡献力度，采取更加有力的政策和措施，二氧化碳排放力争于2030年前达到峰值，努力争取2060年前实现碳中和。"以中国宝武、河钢集团等为首的各大钢铁企业纷纷制定绿色低碳发展路线图，力争在新一轮的科技革命和产业革命中抢占先机，引领行业高质量发展。

1. 中国宝武

作为全球粗钢产量最大的钢铁企业，中国宝武贯彻新发展理念，加快技术创新，坚定不移走生态优先、绿色低碳的高质量发展道路，率先按下绿色低碳发展的"快进键"，提出"碳达峰、碳中和"时间表：2021年发布低碳冶金路线图，2023年力争实现"碳达峰"，2025年具备减碳30%工艺技术能力，2035年力争减碳30%，2050年力争实现"碳中和"[11]。

（1）构建绿色发展钢铁生态圈。2019年10月，中国宝武在墨西哥蒙特雷市举行的世界钢协执行理事会上发出倡议，成立"全球绿色低碳冶金联盟"。为此，中国宝武成立低碳冶金创新中心，建立低碳冶金创新基金，努力构建绿色发展钢铁生态圈。

（2）加强科技创新，促进绿色低碳发展。通过对关键核心技术攻坚克难，实现从末端治理向源头减排转变，过程减碳向生态设计转变。如欧冶炉（COREX-3000）是目前世界最大的非高炉炼铁工艺装备，八一钢铁以探索区域资源利用效率最大化和低碳冶金技术为目标，自主研发三段式高效冶炼技术、气化炉拱顶干煤粉造气技术等，总体达到世界领先水平。通过调整优化入炉原燃料结构和返矿资源的全利用，开创欧冶炉与高炉生产协同发展炼铁技术新模式，大幅降低焦炭用比和运行成本，经第三方认证每年可降低 CO_2 排放近 20 万吨。

（3）持续开展钢铁过程节能环保技术创新。中国宝武积极推进钢铁副产资源再生利用，减少相关产业对自然资源的消耗，进而减少碳排放。全面策划"绿色城市钢厂建设"行动方案，开发烧结活性炭烟气净化技术、焦炉钠基 SDA 脱硫+中低温 SCR 脱硝技术、大气污染物特征及治理技术、钢铁企业全厂废水零排放示范项目、转底炉固废协同资源化利用集成技术、钢渣高效清洁处理及沥青路面材料关键技术，实现废气超低排、废水零排放、固废不出厂，提升中国宝武生态环保的本质化水平；优化能源结构，从源头上实现减排，开发钢铁多流耦合分布式能源技术，从"源—网—荷—储"四个维度开展钢铁多流耦合分布式能源系统架构设计，形成"多能互补、数据驱动、网储一体、源荷交互、区域平衡、极限能效"，实施钢铁多流耦合分布式能源系统架构的技术策略；为系统评价"三治四化"效果，2019 年，中国宝武研究制定绿色城市钢厂评价指标体系，并基于此加强对标找差，挖掘潜力，持续提升绿色发展能力。

为引领钢铁行业绿色发展，利用全生命周期评价方法与下游行业协同开展钢铁产品生态设计，持续开发高强、轻质、耐磨、耐蚀等高品质钢铁产品，引导绿色消费，促进构建低碳产业链；同时向钢铁及其他行业推广先进节能减排工艺、装备、技术与管理经验，促进全社会节能减耗与减碳。

（4）智慧制造助力生产运营绿色化。中国宝武将加大资金投入，不断创新智慧制造技术与应用场景。深挖大数据应用潜力，推动工序互联共享，减少中间环节，助力资源能源高效利用，减少生产过程碳排放。例如，"设备故障诊断"实现了生产过程中在线监测设备运行情况，提前预警设备故障，提高寿命预测的准确率，减轻了运维人员点检工作量，点检效率提升 80%以上，已经被列入工业和信息化部发布 5G+工业互联网 10 个典型应用场景之一。

2. 河钢集团

河钢集团秉持"人、钢铁、环境和谐共生"理念，积极推进"绿色"引领战略，在绿色发展方面累计投资超过 200 亿元，取得了丰硕成果。同时，河钢积极探索低碳技术及发展路径，致力于由"绿色制造"向"制造绿色"转变，争做"绿色发展"领跑者[12]。

（1）技术创新能力不断提升。河钢集团的技术创新能力体现在以下几个方面：

一是烟气污染物超低排放。"十三五"期间，河钢联合科研院校，依托国家重点研发项目，研发了钢铁行业多工序多污染物超低排放控制技术，形成覆盖钢铁行业全流程、全过程的超低排放控制技术体系，主要能源环保指标均居行业领先水平。

二是能源梯级循环利用。2020年，河钢仅余热余能余压自发电总量就达10^{10}kW·h，核心企业自发电比例超过65%。新建的唐钢新区构建了全流程能源转换体系，自发电比例将达到90%，最大程度减少工艺过程中的能源浪费。

三是水资源实现高效利用。河钢凭借"城市中水替代地表水、深井水作为钢铁生产唯一水源"，获得世界钢铁工业可持续发展卓越奖，也是国内唯一获奖的钢铁企业。水重复利用率超过98.5%，吨钢耗新水2.29m³，居行业先进水平。河钢唐钢将城市中水作为唯一补充水源，工艺废水实现零排放，每年可节约深井水和地表水约2450万立方米。

四是钢铁副产物资源综合利用。河钢各子公司实现除尘灰、轧钢铁皮、钢渣水渣等的全回收和再利用；矿山实施井下填充采矿法，减少尾矿露天堆存；河钢被国家发展改革委确认为资源综合利用"双百工程"首批企业。

（2）低碳技术及产业化探索。低碳技术及产业化探索实践有以下几个方面：

一是布局氢能产业。河钢首座加氢示范站已于2020年8月建成投运，为推动河北省氢能汽车运输体系发展及公共交通运输行业碳减排作出了贡献。"十四五"期间，河钢将大力发展氢能产业，率先实施氢能技术研发和产业化应用，引领行业能源革命。

二是氢能技术研发和产业化应用。河钢与意大利特诺恩公司合作，利用河北张家口地区丰富的分布式能源优势，在张家口宣化地区率先启动全球首例富氢气体直接还原示范工程建设。项目从分布式绿色能源利用、低成本制氢、氢气直接还原、CO_2脱除等全流程和全过程进行创新研发，探索世界钢铁工业发展低碳，甚至零碳经济的最佳途径。

三是转型升级和布局区位调整。河钢积极落实河北省委省政府对钢铁工业结构调整和转型升级的要求，建设唐钢新区、张宣高科、石钢新区，为钢铁行业在流程变革、区位调整、转型升级方面提供新路径。唐钢新区推动装备大型化、智能化和绿色化，达到全流程工艺的碳减排。石钢新区打造新一代绿色低碳短流程电炉钢厂，实现工艺源头降碳。通过转型升级改造，建设张宣高科基地，打造高端装备核心零部件制造和氢冶金示范基地。

四是成立世界钢铁发展研究院。2020 年，由北京科技大学、河钢集团联合国内外十家单位在北京发起成立世界钢铁发展研究院。世界钢铁发展研究院将在世界钢协的支持下，携手国内外钢铁行业相关企业、科研院所和学会协会，以绿色化、智能化为主题，研究前沿低碳技术（包括 CCUS、氢气直接还原铁、钢渣处理及循环利用以及铁矿石块矿的使用率提升等），探讨未来钢铁工业可持续发展之路，致力于构建钢铁与人类社会、自然环境和谐共生的产业生态圈。

3. 建龙集团

建龙集团始终坚持低碳发展理念，用尽可能低的消耗和排放生产质量可靠、绿色环保产品。同时，积极探索与自然、社会的和谐共赢，倡导全行业和全社会的低碳可持续发展[13]。

（1）推进节能减排。近三年来，建龙集团积极实施能源环保升级改造，共实施升级改造和新建项目 100 余项，累计投资超过 90 亿元；同时积极开展冶金行业绿色发展研究，推动节能环保新技术及固废综合利用的研究及应用等，节能减排效果显著。

（2）加强技术创新。建龙集团尤为重视科技创新，近年来在节能减排、绿色低碳技术的研发上持续加大投入力度。

一是联合北京科技大学、辽宁科技大学、中钢集团鞍山热能研究院和唐钢国际等大学和科研院所，在借鉴国内外众多非高炉炼铁技术的基础上，开发出了富氢熔融还原的赛思普（CISP）新工艺。该工艺取消了传统高炉必不可少的烧结和焦化等工序，可实现二氧化硫和氮氧化物排放量减少 38%，粉尘排放量减少 89%，且没有二噁英、酚氰废水等污染物排放；赛思普工艺第一阶段设计年用氢 1 万吨，可减少 CO_2 排放 11.2 万吨/a。

二是创新研发"钢铁全流程智能燃烧技术开发与应用"，首次提出了钢铁全流程智能燃烧系统控制及管理方法论；首次开发了数据中心收集钢铁全流程数据；建立了基于窑炉机理和不同工况历史数据的空燃比模型；开发了基于钢铁全流程的煤气复盘分析与预警系统，首次开发了钢铁全流程智能燃烧管理平台，使工业炉窑达到了精益管控。其中，抚顺新钢铁先后完成了加热炉、竖炉、热风炉、点火炉等 17 座炉窑的智能燃烧系统并投入运行，综合降耗效果在 5%～21%，最好效果达到 21.76%。

三是着力加强固废资源综合利用的研究与应用。例如，建龙西林钢铁通过对钢渣基本性质的全面系统分析，成功将钢渣应用于道路铺设，实现了钢渣的资源化、无害化处理；建龙集团旗下矿业公司利用矿山尾渣研发并生产出微晶发泡板材、无机保温材料、新型墙体材料等建筑材料。

（3）推动产城融合。建龙集团积极推进产城融合，助力城市低碳发展，在余热供暖、消纳城市中水和污水等方面效果显著。余热供暖累计投入 5.76 亿元，实施余热供暖公司 10 家，余热供暖面积 1361.8 万平方米，余热供暖户数达到 17 万户，年供应城市热水 15 万立方米，年消纳处置城市中水 386 万立方米。

（4）加强科研合作。建龙集团重视加强与国内一流科研院所的合作，共同研发低碳技术、绿色产品。

抚顺新钢铁与东北大学共建"建龙集团—东北大学绿色智能化钢铁技术联合创新中心"，依托企业需求，在铁前、炼钢、新材料与新产品、绿色减排新技术、智能监控与智能制造等领域共同进行技术研发。

吕梁建龙与北京科技大学联合成立了"低碳智能炼铁技术创新中心"，在低碳技术研发、智能制造等领域开展全方位合作。

4. 德龙集团

德龙集团提出建设绿色智能德龙的目标，与冶金规划院签订合作协议，共同打造基于新一代信息技术的绿色智能制造系统，实现德龙集团向绿色智能制造的转型升级。助力钢铁企业绿色化与智能化，实现了节能降耗减排及质量、效率、效益提升，成本降低。

（1）基于"绿色+智能"的设计理念。"绿色+智能"的设计理念贯穿了德龙生产全过程，产品全生命周期和工厂全要素。通过绿色化智能化手段，达到钢铁企业与环境和谐共存，使得企业经济效益和社会效益协调优化。

在制造方面，通过采购配料一体化优化、面向全流程的计划与排程，基于人工智能的智能烧炉系统，面向基于"市场预测+订单驱动"的生产组织模式及全流程质量闭环管控等手段，实现了减量化生产，提供有效供给，实现资源的优化配置，提高了资源利用率。

在园区方面，通过无组织排放数字孪生系统，实现了厂区无组织排放的管控治一体化；智慧能源管理系统实现了能源管理的可视化、精细化，实现了节能降耗优化，使德龙园区成为智能绿色园区。

在物流方面，通过基于互联网的物流平台，实现了物流的集约共享模式，大大提高了企业效益与社会效益。

（2）基于不同工序间操作、原料与工况相互影响的耦合关联模型。德龙集团建立了以下三个系统：

一是建立铁前采购配料一体化优化系统。铁前烧结、炼铁都涉及配料问题，属于高度耦合工序，高炉炼铁需要用到烧结工序生成的烧结矿，配料优化方案如果仅考虑单个工序，最终并不一定是最优的，所以要统筹考虑烧结、炼铁工序，并据配料方案给出优化的采购方案。一体化配料优化系统通过运筹学算法，综合考虑烧结、高炉工序生产的工艺要求，在满足化学成分约束、物料守恒、热平衡等条件下，基于市场上各原材料的可获得性与性价比，以采购成本最小或质量最优等多种可选择的优化目标，计算得出各个原材料配比与需求量，给出烧结、高炉配料优化方案及采购方案建议。据德龙统计，仅此系统使德龙集团年节约采购成本 1.5 亿元。

二是建立面向钢铁全流程的计划排程系统。钢铁长流程生产通常包含烧结、炼铁、炼钢、连铸、热轧、冷轧等多个关联工序的流程型的复杂过程，每道生产工序均有特定的工艺约束和优化目标。计划排程是钢铁生产管理的核心和关键，需要在满足交期的情况下，实现各工序之间衔接有序，实现产能最大利用率，并且提高热送热装率，减少能量放散。系统中的高级计划排程通过工厂模型、库存替代模型、有限能力排程模型、坯料设计模型和订单组批模型，通过能力计划、订单计划、批量计划和实时调度四级计划体系，实现了各工序统筹考虑的计划体系，实现了多工序耦合模型的开发。本系统使德龙集团年降低生产成本 0.5 亿元。

三是建立基于人工智能技术的烧炉辅助控制系统。基于人工智能技术的烧炉辅助控制系统是基于物理数学模型和先进控制算法，克服加热炉的大滞后特性，克服给料繁杂、煤气压力热值波动、轧制节奏变化等复杂扰动，动态优化出钢温度、炉内气氛（空燃比）、炉压/排烟温度，实现了加热炉的最佳运行工况，统筹考虑炼钢工序、加热工序与轧钢工序间的耦合关系。该系统的实施，使吨钢煤气消耗降低5%~10%、氧化烧损降低10%~20%、烟尘与硫化物排放降低5%~10%、氮氧化物排放降低7%~14%。

（3）基于数字孪生技术的全厂环境管控一体化系统。无组织排放是钢铁企业治理的重点和难点，通常无组织排放源数量多、分布广，污染扩散相互影响和干扰，且与生产过程关系紧密，阵发性强，污染排放强度大，对大气环境质量的影响非常显著。

德龙集团将数字孪生技术用于工厂无组织排放管理，能够帮助企业优化生产工艺流程和作业方式，消除人工管理无组织排放问题存在的惰性失误、评价不公、反馈周期长等一系列弊端，提升企业内部管理成效，减少无组织排放源强度；同时协助企业梳理无组织排放源清单，做到点对点精细化过程管控，并且综合各点管控治形成全厂无组织系统化管理平台，实现无组织排放的"有组织化"集中管控。其中采用以下创新应用：

1）设备智能联动。现场治理设备根据现场采集的污染数据、实时图像、红外传感器数据、雷达数据等通过平台的云计算模型，将计算结果反馈给现场设备进行智能联动，实现治理设备的全自动控制。例如，料场大棚智能联动系统，通过视觉识别系统实现了污染精确定位除尘；浓度检测系统实现实时联动触发除尘系统，降低了排放管控成本。

2）环保车辆智能调度。根据环境监测数据结合空间插值算法，在发生污染超标的情况下，通过动态车辆调度算法，智能地调度附近符合条件的环保车辆前往现场进行清扫作业。

3）污染排放自动监测预警。通过视觉深度机器学习算法，实现污染画面学习，进行分析、预测与报警。

4）违规行为识别。基于视频和图像识别技术，实时对车辆的违规行为（未清洗车辆、遮挡车牌、未盖毡布等）进行预警，并在系统集中展示。

第二节 钢铁绿色智能制造发展方向

一、钢铁绿色智能制造趋势展望

"十四五"是中国由全面建成小康社会向基本实现社会主义现代化迈进

的关键时期，也是实现科技自立自强的重要阶段。相对于工业发达国家，中国钢铁行业智能转型环境更为复杂，任务更加艰巨，需要勇闯"深水区""无人区"，走自主研发之路。"十四五"时期，钢铁智能制造应紧抓"新基建""双碳"战略机遇，充分利用 5G、工业互联网、人工智能、区块链等先进技术，在企业绿色智能制造发展、行业数字化转型、公共服务能力提升等方面加大推进力度，冲刺"钢铁强国"新阶段。

（一）数字化转型大势所趋

习近平总书记指出，要实施国家大数据战略，加快建设数字中国。十九届五中全会通过的《中共中央关于制定国民经济和社会发展第十四个五年规划和二〇三五年远景目标的建议》中再次强调：要"加快数字化发展。发展数字经济，推进数字产业化和产业数字化，推动数字经济和实体经济深度融合，打造具有国际竞争力的数字产业集群。""十四五"期间，钢铁企业将进一步深入贯彻习近平总书记关于"要推进互联网、大数据、人工智能同实体经济深度融合，做大做强数字经济"的重要指示。

（二）数字化转型技术日趋成熟

1.5G 与工业互联网

5G 与工业互联网融合促进通用型应用发展。通用型应用主要包括 5G 与工业 AR/VR、超高清视频、无人机、机器人等领域的结合，国内已取得的示范性应用成果包括信息监测、视频回传类业务（如工业 AR/VR 巡检、无人机巡检、机器人巡检、超高清视频监控等）和物流类业务（如采用 AGV 完成的物料配送、仓储物流业务等）。典型 5G+工业互联网的应用场景有智慧工厂、机器视觉、远程运维、远程控制等。智慧工厂利用 5G 技术，在工厂内可以实现全生产要素、全流程互联互通，实现工厂全生产要素全生命周期的实时数据跟踪，实现全连接工厂实时生产优化；机器视觉利用 5G 实现检测数据快速传输，结合超高清视频对材料的缺损、拼缝缝隙等进行监控，通过人工智能对不同检测案例的训练实现产品的智能化检测；远程运维，万物互联可同步感知虚拟世界和现实世界，利用 VR/AR 使得体验不再受时间和空间的限制，实现远程专家和一线运维人员同时在现场；远程控制，5G 以其大带宽、低时延特性实现工程机械远程操控，不但能改善操作人员的工作环境，还能有效保障操作人员安全，助力企业生产施工的降本增效。

2. 人工智能

人工智能技术近年来发展迅猛，在生产生活的方方面面都有人工智能技术的应用。人工智能技术将在钢铁行业原料过程控制、高炉过程控制、炼钢过程控制、连铸过程控制、轧钢过程控制、产品研发设计、生产计划和调度、物流管控等方面有更广泛应用，尤其在一些半结构或非结构，难以进行数学建模的领域，人工智能技术与原有的技术相结合，取得了非常好的效果，对钢铁行业自动化生产产生了巨大的推动作用。人工智能的广泛应用将为钢铁行业带来巨大的经济效益。

3. 机器视觉

机器视觉通过使用光学系统、工业数字相机和图像处理工具，来模拟人的视觉能力，通过图像处理软件做出相应的决策，最终通过指挥某种特定的装置执行这些决策，将计算机的快速性、可重复性与人眼视觉的高度智能化和抽象能力相结合。典型的机器视觉系统包括图像采集部分（光源、镜头、工业相机、图像采集卡）、图像处理部分（图像处理软件）、监视器、通信/输入输出单元。目前机器视觉技术在矿山、烧结、高炉炼铁、转炉炼钢、连铸、轧制工序中都有应用场景。未来，机器视觉在钢铁行业的应用，将实现从"检"到"控"的转变。通过视觉检测得到的质量信息，智能分析缺陷产生原因，快速实现带钢生产工艺调整，有效提高生产效率和控制产品质量，实现质量检测系统从"检"到"控"的转变，实现机器视觉技术与钢铁业的融合。同时，随着中国钢铁工业转型升级加快，对智能化、信息化、自动化的要求进一步提高，机器视觉系统和生产自动化系统将进一步集成。机器视觉技术在钢铁工业的应用将趋于成熟，应用范围也更广，除了在钢铁生产流程各工序，还将应用于坯料库、成品库、冷床等管理方面，不仅实现钢铁生产方式的创新，还将实现生产管理的模式创新。

4. 数字孪生

数字孪生是物理实体与其数字虚体之间精确映射的孪生关系。其概念在不断发展与演变中，随着智能制造等概念的推进，数字孪生已成为智能制造的通用技术。数字孪生是在"数字化，一切可以数字化的事物"大背景下，通过软件定义，在数字虚体空间中所创建的虚拟事物，与物理实体空间中的现实事物形成了在形、态、质地、行为和发展规律上都极为相似的虚实精确映射，让物理孪生体与数字孪生体具有了多元化映射关系，具备了不同的保真度。数字孪生不但持续发生在物理孪生体全生命周期中，而且数字孪生体会超越物理孪生体生命周期，在赛博空间持久存续。充分利用数字孪生可在智能制造中孕育出大量新技术和新模式，推动智能制造和工业互联网的应用与发展。

（三）生产运营更加智能化

1. 标准先行

中国将全面开展钢铁企业两化融合管理体系贯标和评定工作，推进钢铁智能制造标准化工作，持续提升贯标广度和深度；不断优化"智能制造评估评价公共服务平台"，广泛开展智能制造水平摸底；积极推动构建评估服务体系，引导企业依据标准评估自身短板，合理开展智能化改造提升；开发标准实施的配套指南，聚焦钢铁行业智能化转型的突出问题和明显短板，提出最优路径，提供智能化转型升级的最佳解决方案。

2. 夯实基础

支持钢铁企业优化完善基础自动化和过程自动化，实现深度感知、精准控制和工序界面间高效协同。重点在环境恶劣、安全风险大、操作一致性高等钢铁制造场景，大力推广机器人。鼓励优势钢铁企业建设关键装备智能检测体系，开展故障预测、自动诊断系统等远程运维新服务。采用5G、物联网等先进技术，提升系统互联能力，实现智能装备系统间的数据共享。

3. 集成应用

通过对钢铁生产的人、机、料、法、环全要素以及研发设计、采购供应、生产制造、物流管理全价值链的全面互联，完成设备、工序、产线、工厂的纵向集成以及研发、生产、物流、购销、服务的横向贯通，搭建集生产、能源、物流、维检、安环等多业务协同的智慧集中管理中心。

4. 精准决策

目前已有70%的企业可实现数据在企业内部的共享，31%的企业可实现数据的跨业务共享，16%的企业建立了数据编码、交换格式和集成要求等规则，开始对数据进行标准化和数据治理，16%的企业建立了企业级大数据平台，13%的企业基于模型分析和应用数据，驱动生产环节的业务优化。随着新一代信息技术在制造业的深度应用，生产制造过程数据倍增，系统地挖掘分析生产制造数据，将数据转化为知识、知识转化为决策，基于数据驱动的制造是实现智能化的必要前提。

（四）产业生态更具有活力

基于搭建钢铁产业生态圈的理念，主要打造和完善以交易、物流、金融为典型代表的生态圈应用。

交易服务：打造基于钢铁行业全品类、全流程、全区域、全场景的第三方交易服务平台，实现产业链全流程贯通，促进供需高效匹配以及与产业端的高效融合。

物流服务：基于区块链、物联网、大数据、人工智能等信息化技术，为钢铁企业和终端用户提供最优路线、最低成本、最优配置、最快速度的物流服务，提供物流信息的全程跟踪监控服务和质量异议处理协同。

金融服务：加强供应链金融服务场景的深度应用，构建多维度、数据化、智能化风控体系，提供征信和增信服务，助力中小企业高效对接资金端，解决中小企业融资难、融资贵和融资慢问题，助推高质量金融生态圈建设。

同时，进一步打通钢铁全产业链，汇聚钢铁生产企业、下游用户、物流配送商、贸易商、科研院校、金融机构等各类资源，共同经营，提升效率。支持有条件的钢铁企业在汽车、船舶、家电等重点行业，以互联网订单为基础，满足客户多品种、小批量的个性化需求。钢铁企业与上下游产业链共享要素和资源，产业界面将更加融合，将形成极具活力和竞争力的产业生态圈。上、中、下游产业智慧协同，精准衔接，培育多维要素资源配置更优化、更高效的钢铁产业生态圈。

（五）低碳转型已迫在眉睫

钢铁行业是中国实现二氧化碳排放达峰关键领域之一。中国钢铁行业经过70多年的努力，特别是改革开放后40多年的快速发展，实现了规模引领世界，绿色发展领先世界，技术创新领跑世界；同时，供给侧改革为世界钢铁贡献了中国智慧和中国方案，体现了中国担当。"十四五"是中国开启全面建设社会主义现代化国家新征程的第一个五年，是落实国家自主贡献的关键期，也是钢铁行业实现低碳发展的重要窗口期。

基于钢铁全生命周期理念，信息技术与先进节能环保技术的结合更紧密，节能、环保、安全领域管控更智能化，钢铁制造更绿色。能够实现产品从设计、生产、应用到回收的闭环追溯，优质、高强、长寿命、可循环的绿色钢铁将引领材料应用的低碳化发展，钢铁材料可循环利用的特点和优势进一步得到体现。

（六）生态环保与城市共融

中国重点钢铁企业近70%建于城市之中，随着生态环境和与城市发展不相融等约束越发突出。钢铁企业面临整体布局调整、城市钢厂或将面临搬迁压力。但是钢铁企业是重资产企业，搬迁成本大，且搬迁后企业生产经营压力也会明显加剧。对于城市钢厂不能简单"一刀切"，都选择搬迁一条出路。尤其是，对其中一批极具竞争力的代表钢铁工业水平和发展方向的钢铁企业，不分青红皂白地搬迁，更是一种短视行为。钢铁企业本身就是一座城市，完全可以绿色发展，与城市共融发展，从而成为城市的靓丽名片，让城市更美好。未来，钢铁将和自然融为一体，卫星图上不再有烟雾笼罩的生产场景，取而代之的是充满个性化元素"硬"线条的工业景观，充满现代艺术气息的工业建筑与绿树红花交相辉映的公园式厂区将成为独特风景线。钢铁将成为智慧城市的有机组成部分，由依托城市发展转变为服务城市生活，成为智慧城市的综合服务体，使城市生活更加美好。新一代智能信息、网络技术将使节能环保更富有智慧，钢铁将是城市人民居住环境建设的贡献者，是城市生态循环发展不可缺少的创造者。钢铁将是自然生态的保护者、修复者、服务者，将深度融入人们生活，融入城市发展，融入自然保护，使钢铁、人、自然更加和谐。

二、钢铁绿色智能制造重点发展领域

（一）燃气平衡预测与调度

1. 概述

煤气是钢铁企业优质的气体燃料，具有热效率高、燃烧易控制等优点，在生产系统中应用广泛。实际生产过程中，由于生产计划、检修计划以及其他因素的动态变化，各种煤气的生产与消耗量也不断波动，煤气系统在较短时间内表现为不平衡状态；而煤气柜的容量、调节速度、管网压力范围等因素又制约了煤气系统本身的缓冲调节能力，因此会造成煤气利用不充分、效率低，甚至放散。

煤气调度就是在保证煤气质量和数量的基础上，通过动态调整优化从煤气柜到煤气混合站、动力车间各种煤气的供应量，调节外购能源的使用量，有效避免煤气不足或过剩的状况，使得煤气管网压力相对稳定，并减少煤气放散和消耗量，提高煤气利用效率，从而降低其他购进燃料如天然气的使用。

2. 需求分析

钢铁企业副产煤气具有自身产生、消耗不稳定的特点，目前钢铁企业的煤气调度主要基于人工经验计算完成，在问题规模、精细粒度、约束条件、优化程度等方面存在很大的局限性，通过人工经验对煤气进行调度很难实现全局的最优化。运用数学模型对钢铁企业煤气系统进行调度优化，对降低企业的能源消耗成本和生产制造成本具有重要意义[14]。

3. 解决方案

建设燃气（煤气）平衡预测与调度系统，在保证生产稳定顺行的前提下，尽可能降低煤气系统成本，减少外购能源的使用，增加发电量；减少煤气放散，防止环境污染和能源浪费；保持煤气柜中煤气量的稳定，防止设备的损耗，减少煤气放散和不足的风险；保持锅炉等设备的操作稳定，减少设备的损耗，降低维护成本。

（1）煤气产生、消耗与存储预测。煤气产生预测是对钢铁企业最为常用的焦炉煤气、高炉煤气、转炉煤气进行动态建模，以化学平衡及热力学平衡为指导，结合统计学原理、神经网络模型以及机器学习算法构建关联推算模型，预测未来相同工况下单位时间内的煤气生产量。所有预测通过与实绩数据进行比对，准确率可以达到90%以上，既实现了对煤气实绩的监测，也准确预测了未来煤气的生产情况，为调度平衡和生产安全提供强有力的保障。

煤气消耗预测是对钢铁企业的主要生产工序和辅助工序的煤气消耗进行建模，对一定产量及温度下的煤气消耗量进行统计分析，并通过神经网络和机器学习算法构建消耗预测模型。预测未来相同约束条件下的煤气消耗量以及部分设备未来的运行状态，例如热轧加热炉和高炉热风炉的设备状态等，为煤气调度平衡提供基础。

煤气存储预测是对高炉煤气柜、焦炉煤气柜、转炉煤气柜的柜容进行预测。煤气最终的平衡与否都体现在了煤气柜的柜容上，煤气柜柜容的高低与管网压力、煤气产量和煤气消耗量息息相关，因此准确判断分析煤气管网压力也是煤气柜柜容预测的关键。

（2）调度平衡优化。当所有生产、消耗和存储预测准确之后，可以根据未来各个设备生产和消耗煤气的情况，结合企业自身的调度规则、约束条件以及启发式迭代调度算法，输出高炉煤气调度计划、焦炉煤气调度计划、转炉煤气调度计划，调度计划包括需要调节的设备名称、调节时间点、当前耗气量和调节后耗气量。同时，调度人员可以根据实际情况对调度计划进行调整，从而制定一个更加符合实际生产情况的调度计划。

预测系统会根据最终的调度计划，结合之前的预测算法，对煤气柜柜容重新进行预测，并自动判定调度计划是否可行，调度计划下发后，现场操作人员也可以根据计划对调节单元的耗气量进行调整。通过合理的调度计划，可以保证所有煤气柜和管网的正常运行，从而减少设备的损耗，避免煤气泄漏、管网压力过高等事故的发生。

（二）轧钢智能加热炉

1. 概述

轧钢加热炉燃烧燃料需要使用煤气，由于外网压力经常波动，炉内煤气燃烧的程度将直接影响炉内温度、出钢温度、燃烧热效率、氧化烧损率，燃烧控制环节是加热炉控制中最关键的环节之一。智能烧炉系统基于人工智能技术，通过生产工艺模型和先进智能算法，优化煤气压力和热值的波动范围；根据钢坯供料情况动态控制炉内环境和温度，实现精准控制出钢温度，获得更高质量的钢材产品，提高加热炉热效率、产品质量，节约燃气、减少氧化烧损率，以实现加热炉低碳生产的目标。

2. 需求分析

在轧钢工序能耗中，煤气消耗占比超过50%，为了进一步促进企业循环经济的发展，迫切需要降低加热炉煤气单耗，实现节能减排和降本增效[15]。加热炉控制过程中如果频繁出现过氧燃烧和缺氧燃烧，会导致炉压不稳，出现炉膛进出口蹿火现象，空燃比难以维持在最佳状态，不但浪费了煤气，而且影响加热炉的产量，存在钢坯加热质量低、煤气消耗和氧化烧损较高的问题[16]。依靠人工调整加热炉各支管调节阀开口度实现对加热温度控制的方法操作精度差、劳动强度大，无法迅速对煤气热值、压力、流量突然变化等做出响应。在保证生产正常进行的前提下，尽可能地降低钢坯的加热能耗可以使轧钢生产的总能耗得到最大程度的降低，因此优化加热炉的炉温控制和燃烧技术对于钢铁企业的节能降耗、降低生产成本、提高产品质量具有重要的现实意义。

3. 解决方案

智能烧炉控制系统根据工艺要求和实际监测参数对加热炉进行动态控制，对扰动、工况变化等进行全面动态分析，制定最优方案，实现在保证最佳空燃配比的前提下燃料消耗最低、氧化烧损最少。采用智能工艺模型算法优化加热炉的煤气消耗，提高钢坯热送率，降低加热炉煤气消耗。

（1）智能烧炉系统。智能烧炉系统包括：

1）出钢温度控制。出钢温度对于轧线控制、成品性能有重要影响，是加热炉控制的最主要指标。应用入炉温度和钢坯温度融合模型，根据轧制节奏实时调整优化炉膛温度，最终使钢坯达到目标出钢温度。

2）空燃比控制。炉内环境对钢坯煤气能耗、氧化烧损有重大影响，而炉内气氛取决于各加热段的空燃比（助燃空气量与煤气量之比）控制。

3）炉压/排烟温度控制。在钢坯规格确定的前提下，影响氧化烧损的主要因素为加热温度、加热时间和炉内环境。加热温度越高、加热时间越长，氧化烧损越大。因此在确保出钢温度的目标下，要尽可能降低炉温，优化出钢温度；最有利于降低氧化烧损的炉内环境为中性环境，此时炉内氧含量最低，能够减少钢坯的氧化。一般加热炉采用高炉+转炉混合煤气，热值波动大，为了实现快速、精准的环境控制，在入炉煤气总管上安装在线煤气热值分析仪，实时检测入炉煤气的热值，系统能够动态调节炉内环境。

4）待加热优化。出于扩大生产规模的要求，加热炉往往会加快轧制节奏，经常需要待热，炉工操作因不规范造成煤气浪费、氧化烧损增加的现象经常发生。基于钢坯温度环境模型，待热时实时计算出炉内钢坯的温度，提示开轧时间。

5）待轧制优化。轧线经常由于换辊、换班、故障等原因，处于等待轧制状态。此时，炉工"降温—待轧—升温"操作随意性大，造成煤气浪费、氧化烧损增加、脱碳层增厚。针对每种规格的钢坯，建立一个专家系统，在不同预期待轧时间条件下，设定每个加热段最佳的降温幅度、开轧提前升温时间。

（2）智能烧炉系统的应用算法。加热炉系统是一个典型的复杂系统，其过程受随机因素干扰，具有滞后长、变量多、复杂度高的特征。智能烧炉系统采用基于现代数学的先进运筹学算法，实现节能减排目的。

1）预测调整算法。预测调整算法具有控制和调整系统未来动作的功能。对于加热炉，当煤气阀门发生变化导致煤气流量变化时，炉温的变化具有典型的大时滞特性。基于历史运行大数据分析，可以据此标定加热炉的炉温响应"标志"。预测调整算法考虑了以上标志特性，因此响应更快。

2）自适应、自学习算法。自适应算法能够通过自学习自我修正控制参数，以适应加热炉工况的变化，具有自学习、自适应能力，因此达到比传统算法更好的控制效果。

3）模糊控制方法应用。基于模糊理论形成的智能控制算法技术，模拟人脑推理过程，对被控制对象进行判断和决策。用自然语言来描述被控制的系统，利用模糊规则推理进行类似人脑的知识处理，实现对复杂系统的控制。

（三）铁前综合配料优化

1. 概述

焦化、烧结、球团、高炉炼铁、炼钢、轧钢是长流程钢铁生产的主要工艺流程。据统计，钢铁工业的能耗总量占中国能耗消费总量的15%，占中国工业能源消费总量的23%，炼铁阶段能耗占整个钢铁行业总能耗的70%左右[17]。短期内，在氢能炼铁等新型炼铁工艺成熟并推广之前，高炉炼铁仍占有较大比重，并且高炉炼铁阶段在钢铁生产整个流程中碳排放量也比较多。在国家"双碳"目标背景下，通过智能化手段，优化焦化生产中的煤种配比结构、烧结配矿及高炉炉料结构，降低高炉焦比、提高煤比，以达到提高钢铁生产过程中的能源利用率目的，不仅能够降低生产成本，而且能够达到减少碳排放目的。

2. 需求分析

焦炭、烧结矿是高炉炼铁工艺中重要的原燃料。焦炭作为高炉炼铁的重要燃料，一方面随着中国高炉大型化趋势，对焦炭质量要求越来越高；另一方面随着炼焦煤的消耗，优质炼焦煤资源日渐匮乏，同时优质炼焦煤价格逐渐升高，生产成本也随之增加。而通过使用不同成分单种煤进行混合，形成优质配合煤，能够发挥每一单种煤成分作用。通过不同煤种进行混合配煤，提高焦炭质量成为焦化生产较为重要的一个环节。

在钢铁生产的全流程中，烧结矿是高炉炼铁工艺中重要的原料。在炼铁过程中，烧结配料方案的优劣很大程度上决定着铁水成本的高低，因此一个满足冶炼性能要求且性价比高的烧结配料，能够为钢铁企业带来很大的降本效益。

高炉炼铁是通过焦炭、含铁料（烧结矿、球团矿等）和熔剂在高炉内连续生产液态生铁的过程。烧结和高炉是钢铁产品生产的工艺源头，铁水的质量影响钢铁产品质量。在烧结和高炉生产过程中，铁水产出质量的优劣很大程度上是由炼铁原料决定的，如何采购满足工艺需求的高质量铁矿石原料至关重要。

3. 解决方案

借助大数据、人工智能等技术，通过优化焦化煤种配比结构、烧结—高炉配料及喷吹煤配比，提升高炉炼铁需要的原料和燃料的质量，从而降低生产成本，节约能源，减少高炉炼铁过程中的碳排放。

（1）优化焦化煤种配比。配煤是将不同变质程度的炼焦煤，按适当比例配合起来，利用各种煤在性质上的相辅相成，使配合煤的质量满足炼焦生产要求，以制取优质焦炭。配煤是炼焦工艺的一个关键，由于煤炭性质、储量、煤种分布、开采及运输等因素的影响，如何根据不同情况，选择出最佳配煤方案，配合出最理想的入炉原料，是一个值得重视的问题。

炼焦配煤优化问题涉及两个阶段：第一阶段是单种煤成分和混合煤成分之间的关系；第二阶段是混合煤成分与焦炭质量之间的关系。两阶段之间的关系都是非线性的复杂关系，很难用线性的方法进行衡量。在对配合煤成分与焦炭质量之间关系的预测方面，多采用多元线性回归分析和神经网络模型；在对成本进行优化方面，一般以预测模型为基础，采用智能优化算法，计算单种煤的配比，以达到在满足冶金需要的焦炭质量的基础上，降低焦化成本的目的。

（2）烧结—高炉配料优化。烧结配料计算根据原料的物理化学特性、供应量及烧结矿的铁品位、碱度及其他成分要求，按照物质守恒原理建立烧结配料模型，通过计算确定合适的原料配比，使最终烧结矿的化学成分及碱度等要求，在合理的范围内。高炉配料计算根据原燃辅料的物理化学特性、供应量、冶炼参数等条件，确定单位生铁的焦炭、矿石、熔剂消耗和配比。在满足炉渣碱度、四元碱度及铁水成分约束的条件下，制定合理的原料、焦、煤配比计划，使得炉渣流动性良好、熔化温度较低、稳定性良好、铁水成分稳定，铁水成本最低。综合考虑烧结成分约束及高炉约束，将非线性约束转化为线性约束，构建线性规划模型，利用运筹学算法求出铁水成本最低的最优烧结、高炉配比方案。

（四）考虑热送热装率的钢轧一体化计划

1. 概述

相关数据表明，国内钢铁企业的整体余热利用率不足40%，而日本等发达国家的利用率已达到90%左右，中国与日本等发达国家相比仍存在较大差距，而连铸坯热送热装又占据了能源利用的较大部分[18]。在钢铁企业工艺流程中，连铸坯热送热装是将高温连铸坯经火焰切割后，未经落地冷却而直接送至热轧产线后，经加热炉保温，直接上线轧制的工艺流程。据统计，热装与冷装相比，温度每增加 $100℃$，加热炉可以节省 $5\% \sim 6\%$ 燃料，折合耗能 $0.8000 \sim 0.12106kJ/t$，加热炉燃料消耗明显降低。连铸坯热送热装工艺可以在有效提高产品质量同时，改进生产效率，降低加热炉能源消耗和连铸坯的氧化烧损，提高金属收得率，是企业节能减排、降本增效最直接有效的方式方法之一。因此，以提高热送热装率为主要目标的钢轧一体化计划成为提升连铸坯热送热装率的必要手段。

2. 需求分析

钢轧一体化计划是钢铁企业制定生产计划的核心，对生产指标实现、生产资料调配均具有重大的影响。但是，目前钢铁企业在编制一体化计划时存在局限性，这主要体现在：

（1）生产计划的编制主要依赖于人工经验，在问题规模、精细粒度、约束条件、优化程度等方面存在很大的局限性。

（2）计划编制过程中缺少具体化的指标体系作为评估计划结果的依据。

（3）计划编制过程缺少客户运能等相关客户端约束、检修及影响范围等生产端约束、生产现场实时异常信息的综合形象化展示，以及计划编制结果的模拟展示，依靠人工排产极易产生考虑不周的情况。

钢轧一体化计划是以热送热装率为主要目标，通过综合考虑订单池与坯料池数据结构、订单坯型及定尺优化设计、订单批量组合、钢轧生产约束、销售客户约束等方面因素，提高炼钢工艺与热轧工艺的物流效率，达到降低能源耗用的目标。

3. 解决方案

钢铁生产工艺中按板坯送往热轧机的方式及钢坯温度可以分为冷送、温送、热装、直装四种方式。热装和直装方式实现了炼钢和轧钢的一体化连续生产，钢坯经连铸机产生之后，在较短的时间内送往热轧机进行轧制，在加热炉内停留时间较短，一是可以提高生产效率，二是可以节约钢坯加热所消耗的能源，达到节约能源、减少碳排放的目的。但是，一体化连续生产对炼钢计划和轧钢计划的匹配度要求较高，需要形成一个完整的钢轧一体化计划，以提高钢坯的直热装率。

钢轧一体化主要是通过制定钢轧一体化计划，以热送热装率、设备利用率为目标制订炼钢、轧钢的最优生产批量和最优生产顺序，统筹炼钢工序和轧钢工序的生产节奏。鉴于钢铁规模化生产优势和订单小批量、多品种规格趋势之间的矛盾，一个匹配度较好的钢轧一体化计划需要有订单计划、批量计划及生产调度等各个层级的支持。在订单计划层需要将多个客户、多个品种与规格的订单进行合并，并指定炼钢阶段所用坯型及工艺路线，形成生产订单；在批量计划阶段将生产订单进行分拆组合，生产炉次计划、浇次计划、轧制计划，并大致形成各个批量的生产顺序；在生产调度层，需要具体指派每个炉次和批量在设备上的开机时间，以及协调炼钢开浇和轧机开轧时间，以保障生产的稳定顺行，并提升炼钢出坯和轧钢轧制的协调性，提高直热装率。

由于影响生产计划的因素众多，依靠人工经验很难找到一个较优的方案，可以通过传统的规则启发式算法或者智能优化算法进行求解；另外，随着生产及工艺数据的积累，海量数据的存在为基于数据驱动的大数据分析策略奠定基础。一是可以基于工业大数据的深度学习算法对以往较优订单排产及一体化方案的训练学习，归纳出更符合实际的排产调度规则；二是可以对钢铁企业历史月度生产订单数据进行分析，探究订单规律，预测销售订单品种规格，在一体化计划协调中安排生产预期销售较好的品种；三是可以对生产数据进行分析，优化炼钢—连铸各个工序的排产规则中涉及的参数，提高不确定参数的准确度与可靠度，更好地为排产调度规则服务，实现智能化排产的目标。

（五）其他领域

一是建设绿色化数据中心（IDC）。钢铁企业建设 IDC 在土地、能耗指标上具备一定的天然优势，尤其是一线城市土地准入门槛高、能耗指标稀缺，加强数据中心数字化、绿色化设计是引领行业数字化绿色化转型的重要手段。推广新能源技术在 IDC 领域的应用，可再生能源电力系统与数据中心联动建设和协同运行，未来 IDC 更多向可再生能源富集和弃风弃电问题突出地区部署，PUE（能源使用效率）不达标的数据中心也将被禁止开工建设，自然冷却、液体冷却、余热回收利用、分布式储能等绿色先进技术的应用将变得尤为重要。推动数据中心纳入碳排放交易机制，引导企业开展碳排放核算及监控能力建设。

二是搭建上游钢材产品质量可信平台。应用区块链去中心化、公开透明、可追溯等特征，构建基于区块链的钢材产品信用平台，保障"无中心化或多中心化"的数据共享和"不可篡改"的数据安全。下游建材行业可根据平台追溯钢材的生产、物流和使用等各个环节的数据信息，实现对钢材生产过程质量的追溯和控制。

三是采用生命周期评价法设计钢铁行业碳足迹计算器。碳足迹核算方法主要包括投入产出法、生命周期评价法（LCA）、混合生命周期评价法、能源矿物燃料排放量计算、Kaya 碳排放恒等式法、碳计算器法等。其中，生命周期评价法（LCA 法）已成为国际公认的主流碳足迹核算方法，生命周期评价法采用自上而下的计算模型，计算一个产品、一项服务在生命过程中投入和产出对环境的碳排放总量，适用于微观层面的产品和服务碳足迹计算。

四是搭建基于区块链技术的碳足迹体系。区块链是用分布式数据库识别、传播和记载信息的智能化对等网络，具有信息可信度高、去中心化、不可伪造、公开透明、可追溯等特点。借鉴区块链运行原理，构造底层去中心化的碳排放数据流转框架，搭建起分布式网络，让减排信息完全公开透明，通过严密的加密算法对信息安全再加固，开发钢铁行业碳足迹基础数据库，助力钢铁行业碳交易市场快速发展。区块链技术在企业信用评价上的应用如图 6-1 所示。

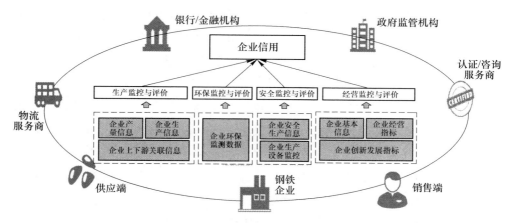

图 6-1　区块链技术在企业信用评价上的应用

五是搭建行业碳排放监测平台。加快大数据、人工智能等新一代信息技术与低碳发展深度融合，构建钢铁行业碳足迹基础数据库，建立钢铁行业碳排放管理数据平台，实时监测碳排放量、及时预警能耗浪费、评价企业竞争力等，实现绿色供应链数字化、可视化管理，大力推进新科技在节能减排方面的应用，助力钢铁行业实现"双碳"目标。

第三节　钢铁绿色智能制造发展建议

针对中国钢铁工业现状，对钢铁绿色智能制造发展建议如下：

（1）坚持新发展理念，做好绿色智能制造顶层设计。钢铁行业要坚定不移地贯彻落实创新、协调、绿色、开放、共享的新发展理念，自觉把新发展理念贯穿行业发展全过程，将"绿色低碳智能发展"作为贯彻新发展理念，推动钢铁行业高质量发展的重要突破口，做好绿色智能制造发展顶层设计，优化绿色智能制造产业布局。

从政府层面来讲，相关政府部门要统筹协调钢铁行业绿色智能制造发展全局性工作，加强顶层设计，提高战略定位，从发展目的、发展动力、发展方法、发展路径、发展底线等多层面出发，认识和把握绿色智能制造发展理念，统筹发展和安全，明确行业绿色智能制造发展路线图，把握好技术革新和产业变革带来的新机遇，为钢铁行业绿色智能制造发展注入新动力，更好推动行业绿色低碳智能化转型，保持钢铁行业健康稳定发展。

从企业层面来讲，钢铁企业要做好规划，充分认识到绿色智能制造在钢铁企业实现高质量发展中的战略地位，明确企业绿色智能制造发展方向，要建立科学的决策机制与流程系统，构建有效的组织管理体系，实现各类要素的有序高效运转。在进行总体规划时，要因地制宜，从经济性、适用性和先进性的角度出发，实现焦化、烧结、炼铁、炼钢、轧钢等各工序的绿色化和智能化，实现产品设计、制造、服务等全生命周期和相应系统的集成优化，提升企业的产品质量、效益和服务水平，实施全流程超低排放，提高清洁运输比例，提高企业绿色智能制造管控水平，减少资源消耗，做实现国家碳达峰、碳中和目标，建设美丽中国的中坚力量。

（2）完善新标准体系，强化绿色智能制造标准引领。推动钢铁行业绿色制造和智能制造融合发展的标准化战略，构建支撑钢铁行业高质量发展的绿色智能制造标准规范体系，充分发挥标准在推进钢铁绿色智能制造发展中的基础性和引导性作用，建立并完善基础共性、互联互通、安全隐私、行业应用等技术标准，建立钢铁行业碳核算方法、碳达峰、碳中和、超低排放、绿色智能化车间应用等标准体系，推动钢铁行业在绿色化智能化转型过程中国家标准、行业标准和团体标准的研制，鼓励业界积极参与国际标准化工作，构建钢铁行业绿色智能制造标准验证平台。鼓励企业积极开展企业内部绿色智能制造标准化体系建设，以标准化思维推动企业技术创新和管理模式创新，以标准促进企业智能化转型升级。强化标准的宣传实施和推广应用，逐步提高行业企业标准化意识。

（3）突破新技术壁垒，增强行业自主创新能力。要强化科技的战略支撑，实施创新驱动发展战略，不断提升核心技术研发能力，实现自主可控、自立自强。钢铁行业在绿色智能制造发展过程中要突破关键信息技术，加大节能环保技术、工艺和装备的研发力度，加快钢铁行业绿色改造升级，积极推行低碳化、循环化和集约化，提高钢铁行业资源利用效率，降低能源消耗和资源浪费。重点突破的关键技术主要包括关键工艺装备智能控制专家系统、智能机器人应用技术、基于物联网的安全管控技术、关键工艺装备在线监测及远程诊断技术、基于大数据的钢铁全流程质量分析与优化技术、基于物质流能量流协同的能源优化调度技术、基于互联网的企业智能排产与资源协同优化技术、智能制造精准控制关键技术、增材制造、煤炭清洁高效燃烧、钢铁多污染物超低排放控制、低碳冶炼技术、氢冶金技术等一系列"卡脖子"技术，要大力发展以可再生资源替代化石资源的工业原料路线。抓好国家层面的重大科技专项、行业共性技术研发、企业层面技术革新三个方面的科技攻关，努力构建高效、清洁、低碳、循环的绿色智能制造体系，系统推进钢铁行业绿色智能制造转型，提升钢铁行业的可持续发展能力。

（4）打造新试点示范，推进绿色智能制造融合发展。培育钢铁行业绿色智能制造试点示范项目，对提升行业绿色智能制造发展水平、推进行业融合发展具有引领作用。

一是培育龙头企业，建立龙头企业绿色智能制造梯次培育壮大机制，实施"育龙计划"和企业"小升规"行动，形成一批在绿色智能制造领域领军的钢铁企业，通过龙头牵引、逐步提升的模式，发挥标杆引领作用。

二是重点遴选一批绿色改造成效突出、智能化水平高、推广应用价值大的标杆项目和工厂，打造一批绿色智能制造工厂、绿色智能制造园区，总结其模式、流程、关键技术及标准的经验，形成一批具有自主知识产权的产品和技术，推广绿色智能制造新模式，推进钢铁行业绿色低碳发展。

在绿色智能制造试点示范项目遴选过程中，要加强组织实施，以推动企业绿色化智能化改造为核心，建立绿色智能制造发展协调机制，构建职责明细、协调推进的工作格局，并形成严格的项目监督考核机制，对于成为试点示范的企业给予一定的奖励。

（5）加强新人才培养，激发专业人才创新活力。实施人才优先发展战略，打造多种形式的钢铁行业绿色智能制造高端人才培养体系，培养一批既熟悉钢铁工艺流程，又掌握先进制造技术和信息技术，还深入理解绿色发展理念的钢铁行业绿色智能制造领域高层次创新人才和高技能人才。积极拓宽引才渠道，实施更加开放有效的创新创业激励政策，优化人才发展的事业环境、生活环境，打造活力四射的人才队伍体系。鼓励高校加强绿色智能制造相关学科建设，加强校企联动，支持校企共建产教融合实训基地、科研成果转化平台，培养一批素质过硬的、兼具理论基础和实践经验的、专业素养过硬的复合型人才；联合高校、科研院所、企业等机构，组建由企业绿色智能制造发展领域知名专家、教授和相关企业专业技术人员组成的专家库，为钢铁行业绿色智能制造发展提供专业的指导和服务，鼓励搭建开放式共享培训平台，开展钢铁行业绿色智能制造培训工作，聚集和培养优秀人才；将高水平的复合型人才纳入高层次人才引进计划，吸引海内外高层次人才积极创新。

（6）构建新服务平台，打造绿色智能制造产业生态。着力创造公平诚信的市场竞争环境，依靠创新驱动的内涵性增长，使企业成为创新要素、科技成果转化的主力军。发挥企业在技术攻关中的主导作用，联合高校、科研院所等，形成产学研用紧密结合、充满活力的社会创新生态，实现技术创新的社会化、产业化、市场化，实现科技创新成果的共创共享。

一是支持第三方机构作为公共服务平台，规范服务标准，开展"碳达峰、碳中和"技术研发、检验检测、技术评价、技术交易、质量认证、人才培训等专业化服务。

二是搭建钢铁行业绿色智能制造技术服务平台，扶持更多专业性服务机构，重点支持自主创新型机构稳步发展壮大，打造一批服务能力强、技术水平过硬的专业化绿色智能制造服务机构。

三是鼓励绿色智能制造领域装备企业、软件企业、系统集成企业通过兼并重组、股权合作等方式做大做强，形成具有国际竞争力的绿色智能制造服务提供商。

（7）建立新监管平台，实现钢铁绿色智能生产。钢铁行业协同减排的两个重大任务就是持续推进超低排放、开展碳达峰和降碳行动，要从环保管理的角度加大投入，实施智能化、信息化的环保管控。

一是建立钢铁企业智能环境监管信息化平台，使其作为企业环境管理的耳目和手段，提高企业环保管理效率，能够准确、及时、全面反映全厂环境管理情况，实现有组织废气废水的排放监管、无组织排放监管、环保设施运行监管、环保数据统计分析、环保生产联动等。

二是实施低碳智能化、数字化管理，推进互联网、大数据、人工智能等新一代信息技术在钢铁行业能源管理领域和生产过程的创新应用，实现各工序能源数据的全面采集，建立起多维度的工序能源消耗和优化模型，实现能源的精细化管理，提高能源利用效率。

三是建立钢铁碳排放全过程管控与评估平台，分析预测企业能源利用效率、碳排放趋势及减排潜力，在行业全面推行能效、减排对标，不断提升钢铁行业节能减排与低碳管理服务能力，实现行业绿色智能化转型升级。

第四节 冶金规划院推行绿色智能制造实践

冶金规划院以"促进行业企业进步"为使命的统领下，智能制造板块将打造"符合中国国情，体现国人智慧"的钢铁智能制造整体解决方案作为愿景，精准对接钢铁企业需求，以需求驱动创新，与企业分工合作，实现共建、共享、共赢。当前，冶金规划院在钢铁智制造领域不断探索、实践，逐步形成以政府课题、专项规划、咨询服务、项目实施、高峰论坛、研究报告、智能管家等为核心的业务体系。特别是在专项规划与项目实施方面，为首钢、本钢、新余钢铁、昆钢、陕钢、镔鑫钢铁、河北鑫达等多家钢铁企业提供智能制造专项规划服务，为首钢迁钢、宁波钢铁、石横特钢、河北鑫达、天津荣程、四川德胜、东海特钢、富伦钢铁、新天钢等十余家钢铁企业提供数字化转型项目实施服务。

在绿色智能制造领域，冶金规划院坚持新发展理念，紧紧围绕国家"双碳目标"，积极推进互联网、大数据、人工智能等新一代信息技术和钢铁制造深度融合发展，通过科技创新推动钢铁绿色低碳发展。其中，在环保方面，冶金规划院以"先进环保技术应用+环保管理机制运行+智能决策系统支撑"提升钢铁企业环保综合绩效水平，以科技创新赋能建立全流程全方位智能环保信息系统，支撑企业实现超低排放；在低碳方面，通过钢铁企业燃气平衡预测与调度系统、智能钢轧一体化系统、铁前综合配料优化系统、钢铁超低排放与低碳协同管控平台等建设，提高能源利用效率和碳排放管理水平，助力钢铁企业绿色低碳发展，见表6-1。

表 6-1 冶金规划院在推行绿色智能制造方面的实践

序号	产品名称	主要内容	典型案例
1	燃气平衡预测与调度系统	在考虑煤气质量和数量的基础上，实时监测燃气流量、煤气柜容、设备状态、管网压力等关键指标，通过煤气产生、消耗预测模型以及动态调整模型进行平衡优化，为用户提供未来时段的燃气产耗预测、异常指标预警和调度优化方案，避免煤气不足或过剩，达到提高能源利用效率的目标	首钢迁钢燃气平衡预测与调度系统

续表 6-1

序号	产品名称	主要内容	典型案例
2	智能钢轧一体化系统	以提高设备利用率和热装率、减少断面切换次数为目标，综合考虑钢轧工艺要求、钢坯库存情况，实现炼钢、轧钢一体化计划的编制，协调钢轧生产节奏，减少能源使用，达到减碳目的	宁波钢铁智能钢轧一体化系统；天津荣程、邢台德龙 APS
3	铁前综合配料优化系统	通过运筹学算法，综合考虑烧结、高炉工序生产的工艺要求，在满足化学成分约束、物料守恒、热平衡等条件下，基于市场上各原材料的可获得性与性价比，以采购成本最小或质量最优等多种可选择的优化目标，优化炉料结构，提高资源、能源利用效率	天津荣程、邢台德龙、石横特钢、东海特钢等企业铁前综合配料优化系统
4	钢铁超低排放与低碳协同管控数字化平台	实现碳素流可视可管可控，企业生产全过程的碳排放监测、统计、对标，支撑企业开展碳排放水平、碳足迹和全生命周期碳排放的分析研究，以碳效率为核心优化生产工艺及管理，实现生产工序碳排放过程目标管控、生产工序碳排放预警管控及减碳降污协同管控	唐山瑞丰钢铁超低排放与低碳协同管控平台

参 考 文 献

[1] 张旭. 绿色智造及其在生态文明建设中的作用研究 [D]. 福州：福州大学，2017.

[2] 吴中，席俊杰，徐颖. 推进绿色制造实现制造业可持续发展 [J]. 制造业自动化，2004，26（12）：20-24.

[3] 中华人民共和国国务院. 国务院关于印发《中国制造 2025》的通知. 2015.

[4] 周济，李培根，周艳红，等. 走向新一代智能制造 [J]. Engineering，2018，4（1）：28-47.

[5] 祝军，乔非，李莉. 钢铁企业能源中心解决方案综述 [J]. 节能，2011，30（Z2）：3，23-26.

[6] 李冰，李新创，李闯. 国内外钢铁工业能源高效利用新进展 [J]. 工程研究-跨学科视野中的工程，2017，9（1）：68-77.

[7] 邱东. 基于节能目标的钢铁企业能源集成管理系统的研究与实现 [D]. 长春：吉林

大学，2009.

［8］姚志敏．日本制铁战略目标、路径与举措研究［J］.冶金经济与管理，2021（3）：41-44.

［9］任秀平．日本制铁低碳发展路径研究［N］.世界金属导报，2021-06-08（A06）.

［10］罗晔，王超．韩国钢铁企业的节能减排举措．中国金属学会．第十一届中国钢铁年会论文集——S15.能源与环保［C］//中国金属学会，2017：6.

［11］肖国栋．中国宝武绿色低碳发展实践［N］.世界金属导报，2021-06-15（A06）.

［12］李毅仁，郑仲．河钢集团低碳绿色发展实践［N］.世界金属导报，2021-06-22（A06）.

［13］郭小燕．建龙集团低碳发展实践［N］.世界金属导报，2021-06-29（A06）.

［14］栾绍峻，吴秀婷．钢铁企业煤气预测与调度优化系统［J］.冶金经济与管理，2018（6）：17-21.

［15］李会立，王信威，刘立辉．热轧加热炉智能烧炉技术应用实践［J］.河北冶金，2018（3）：59-63.

［16］周本胜，刘向阳，唐荣彬，等．轧钢加热炉优化燃烧系统开发与应用［J］.科技视界，2014（31）：290，329.

［17］张寿荣，姜曦．我国大型高炉生产现状分析及展望．中国金属学会．第十一届中国钢铁年会论文集——S01.炼铁与原料［C］//中国金属学会，2017：4.

［18］李鹏飞，葛建华，王明林，等．连铸坯热送热装在节能减排中的应用［J］.铸造技术，2018，39（8）：1768-1771.

第七章 低碳标准引领钢铁高质量发展

第一节 国内外低碳标准现状

一、概述

标准是现代国际间交流、合作、竞争的基础，标准化工作是当前缓解全球气候变化的一种重要途径。联合国政府间气候变化专门委员会（IPCC）在 2007 年发布的报告中指出，伴随相关新技术的不断发展和成熟，标准在减小气候变化方面将发挥越来越重要的作用。

标准对于低碳发展的重要性不言而喻。标准是低碳发展中建立互信的基础[1]，由于涉及国家、行业、企业等各自的主权和利益问题，使用经共同认可、协商一致、权威机构发布的核算方法标准，核查得到的结果才会有公信力；标准是低碳发展中保障公平的手段，只有在标准和规范指导下对排放量进行有效核查，客观评估实际排放量，才能确保碳核查工作的规范性和公正性；标准是低碳发展中实施监管的抓手，政府依据标准对机构、企业实施监管，可以有效降低监管成本，提高监管效率，提升碳排放监管的透明度和公信力。标准是低碳发展中进行贸易的基准，要以标准为抓手促进产业链的碳减排，完善碳足迹核算工作，实施碳标签制度，推动单位产品（服务）碳排放限额工作。标准是低碳发展中技术传播的载体，通过建立标准，推动低碳技术成果转化，加强低碳技术实施应用，便于低碳技术推广发展。

近十几年来气候变化引起的全球问题逐渐增多，全球应对气候变化工作向着纵深发展，标准化工作在其中扮演着越来越重要的角色，国内外低碳标准化工作呈现由小到大、由点到面的系统发展格局，逐步完善且形成框架体系。各国对于低碳标准的重视程度逐渐提高，纷纷在低碳标准体系进行了探索，中国、英国、美国、日本和欧盟等作为温室气体主要排放的国家和地区，制定并实施了针对温室气体减排的标准规范，从普遍适用性的通则标准到各行业各环节具体的实施标准，推动碳减排工作取得实质性进展。

二、低碳标准分类

低碳标准，是以实现控制和核算碳排放为目的，依据低碳发展制度体系中各项措施的需求与经验，对核算碳排放过程中的各个环节所制定和发布的一系列相关标准与规范指南。实现碳排放标准化是推动落实碳减排目标、完善低碳发展体系、促进低碳经济转型和技术进步、开展国际谈判与贸易的有力支撑。过去十几年来低碳标准在国际社会中得到了较快的发展，逐渐形成了 GHG Protocol，ISO 14064 系列和 PAS 等几个体系。综合考虑低碳发展的各维度层次需求和碳排放管理工作，冯相昭等[2]按照应用主体不同将低碳标准分为针对企业和组织层次、针对项目层次、针对产品和服务碳足迹、针对整个企业价值链四类。杨雷等[3]将低碳标准按照标准性质、应用主体和全生命周期环节进行分类。本节结合各位学者的研究和低碳标准体系情况将低碳标准按照应用主体、性质分类和碳排放阶段进行介绍。

（一）按应用主体分类

根据应用主体的不同，低碳标准包括区域层面、企业（组织）层面、项目层面、产品和服务层面、整个企业价值链，各种层面上的碳排放核算在全球气候变化控制领域得到了越来越多的关注。

第一类区域层面，主要针对国家、城市、社区等，依据地域范围进行划分。其目的是尽可能反映真实的温室气体排放，制定国家的温室气体排放清单。相关标准规范，参考联合国政府间气候变化专门委员会（IPCC）发布的相关规范进行，例如《国家温室气体清单指南》等。

第二类是企业（组织）层面，主要针对企业或组织层次，对企业层面的碳排放核算提供相关的指导和规范。如 WRI 的《温室气体议定书　企业核算与报告准则》，ISO 14064—1 系列标准，PAS2060《碳中和证明规范》等。

第三类是项目层面，主要针对工业及行业中的重点项目。项目层面标准包括 WRI/WBCSD 的《温室气体议定书　项目量化准则》、ISO 14064—2 和世界自然基金会（WWF）开发的黄金标准（Golden Standard，GS）等。

第四类是产品和服务层面，主要针对产品的碳足迹和服务的交易管理，便于产品和服务开展供应链碳排放评价。产品和服务的碳排放核算标准，如 ISO 14067、英国标准化协会发布的 PAS 2050 等标准。

第五类是企业价值链层面，主要针对企业整个价值链的碳排放核算标准。对于整个企业价值链的碳排放核算标准有 WRI/WBCSD 发布的《温室气体议定书　企业价值链（范围 3）核算与报告准则》。

（二）按标准性质分类

依据标准的性质，主要将低碳标准分为四种类型，分别是核算评价类标准、报告核查类标准、基准值和先进值、技术标准。从多个角度逐层级多维度构建低碳标准体系，助力低碳经济发展[3]。

第一类是核算评价类标准，主要是碳排放核算相关标准及低碳评价标准，如重点行业企业温室气体排放核算标准等。温室气体核算报告对于国内外行业、企业的发展起到了非常重要的作用，该标准严格按照可测量、可报告、可核查（MRV）的要求制定，指导企业能够测量和控制温室气体（GHG）的排放。开展温室气体排放核算工作时，按照指定的排放核算标准进行操作，可以有效帮助企业减少温室气体管理的风险。

第二类是报告核查类标准，主要针对碳排放核算核查过程进行报告的规范，以便于统一管理，如省级温室气体清单编制指南；主要为核查过程及第三方资质等标准，如第三方核查程序指南。该类标准规定了核查策划、评估程序和评估温室气体等要素，适用于组织或独立的第三方机构进行报告验证。

第三类是基准值和先进值，主要对排放实体设定最低标准值和排放强度领先指标，如机动车碳排放标准、零售店节能低碳标准等。基准值、先进值等标准可使行业和企业评估自身的碳排放情况，进而指导行业和企业的碳减排工作，挖掘自身 CO_2 减排潜力，达到经济发展与环境保护的平衡，为碳减排工作的实施提供参考。

第四类是技术标准，主要为一些行业和部门碳排放方面相关技术的规范、建设指南，如低碳技术指南、氢冶金技术规范、钢化联产技术规范等。该类标准加速低碳技术的具体实施应用，促进低碳技术推广开发，实现低碳技术创新科技成果向生产力的转化和产业化的发展。

（三）　按碳排放阶段标准分类

对于"低碳"的两种理解：一种是基于终端消耗的碳排放量较低；另一种是基于全生命周期的碳排量较低。目前在两种不同的方向上，国内外都有一些比较经典的碳排放核算标准。下面从两个方面进行简单论述[4]。

第一类是基于终端消耗的企业或项目碳排放核算标准，主要面向企业（组织）或项目层面。各国纷纷出台低碳路线图，针对各个行业出台政策指标，各行业企业发展必将受到"碳债务"的影响。对企业自身进行碳排放核算并寻求碳减排途径成了企业发展的必经之路。企业（组织）或项目的碳排放核算是指对该组织在定义空间和时间边界内的活动所产生或引发的温室气体排放量的核算。对项目的碳排放核算包括对该项目设计减排量的"审定"和项目实施后实际减排量的"核查"。目前适用于企业或项目碳排放核算的标准有 GHG Protocol 和 ISO 14064 系列标准。

第二类是基于生命周期的产品/服务碳排放核算标准，主要面向产品或服务层面，给出了对某产品或服务在生命周期的碳排放估算方法和规则。ISO 将生命周期定义为：通过确定和量化与评估对象相关的能源消耗、物质消耗和废弃物排放，来评估某一产品、过程或事件的寿命全过程，包括原材料的提取与加工、制造、运输和销售、使用、再使用、维持、循环回收，直到最终的废弃。因此各个核算标准制定的关键在于收集整理产品生命周期各个阶段的碳排放数据，并采用适当方法进行碳排放估算。现今较为主流的核算标准有 PAS 2050 和 ISO 14067。许多跨国企业在销售产品时附在产品外包装上的产品碳足迹标签即通过这些标准计算所得。

三、国外低碳标准发展形势

（一）　国外低碳标准研究进展

目前，国际对于低碳标准的研究十分重视，低碳标准在推动碳减排上正发挥着越来越大的作用，在国际上开展低碳标准规范制定工作的主体主要包括联合国政府间气候变化专门委员会（IPCC）、国际标准化组织（ISO）、国际电工委员会（IEC）、世界资源研究所（WRI）、世界可持续发展联合工商理事会（WBCSD）等国际组织；主要发达国家和地区政府或主管部门，如英国标准协会（BSI）、美国标准学会（ANSI）等；还有世界钢铁协会、国际水泥协会等。各个主体纷纷制定并实施了针对温室气体排放管理的标准[5]。

1. 碳排放核算标准

碳排放核算标准包括国家层面、企业（组织）层面、项目层面、产品和服务层面，各种层面上的碳排放核算在全球气候变化控制领域得到了越来越多的关注。国家层面主要依托于联合国政府间气候变化专门委员会（IPCC）发布的相关规范。因此，目前碳排放核算标准主要集中于企业（组织）层面、项目层面和产品层面[6]。

（1）企业（组织）层面。对于企业或组织层次的碳排放核算标准应用最广泛的主要是 GHG Protocol 中的《温室气体议定书　企业核算与报告准则》与 ISO 14064—1：2018《组织层面上对温室气体排放和清除的量化和报告的规范及指南》。其中，GHG Protocol 对企业层面碳排放核算提供了较详细的指导和说明，而 ISO 14064—1：2018 对组织层面的碳排放核算提供了一般指导和要求，与 GHG Protocol 一致。美国、欧盟、日本等国家和地区均采用双编号的形式，等同采用 ISO 14064—1 发布相关的国家和地区标准，包括 ANSI ISO 14064—1、EN ISO 14064—1、JIS Q14064。

（2）项目层面。项目层面标准包括 ISO 14064—2 和世界自然基金会（WWF）开发的黄金标准（Golden Standard，GS）等，专门为减少温室气体排放、提高温室气体清除量而开展的基于项目的活动提供了核算方法，作为项目实施者的工具，保证项目的环境效益。

（3）产品层面。对于产品和服务的碳排放核算，通常采用碳足迹的核算方法。国际上常用的标准为：ISO 14067、英国标准协会（BSI）发布的 PAS 2050、GHG Protocol 的《温室气体议定书　产品核算与报告准则》等标准[7]。其中，PAS 2050 是第一个产品碳排放核算标准，已被广泛应用，对产品碳排放核算提供了详细的要求和指导。GHG Protocol 标准提供的碳排放核算相关要求和指导最为详细。同时，IEC/TC 111 专门成立了温室气体工作组（WG17），制定了两项技术报告类型国际标准，分别是 IEC TR 62725：2013 和 IEC TR 62726：2014，涉及电工电子产品与系统的温室气体排放量化方法和基于项目基准线的电工电子产品与系统的温室气体减排量化方法。

2. 碳足迹核算标准

碳足迹研究对象主要有产品（商品）、活动、项目、服务、企业、家庭及地域（国家、省域、城市）。对于产品（商品）、活动、项目、服务、企业、家庭和城市，核算包括生产模式和消费模式，而对国家和地区而言，仅核算生产模式，且按照生产模式核算较易摸清排放状况[8]。根据实际条件开展碳足迹核算的核心是产品和服务，采用生命周期评价方法，根据不同要求核算生命周期评价的温室气体排放。白伟荣等[9]对目前已有的国际主要碳足迹核算标准及生命周期评价标准进行了整理，绘制了国际标准之间的关系图，如图 7-1 所示。针对碳足迹使用比较广泛的标准包括英国的 PAS 2050、国际标准化组织的 ISO 14067 以及世界资源研究所（WRI）与世界持续发展工商理事会（WBCSD）共同发布的 GHG Protocol 针对产品的核算标准。

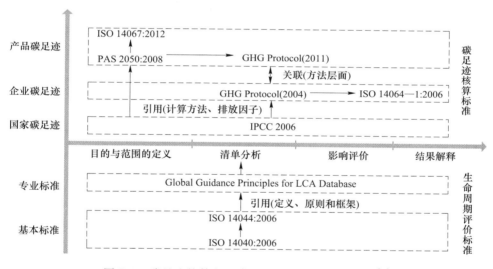

图 7-1 碳足迹核算与生命周期评价标准间的关系[9]

PAS 2050 是由英国标准协会发布的世界上第一个针对产品与服务的碳足迹核算标准，于 2008 年发布第 1 版，并于 2011 年进行更新。PAS 2050 提出的产品碳足迹核算方法是以 ISO 14040 和 ISO 14044 所确立的生命周期评价方法为基础，并额外制定了针对温室气体评价的关键方面的原则和技术手段[10]。PAS 2050 在全球范围内被企业广泛采用，2009 年中国标准化研究院和英国标准协会共同发布了 PAS 2050 中文版，成为中国首个碳足迹领域标准[11]，也是目前中国计算产品碳足迹时应用最多的标准。

WRI/WBCSD 于 1998 年发起了温室气体核算体系倡议行动，目的是为企业及其他组织开发一套国际公认的温室气体核算和报告标准并在企业、政府、非政府组织和其他团体中推广使用。在 2011 年，正式发布了 GHG Protocol 系列标准中针对产品碳足迹的《温室气体议定书 产品生命周期核算与报告准则》。该标准的制定主要参考了 ISO 14040、ISO 14044、PAS 2050 以及 ILCD 手册等相关标准和公告，提供了一种详细的碳足迹评价和报告准则，协助企业开展产品生命周期温室气体核算。

随着世界各国纷纷出台基于不同理念和方法的产品碳足迹评价标准和规范，导致从国际层面不能进行有效的比较。2008 年，国际标准化组织 ISO 成立工作组并着手编制产品碳足迹的国际标准 ISO 14067，于 2013 年首次发布，并在 2018 年修订发布第二版。ISO 14067 是以生命周期评价方法作为产品碳足迹的量化方法，相关内容参考 ISO 14040 标准，在温室气体核算部分以及标识部分参考 ISO 14064 系列标准和 ISO 14020 标准。ISO 14067 标准的发布为增强产品层面碳足迹的量化及沟通的可信性、一致性以及透明度提供了一个公认的依据。

3. 碳捕集与封存标准

二氧化碳捕集与封存（CCS）是一种新兴的技术，可以极大程度满足化石燃料可持续利用的需求，是 IPCC 结合全球减排任务的艰巨性和目前清洁能源的发展现状，于 2005 年特别推荐的技术，以期实现温室气体大幅减排[12]。目前国际上正在开展的 CCS 项目有很多，根据 2012 年美国能源部的在线数据库显示，世界范围内共有 192 个提议和运行的 CCS 项目，这些项目涵盖了 5 个大洲中的 20 个国家，有捕集项目 38 个、封存项目 46 个、捕集和封存相结合的项目 108 个。CCS 技术已经有了较好的发展，但是针对 CCS 技术相关标准规范研究较少[13,14]。

2010 年，来自美国和加拿大的几十名专家开始了二氧化碳地质储存国际标准化的"第一步"。这个想法产生了世界上第一个正式认可的商业部署 CCS 标准 CSAZ-741，由加拿大标准协会（CSA）发布[15]。2011 年 5 月，位于加拿大的标准理事会向 ISO 提交提案，建议设立碳捕集和封存（CCS）技术委员会，2011 年 9 月二氧化碳捕集、利用和封存（CCS）技术委员会（ISO TC265）正式成立，由加拿大标准理事会担任秘书处，致力于 CCS 领域的国际标准制定。该技术委员会下设捕集、运输、封存、量化与验证、

CCS 共性问题 5 个工作组，分别负责相关方面的国际标准研制，截至目前已发布 10 项 CCS 相关标准。

4. 其他低碳标准

为了提高环保声誉，有些企业开始有强烈意愿发表碳中和承诺。然而，在缺少实现碳中和状态统一定义和公认的验证方法的情况下，承诺会出现自相矛盾的现象，引起公众的质疑。为此，BSI 以现有的 ISO 14000 系列和 PAS 2050 等标准为基础，于 2010 年 5 月发布 PAS 2060，提出了通过温室气体排放的量化、还原和补偿来实现和实施碳中和的组织所必须符合的规定，维护了"碳中和"概念的完整性，保证了碳中和承诺的准确性、可验证性和无误导性[16]。

（二）主要低碳标准概述

目前，国际上以生命周期评价 ISO 14040 标准为基础形成的与碳排放核算标准主要有 ISO 14064（1—3）、ISO 14067、GHG Protocol、PAS 2050，以及与碳中和相关的主要标准 PAS 2060、INTE B5 和国际标准化组织正在研究制定的 ISO/WD 14068 标准，下面针对目前使用较多的低碳标准作简要的解读。

1. ISO 14064

2006 年 3 月国际标准化组织（ISO）公布了 ISO 14064 系列温室气体核查验证标准，规定了统一的温室气体资料和数据管理、汇报和验证模式。通过使用此标准化的方法、计算和验证排放量数值，可确保组织、项目层面温室气体排放量化、监测、报告及审定与核查的一致性、透明度和可信性，可以指导政府和企业测量和控制温室气体排放，保证组织识别和管理与温室气体相关的责任、资产和风险；促进 GHG 减排和碳交易。ISO 14064 标准由三个部分组成[4]。

（1） ISO 14064—1：《组织层次上对温室气体排放和清除的量化与报告的规范及指南》，详细规定了在组织（或企业）层次上温室气体清单的设计、制定、管理和报告的原则和要求，包括确定温室气体排放边界、量化温室气体的排放和清除以及识别企业改善温室气体管理措施或活动等方面的要求。同时，标准具体规定了有关部门温室气体清单的质量管理、报告、内审及机构验证责任等方面的要求和指南。

（2）ISO 14064—2：《项目层次上对温室气体减排或清除增加的量化监测和报告的规范及指南》，针对专门用来减少温室气体排放或增加温室气体清除的项目（或基于项目的活动），给出项目的基准线情景及对照基准线情景进行监测、量化和报告的原则和要求，并提供温室气体项目审定和核查的基础。

（3）ISO 14064—3：《温室气体声明审定与核查的规范及指南》，详细规定了温室气体排放清单核查及温室气体项目审定或核查的原则和要求，说明温室气体的审定和核查过程，并规定具体内容。

2. PAS 2050

PAS 2050，又称为"商品和服务在生命周期内的温室气体排放评价规范"，该规范由英国碳信托和英国环境、视频和乡村事务部联合发起，由英国标准协会（BSI）为评价产品生命周期内温室气体排放而编制的一套公众可获取的规范[17]。该规范除了帮助企业管理自身产品和服务的碳排放外，还希望协助企业在产品设计、生产、使用、运输等各个阶段寻找降低碳排放的机会，以达到最终生产出低碳产品的目的。该规范在补充完整成为标准之前，为英国社会各界和企业提供了一种统一的评估各种商品和服务在生命周期内温室气体的排放方法。实际上自 2008 年 10 月公布以来，已成为国际碳足迹计算的主要参考依据。

PAS 2050 所采用的生命周期评价方法是根据 ISO 14040/14044 标准的评价方法并通过明确规定各种商品和服务在生命周期内的温室气体排放评价要求而制定，因此在排放边界和排放因子的确定上两者基本一致。该规范从摇篮到坟墓和摇篮到大门两个角度对如何确定系统边界、该系统边界内与产品有关的温室气体排放源、完成分析所需的数据要求以及计算方法作了明确规定。

3. GHG Protocol

温室气体议定书是由世界可持续发展工商理事会（WBSCD）与世界资源研究所（WRI）共同制定，已经形成温室气体议定书 企业核算与报告准则、温室气体议定书 项目量化准则、温室气体议定书 企业价值链（范围3）核算与报告准则、温室气体议定书 产品生命周期核算与报告准则四大部分构成的既有联系又相对独立的方法学体系，每个标准都可以单独使用，并且四个标准相辅相成。该标准主要为企业和其他类型的组织编制温室气体清单提供规范的指导，在详细阐述企业核算方法学后，阐释核查的必要性，指出核查主要用于指导公正客观评价企业温室气体排放清单的准确性和完整性，以及温室气体数据来源和量化过程的规范性，强调了核查流程关键步骤对企业核算准备、编制温室气体排放清单过程及结果的重要性。同时，明确了核查可以开展偏差的可能性风险评估：企业温室气体排放清单结果与实际状况。为企业价值链活动产生的排放提供了要求和指南，帮助企业全面了解其价值链排放影响，使企业和其他组织得以量化和公开报告具体产品的温室气体排放和清除的清单。标准的主要目的是为企业的减排决策提供一个框架，以减少来自产品设计、制造、销售、购买或使用的温室气体排放。

4. ISO 14067

ISO 14067 是国际标准化组织（ISO）制定的用于指导产品碳足迹核算的标准，2013 年该标准正式发布，2018 年进行修订。标准适用于商品或服务，主要涉及的温室气体包括《京都议定书》规定的六种气体二氧化碳（CO_2）、甲烷（CH_4）、氧化亚氮（N_2O）、六氟化硫（SF_6）、全氟碳化物（PFCs）以及氢氟碳化物（HFCs）外，也包含《蒙特利尔议定书》中管制的气体等，共 63 种气体。该标准以 PAS 2050 为前身，为产品碳足迹的量化和报告提供了全球认可的原则、要求和指南，为各种类型的组织提供了一种计算产品碳足迹的规范，从而可以更好地了解、减少产品碳足迹。ISO 14067—2018 和 ISO 14067—2013 相比，更加注重量化，许多方面更加明确，与其他标准结合更加紧密。

（三）国际低碳及标准化工作实践

1. 低碳产品认证及碳标签制度

低碳产品认证是指人们在日常生活中和工业生产过程中排放的 CO_2 量较少的产品[18]。低碳产品认证[19]，是指全社会为了应对气候变暖，以低碳产品为主体，认证产品是否符合碳排放相关标准，其中包括产品的开发过程、生产过程与消费过程，如果符合标准，向产品发放低碳标志；通过这种方式提高生产企业节能降碳的积极性，实现减少 CO_2 排放、减缓全球变暖趋势的目的。

全球贸易与气候变化的联系日趋密切，绿色采购已成为共识。国际上要求碳足迹透明化的趋势越来越强烈，带有自愿性或强制性碳足迹标志的产品已经在英国、加拿大、美国、德国、日本、韩国等国陆续出现，越来越多的国家在相关机构的支持和倡导下，向产品授予碳标识，开展产品碳认证[20]。BSI 作为世界上第一个国家标准化机构，于 2008 年 10 月发布了全球首个产品碳足迹认证标准 PAS 2050，其目的在于协助企业管理其生产过程中所产生的温室气体排放量，同时寻找其在产品设计、生产与销售等整个产品生命周期内可降低温室气体排放的机会。《温室气体议定书 产品生命周期核算与报告准则》是面向企业的单个产品来核算产品生命周期的温室气体排放，可识别所选产品生命周期中的最佳减缓机会。该标准主要是 GHG Protocol 系列标准中作为企业价值链核算角度上的补充核算标准[21]。国际标准化组织 ISO 以 ISO 14040 和 ISO 14044 中提供的生命周期评价方法（LCA）为基础，于 2013 年正式发布对产品碳足迹量化研究的原则与要求进行规定的 ISO 14067 国际标准。该标准与之前的标准相比，除了涉及的温室气体包括《京都议定书》规定的 6 种气体外，也包含《蒙特利尔议定书》中管制的气体等，共 63 种气体[10]。此外，邱岳进等人系统比较了 PAS 2050 与 ISO 14067 在两个产品碳足迹评价标准的差异，指出两个标准在目的和范围、抵消制度、产品类别规则以及数据和数据质量评定等方面高度一致；在原则、系统边界和排放源等方面则有所差异，但基本都是可协调的；另外，在分配、产品比较和沟通上存在一定的不同[17]。除了上述通用评价产品碳足迹的标准外，像 ISO/TC17 钢和 ISO/TC130 印刷技术等委员会已制定发布具体行业产品的碳足迹标准。

碳标签是为了缓解气候变化，减少温室气体排放，推广低碳排放技术，把产品生命周期从原料、制造、储运、废弃到回收全过程的温室气体排放量在产品标签上用量化的指数标示出来，以标签的形式告知消费者产品的碳信息。产品碳标签是为实现低碳经济应运而生的机制，是产品碳足迹评价的直观反映，是低碳产品认证的证明标志，是各国在气候变化背景下实现绿色经济的重要工具，更是全球绿色的通行证。为了积极应对气候变化给各国带来的影响，全球已有英国、欧盟、美国、韩国、中国台湾地区等 12 个国家和地区的政府部门正在积极发展碳标签制度。碳标签目前在各国的使用都是自愿的，以碳信息披露为主。大多数国家的碳标识是以政府推动为主，由政府机构或政府委托外部机构进行管理，也有一些国家是由民间和市场推动的。中国大陆地区在 2018 年开始推动"碳足迹标签"计划，《中国电器电子产品碳标签评价规范》和《LED 道路照明产品碳标签》团体标准正式发布，确定中国大陆首例电器电子行业先行开启"碳足迹标签"试点计划。

裴晓东[22]等对于全球的碳标签制度进行了研究，总结各国的碳标签制度情况如下：

（1）英国。全球最早推出碳标签制度的是英国。2001 年，在英国能源及气候变化部门（Department of Energy and Climate Change）的资助下，英国碳信托公司成立，2006 年，碳信托公司开始鼓励英国企业在一些消费类产品上进行碳标签标识工作，推行碳减量标签（Carbon Reduction Label）制度，开创了标签制度的先河[23]。英国 Carbon Trust 公司于 2007 年 3 月实行推出全球第一批碳标签的产品，包括洋薯片、奶昔、洗发水等消费类产品。2008 年 2 月 Carbon Trust 公司加大了碳标签的应用推广，对象包括 Tesco（英国最大连锁百货）、可口可乐、Boots 等 20 家厂商的 75 项产品。英国碳减量标签设计为"足印"形象（如图 7-2 所示），主要包括 5 个核心要素，即足迹形象、碳足迹数值、Carbon Trust 公司认可标注、制造商做出的减排承诺、碳标签网络地址。加贴碳标签的产品类别涉及 B2B、B2C 的所有产品与服务，主要有食品、服装日用品等。

（2）德国。德国产品碳足迹试点项目于 2008 年 7 月推出，它是由世界自然基金会（WWF）、应用生态研究所（IAE）以及波茨坦气候影响研究所（PIK），还有 Themal 智囊团联合组成，其目的在于为企业提供碳足迹评价与交流方面的方法与经验、降低 CO_2 排放量，倡导环境友好型消费。该项目还开展了产品碳足迹（PCF）测量方面的国际标准方法的研究，吸引了 BASF、DSM、Henkel、REWE 集团等众多德国企业参与。2009 年 2 月，德国 PCF 试点项目推出其碳足迹标签。德国碳足迹标签同样以"足迹"为基本形态（如图 7-3 所示），足迹两边是 CO_2 与足迹德文名称，并标识"经评价"文字，体现该碳

图 7-2　英国碳标签

图 7-3　德国碳标签

标签蕴含的衡量与评价碳足迹的意义，但德国碳标签产品仅仅表明通过了碳足迹的认证，未标明碳排放量。目前经查验的产品主要为日用品，德国产品碳足迹测量方法以 ISO 14040/44 为基础，同时参考 PAS 2050。

（3）法国。法国 Casino 公司于 2008 年 6 月推出的"Group Casino Indice Carbon"碳标签，适用于 Casino 自售产品。Casino 公司邀请约 500 家供应商参与了该碳标签计划，并为其提供了免费的碳足迹计算工具。Casino 公司的碳足迹标签以绿叶为基本形态（如图 7-4 所示），其中标明每 100g 该产品所产生的 CO_2 排放量，并告知消费者查看包装背面以了解更多信息。在包装背面，该标签则显示为一把绿色标尺，以不同的色块体现产品对环境的不同影响程度，从左至右影响程度不断增强，方便消费者大致了解该产品对环境的影响。

图 7-4　法国碳标签

（4）瑞典。瑞典碳标签制度首先开始于食品领域，给食品贴碳排放标签的做法是受到瑞典 2005 年一项研究成果的启示。该研究认为，瑞典 25% 的人均碳排放可最终归因于食品生产，为此瑞典农民协会、食品标签组织等开始给各种食品的碳排放量做标注。若产品达到 25% 的温室气体减排量，将在每一类食品类型中加以标注，该计划从果蔬、奶制品和鱼类开始试行。该碳排放标签，明示该食品的"碳排放历史"，从而引导消费者选择健康的绿色食品，以减少温室气体排放。加贴碳标签的产品必须完成生命周期评价并发布第三类环境声明（EPD），凸显产品碳排放量达到相关标准要求。瑞典碳标签目前主要面向 B2C 食品，如水果、蔬菜、乳制品等，产品评价范围主要为运输阶段，其碳足迹计算以 LCA 为基础设定标准。

（5）瑞士。瑞士碳标签于 2008 年初推出，主要面向产品与服务。Climatop 标签主要通过以下两种方式降低 CO_2 排放量：一是影响消费决定，通过产品与服务上的碳标签引导客户选择环境友好产品，加快向低碳消费性社会转变；二是优化产品设计，通过选择环境友好产品带来的公平竞争，优化产品和服务设计。Climatop 标签以圆形与 CO_2 化学分子式共同组成（如图 7-5 所示），表示该产品在碳足迹控制方面领先，即减量 20%。Climatop 标签主要加贴于产品包装上，在销售点及网站上展示。Climatop 标签的评价范围涉及服务的全生命周期，已查验的产品包括环保购物袋、有机原料蔗糖、奶油、洗衣液、洗衣粉、卫生纸、洗碗巾、电池等，其碳足迹计算以 LCA 为基础设定标准。

（6）美国。目前，美国已推出了三类碳标签制度：一是由 Carbon Lebel California 公司推出的碳标签，旨在帮助消费者在此基础上选择更具环保性能的产品。目前，该标签主要在食品中使用，如保健品和经认证的有机食品，其计算准则主要为环境输入—产出生命周期评价模式。二是由 Carbonfund 公司推出的美国第一个适用于碳中和产品的碳标签，如图 7-6 所示。目前，经 Carbonfree 碳标签查验的产品主要有服装、糖果、罐装饮料、电烤箱、组合地板等，其碳足迹计算方法以 LCA 为基础。CarbonFree 碳标签由 Carbonfund 公司负责管理，并委托第三方机构进行评价，每年需进行生命周期评价复审工作。三是 Climate Conscious 碳标签（如图 7-7 所示），由 Climate Conservancy 公司推出，旨在帮助消费者在购买过程中选择较低碳足迹的产品和服务，培育环境友好市场机制，从而减少碳排放。该碳标签寓意为某产品或服务宣告达到碳排放标准，使用基于 LCA 的计算碳足迹，由 Climate Conservancy 公司负责管理并评价。

图 7-5　瑞士碳标签

图 7-6　美国 Carbonfund 碳标签

（7）日本。2008 年 4 月，日本经济产业省（以下简称"经产省"）成立"碳足迹制度实用化、普及化推动研究会"；8 月，经产省宣布日本将在 2009 年初推出碳标签计划；10 月，经产省发布了自愿性碳足迹标签试行建议；12 月中旬，确定了比较科学的 CO_2 排放量计算方法、碳标签试用产品、统一的碳标签图样等内容，2009 年初日本开始推动碳足迹标签试行计划。Sapporo 啤酒厂、Aeon 超级市场、Lawson 与松下电器等企业均已加入该计划，在其产品或服务中引入碳足迹标签制度。2009 年 4 月 20 日，日本公布了产品碳足迹的技术规范。日本碳足迹标签（如图 7-8 所示）详细标示了产品生命周期中每一阶段的碳足迹，揭示产品碳排放量。以薯片为例，从马铃薯的种植、加工、装配、运送到上架，甚至包装回收或垃圾处理过程，每个环节中所产生的 CO_2 均需清楚说明，让消费者了解产品对环境的影响程度，并在环保理念的驱动下促进消费者选择低碳产品。该标签主要由经产省负责管理，第三方机构负责查验评价。碳足迹标签详细标示了产品生命周期中每一阶段的碳足迹，主要涉及食品、饮料、电器、日用品等十几种产品。

图 7-7　美国 Climate Conscious 碳标签

图 7-8　日本碳足迹标签

（8）韩国。韩国碳足迹标签由韩国环境部主管。韩国于 2008 年 7 月开始试行碳标签选出 10 项产品或服务，包括 Asiana 航空公司、Navien 燃气锅炉、Amore Pacific 洗发精、可口可乐、LG 洗衣机、三星 LCD 面板等产品，赋予碳标签。同时，还设定了每个产品项目的最低减量目标，推出了计算产品碳足迹的标准方法，并进行了训练碳足迹稽核员、建立国家生命周期盘查数据库等工作。2008 年 12 月评价试行结果，2009 年 2 月正式推出碳足迹标签。韩国碳足迹标示产品在生命周期的温室气体排放量。其碳标签一类标示碳排放量，另一类强调减碳的节能商品（如图 7-9 所示），也可以说是碳标签认证的两个阶段。韩国碳足迹计算准则主要有 4 类：ISO 14040、ISO

14064、ISO 14025、PAS 2050、韩国第三类环境声明标准、其他规范如 GHG Protocol 等。

图 7-9　韩国两类碳标签

（9）泰国。泰国温室气体管理办公室于 2008 年 8 月规划推动碳标签计划。泰国 Tetra Pak、SCG 等 26 家制造商参与了该计划，涉及产品包括饮料、食品、轮胎、冷气机、变压器、纸与纸箱、塑料树脂、地毯、瓷砖等。泰国于 2009 年 11 月推出贴有首批碳足迹标签的产品。泰国碳标签（如图 7-10 所示）以减排 10%、20%、30%、40%、50% 进行分级，并以不同的颜色区分，在圆形下方的箭头中标识减排量。以减排 10% 的碳标签为例，它表示与传统碳排放量相比，企业仅需降低 10% 的碳排量。同时还专门成立了碳标签促进委员会，开展碳标签的日常监督管理工作。截至 2009 年 3 月，已有 34 种产品申请碳标签注册，其中 25 种产品已经通过查验，获得碳标签认证，主要涉及 9 大类产品，包括罐头/干燥食品、水泥、人造木、包装米、保险套、地板砖、瓦砖、食用油、牛奶。泰国碳足迹计算主要依据以下三类准则：PAS 2050，ISO 14040、ISO 14064、ISO 14025，UNFCCC/CDM 方法。

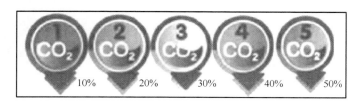

图 7-10　泰国碳标签

2. 碳中和实践和标准化工作

碳中和概念是英国在 2010 年发布的 PAS 2060《碳中和证明规范》中提出的，近 10 年来，联合国气候变化组织、澳大利亚、法国、英国、哥斯达黎加、中国等在气候中性、低碳方面开展了很多实际行动，也发布了许多规范与指南。例如，中国生态环境部 2019 年发布的《大型活动碳中和实施指南（试行）》，澳大利亚 2019 年发布的为组织、产品和服务、活动、建筑、区域制定的碳中和标准，英国发布的 2014 年版 PAS 2060 等[24]。下面简单介绍各国低碳实践及标准化进展。

（1）联合国发起倡议及行动。联合国气候变化组织于 2015 年发起了"现在就实现气候中性"这一倡议，意在鼓励社会每个人采取行动，帮助在 21 世纪中叶实现《巴黎协定》所倡导的气候中性，联合国气候变化框架公约（UNFCCC）秘书处负责组织实施这一倡议。参与的签约者可以在 UNFCCC "现在就实现气候中性"网站上展示自己的标识，使用"现在就实现气候中性"的标志（如图 7-11 所示），可能受邀参加 UNFCCC 组织的活动，增加对气候行动所做贡献的辨识度。截至 2020 年 1 月，已经有 355 个签约者，包括各类组织、活动、国际和政府间机构、联合国机构、个人等。

在技术层面，该倡议提供了相关模板，邀请组织、政府和个人通过三步方法解决自己的气候足迹，努力实现全球气候中性。首先量化和报告温室气体排放量，通过自己的行动尽可能减少温室气体排放，再抵消所有剩余的排放量，以达到碳中和目标。

（2）澳大利亚"气候主动"。"气候主动"是澳大利亚政府与其企业之间持续不断的合作伙伴关系，旨在推动自愿性气候行动。该行动代表了澳大利亚为测量、减少和抵消碳排放量而做出的集体努力，以减少对环境的负面影响，如图 7-12 所示。

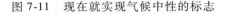

图 7-11　现在就实现气候中性的标志

图 7-12　气候主动标志

该行动包括按照碳中和标准进行"气候主动"认证和碳中和声明，通过认证的组织获得使用气候主动标志的许可证，任何计划采取积极的气候行动的组织，无论规模大小或行业都可以通过气候主动认证。气候主动标准和相关国际标准相协调，由澳大利亚政府监督管理，满足标准的要求是开展认证的核心，标准适用于组织、产品和服务、活动、建筑、行政区域，提供了有关如何测量、减少、抵消、验证和报告排放的指南和最低要求，详细提供了如何进行碳中和声明和认证的指导。通过认证的组织获得使用气候主动标志的许可证。获得认证有助于推广产品和服务，提升竞争力，拓展碳中和供应链，使组织具备适应未来不断变化的监管条件和低碳经济的能力，满足利益相关者不断增长的期望等。

（3）英国碳中和行动。英国在 2019 年 6 月新修订的《气候变化法案》中明确，到 2050 年实现温室气体"净零排放的目标"。全球首个产品碳足迹方法标准（PAS 2050）和首个碳中和规范（PAS 2060）是英国标准学会（BSI）发布的，英国是世界上最早开始低碳实践的国家。英国政府支持的碳信托公司，负责对各类组织、产品、活动提供符合 PAS 2060 的标准认证。

（4）法国碳中和行动。2020 年 3 月欧盟公布《欧洲气候法》草案，提出了 2050 年实现温室气体排放净额为零的具有法律约束力的目标，为了更好实现《巴黎气候协定》，法国咨询公司"碳 4"（Carbone 4）于 2018 年提出了净零倡议项目（标志如图 7-13 所示），汇集了各种行业和规模

图 7-13　净零倡议项目标志

的 9 家公司作为合作伙伴参与。该倡议还成立了高级别独立技术委员会，提供技术支持（如技术方法等）和行动建议。该倡议目标是在气候行动方面，通过搭建最佳框架和方法学，鼓励合作伙伴和其他愿意接受挑战目标的组织开展实际行动，从而实现气候中性的全球目标。该倡议主要是推荐已有的标准规范或方法学，有些正在由高级别独立技术委员会进行开发，汇总见表 7-1。

（5）哥斯达黎加碳中和项目。哥斯达黎加国土面积虽小，但拥有 6% 的世界生物多样性、52% 的森林覆盖率和高达 98% 的可再生能源占比。因此，根据其《国家气候变化战略》，哥斯达黎加致力于在 2021 年成为世界上第一个实现碳中和的国家。在实践方面，政府负责的碳中和项目（1.0 版）最早于 2012 年开始，主要侧重于私营企业的碳减排行动。碳中和项目 2.0 版（标志如图 7-14 所示）于 2019 年正式启动，目的是管理公共和私营组

表 7-1 净零倡议项目标准规范汇总

组织的行动	核算	设定减排目标	动态管理和报告
减少直接和间接排放	（1）法国环境与能源控制署的方法（Bilan Carbone）； （2）ISO 14064/14069； （3）GHG Protocol	非营利机构科学碳目标（SBT）开发的方法	低碳转型评估方法（ACT，由法国环境与能源控制署和 GDP 联合开发）
减少其他组织的排放	（1）ISO 14064 系列； （2）黄金标准； （3）VERRA 的标准	正在讨论	正在讨论
增加碳汇	（1）ISO 14064 系列； （2）GHG Protocol； （3）黄金标准； （4）VERRA 的标准； （5）Plan Vivo 的标准	（1）SBT 开发的方法； （2）净零倡议方法； （3）未来开发的方法	（1）净零倡议方法； （2）未来开发的方法

织和社区的温室气体排放，达到碳中和要求，为国家气候行动提供支持。到 2020 年 3 月为止，已有 161 个组织、23 个社区声明实现了碳中和，累计温室气体减排量达到了 24.5 万吨（二氧化碳当量）。

图 7-14 哥斯达黎加碳中和项目标志

哥斯达黎加在 2016 年发布了标准《碳中和示范要求》（INTE B5；2016），为整个项目的执行提供了规范和指导。目前关于产品和活动的标准正在制订过程中。在项目实施各步骤，也采用了已有的相关标准。如在核算方面，针对组织，采用国际标准（ISO 14064—1）；针对社区，采用世界资源研究所（WRI）的《全球社区协议——温室气体清单》（GPC）。而在核查方面，则遵循 ISO 14064—3、ISO 14065 和 ISO 14066。INTE B5：2016 的主要内容及与 ISO 14064—1 之间的联系见表 7-2。除了可类比的内容外，INTE B5：2016 主要在温室气体减排、排放抵消方面提供了具体的要求。

表 7-2 INTE B5：2016 与 ISO 14064—1 的比较

INTE B5：2016	ISO 14064—1
范围	范围
术语和定义	术语和定义
原则	原则
温室气体排放和碳汇清单要求	温室气体清单的设计和编制
减排要求： 减排管理计划 温室气体减排活动要求与报告	—
温室气体排放抵消要求： 所接受的抵消机制，包括 CER、黄金标准、VCS、哥斯达黎加补偿机制	—
碳中和管理	温室气体清单质量管理
碳中和声明要求	温室气体报告
—	组织在核查活动中的作用

四、国内低碳标准发展形势

近年来，随着中国各级政府对气候变化的高度重视，管理者们逐渐认识到标准化工作正在成为控制温室气体排放，全面推动全国应对气候变化总体工作的重要抓手。由于外部国际形势、贸易需要和中国内部发展工作的需要，2007 年起中国逐渐重视低碳标准化工作，在低碳标准化方面开展了一系列工作。当前中国在应对气候变化的体制机制和能力建设方面取得了较大进展。"五省八市"开展低碳试点 3 年来，试点地区在政策法规、能力建设和低碳产业等方面为低碳标准化建设打下了基础。

（一）国内低碳标准化活动

2007 年，国际标准化组织环境管理技术委员会（ISO/TC 207）成立了温室气体管理分技术委员会（SC7），这是 ISO 中温室气体管理领域第一个分技术委员会，由加拿大和中国联合承担秘书处，实现了实质性参与国际标准化工作的重大突破。2011年9月，ISO正式决定成立碳捕集与碳存储技术委员会（ISO TC265），由加拿大和中国承担联合秘书处。在该技术委员会的5个工作组中，中国承担了共性问题和量化与验证2个工作组的召集人。至此，在ISO的两个温室气体管理领域标准化技术委员会中，中国均承担了非常重要的职务，有效地扩大了中国温室气体管理领域标准化工作的国家影响，显著提升了中国在国际碳排放领域的话语权[5]。

2008年，经国家标准化委员会批准，全国环境管理标准化技术委员会（SAC/TC 207）对口ISO/TC 207成立了温室气体管理技术分委员会，其主要工作范围有三个方面：一是通用性温室气体基础和管理方面。温室气体管理术语、图形符号量化计算和统计方法、温室气体排放检测要求、报告（声明）要求、温室气体审定核查规范等。针对颁布的相关通用性温室气体标准进行转化，形成相应的国家推荐标准。二是温室气体标识或声明方面。紧跟ISO/TC 207新的工作方向，借鉴已实施的环境标志、生态标志等开展研究工作并制定相应标准。三是有关产品、服务、大型活动等温室气体量化和报告方面。参考国际经验，开展具体产品、服务等领域温室气体量化方法学、温室气体报告规范和指南等。

2011年，7个省市编制省级温室气体排放清单，包括温室气体排放总量、分量、下降幅度、排放强度等主要指标排放表，是落实控制温室气体排放行动目标的重要抓手。中国社科院发布了《中国低碳城市评价体系》，规定了评价体系范围，包括城市低碳发展规划指标、媒体传播指标、新能源与可再生能源及低碳产品应用率、城市绿地覆盖率指标、低碳出行指标、城市低碳建筑指标、城市直接减碳指标等10个大项，给低碳城市建设发展提供了依据和标准[25]。

2013年国家标准委正式批复筹建全国碳排放管理标准化技术委员会，2014年4月，国家标准委正式批复成立全国碳排放管理标准化技术委员会（SAC/TC 548），对口国际标准化组织ISO/TC 265和ISO/TC 207/SC7的相关工作，主要负责碳排放管理术语、统计、监测，区域碳排放清单编制方法，企业、项目层面的碳排放核算与报告，低碳产品、碳捕获与碳存储等低碳技术与装备，碳中和与碳汇等领域的国家标准制修订工作。

2017年发布《国家重点节能低碳技术推广目录》（2017年版低碳部分）和《低碳社区试点建设指南》，同时一些低碳省市试点地区也纷纷先行先试，编制了低碳产业园区、工业企业、农业企业、商业企业、乡村、社区、公共机构和家庭等示范标准，标准已逐渐成为有效服务于实现碳排放目标的重要手段之一。

（二）国内低碳标准现状

中国已经发布了 11 项温室气体排放核算与报告要求国家标准，其中包括一项通则标准和 10 项针对具体行业的标准。这些标准基于国家发展改革委发布的《企业温室气体核算方法与报告指南》编制，考虑了中国相关行业的实际情况与国家实施重点企业直报、碳排放权交易等任务的需要。几年来，低碳领域的国家标准、行业标准、地方标准、团体标准纷纷制定并发布，具体见表 7-3。

表 7-3　国内低碳相关标准汇总

序号	标准名称	标准号	组织机构
国家标准			
1	工业企业温室气体排放核算和报告通则	GB/T 32150—2015	TC548
2	温室气体排放核算与报告要求　第 1 部分：发电企业	GB/T 32151.1—2015	TC548
3	温室气体排放核算与报告要求　第 2 部分：电网企业	GB/T 32151.2—2015	TC548
4	温室气体排放核算与报告要求　第 3 部分：镁冶炼企业	GB/T 32151.3—2015	TC548
5	温室气体排放核算与报告要求　第 4 部分：铝冶炼企业	GB/T 32151.4—2015	TC548
6	温室气体排放核算与报告要求　第 5 部分：钢铁生产企业	GB/T 32151.5—2015	TC548
7	温室气体排放核算与报告要求　第 6 部分：民用航空企业	GB/T 32151.6—2015	TC548
8	温室气体排放核算与报告要求　第 7 部分：平板玻璃生产企业	GB/T 32151.7—2015	TC548
9	温室气体排放核算与报告要求　第 8 部分：水泥生产企业	GB/T 32151.8—2015	TC548
10	温室气体排放核算与报告要求　第 9 部分：陶瓷生产企业	GB/T 32151.9—2015	TC548

序号	标准名称	标准号	组织机构
11	温室气体排放核算与报告要求 第 10 部分：化工生产企业	GB/T 32151.10—2015	TC548
12	温室气体排放核算与报告要求 第 11 部分：煤炭生产企业	GB/T 32151.11—2018	TC548
13	温室气体排放核算与报告要求 第 12 部分：纺织服装企业	GB/T 32151.12—2018	TC548
14	基于项目的温室气体减排量评估技术规范 钢铁行业余能利用	GB/T 33755—2017	TC548
15	基于项目的温室气体减排量评估技术规范 生产水泥熟料的原料替代项目	GB/T 33756—2017	TC548
16	基于项目的温室气体减排量评估技术规范 通用要求	GB/T 33760—2017	TC548
17	温室气体二氧化碳测量离轴积分腔输出光谱法	GB/T 34286—2017	TC540
18	烟气二氧化碳捕集纯化工程设计标准	GB/T 51316—2018	住房和城乡建设部
19	建筑碳排放计算标准	GB/T 51366—2019	住房和城乡建设部
行业标准			
20	固定污染源废气二氧化碳的测定 非分散红外吸收法	HJ 870—2017	生态环境部
21	通信产品碳足迹评估技术要求 第 1 部分：移动通信手持机	YD/T 3048.1.1—2016	通信行业标准
22	通信产品碳足迹评估技术要求 第 2 部分：以太网交换机	YD/T 3048.2.2—2016	通信行业标准
23	产品碳足迹产品种类规则 液晶显示器	SJ/T 11717—2018	电子行业标准
24	产品碳足迹产品种类规则 液晶电视机	SJ/T 11718—2018	电子行业标准
25	钢铁企业温室气体排放核查技术规范	RB/T 251—2018	国家认证认可监督管理委员会
26	化工企业温室气体排放核查技术规范	RB/T 252—2018	国家认证认可监督管理委员会
27	电网企业温室气体排放核查技术规范	RB/T 253—2018	国家认证认可监督管理委员会

序号	标准名称	标准号	组织机构
28	发电企业温室气体排放核查技术规范	RB/T 254—2018	国家认证认可监督管理委员会
29	电石企业温室气体排放核查技术规范	RB/T 255—2018	国家认证认可监督管理委员会
30	合成氨企业温室气体排放核查技术规范	RB/T 256—2018	国家认证认可监督管理委员会
31	甲醇企业温室气体排放核查技术规范	RB/T 257—2018	国家认证认可监督管理委员会
32	乙烯企业温室气体排放核查技术规范	RB/T 258—2018	国家认证认可监督管理委员会
33	平板玻璃企业温室气体排放核查技术规范	RB/T 259—2018	国家认证认可监督管理委员会
34	水泥企业温室气体排放核查技术规范	RB/T 260—2018	国家认证认可监督管理委员会
35	陶瓷企业温室气体排放核查技术规范	RB/T 261—2018	国家认证认可监督管理委员会
36	温室气体二氧化碳和甲烷观测规范　离轴积分腔输出光谱法	QX/T 429—2018	气象局
37	组织温室气体排放核查通用规范	RB/T 211—2016	国家认证认可监督管理委员会
38	快递业温室气体排放测量方法	YZ/T 0135—2014	国家邮政局
39	低碳产品评价方法与要求　复印机、打印机和速印机	RB/T 016—2019	国家认证认可监督管理委员会
40	低碳产品评价方法与要求　三相配电变压器	RB/T 017—2019	国家认证认可监督管理委员会
41	石油天然气开采业低碳审核指南	SY/T 7299—2016	国家能源局
42	冷链配送低碳化评估标准	SB/T 11151—2015	商务部
地方标准			
43	低碳企业评价技术导则	DB11/T 1370—2016	北京市
44	低碳产品评价技术通则	DB11/T 1418—2017	北京市
45	低碳经济开发区评价技术导则	DB11/T 1369—2016	北京市
46	低碳社区评价技术导则	DB11/T 1371—2016	北京市

序号	标准名称	标准号	组织机构
47	低碳建筑（运行）评价技术导则	DB11/T 1420—2017	北京市
48	园区低碳运行管理通则	DB11/T 1531—2018	北京市
49	社区低碳运行管理通则	DB11/T 1532—2018	北京市
50	企业低碳运行管理通则	DB11/T 1533—2018	北京市
51	建筑低碳运行管理通则	DB11/T 1534—2018	北京市
52	二氧化碳排放核算和报告要求　电力生产业	DB11/T 1781—2020	北京市
53	二氧化碳排放核算和报告要求　水泥制造业	DB11/T 1782—2020	北京市
54	二氧化碳排放核算和报告要求　石油化工生产业	DB11/T 1783—2020	北京市
55	二氧化碳排放核算和报告要求　热力生产和供应业	DB11/T 1784—2020	北京市
56	二氧化碳排放核算和报告要求　道路运输业	DB11/T 1786—2020	北京市
57	二氧化碳排放核算和报告要求　其他行业	DB11/T 1787—2020	北京市
58	碳排放管理体系实施指南	DB11/T 1559—2018	北京市
59	碳排放管理体系建设实施效果评价指南	DB11/T 1558—2018	北京市
60	温室气体二氧化碳浓度评估规范	DB14/T 1710—2018	山西省
61	碳管理体系要求	DB1501/T 0009—2020	内蒙古呼和浩特市
62	水泥行业碳管理体系实施指南	DB1501/T 0008—2020	内蒙古呼和浩特市
63	产品碳足迹核算通则	DB31/T 1071—2017	上海市
64	工业气体碳排放指标	DB31/T 1140—2019	上海市
65	燃煤发电企业碳排放指标	DB31/T 1139—2019	上海市
66	工业气体碳排放指标	DB31/T 1140—2019	上海市
67	乙烯产品碳排放指标	DB31/T 1144—2019	上海市
68	日用陶瓷单位产品碳排放限额	DB36/T 934—2016	江西省
69	二氧化碳排放信息报告通则	DB41/T 1710—2018	河南省
70	工业企业碳排放核查规范	DB41/T 1429—2017	河南省
71	温室气体（GHG）排放量化、核查、报告和改进的实施指南（试行）	DB42/T 727—2011	湖北省
72	区域温室气体排放计算方法	DB43/T 721—2012	湖南省
73	组织机构温室气体排放计算方法	DB43/T 662—2011	湖南省
74	企业（单位）二氧化碳排放信息报告通则	DB44/T 1382—2014	广东省
75	企业温室气体排放量化与核查导则	DB44/T 1506—2014	广东省

序号	标准名称	标准号	组织机构
76	钢铁企业二氧化碳排放信息报告指南	DB44/T 1383—2014	广东省
77	水泥企业二氧化碳排放信息报告指南	DB44/T 1384—2014	广东省
78	企业碳排放核查规范	DB44/T 1945—2016	广东省
79	产品碳排放评价技术通则	DB44/T 1941—2016	广东省
80	石化企业二氧化碳排放信息报告指南	DB44/T 1977—2017	广东省
81	有色金属企业二氧化碳排放信息报告指南	DB44/T 1943—2016	广东省
82	企业碳排放核查工作规范	DB50/T 700—2016	重庆市
83	工业企业碳管理指南	DB50/T 936—2019	重庆市
团体标准			
84	火力发电企业二氧化碳排放在线监测技术要求	T/CAS 454—2020	中国标准化协会
85	发电行业温室气体排放监测技术规范	T/LCAA 01—2020	北京低碳农业协会
86	水泥行业温室气体排放监测技术规范	T/LCAA 02—2020	北京低碳农业协会
87	建筑卫生陶瓷单位产品碳排放限值	T/CBMF 42—2018	中国建筑材料联合会
88	硅酸盐水泥熟料单位产品碳排放限值	T/CBMF 41—2018	中国建筑材料联合会
89	产品碳足迹评价技术通则	T/GDES 20001—2016	广东省节能减排标准化促进会
90	家用洗涤剂产品碳足迹等级和技术要求	T/GDES 20004—2018	广东省节能减排标准化促进会
91	产品碳足迹产品种类规则合成洗衣粉	T/GDES 20005—2019	广东省节能减排标准化促进会
92	企业碳排放权交易会计信息处理规范	T/GDES 1—2016	广东省节能减排标准化促进会
93	产品碳足迹声明标识	T/GDES 2—2016	广东省节能减排标准化促进会
94	企业碳排放核查规范	T/GDES 3—2016	广东省节能减排标准化促进会
95	碳排放管理体系要求及使用指南	T/GDES 4—2016	广东省节能减排标准化促进会

序号	标准名称	标准号	组织机构
96	企业碳排放管理术语	T/GDES 7—2016	广东省节能减排标准化促进会
97	碳足迹标识	T/GDES 26—2019	广东省节能减排标准化促进会
98	电器电子产品碳足迹评价　电视机	T/DZJN 001—2019	中国电子节能技术协会
99	电器电子产品碳足迹评价　微型计算机	T/DZJN 002—2019	中国电子节能技术协会
100	电器电子产品碳足迹评价　移动通信手持机	T/DZJN 003—2019	中国电子节能技术协会
101	电器电子产品碳足迹评价　LED 道路照明产品	T/DZJN 002—2018	中国电子节能技术协会
102	电器电子产品碳足迹评价通则	T/DZJN 001—2018	中国电子节能技术协会

1. 国家标准

目前，全国碳排放管理标准化技术委员会（SAC/TC 548）已发布《工业企业温室气体排放核算和报告通则》（GB/T 32150）以及发电、钢铁、民航、化工、水泥等首批 11 项温室气体管理国家标准，《基于项目的温室气体减排量评估技术规范通用要求》（GB/T 33760—2017）等标准。此外，对标国际碳排放标准情况，正在开展多个领域标准制定工作，包括《工业低碳企业评价通则》（20193355-T-303）、《单位产品（服务）碳排放限额编制通则》（20192398-T-303）、《企业碳排放管理信息披露要求与指南》（20173635-T-303）等标准。

随着烟气二氧化碳捕集技术在国内应用的日趋成熟，住房和城乡建设部发布《烟气二氧化碳捕集纯化工程设计标准》（GB/T 51316—2018），对烟气二氧化碳捕集纯化工程的设计进行指导和约束。此外，为贯彻国家有关应对气候变化和节能减排的方针政策，住房和城乡建设部还发布了《建筑碳排放计算标准》（GB/T 51366—2019）。

2. 行业标准

国内行业层面目前发布的标准主要包括由工业和信息化部发布的电子行业和通信行业的 4 项关于产品碳足迹的标准，包括《通信产品碳足迹评估技术要求　第 1 部分：移动通信手持机》（YD/T 3048.1.1—2016）、《通信产品碳足迹评估技术要求　第 2 部分：以太网交换机》（YD/T 3048.2.2—2016）、《产品碳足迹产品种类规则　液晶显示器》（SJ/T 11717—2018）和《产品碳足迹产品种类规则　液晶电视机》（SJ/T 11718—2018），以及国家认证认可监督管理委员会发布的钢铁、水泥、平板玻璃等 11 个行业的温室气体排放核查技术规范，指导第三方机构对企业开展温室气体核查工作。

3. 地方标准

地方层面也积极开展低碳标准化工作，北京市质量技术监督局在"十三五"期间发布多项低碳标准，包括《低碳企业评价技术导则》（DB11/T 1370—2016）、《低碳产品评价技术通则》（DB11/T 1418—2017）和《建筑低碳运行管理通则》（DB11/T 1534—2018）等。上海市质量监督管理局为加强与国际的接轨制定并发布了《产品碳足迹核算通则》（DB31/T 1071—2017）以及《非织造产品（医卫、清洁、个人防护、保健）碳排放计算方法》（DB31/T 930—2015）等。为进一步全面掌握企业碳排放情况，加强重点企业温室气体排放管控，完善国内国家、地方、企业三级温室气体排放基础统计和核算工作体系，多个省市发布碳排放核查标准：河南省质量技术监督局发布《工业企业碳排放核查规范》（DB41/T 1429—2017），广东省质量技术监督局发布《企业碳排放核查规范》（DB44/T 1945—2016），重庆市质量技术监督局发布《企业碳排放核查工作规范》（DB50/T 700—2016）。

4. 团体标准

自《深化标准化工作改革方案》和新修订的《中华人民共和国标准化法》出台以来，国内大力发展团体标准的建设工作。广东省节能减排标准化促进会（GDES）作为较为活跃的团体组织，在适应广东省持续推进各行各业开展节能减排工作和当前国家倡导的产业绿色低碳循环发展新形势下，已完成并发布《企业碳排放权交易会计信息处理规范》（T/GDES 1—2016）、《产品碳足迹声明标识》（T/GDES 2—2016）、《企业碳排放核查规范》（T/GDES 3—2016）等团体标准的制定工作。

五、钢铁行业低碳标准

钢铁行业是各国政府高度重视的重点碳排放行业。通过低碳标准体系建设，准确计算钢铁企业二氧化碳排放总量，对推进应对气候变化工作具有重要意义。制定低碳标准，规范钢铁冶金企业节能减排及碳排放数据统计与核算工作，指导企业建立 CO_2 监测监控制度，完善企业内碳排放管理，有助于推动钢铁行业绿色低碳高质量发展。

钢铁工业和钢铁产品的碳排放理论研究仍然处于起步阶段，虽然国内外一些相关政府部门和组织机构均给出了钢材碳排放核算标准和核算方法，但是核算体系尚未统一，需要进一步开展深入而系统的研究。在借鉴国外碳足迹计算理论和标准的基础上，国内也先后出台了钢铁工业的碳排放核算标准和计算方法，并结合实际生产情况给出了相应的生产工艺、原材料和能源的排放因子推荐值。但是研究成果具有较强的局限性，不同的核算方法、系统边界、核算范围等确定及排放因子的选取仍需进一步探讨[26]。

目前，钢铁企业 CO_2 排放计算方法主要有两类：

（1）第一类方法是《2006 年 IPCC 国家温室气体清单指南》（以下简称 IPCC 指南） CO_2 排放计算方法。《IPCC 指南》提供了 3 种计算方法：方法 1 是排放系数法，方法 2 是物料平衡法，方法 3 是连续监测法。方法 1 相对简单，对于数据的要求不高，计算结果不确定性高；方法 2 较为复杂，对数据和技术要求较高，计算结果较为准确；方法 3 工作量大，企业数据缺乏，不稳定性较高，计算结果更为准确。目前从实际情况看，一般情况下不采用方法 3，较常使用的为方法 1 和方法 2[27]。

2011 年中国出台的《省级温室气体清单编制指南》、2013 年发布的《中国钢铁生产企业温室气体排放核算方法与报告指南（试行）》、2015 年发布的《温室气体排放核算与报告要求——钢铁生产企业》，这三个文件都是参照 IPCC 中的计算方法制定的。《省级温室气体清单编制指南》将温室气体排放分为化石燃料燃烧和工业生产过程的物化反应两种直接碳排放以及电力热力能源使用的间接碳排放。燃料燃烧的直接碳排放和电力热力的间接碳排放计算采用排放因子法，工业生产过程的物化反应碳排放采用国家温室气体清单编制推荐的方法。《温室气体排放核算与报告要求——钢铁生产企业》是《省级温室气体清单编制指南》在钢铁行业碳排放计算的具体化，两者的计算方法和计算范围一致。

（2）第二类方法为碳足迹法，碳足迹计算方法主要包括投入产出法、生命周期评价法，目前国际上发布的碳足迹评价标准有 ISO/TS 14067、GHG Protocol、PAS 2050，这些标准和方法在进行碳足迹计算时均得到了应用。国内也有多位研究者采用碳足迹法对钢铁企业的碳排放进行了计算和研究，由于采用的方法和计算边界不同，计算的钢铁企业的碳足迹各有不同。

目前多个国家针对钢铁行业特点纷纷研究制定并发布碳排放核算标准，如德国标准化学会、英国标准化学会等，核算标准见表 7-4[28]。

表 7-4　各国钢铁行业碳排放核算标准汇总

序号	标准编号	标准名称	发布单位
1	DIN EN 19694-6—2016	固定源排放　能源密集型行业温室气体（GHG）排放量的测定　第 6 部分：铁合金行业	德国标准化学会
2	DIN EN 19694-2—2016	固定源排放　能源密集型行业的温室气体（GHG）排放量　第 2 部分：钢铁工业	德国标准化学会
3	BS EN 19694-6—2016	固定源排放　高耗能行业温室气体（GHG）排放的测定　铁合金工业	英国标准学会
4	BS EN 19694-2—2016	固定源排放　高耗能行业温室气体（GHG）排放　钢铁工业	英国标准学会
5	EN 19694-2—2016	固定源排放　能源密集型工业中的温室气体排放　第 2 部分：钢铁工业	欧洲标准化委员会
6	GB/T 32151.5-2015	温室气体排放核算与报告要求　第 5 部分：钢铁生产企业	中国碳排放管理标准化技术委员会

第二节　中国钢铁行业低碳领域标准化工作存在的不足

低碳领域标准是依法规范企业碳排放管理、推动钢铁行业低碳发展的重要依据，但目前钢铁行业低碳标准建设存在起步较晚、系统性不强、体系不完善、相关标准严重缺失、难以有效支撑碳排放控制工作实施等诸多问题。

一、低碳标准体系尚未建立

中国目前在低碳标准领域的探索仍处于点状，要想更加系统开展工作，则需在已有低碳标准工作基础上构建低碳标准体系框架，逐步填充，由点汇成面。低碳标准体系编制目的就是为低碳标准的制定提供宏观指导，为碳减排工作提供基础理论、法规依据和技术手段，为减碳技术研究和低碳产品开发提供方向。

国内不少学者均提出了低碳标准体系的建设方案。杨雷等[3]依据标准性质、应用主体和全生命周期阶段三种分类方法对标准进行分类，在此基础上，以每种分类方法为坐标，建立三维碳排放管理标准体系框架。根据上述三维标准体系框架，研究提出了下一阶段需建立的44类标准项目，并提出2018~2030年分阶段实现碳排放管理标准化的路线图。曾友竞等[29]构建低碳园区标准体系，框架主要由基础通用、规划布局与土地利用、园区建设、低碳生产、低碳管理、循环经济与环境保护、低碳交通、低碳保障、低碳评价等9个方面组成，涵盖园区从规划设计到建筑低碳节能，以及生产生活低碳化管理和评价等多个方面，并据此提出了15项低碳园区建设必不可少的标准，建议优先制定。李本强等[30]在建筑节能标准体系的基础上，结合建筑低碳标准体系与节能标准体系的关系，提出并建立了建筑低碳标准体系，将建筑低碳标准体系分为目标层次、工程层次和产品与技术层次三个层面。反观钢铁行业，低碳标准体系的研究起步较晚，体系架构尚未确定，标准的编制缺少系统化、全面的布局。因此，需加快钢铁行业低碳领域标准体系的建设，指导低碳标准制修订工作。

二、低碳领域标准数量和种类不足

俗话说，无规矩不成方圆，对人如此，对行业亦是如此。国际上已发布多项低碳领域标准，各个国家的标准化机构正在积极开展相关标准制定工作。中国对低碳发展的关注度也在不断提高，在正视国内钢铁行业低碳发展必要性的同时，纵观国内钢铁行业低碳领域现有标准，可以发现相较于能源、节水、资源综合利用等领域标准而言，国内低碳领域标准的种类和数量较少。而标准的缺失，自然导致难以对行业低碳发展的推动以及成果认定进行合理和准确的判断和考核。

国内学者也通过梳理分析国内外低碳领域标准现状，提出了中国钢铁行业低碳标准制定建议。笔者通过系统梳理国内外钢铁行业碳排放标准现状，提出中国钢铁行业一些重要碳排放标准严重缺失[28]，包括碳排放管理、低碳技术、产品碳足迹等方面的标准尚未制定。戴章艳等[31]对国内外钢铁行业低碳标准的内容、现状及发展情况进行梳理，指出钢铁行业低碳标准缺失情况十分严重，在低碳管理、低碳技术、工序碳排放限额、低碳产品、全生命周期碳足迹评价等方面的标准尚未制定。

随着国内钢铁产业高速发展，低碳标准缺失和滞后现象将会日渐显现，这些缺失的标准不仅会影响钢铁行业低碳发展和规范化管理，甚至可能会影响产品在下游用户和国际贸易中的通行。

三、核算方法学不统一

有关产品和企业碳排放的核算，在国际社会上已发布多项标准。例如，产品层面的碳排放核算标准就有 ISO 14067、PAS 2050 和 GHG Protocol；针对企业层面的碳排放核算，国际标准化组织 ISO 发布了 ISO 14064—1 作为通用的核算方法。为指导钢铁行业核算碳排放量，国内在 2015 年由全国碳排放管理标准化技术委员会（SAC/TC 548）归口并发布《温室气体排放核算与报告要求　第 5 部分：钢铁生产企业》（GB/T 32151.5—2015）。不同的标准在国际社会中采用程度不一样，张南等[32]比较了 12 个国家或地区中计算碳标签有关碳排放量的标准及方法，发现国际标准及方法的使用率占67%，为其比较提供了一定的基准性，但是使用最多的标准是 PAS 2050，仅占 35%，结果的可比性较差。同时，不同标准的原则、方法以及量化程度等多个方面存在差异，曹孝文等[33]从原则、排放源、系统边界、有效期、分配和沟通等 6 个方面，分析比较了 ISO 14067 与 PAS 2050 的异同。这样的差异将产生一个显著的问题，就是用不同的标准对同一企业或产品进行评价时，常常会得出不同的结论。李楠等[34]依据 ISO 14067、PAS 2050 及 GHG Protocol 3 个标准，计算出铁矿石单位产品碳足迹分别为 0.017kg、0.017kg 和 0.018kg CO_2 当量；生铁单位产品碳足迹分别为 1.497kg、1.500kg 和 1.532kg CO_2 当量；钢锭单位产品碳足迹分别为 1.572kg、1.576kg 和 1.614kg CO_2 当量，得出采用不同标准对于钢铁产品碳足迹核算的误差在 0.2%~2.6%。可见，核算标准中边界范围、排放因子、量化程度等不统一将会对计算结果产生较大影响，为后续评价及对标工作的开展造成困扰。

四、钢铁行业重大低碳技术处于研发状态

钢铁行业低碳发展需要科学完善的技术体系来支撑，尤其是氢能的应用是实现低碳甚至"零碳"排放的最佳途径。目前，世界各主要钢铁生产国都在为此进行不懈的努力和持续的投入，像韩国的 COOLSTAR 项目、日本铁钢联盟的 COURSE50 低碳炼钢项目、欧盟钢铁技术委员会的 ULCOS 计划都剑指碳减排，各显其能。2021 年 5 月，河钢集团在河北张家口启动建设"全球首例富氢气体直接还原示范工程"，从改变能源结构入手，推动钢铁冶金工艺变革。但是，这些技术均处于研发状态，尚未取得较好的研究进展，相关指标数据需进一步调整优化，难以制定技术标准。

五、低碳领域国际标准尚未等同转化

等同、修改、非等效采用国际标准是推动国家标准化建设的一项重要技术政策，瞄准国际先进标准，推进中国标准与国际标准之间的转化运用，能有效提高相关技术水平。国际标准化组织 ISO 已发布了多项低碳领域标准，例如，ISO/TC207/SC7 委员会发布了 ISO 14064 系列标准和 ISO 14067，ISO/TC17 为指导钢铁企业计算碳排放量发布了 ISO 14404 系列标准等。尤其 ISO 14067 关于产品碳排放量核算的标准受到国际社会广泛关注，已被多数国家等同采用为国家标准，如德国发布 DIN EN ISO 14067、英国已等同采纳并发布对应的 BS ISO 14404 系列标准。但是，对于国际上已发布的这些低碳领域标准，中国尚未开展相关国际标准的转化工作，未发布类似相关的国家标准或行业标准。目前中国已成立 TC548 全国碳排放管理标准化技术委员会对口 ISO/TC207/SC7，负责企业、项目层面的碳排放核算与报告、低碳产品、碳捕获与碳储存等低碳技术与设备、碳中和与碳汇等领域标准的制定工作。国家层面低碳标准建设也在稳步推进中，相信在不久的将来低碳领域国际标准也将转化为中国的国家标准。

六、"标准化+"效应不凸显

国家质量基础设施（NQI）是以标准、计量、认证认可、检验检测等技术要素为核心，通过相互协调，共同支持质量的保证、提升、承诺、传递与信任。NQI 各要素已经融入人类社会经济活动的各个领域，成为建立和维护

生产、贸易、社会、国家乃至国际政治经济秩序的重要工具。国际社会上正在快速发展的碳标签制度正是标准与认证的有机结合，中国政府已发布两批低碳产品认证目录，涉及共计 7 种产品，相关的认证机构在推进低碳领域认证工作上也作出了一些努力。王宏涛等[35]对实现碳达峰、碳中和不可或缺的主要技术标准及相关认证实践进行梳理解析，并就中国质量认证中心对国际上现有的标准开展企业温室气体清单核查、碳足迹核查、低碳产品认证和碳中和认证等相关工作进行介绍。但是，由于国内低碳标准尚未健全，开展认证工作缺少理论指导。同时，产品碳标签制度处于起步阶段，还没有确立中国碳标签标识。国内电器电子行业先于其他行业开启"碳足迹标签"试点工作，并制定《中国电器电子产品碳标签评价规范》和《LED 道路照明产品碳标签》两项团体标准，钢铁行业也应积极开展相关工作。

七、低碳领域标准化人才短缺

标准化是一门与实践结合紧密的活动，需要长期的经验积累，在短期内很难完全掌握相关原理和方法，因而在解决具体标准化问题时有一定困难。目前，中国标准化人才队伍已初具规模，标准技术专家超过 4 万名，但与标准化改革发展的要求相比，仍然存在较大的差距，尤其是低碳领域标准化人才数量较少。同时，目前的标准化技术人员很大程度上都是"半路出家"，很多都是因为工作的因素而进行的标准化培养，而这种培养往往也没有经过系统性培训，只是师傅带徒弟似的教学方式，这种方式也使得中国的标准化人才极度匮乏。

就标准化教育而言，根据学信网提供的全国所有大学专业库相关信息显示，仅有中国计量大学、青岛大学、广东理工大学、深圳技术大学等少数院校开设标准化相关专业，提供标准化工程和系统管理等方面的知识和应用能力，培养能在各级各类企事业单位及政府部门、群众团体等从事有关标准的制定、标准化工程项目的设计开发、组织实施、全过程管理和标准国际化等方面工作的复合型人才。而在全国所有大学的研究生专业中，仅有屈指可数的几所大学开设标准化方向。清华大学与国家标准委签署了《关于加强标准化合作的战略协议》，于 2015 年在工程管理硕士（MEM）专业学位中开设标准化方向，这在中国高校中尚属首次。中国计量大学 2020 年研究生招生中开设质量科学与标准化工程学术学位及标准化与技术性贸易措施专业学位。青岛大学 2020 年研究生招生中开设标准化学术学位。可见，中国标准化人才培养尚属起步阶段，低碳领域标准化领军人物的不足，造成了支撑低碳领域标准化事业发展的能力欠缺，低碳标准的供给保障较为被动。

第三节　钢铁行业低碳领域标准化工作的建议

标准是经济活动和社会发展的重要支撑，是国际通行的"技术语言"，标准化更是国家治理体系和治理能力现代化的基础性制度，强化标准化战略的实施对国家综合实力提升具有重要的现实意义和重大的战略意义。低碳发展已经成为世界各国的共识，中国更是在各个领域进行着节能减排的探索。钢铁行业作为高 CO_2 排放行业，更应该积极开展低碳标准制修订工作，并在低碳产品认证、低碳企业及园区建设和产品碳标签制度等方面优先开展试点工作，充分彰显作为碳排放量最高的制造业行业的担当精神。结合中国钢铁行业以及国家层面低碳领域标准发展现状，对未来低碳领域标准的发展提出以下几点建议。

一、建立钢铁行业低碳标准体系

构建低碳标准体系是实现低碳标准系统化的重要一步，是推动中国钢铁行业碳排放标准制定工作有序发展的前提。作为冶金行业最早开展低碳研究工作的机构，冶金规划院通过系统梳理国际和国内现有钢铁行业低碳标准，结合中国钢铁低碳发展要求，构建了钢铁行业低碳标准体系，如图 7-15 所示。

标准体系第一层分为综合基础类、产品层面、企业层面、项目层面、园区层面和技术层面六个方面。主要依据为国际上通用碳排放核算标准，大多是从国家层面、企业（组织）层面、项目层面、产品层面四个方面编制，同时参考国内工业和通信业节能与综合利用领域"十三五"技术标准体系，其中包括温室气体管理标准分体系，与国际标准分类情况具有相似性，如图 7-16 所示。

标准体系第二层根据国内外现有标准，以及钢铁行业需求进行细化，基本包含所有类型的低碳标准。目前，冶金规划院已依据建立的钢铁行业低碳发展标准体系逐步有序开展低碳标准制定工作，已上报《粗钢生产主要工序

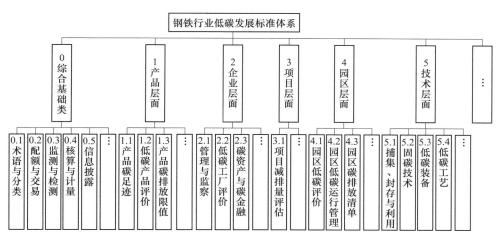

图 7-15 钢铁行业低碳发展标准体系

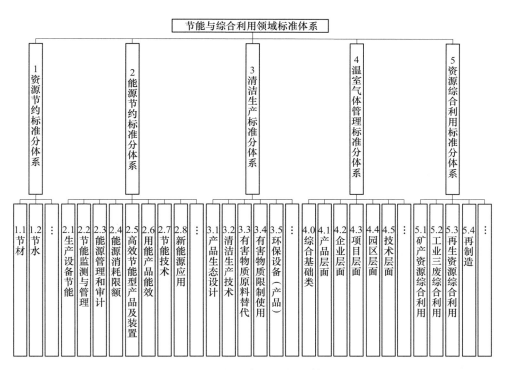

图 7-16 节能与综合利用标准体系框架

单位产品碳排放限额》《粗钢主要生产工序碳排放强度基准值计算方法》
《产品碳足迹 产品种类规则 钢铁产品》和《钢铁企业二氧化碳排放信息

披露指南》等系列低碳标准。冶金规划院建立的低碳标准体系是指导行业低碳标准立项的临时性体系，待国家层面出台总体低碳标准体系后，将对现有钢铁行业低碳标准体系进行修改完善，构建统一框架，推动钢铁行业低碳标准系统、有序发展。

二、加快钢铁行业低碳标准制修订工作

面对国家层面提出的"2030年碳达峰、2060年碳中和"的目标，现有钢铁领域低碳标准立项的推进速度、标准数量以及标准类型等均不能满足国家层面对低碳发展的要求，需要加快完善钢铁行业低碳标准。结合国内低碳工作的总体要求，可以优先从以下几个方面开展低碳标准制定工作。

（1）限值类标准。为了进一步推进钢铁行业绿色低碳转型发展，国家层面正在逐步建立以碳排放、污染物排放、能耗总量为依据的存量约束机制。针对上述要求，可开展钢铁行业碳排放限额类标准的制定，通过限额标准制定，明确行业的理论碳达峰目标值，引导企业开展减碳技术改造，以约束机制淘汰落后产能，实现行业真正碳达峰。

（2）低碳园区与低碳工厂标准。国家在推动低碳工业园区的建设已取得一定成果，前后发布两批共67家低碳园区试点。结合国内试点情况以及钢铁产业园区特点，可开展钢铁园区相关标准的制定，指导低碳型钢铁工业园区的建设、运行以及管理。同时，为进一步推动钢铁行业低碳发展，结合目前绿色工厂评价工作取得的成效经验，可开展低碳工厂评价标准的制定工作，推动一批低碳工厂试点创建。

（3）减碳技术、工艺标准。目前适用于钢铁行业的低碳技术大多处于研发状态，待相关技术成熟后，可针对钢铁行业碳捕集、封存与利用、非高炉炼铁、氢冶金、全氧高炉、钢化联产、新能源利用等技术装备的应用开展标准制定工作，推动成熟可靠的低碳新技术在钢铁行业中的推广应用。

（4）评价类标准。在国家大力提倡分等分级"差别化"管理的形势下，为使绿色低碳项目以及绿色低碳企业能够获得更多的电价、水价以及停限产等优惠政策，可开展钢铁企业低碳水平分级评价标准以及项目温室气体减排量评估标准的制定，引导优惠政策向绿色低碳等环境友好型企业倾斜。

（5）围绕碳排放交易开展标准化工作。全国碳排放权交易市场是落实二氧化碳排放达峰目标与碳中和愿景的核心之一。"十四五"期间钢铁行业即

将进入国内碳市场，面对即将到来的碳排放权交易，需要相关标准的发布出台进行指导。具体表现在：一方面要完善企业核算标准，指导企业采用统一方法计算自身温室气体排放量；另一方面针对碳排放数据的监测、报告编制、温室气体排放信息披露要求等开展标准化工作。

三、健全生命周期评价方法学

生命周期评价与低碳发展在国际社会的关系是十分紧密的，生命周期评价方法已逐渐成为世界范围内评估产品碳足迹的主导方法。结合国际社会产品碳足迹标准的应用以及中国部分产品碳足迹标准的相关经验，需进一步完善中国钢铁行业产品生命周期评价方法。但是，除中国宝武等少数企业外，多数中国冶金企业尚未真正开展生命周期评价相关工作，未建立生命周期评价研究平台及配置相关专业技术人员[36]。

钢铁行业生命周期评价工作需要联合上游原材料生产企业和下游产品制造企业，是一项系统的工程。但目前更多的是只研究到钢铁产品生产完成运出厂门的半生命周期。世界钢铁协会的钢铁产品生命周期评价研究的功能单位为工厂生产的 1kg 钢铁产品，也是属于半生命周期研究。为使产品碳足迹评价更加完整，应充分考虑钢材产品在使用、加工阶段以及回收阶段的碳排放影响。

四、标准先行，构建钢铁碳标签制度

国际社会对出口产品碳标签的要求大多是由发达国家进行主导制定的。因此，发展中国家要想在国际竞争中占有有利地位，就必须增强在碳标签体系的建设。裴晓东[22]通过分析多个国家和地区碳标签制度，指出碳标签的推广应用可能成为一种新型国际贸易壁垒，中国必须在碳标签制度上采取积极的应对措施。李春景[37]从国际贸易的视角出发，论证了碳标签制度对中国商品出口产生的替代效应和碳关税效应，并分析了其对中国出口商品总量和结构产生的影响，提出中国应尽早建立碳标签制度。刘田田等[38]从经济水平、消费者理念、政府态度、贸易发展等方面剖析了发达国家与发展中国家推行碳标签制度的差异，提出中国应确立碳排放的测算准则与认证机构，设计并建立符合中国国情的碳标签图案和碳足迹测算方法体系。

虽然中国目前没有相关的文件强制产品加入碳标签，但碳标签已成为全球性的产品标识，并作为进出口贸易中的又一新壁垒。因此需要加快中国钢铁产品碳标签标准的制定工作，同时推进碳标签制度的建立实施，鼓励先进的钢铁企业自愿为自己的产品贴出碳标签，以此推动钢铁产品生产过程中节能减排技术的应用。

五、推动"标准化+"发展

充分发挥"标准化+"的引领效应，构建标准化全链条服务体系，打造标准+检测、标准+认证等服务模式。发挥标准的引领作用，优先制定《低碳产品评价方法与要求 钢材产品》《钢铁企业二氧化碳核查技术规范》等相关标准，并与认证认可、检验进行联动，充分激发认证认可机构、检验检测机构创新活力，提升服务品质。通过标准—认证—检验全链条服务，为企业颁发国际认可的低碳产品通行证，帮助钢铁企业更好地应对国际贸易壁垒等相关问题。

六、加强低碳标准的宣传力度

加强低碳标准宣贯培训，强化主管部门、重点企业、第三方机构标准的宣贯意识和能力，是落实低碳标准作用的关键。重点针对碳排放核查、碳排放限额、低碳评价等领域，充分发挥全国专业标准化技术委员会的作用，通过编制培训教材、开展现场培训和网络培训、举办大型会议等手段，加强对管理人员、碳排放核查人员、企业碳资产管理负责人的标准培训。引导钢铁企业贯彻执行碳排放核算和碳排放限额标准，依法规范企业碳排放行为，落实碳排放监测管理制度，淘汰落后工艺，不断降低企业二氧化碳排放量。强化碳排放权交易标准的宣贯，使企业充分了解碳排放权交易的规则，提高钢铁企业生产过程节能降碳的意识。

第四节 冶金规划院标准与认证工作

冶金规划院标准与认证中心是国家市场监督管理总局标准领域重要的支撑机构，下设1个标准化研究中心、多个专业分技术委员会，已构建成熟的"技术+标准"双轨并行的标准化服务模式。

国家层面：冶金规划院承担了TC20/冶金能源基础与管理、TC207/冶金环境管理、TC275/冶金环保产业、TC442/钢铁节水、TC415/冶金资源综合利用、TC269/钢铁物流 6 个标准化工作组组长单位和秘书处工作，致力于冶金节能环保、资源综合利用以及钢铁物流领域标准化工作，力求促进冶金行业绿色、循环、低碳转型，促进钢铁物流高效、安全、优化运转。

行业层面：冶金规划院承担了工业和信息化部钢铁行业节水标准化工作组、节能标准化工作组、资源综合利用标准化工作组秘书处工作。

团标层面：冶金规划院承担了中国特钢企业协会、中国冶金矿山企业协会、中国铁合金工业协会、中关村不锈钢及特种合金新材料产业技术创新联盟等多个国家级团体标准化工作委员会秘书处工作，积极开展团体标准制订工作，致力于形成一系列适应市场需求、引领行业发展、填补空白的标准。

目前，冶金规划院已牵头、参与完成制修订绿色发展相关国家、行业标准八十余项，在行业内更是率先开展低碳标准化工作。从 2013 年起，冶金规划院全面参与完成了现行钢铁及焦化生产企业碳核算方法学研究工作，是现已完成并发布的《温室气体排放核算与报告要求　第 5 部分：钢铁生产企业》（GB/T 32151.5—2015）和《钢铁企业温室气体排放核查技术规范》（RB/T 251—2018）两项标准的主要参与编制单位，正在开展《钢铁企业碳平衡编制方法》（2018-0453T-YB）、《钢铁企业碳减排成本核算方法》（2019-0392T-YB）、《钢铁行业轧钢工序单位产品碳排放限额》（2021-0543T-YB）等行业标准编制工作。

参 考 文 献

［1］ 白卫国，王健夫，姚芩，等．国际碳核查政策制度调查研究［J］．工程研究-跨学科视野中的工程，2016，8（3）：322-331．

［2］ 冯相昭，王忠武，夏卫国．国际碳排放标准于中国企业之启示［J］．环境保护，2011（19）：71-73．

［3］ 杨雷，杨秀．碳排放管理标准体系的构建研究［J］．气候变化研究进展，2018，14（3）：281-286．

［4］ 庄智．国外碳排放核算标准现状与分析［J］．生态建材，2011（4）：43-45．

［5］ 陈亮，林翎，鲍威，等．国内外碳排放管理标准化工作进展综述［J］．国外能源，2014，36（1）：25-28．

[6] 蒋婷.碳足迹评价标准概述［J］.信息技术与标准化，2010（11）：15-18.

[7] 杨洋，唐良富.产品碳足迹国际标准解析与启示［J］.质量与标准化，2013（6）：38-41.

[8] 张一清，刘传庚，白卫国.碳足迹概念、特征、内容框架与标准规范［J］.科技进步与对策，2015，32（9）：20-25.

[9] 白伟荣，王震，吕佳.碳足迹核算的国际标准概述与解析［J］.生态学报，2014，34（24）：7486-7493.

[10] 梁淳淳，宋燕唐，云鹭.产品碳足迹标准化研究.国家标准化管理委员会.市场践行标准化——第十一届中国标准化论坛论文集［C］//国家标准化管理委员会：中国标准化协会，2014：5.

[11] 田涛，姜晔，李远.石油化工行业产品碳足迹评价研究现状及应用展望［J］.石油石化绿色低碳，2021，6（1）：66-72.

[12] 张晓暄.二氧化碳捕集与封存的国际法律制度研究［D］.青岛：中国海洋大学，2013.

[13] Garrett J. The Carbon Capture and Storage Legal and Regulatory Review ［M］. 3rded. France：The International Energy Agency，2012.

[14] 张彦欣.碳捕集和封存标准化思考［J］.资源节约与环保，2016（11）：9.

[15] Carpenter S M，President V，Koperna G，et al. Development of the first internationally accepted standard for geologic storage of carbon dioxide utilizing enhanced oil recovery（EOR）under the international standards organization（ISO）technical committee TC-265 ［J］. Energy Procedia，2014，63：6717.

[16] 姚婷婷，陈泽勇.碳中和国际标准解析［J］.电子质量，2011（1）：59-61.

[17] 邱岳进，李东明，曹孝文，等.产品碳足迹评价标准比较分析［J］.合作经济与科技，2016（20）：138-140.

[18] 李佳轩.中国低碳产品认证制度的发展［J］.中小企业管理与科技（下旬刊），2016（2）：107.

[19] 刘一丁.低碳产品认证助推节能减排［N］.中国能源报，2012-11-12（006）.

[20] 刘霞.印刷媒体产品碳足迹标准初探［J］.印刷杂志，2012（11）：4-7.

[21] 黄斐超.建设工程施工阶段碳排放核算体系研究［D］.广州：广东工业大学，2017.

[22] 裴晓东.各国/地区碳标签制度浅析［J］.轻工标准与质量，2011（1）：43-49.

[23] 胡剑波，丁子格，任亚运.发达国家碳标签发展实践［J］.世界农业，2015（9）：15-20.

[24] 刘玫，李鹏程.气候中性与碳中和国际实践及标准化发展对中国的启示［J］.标准

科学，2020（12）：121-126.

［25］申娜娜，郑广远．天津市低碳经济标准体系建设研究［J］．中国质量与标准导报，2017（6）：80-82.

［26］高春艳，牛建广，王斐然．钢材生产阶段碳排放核算方法和碳排放因子研究综述［J/OL］．当代经济管理，2021，43（8）：1-9.

［27］卢中强，陈红举，郝宗超，等．钢铁企业二氧化碳排放计算修正方法探讨［J］．河南科学，2019，37（8）：1317-1323.

［28］李新创，李冰，霍咚梅，等．推进中国钢铁行业低碳发展的碳排放标准思考［J］．中国冶金，2021，31（6）：1-6.

［29］曾友竞，林孟朝．低碳园区标准体系研究［J］．质量技术监督研究，2020（4）：15-19.

［30］李本强，苑翔，刘红．建筑低碳标准体系研究与建议［J］．工程建设标准化，2016（7）：65-71.

［31］戴章艳．国内外钢铁行业低碳标准现状及建议［J］．中国钢铁业，2020（9）：34-36.

［32］张南，王震．各国碳标签体系的特征比较及其评价［J］．环境科学与技术，2015（S2）：392-396.

［33］曹孝文，邱岳进，高翔，等．产品碳足迹国际标准分析与比较［J］．资源节约与环保，2016（9）：198-199.

［34］李楠．产品碳足迹标准对比及其供应链上的影响研究［D］．北京：北京林业大学，2019.

［35］王宏涛，张隽，李璐．"碳达峰、碳中和"标准解读与认证实践［J］．质量与认证，2021（5）：38-40.

［36］管志杰，马东旭，李文远，等．生命周期评价在中国钢铁行业的发展与应用［J］．冶金经济与管理，2020（3）：47-50.

［37］李春景．碳标签制度对中国出口产生的贸易效应分析［J］．商业经济研究，2015（20）：20-22.

［38］刘田田，王群伟，许孙玉．碳标签制度的国际比较及对中国的启示［J］．中国人口·资源与环境，2015（S1）：599-601.

第三篇
低碳管理

DITAN GUANLI

第八章　健全体制机制建设，强化内部管理

第一节　制定低碳规划发展战略

绿水青山就是金山银山，改善生态环境就是发展生产力。企业应深入贯彻绿色发展理念，致力于推动生产经营环节的节能减排，通过技术革新，打造环境友好型产品，推动节能绿色低碳产业发展，共建美丽中国。对于钢铁企业而言，应围绕绿色低碳管控、绿色低碳生产、绿色低碳产品、绿色低碳产业四个方面，加快制定企业绿色低碳发展战略。

一、提升绿色低碳管控水平

（一）组织优化

加强绿色低碳组织体系。设立低碳领导小组，牵头负责企业各项低碳工作；设立专门的环保或低碳归口管理部门，履行环境经营的职责，并对下属各产业的环境保护督察行使日常归口管理职责。

（二）人才优化

加大绿色低碳方向人才的引入力度，加强内部人员绿色低碳培训力度，全面提升员工绿色低碳意识。对现有考核评价体系进行优化调整，将绿色低碳纳入考核体系范畴，以考评为导向引导各级人员提高对绿色低碳工作的重视程度。

（三）健全创新体系

建立健全"顶层指引、项目带动、产销研用一体化"的科技创新模式。

制定符合公司发展战略的重大项目攻关和重点工程项目任务组织实施机制，根据发展不同阶段适时推动相关项目启动。把技术创新投入纳入年度预算，实际研发投入（R&D）比率达到行业先进水平，形成长期有效的稳定投入机制。

（四）完善激励机制

完善绿色低碳制度体系建设，按照制度规定进行内部的规范化管理。根据企业碳排放额度需求以及碳排放额度价格的波动情况，预留必要碳排放额度储备，减少财务风险。建立碳期货市场套期保值机制，力求实现收益与亏损的对冲，保证企业现金流的稳定，避免碳价格波动对企业的影响。

（五）加强供应链管理

加强供应链管理包括：一是提高废钢占比，降低生产能耗；二是完善采购及检化验管控体系；三是推进绿色采购中逆向物流的建设；四是加强销售系统建设，加强产销研衔接；五是提高供应链上企业的协同降碳水平。

（六）提高设备效率

以四个降低（能源消耗降低、养护费用降低、碳排放量降低、设备故障降低）为目标，从领导、战略、组织人员、制度、过程优化、结果反馈、提升改进七个方面全面提升企业设备管理水平。

（七）建立碳资产管理体系

成立碳资产统一管理平台，统一管理集团的碳交易和碳资产。关于平台的组建和发展，可先期成立"服务型"的管理平台，逐步过渡到"经营型"管理平台的机制。

（八）重视风险防控

建立企业绿色低碳环保督察体系与机制，持续加强环保合法合规性管理与环保风险管控。每年组织开展固废危废自查自纠，包括对生产单位的固废堆场规范化整治排查和危险废物产生单位的规范化管理自评；制定年度《环境保护督察工作方案》，定期完成对生产定位的环保督察。同时，在投资过程中，做好投资行为的环境尽职调查评估工作，确保投资项目绿色低碳，符合国家政策发展方向。

二、提高绿色低碳生产能力

（一）新能源开发

钢铁企业应积极与绿色低碳研究机构及大学院校积极开展合作，将建立战略合作工作联席会议制度，以"产学研用"模式开展深度合作，加大氢能、核能等新型能源在冶金领域的应用。通过将新能源技术与钢铁冶炼和煤化工工艺耦合，拓展应用领域，带动装备制造、新材料等相关产业发展。

（二）碳减排

钢铁企业应致力于低碳发展，积极推进碳减排管理工作，全面完成碳交易企业的碳配额清缴履约。通过对不同控排企业和不同产品对碳排放量及碳排放强度影响的对比分析，识别碳排放波动主要影响因素，研究适应企业的碳排放分配方案，提出了一套以工序基准法为基础的长流程钢铁生产企业配额分配方法。加强与外部机构和高校学府的交流合作，以减少钢铁产业链的碳排放为目标，共同探索低碳冶金创新技术，打造低碳冶金产业链，共同应对气候变化挑战。

（三）技术研发

大型钢铁企业集团应充分发挥科技引领与核心作用，在战略性新技术研发应用领域获得系列成果。完善自身研发体系建设，加快绿色低碳类研发人才培养力度，为技术研发工作提供有效支撑。

三、加快绿色低碳产品研发

（一）绿色产品

绿色产品（即环境友好产品）是以符合环保法规为基本要求，在钢铁产品设计和制造环节中，采用节能减排、降低消耗的生产工艺，同时促使下游行业产品在设计、制造、运输、使用、回收、再利用和废弃等全生命周期内节省资源，降低消耗，减少污染物排放，减少对环境质量和人体健康的负面影响。企业可基于产品生命周期评价的"绿色产品"概念，采用产品生命周期研究对绿色产品进行系统评估，科学有效地推动绿色产品研发和应用。钢铁企业应积极推动绿色产品的研发与应用，致力于降低产品生产过程中对环境的负面影响；同时为客户提供绿色产品解决方案，构建高质量生态圈。

（二）低碳产品

2021 年 3 月，欧洲议会在全体会议上投票通过了"碳边境调节机制（CBAM）"议案，对欧盟进口的部分商品征收碳税。可见，降低产品生产过程中的碳排放、对产品开展全生命周期的低碳管理、加快推进产品低碳认证，将成为企业未来必须考量的重要问题。

四、加快培育绿色低碳产业

大型钢铁企业集团应加快布局低碳环保产业，对节能环保技术进行系统的商业化开发，形成为行业内外提供节能环保解决方案的能力，在为社会提供有价值的产品和服务的同时，实现企业经济和社会的双重收益；同时加强资源、环境产业推进力度，依托城市钢厂的装备、技术和资源优势，以产城融合、城市矿山开发和资源综合利用为方向，形成专业化的行业和产城融合的环保产业。

第二节　健全低碳组织管理体系

随着中国钢铁产业规模的不断增大，产业竞争的不断加剧，从 20 世纪末开始，一些大型国有钢铁企业集团开始逐渐意识到管理理念和手段的提升对于企业持续发展的重要性，从最早的"学习邯钢经验"到六西格玛、5S 管理、精益生产、QC 小组等国外管理理论的引进，中国钢铁企业在管理变革的道路上不断探索前进。2020 年以来，随着我国二氧化碳排放力争 2030 年前达到峰值，力争 2060 年前实现碳中和目标的提出，碳达峰和碳中和成为未来影响企业可持续发展的重要因素。在此背景下，如何在降本增效的同时完成低碳转型成为企业面临的重要问题。为此，需要赋予传统管理理论新的内涵，推陈出新，将管理理论与低碳发展相结合，帮助企业实现绿色低碳发展。

一、传统管理理论概述

中国钢铁企业的管理体系变革始终走在国内前列，对各类管理理论的应用案例也屡见不鲜。目前，在钢铁企业中应用较为广泛的管理理论主要包括六西格玛、5S（6S现场管理）、精益生产、阿米巴经营等。但上述经营管理理论在中国钢铁企业的推行过程中容易出现水土不服的情况，需要综合考虑企业的文化战略、低碳水平、组织架构、企业规模、人员素质等因素，并在实施过程中结合企业实际情况进行合理的调整和灵活运用。

目前，5S/6S现场管理在钢铁企业的应用较为普遍，但受到文化差异、工艺装备水平、人员素质的影响，使得6S管理在落地过程中阻力较大，最后往往流于纸面。精益生产的操作模式和方法在本土化的过程中发生较大转变，已经与钢铁企业的成本管理、质量管控、工艺过程优化等融为一体，各大钢铁企业对精益生产的实践应用存在较大差异。六西格玛是一套相对标准化的管理体系，但由于其操作相对复杂且对实施人员素质要求高，目前在钢铁企业的实施案例相对较少，主要集中在大型的国有钢铁企业。阿米巴经营思想已在钢铁企业中得到了充分实践，如现今的事业部制、内部模拟法人制、内部市场化结算等经营管理理念均脱胎于此，其思想和具体做法对于低碳背景下的组织体系优化有着一定的借鉴意义。

二、低碳背景下组织管理模式

随着管理理论和工具的不断迭代，企业经营模式的变化，低碳发展的要求，传统的管控模式在操作层面很难适应低碳背景下企业的管理要求，需要结合企业实际对其进行优化升级。

（一）构建灵活的战略组织体系

企业应首先制定明确的低碳战略发展规划，并以符合企业低碳发展战略为出发点对现有组织架构进行优化调整，最后从经营核算和人才培养等方面，将组织划分为不同类型的经营主体（利润中心或成本中心），并构建多层级的组织架构。具体包括如下几个方面：

一是战略梳理。对于大型钢铁企业集团而言，可从内部竞争力、市场吸引力、绿色低碳发展三个维度对各产业进行行业竞争力分析，寻求最佳的业务组合，明确重点发展的产业和业务。

二是功能划分。明确集团公司各级子公司的功能定位，合理进行量化分权，将总部打造成统一管控平台，将各级子公司打造成独立市场化的经营主体。

三是组织划分。在行政管理级别的基础上，结合经营管控的需要，明确经营层级。在确定层级后，按工序、产品、职能、区域等划分方式，充分考虑组织的特性后，将组织划分为预算型、成本型、利润型、资本型等不同类型的经营单元。

（二）构建清晰的经营核算体系

经营核算是组织绩效管理的核心，掌握经营状况的关键则在于及时准确的核算，因此经营核算报表的作用尤为重要。经营核算报表大体分为收入、费用、人力成本、利润几个部分。收入方面需要通过内部定价来实现产品（或服务）的计价，同时将碳排放实现盈利纳入收入的计算范畴；费用方面需要制定合理的分摊规则，特别是对碳排放成本制定有效的分摊规则，并对碳排放的成本进行有效计算；利润方面需要计算（碳排放折价后的）实际利润，并与年初制定的目标利润进行比较，从而对经营主体的绩效进行评价。

三、低碳背景下组织管理实践

（一）健全低碳绿色发展组织领导体系

面对当前严峻的生态环境形势和未来低碳发展的艰巨任务，钢铁企业应深入贯彻习近平主席生态文明思想，认真落实关于集团双碳工作要求，切实加强对企业低碳发展工作的领导，推进相关行动方案的部署和实施，建议成立企业"双碳"工作领导小组。由公司领导牵头，财务、能源、人力等职能部门全程参与，生产单位指派专人组建领导小组。委员会牵头制定经营体系、设立推进计划，并对实施过程中存在的问题予以协调。领导小组应有专职人员负责组织优化推进事宜。"双碳"工作领导小组办公室设在能源管理部门，办公室主任由能源管理部部长兼任。

（二）做好低碳推进工作内部宣传活动

根据公司低碳发展战略，明确组织优化的推行范围和方式，制定详细的推进计划，明确阶段目标和时间节点。组织优化在推进前期应做好宣贯工作，让各级人员全面了解低碳背景下公司的经营理念和运作模式，提高全员的重视程度。编制低碳宣贯材料，并在公司层面、分厂层面逐级进行宣贯，使得各级人员对低碳经营理念、哲学、模式等核心要义有所了解，提高重视程度，方便后续工作的开展。经营过程中，需要对各级人员进行专项培训，使得各经营主体的负责人可以独立制作经营核算报表，并对经营业绩进行分析，提出合理改进建议。

（三）信息系统赋能低碳组织管理优化

财务 ERP 系统可提高钢铁企业经营核算的准确性和及时性，有效避免核算过程中的人为干预。企业在完成推行低碳组织体系的同时，可考虑对 ERP 系统进行相应的升级改造，以满足内部经营核算的需求。信息系统对低碳下组织体系的支撑主要体现在四个方面，分别是构建多层级的组织架构、内部交易自动结算、经营报表自动生成、工资薪酬自动计算。

（四）例会制度支撑低碳组织体系建设

低碳组织经营体系需要良好的信息传导机制。科学设立各类经营核算报表时，应明确数据统计和表单填报的责任人和时间节点，对于管理人员及时掌握企业经营信息和碳排放情况尤为重要。定期例会是各级经营主体彼此了解经营状况、沟通交流的重要平台，公司层面应建立低碳例会制度。

第三节　加强低碳人才队伍建设

一、打造低碳人才队伍

企业应明确绿色低碳招聘的重要意义，并在此基础上结合企业文化与背景，做出详细的人才招聘策略，为绿色人才的培养打好基础[1]。

一是公司通过招聘方案吸引并选择具有绿色低碳意识和能力的候选人，

确保其对低碳工作认识到位，避免招聘的员工出现抵制企业低碳管理的行为，为后续员工培训带来困难。

二是通过提高企业绿色声誉的方式，为求职者提供对企业品牌的认可度，使其与企业价值观形成良好契合，被具有积极信号的组织吸引，提高员工的组织自豪感与认同感。

三是根据绿色低碳标准对员工进行评估和选择。

二、建立绿色低碳考核评价机制

企业薪酬发放一般分为组织绩效和个人绩效两部分内容。组织绩效方面，各经营主体的奖金发放直接与经营指标、碳排放指标挂钩（碳排放指标根据市场碳交易价格折合成利润），超额完成的利润可按照一定比例提奖。个人绩效方面，将绩效与经营业绩直接挂钩，纵向深入考核层级，通常细化到班组，甚至到个人，特别是绩效奖金部分应与各级经营主体经营业绩完成情况直接挂钩。

三、营造企业内部良好低碳氛围

企业良好的低碳氛围、员工高度的低碳意识是企业低碳发展的基本保障。加强国家有关低碳发展工作的各项政策、法律法规、标准等宣传引导，让干部职工清楚企业的发展思路、发展目标、发展路径和具体措施，统一思想认识，统一行动计划，把大家的力量凝聚到低碳发展的中心任务上来，形成推进工作的强大合力。利用多种途径加强宣传，让全体员工尤其是从事低碳相关工作的员工明确低碳发展的重要性以及必要性。通过学习宣传培训，把低碳发展工作落实到日常工作中，让每一名员工都自觉做企业低碳发展建设的参与者、实践者。同时，领导层要强化低碳战略思维，提供充足的人力、物力以及财力资源，全力支持低碳项目的实施；并且还要成为一名参与者，加强监督与管理，及时给予指导和帮助。

第四节　健全自主创新支撑体系

"十四五"期间，中国钢铁行业发展进入低碳高质量发展新阶段，是钢铁企业提质升级发展的关键时期，涉及产能进一步提升，产品种类逐步丰富，品种结构大幅优化，需要强有力的技术创新体系进行支撑。钢铁企业需重点做好以下几方面工作。

一、健全技术创新体系

逐步建立健全"顶层指引、项目带动、产销研用一体化"的科技创新模式。丰富技术中心管理职能，负责落实公司技术创新发展战略，制定具体的行动方案和路线图，以重大项目攻关和重点工程项目为载体，强化"产销研用一体化"科技创新模式，促进公司竞争力整体提升。特别是在低碳发展方面，只有在公司统筹协调、"产销研"多部门紧密配合下，推动重点技术突破方能取得显著成效。

二、完善科研管理体制机制

制定符合公司发展战略的重大项目攻关和重点工程项目任务组织实施机制，根据发展不同阶段适时推动相关项目启动。探索开展"揭榜挂帅"模式，与项目责任单位、团队和个人签订"军令状"，提供项目科研经费，根据创新绩效和实施效果进行重奖，使科研—投入—产出—奖励形成良性循环。

三、建立长期稳定的科研投入机制

把技术创新投入纳入年度预算，实际研发投入（R&D）比率达到行业先进水平，形成长期有效的稳定投入机制。设立专用科研经费账户，严格做到专款专用，保障科研投入的有效供给。重点用于节能低碳技术研发与改造、新产品开发、生产亟须的短平快项目等研究开发，以及设备采购和人才引进等。

四、大力打造企业技术领军人物

加强高端核心技术人才的自主培养与外部引进，强化研发创新人才体系建设。推动"首席制""创新工作室""重大项目团队"等专业性高端技术人才队伍建设。建立选聘、评价和退出机制，培养造就一批专业权威性高、项目攻坚能力强、行业影响力大的技术领军人物和创新团队。给予科技创新带头人更大的技术路线决定权、技术规程制定权、解决难题信任权和科研经费使用权，以及更高的薪酬待遇和晋升通道。

五、加大人才资源保障力度

制定并落实高端人才引进和培养机制，建立优秀技术创新人才国内外考察、进修、实习、培训制度。探索人才共享的各种途径，吸引国内外专家、学者和技术人员参与企业发展。搭建人才成长和晋升通道，建立科学的人才评价机制，按照评价结果落实人才待遇，以此激发技术人员的创新积极性。

六、加强科研创新平台建设

进一步加强与国内外高校、科研院所合作，特别是在氢冶金、低碳技术改造升级等方面深化技术交流与协作，紧跟行业低碳发展技术趋势，适时推动新技术、新工艺的应用和推广。同时，积极推动地方性低碳产业联盟建设，充分发挥产业集聚优势，吸引更多上下游企业和科研单位参与其中，引领钢铁企业碳减排、碳中和工作。

第五节　健全低碳减排激励制度

一、完善环境管理制度，落实企业责任

如今中国已经先后出台了许多低碳环保方面的政策法规，并且明确规定了钢铁企业排放标准，因此钢铁企业对外要严格遵守国家排放标准进行钢铁生产，对于产生的废弃物、污染物进行无害化处理。对内一方面要完善相关环保制度，按照制度规定进行内部的规范化管理，并要建立相关奖惩机制，有效规范生产运营的低碳化运作；另一方面还要设立专门的监督部门，对生产运营各个环节实施动态监控，定期通报资源能源利用情况、污染物及碳排放情况，对于发现的问题限期整改，在更高水平上实现低碳发展。

二、通过 CDM 交易机制，积极引入低碳生产技术

引入低碳生产技术，可以显著降低碳财务成本；同时低碳生产技术作为长期待摊资产，其摊销所带来的税收（主要是以碳排放量为计算基础的碳税）挡板作用，将为企业带来额外的经济利益流入，企业在衡量低碳技术所

带来的收入和支出的前提下，做出低碳投资决策。

三、合理构建企业碳财务机制

根据企业碳排放额度需求以及碳排放额度价格的波动情况，预留必要碳排放额度储备，建立碳排放额度预警机制。通过在碳资本市场的交易（包括碳资产的衍生品），保持企业自身的碳排放额度合理充裕，保证企业持有的碳资产少受市场价格波动的影响，减少碳财务风险。

四、建立企业碳信用机制

建立碳期货市场套期保值机制。当企业对碳资产具有投资意向时，采用购买长、短期碳资产相结合的方式，力求实现收益与亏损的对冲，保证企业现金流的稳定，避免碳价格波动对企业的影响。

第六节　加强采销环节低碳管控

一、减少原燃料消耗、提高废钢使用比例

一是减少原燃料消耗。钢铁企业通过在原料准备、焦化、烧结、球团、炼铁等原燃料消耗的关键环节开展优化改进措施，包括：采取精料方针，稳定原料质量，优化配煤配矿，提高炼铁炉料球团矿配比，生产设备先进化、大型化，强化精细化管理和操作等，实现固体燃料消耗进一步降低，降低化石能源消耗产生的碳排放。

二是提高废钢使用比例。加大废钢资源回收利用，选择碳排放强度较低的钢铁生产工艺流程，是钢铁工业在满足国民经济生产需求的同时，实现碳减排的有效途径。目前，中国钢铁工业已渡过规模扩张期，同时社会钢铁积蓄量在逐步增加。中国钢铁工业已迎来了废钢资源利用的重要机遇期和发展期。

二、完善采购及检化验管控体系

一是系统梳理现有采购及检化验文件体系，查重补缺，建立完整的两个管理文件体系，即供应商选择及评价管理文件体系、采购物品检化验及验收

管理文件体系。

二是提升采购能力，确保采购按照规定实施。完善供应商评估准入管理相关制度，加强对供应商评价，继续坚持绿色采购，并加强对供应商的绿色评级，提高其绿色产品、环保资质等因素的评级占比，制定《合格供应商名录》，同时定期对供应商进行培训，提升供方服务能力；加强检化验相关人员岗位培训，积极采用先进的检化验技术和设备，进一步规范检化验及采购物品验收工作流程，确保采购的物品满足规定的采购要求。

三是丰富采购信息，完善有害物质、环保能效等指标。完善有毒有害物质控制要求及处理办法，系统梳理有毒有害物质的控制要求；完善采购信息和采购合同，根据采购物品种类不同，丰富包含有害物质使用、可回收材料使用、能效等环保指标要求信息。

三、推进绿色采购中逆向物流的建设

绿色采购中逆向物流的建设包括对象的回收、检测、分类、再制造和报废处理等活动。首先，鼓励建立基于供应链的废旧资源回收利用平台，建设线上废弃物和再生资源交易市场。在材料采购方面，要优先采购企业自身固废资源综合利用产品。其次，落实生产者责任延伸制度，针对钢铁料、废钢、废耐材、废油桶、废油和包装物等产品，优化供应链逆向物流网点布局，促进产品回收和再制造发展。

同时，钢铁企业应加强与客户的沟通与合作。首先，及时根据客户的需求状况以及库存情况对企业生产计划做出调整，加快库存产品周转速度，提高仓储利用率，从而降低仓储费用；其次，选择合适的运输工具，合理规划运输线路，尽可能减少装卸次数、降低空载率，这样不仅能够减小运输成本压力，同时也因路线变短而降低了二氧化碳排放量；最后，可以开发物流信息决策网，准确掌握物流信息，从而有效地运用相关资源，降低物流成本。

四、完善销售管理系统，实现产销研一体化

产销研模式是企业流程改造的一种重要途径，该模式打破了生产部、销售部以及技术部之间的隔膜，不仅有助于生产计划与销售计划的制定，而且可以保证新产品与时俱进，有效促进了信息流通与资源共享，实现了产销研一体化。为提高供应链的低碳运营绩效，钢铁企业应该加强产销研衔接，以

客户与市场需求为导向，通过技术创新，开发质优价廉客户满意的低碳环保产品，提高市场竞争力。

钢铁企业在完善销售管理系统时，需要从两个方面入手：第一，要明确与下游企业间的关联信息，将所有需要共享的信息纳入系统中，保证信息传递的及时性与可靠性，尤其是供应链的低碳化信息需要共享，以此来提高下游企业的低碳意识，并通过相互监督与相互影响来提高下游企业的低碳化发展水平；第二，要与本企业的生产需求以及组织机构等自身状况相适应，并随销售管理系统的发展而不断升级改造，唯有这样才能促进下游各企业、公司内部各部门之间的信息流通，进而保证低碳销售的高效运行。

五、强化供应链企业低碳水平

供应链的低碳顺利实施需要合作伙伴的大力支持。供应商需要按照要求供应低碳环保原料，生产商需要利用清洁技术进行低碳生产，营销商需要推广低碳产品占领市场，运输商需要选择最佳运输工具和最优路径进行低碳配送，消费者需要增强低碳观念增加对低碳产品的购买热情，不论哪一个环节出现问题都会影响到供应链的低碳化水平。所以从采购、生产、仓储、营销配送、使用到报废处理的整个过程中，供应链上各企业之间应该以碳排放分担与利益共享为原则不断开展交流与合作，风险共担、资源共享，建立互信互助共赢的长效合作机制，实现供应链向低碳化、集成化与高效化方向发展[3]。

第七节　提高设备运营管控效率

一、传统设备管理模式概述

全员生产维护（Total Productive Maintenance，TPM）是以提高设备综合效率为目标，以全系统的预防维护为过程，以全体人员参与为基础的设备保养和维护管理体系。TPM 管理是钢铁企业普遍导入的传统设备管理模式，该模式在中国宝武、首钢、东海特钢、安钢、河钢、山钢等优秀钢铁企业均得到推广应用，并在提高设备运行效率方面取得了一定成效。随着行业形势的变化，以提高设备运营效率为核心的传统设备管理模式已难以满足当下提高运行效率和低碳发展的要求，需要与时俱进，对推进方法和应用工具进行融合创新升级，并探索出新的设备管理模式和提效路径。

二、传统设备管理中存在的问题

（一）设备管理不够系统

部分钢铁企业在设备的管理上，没有将科研部门、设计部门和生产经营部门有效结合和统一，从而导致系统、综合、全面的现代设备管理体系和方法难以实施。由于对设备的管理没有从整体上出发，而是无意识地将各部分分开来进行，导致个人自扫门前雪的现象出现，无法实现系统性管理。

（二）设备管理体系不健全

很多企业在基础性的设备管理工作上未开展到位，主要体现在如下几个方面：一是设备原始台账缺失或记录不准确；二是设备管理制度执行力不足，设备管理职责不明确；三是受到指标考核、工序限制等因素的影响，设备的检修计划得不到有效落实，设备未按期检修。

（三）设备保养维护不到位

随着行业竞争的加剧，降本增效是钢铁行业现阶段面临的重要问题之一。伴随着钢铁企业产量的不断提高，生产节奏和负荷的加快，易忽视设备的保养维护，使得设备劣化现象严重，设备使用寿命大幅缩减。

（四）设备操作规范不完善

钢铁企业虽然制定了相应的设备管理办法和制度，但考虑到设备的种类、型号、使用工况存在差异，需要结合实际针对不同设备制定具体的操作规范。同时，由于现场人员数量少、人员素质参差不齐，导致设备使用不规范。

（五）设备管理意识和能力欠缺

设备管理意识和能力欠缺表现在：一是重视程度不足，现场人员由于生产任务繁重，往往更关注产量，而忽略对设备的使用和维护保养；二是岗位

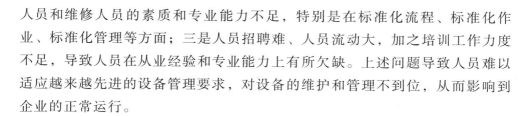

人员和维修人员的素质和专业能力不足，特别是在标准化流程、标准化作业、标准化管理等方面；三是人员招聘难、人员流动大，加之培训工作力度不足，导致人员在从业经验和专业能力上有所欠缺。上述问题导致人员难以适应越来越先进的设备管理要求，对设备的维护和管理不到位，从而影响到企业的正常运行。

（六）设备管理信息化程度不高

中国部分钢铁企业对设备管理信息化重视不够，设备管理信息化水平偏低，导致很多设备和设备的管理信息不能在各管理人员之间及时的共享，使设备管理者无法为设备的管理和维护做出准确的定位。

三、低碳背景下的设备管理新模式

（一）低碳设备管理的意义

1. 实现低碳运行

通过开展设备的全过程管理，运行维护过程中有效降低各项能源消耗；在降低运营成本的同时，有效降低生产过程中的碳排放量，从而实现设备的低碳运营。

2. 提高产品产量

企业通过制定更加科学合理的维检计划，从而有效避免设备因故障、换线、停机、降速等问题而引起的设备使用效率的下降。随着设备综合利用率的提升，产品产量也将得到明显的提升。

3. 提高产品质量

企业通过高效的设备管理，可有效发现设备运行中存在的影响产品质量的各项问题，并针对有关问题进行科学的分析和判断，从而对生产工艺或操作方式进行优化改进。同时，有助于提高设备运行的稳定性，从而提高产品质量。

4. 降低生产成本

从设备注油的管理，到维检计划的制定，到备品备件的采购，有效的设备管理模式对设备的全生命周期管理起到积极有效的推动作用，可显著降低设备的运行维护成本。

5. 培养专业人员

对现场人员的教育培训是提高设备运行效率中的重要内容。通过 QC 小组活动、专题培训、现场学习、导师带徒等方式，在提升设备综合利用率的同时，实现人员素质的全面提升。

（二）低碳设备管理模式框架

低碳背景下的设备管理模式应以四个降低（能源消耗降低、养护费用降低、碳排放量降低、设备故障降低）为目标，从领导、战略、组织人员、制度、过程优化、结果反馈、提升改进这 7 个方面着手提升企业设备管理水平。该模式分三个阶段推进：前期准备阶段，主要从领导、战略、组织人员、制度等方面做好前期的顶层设计和配套体系建设工作；推进实施阶段，主要围绕低碳减排、保全活动、改善活动、教育培训、事务改善、信息系统建设等方面提高现场的设备管理水平；提升改进阶段，主要依据模式导入后的结果反馈，按照 PDCA 的方式，对制度、标准、改造方案等进行持续的优化改进，如图 8-1 所示[4]。

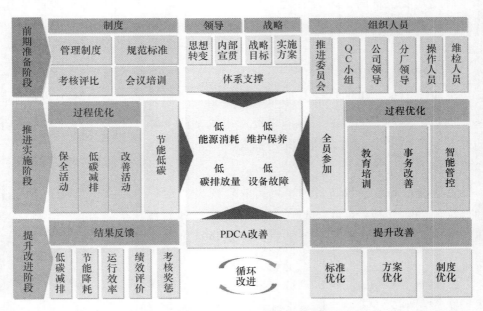

图 8-1　低碳背景下设备管理模式框架图

一是领导。做好顶层设计工作是低碳设备管理模式顺利推行的保障。领导层面，基于对低碳形势的分析，转变领导人员传统的设备管理理念，将节能低碳作为设备管理的重要目标，确保低碳设备管理模式的有效导入；做好项目推进前的内部宣贯工作，提高全员的重视程度。

二是战略。战略层面，以"四个降低"为目标，围绕六项过程优化活动制定详细的实施计划，具体包括数据统计和信息分析方法、关键绩效指标设计、支撑体系设计、优化改进事项、时间节点等内容。

三是组织人员。低碳设备管理模式是一项全员参与的活动，涉及人员应包括从公司领导到一线基层员工。公司层面应成立低碳设备管理委员会，由一把手作为组长，设备部作为总牵头单位，能环部作为节能低碳技术支持部门。分厂内部按照工段（或车间）设立多个 QC 小组，由工段长（或车间主任）作为小组组长，各班组长或岗位工参与讨论并执行。

四是制度。低碳设备管理模式的有效推进需要完备的制度体系支撑。公司层面应出台相应的管理制度，包括设备管理制度、低碳技术标准、节能减排标准、培训会议制度、考核评比办法等。在推行初期，首先建立各项基本管理制度，随后在推进中不断补充完善，出台相应的管理细则。

五是过程优化，包括保全活动、低碳减排、个别改善、教育培训、事务改善、智能管控等方面。特别是在低碳减排上：一方面，通过降低现有设备的运行能耗，实现低碳减排；另一方面，在新设备选型时，比较分析各类设备工艺技术和能源消耗情况，并加强对设备及备品备件供应商的管理，通过制定技术标准、建立供应商名录等方式，在选用节能低碳技术的同时，提高设备的采购及服务质量。

六是结果反馈。对各项推进活动的实施效果通过定量或定性相结合的方式进行评价，包括低碳减排情况、节能降耗情况、设备运行效率情况、管理效率提升情况、现场环境改善情况等。根据评价结果，通过采取直接提奖或罚款、评比竞赛等方式对相关组织和人员进行考核。

七是提升改善。低碳设备管理模式是一项全员参与、长期推行的管理方式。企业在推行过程中，应建立 PDCA 的管理理念。对已经解决的问题不断提升改造，提出更加可行的优化改进方案，并不断对相关制度和标准进行持续的优化调整。

第八节 加强资产管理体系建设

一、碳资产管理体系概况

随着全球各国工业化和城市化水平的提高，因人类活动导致的温室气体排放不断增加，超出了环境可承受的平衡值，由此引发的温室效应加剧已经被证实是导致全球升温进而引发气候异常的元凶。国际社会对全球升温和气候变化问题的关注和重视程度不断提高，各国对控制温室气体排放的要求越来越高。2017年12月国家发展改革委宣布正式开启全国性碳交易市场，在此背景下，碳资产管理业务应运而生，并成为被纳入控排范围的企业必须面对和开展的活动；但由于缺少正确的战略引领，各企业的碳资产管理体系建设相对落后。为了全面推进控排企业碳资产管理体系的建设，大型钢铁企业集团已逐步探讨构建碳资产管理体系的相关内容。

二、碳资产管理基本思路

成立碳资产统一管理平台，统一管理集团碳交易和碳资产。关于平台的组建和发展，采用先期成立"服务型"的管理平台，逐步过渡到"经营型"管理平台的机制。平台的组建和发展包括两种模式：一是先期成立"碳资产管理中心"逐步过渡到"碳资产管理公司"，分两步走；二是直接成立碳资产管理公司，分阶段发展。

三、碳资产管理具体措施

根据全国碳市场建设分三阶段推进的工作节奏，以及出于内部成本控制、人员、能力储备等方面的谨慎考虑，先期由符合条件的二级公司组建"碳资产管理中心"，定位为不以盈利为目的的"服务型"集团碳交易管理平台，承担集团碳资产管理业务。"中心"能够有效实现碳资产统筹调配，降低市场风险，实现管理机制的建立和专业队伍的培养，同时由于其人员数量少、规模小，从而规避了成立"公司"面临的高管理成本、高财务风险的弊端，为下一步组建碳资产管理公司奠定基础。

随着全国碳市场的发展成熟，集团公司根据碳管理的整体布局和规划，并结合碳管理业务开展情况，以"中心"为基础适时成立碳资产管理公司，实现平台从"服务型"向"经营型"转变。激励碳资产管理公司发挥专业优势，在达到降低履约成本目的的同时逐步实现有效营收。

四、碳资产管理特色做法

（一）突破现有管理机制，建立统一管理平台，实现统筹管理

钢铁企业在总部层面创建创新碳交易管理制度体系，从目前的分散式管理模式转变为集中式管理模式，从各三级单位各自为战转变为由集团碳资产管理平台统一管理。集团公司在充分调研同行现有管理机制的经验做法、存在问题以及结合公司管理自身特点的基础上，在组织机构、责权划分、服务内容与流程、效益模式、资金管理、考核机制等方面进行深入研究和设计，形成以"统筹管理集团碳资产"为核心来明确平台职能、以"建立三级管理流程"来防范交易风险、以"收取固定服务费"为主要模式来支撑平台运营、以"建立考核机制"来保障平台工作质量和利益，以及随着碳市场的不断深入发展，适时将"服务型管理平台"过渡为"经营型管理平台"等具体措施，确保制度体系的可行性和实践性。尤其是核心要素收益模式上，总部层面应总结同行实践结果并分析潜在风险，先期采用"固定取费"，逐步探索"浮动取费"以及"自营收益"模式，推陈出新，规避风险，确保管理体系的可行性和效益性。

碳交易集中管理体系符合企业管理基本原理的系统原理。钢铁企业要实现对全集团的有效管理，必须把管理对象当作一个系统，并按照系统论的要求，对管理对象的各要素进行系统分析、系统优化和统筹整合，最终实现管理目标。碳交易集中管理摒弃了以基层控排企业为单元各自为战的模式，而是以整个集团为一体进行管理，便于对集团碳资产进行统一调配；并且专业的管理人员可抓住最佳交易时机，实现规模效益，降低集团整体的履约成本，保障集团碳资产收益的最大化。

（二）改良通行做法，结合外部环境实施分步发展，确保管理平台稳健发展

国内外大型能源电力集团均实行规模化、专业化管理和运营集团碳资

产，通行做法是成立碳资产管理公司。碳资产管理公司有助于对团队产生明确的激励，充分发挥专业化管理优势，把碳资产管理发展成独立的新型业务和经营创收增长点。过早成立碳资产管理公司，在碳市场政策不稳定、除试点地区外无实质交易时期，将面临业务量少、收益不稳定等问题，仅靠碳业务难以维持运营。和同行的碳管理通行做法对比，在碳资产统一管理平台组建方式以及管理模式上采用创新的"分两步走"或"分阶段发展"方式。先期成立不以盈利为目的的"服务型"集团碳交易管理平台，只需设置核心业务岗位，控制规模，管理成本低、财务风险小，规避了过早成立"经营型"碳资产公司所面临的高管理成本、高财务风险的弊端。随着全国碳市场发展成熟，平台实现从"服务型"向"经营型"转变，激励碳资产管理公司发挥专业优势，在达到降低履约成本目的的同时逐步实现有效营收。

此外，分步发展、分阶段运营碳资产管理平台，这一创新点符合企业管理的效益原理，包括经济效益和社会效益。首先，从经济效益角度分析，成立"碳资产管理中心"或初步阶段的"碳资产管理公司"，有利于降低企业经营成本，避免造成资源浪费、劳动效率低等问题，同时可以防范收入不稳定带来的经营风险。随着国家政策的发展完善，不断开拓市场、扩大规模，逐步发展为成熟的"碳资产管理公司"，可开拓新的业务，获取规模化经济效益。其次，从社会效益角度分析，碳交易统一管理可以发挥国有大型企业在碳市场中的统筹引领作用，彰显负责任的企业形象。

第九节　加强环保绩效管控水平

一、环保绩效管理的意义

在党中央国务院坚决打好污染防治攻坚战、打赢"蓝天保卫战"的大政方针指引下，生态环境部会同有关部委研究发布了《关于推进实施钢铁行业超低排放的意见》，旨在深入推进钢铁行业超低排放，推动全国尤其是重点区域大气环境质量持续改善，促进钢铁行业高质量绿色发展，环保已成为未来政府压减低质过剩钢铁产能的重要考量因素。在此背景下，如何全面落实国家超低排放意见要求，全流程、全方位的实现污染物排放的稳定、持续达标，将成为钢铁企业实现可持续绿色发展的必由之路。

二、环保治理中存在的问题

（一）环保装备水平未达超低要求

近年来，在持续高压的环保态势下，钢铁企业持续加大对环保设施的硬件改造力度，企业环保治理水平得到大幅改善，但距离全方位达到超低排放要求仍有一定差距。因此，钢铁企业需要比照政策文件对全厂范围内的各个环保节点进行全面梳理，并选择合理有效的环保工艺装备及设备厂家对未满足要求的点位进行升级改造。但对于钢铁企业，特别是一些民营企业而言，由于缺乏相应的环保专业人员和技术研究积累，对新的环保工艺技术和设备厂商缺少有效的甄别手段，导致项目迟迟不能投产或投产后达不到预期效果，严重阻碍了企业的超低排放改进进程。

（二）环境保护意识薄弱

当前，许多钢铁企业把降本增效、加快生产作为获取企业效益的第一要务，在薪酬激励方面也形成了与产量、利润直接挂钩的考核评价体系，这导致现场人员往往为了保产而忽视环保。随着政府政策的引导、民众环保意识的提升以及行业对高质量绿色发展的迫切需求，环保已成为未来政府压减低质过剩钢铁产能的重要考量因素，环保不达标就意味着企业限产、停产，甚至关停退出。因此，钢铁企业必须要改变原有"重生产、轻环保"的固有理念，首先在领导高层强化环保战略意识，其次通过一系列改革举措扭转现场人员的旧有观念，把环保放在与生产同等重要的位置。

（三）环保管理体系不健全

钢铁企业高质量绿色发展不仅体现在环保硬件改造上，更体现在环保软实体的提升中。目前，钢铁企业在环保管理上尚未形成一套完备的管控体系，环保管理缺位已成为制约企业环保绩效水平提升的重要原因。主要体现在：一是企业对于重大环保事项缺少科学的决策机制，"拍脑袋式"的环保决策屡见不鲜；二是照搬的环保制度和考核办法使得企业内部矛盾不断激化，"粗放式"的管理使得环保工作难以为继；三是以外部沟通协调和迎检接待为主的"外联式"业务模式疲于应对政府检查，而难以有效激发企业内生动力，推动企业环保管理体系变革。因此，钢铁企业需要根据自身实际情况，同时结合行业先进经验，把建立环保管控体系当作高质量绿色发展的重要抓手。

（四）环保人员素质有待提升

环保人员的技能和专业水平一定程度上影响了企业的环保治理和管控水平。目前，钢铁企业环保管理工作的开展和环保设备的使用维护更多依托外协单位（如环保管家、环保设备厂商、环保监测公司、运维托管公司等），而缺少自有的环保专业团队。因此，钢铁企业应通过扩大招聘渠道、提高薪资待遇、加大培训力度等方式，多措并举不断充实环保人才队伍，并提高人员素养。

三、环保绩效管理体系的建立

为全面达到超低排放要求，钢铁企业应从源头减量、过程控制、末端治理多个方面进行全面优化，同时辅以先进的管理手段和工具方法，确保污染物持续稳定的达标排放，环保治理成本得以有效控制。先进环保管理模式应将技术与管理、顶层设计与一线实施、人工监管与智能管控进行融合，从工艺装备、组织管理、景观线路、采购销售、物流运输、信息化等多个方面全面助力钢铁企业达到超低排放要求[5]。

（一）环保装备升级满足超低排放要求

先进污染防治技术配套是实现超低排放的前置条件。钢铁企业应建立完备的污染防治技术装备，通过烧结机机头烟气脱硫脱硝末端治理、煤气精脱硫源头减量、高效除尘设施优化升级、热风炉与热处理炉低氮燃烧改造、焦炉烟囱脱硫脱硝与干熄焦二氧化硫治理、化产区域 VOCs 管控、原料场与皮带输料、转运过程中无组织控制、环境质量监测与无组织管控治一体化联动设施建立等手段，实现硬核实力理论具备达到超低排放的基础条件。

（二）物流过程控制实现清洁运输

钢铁企业由于工艺流程长、冶炼工序多等原因导致厂内倒运量大，因此如何实现物流中的清洁运输对于钢铁企业无组织管控达标有着重要意义。钢铁企业需要对厂内物流运输量、物流运输线路、物流运输方式等进行综合考虑的基础上，结合经济效益原则，通过全密闭皮带通廊、管状皮带、气力输送等方式减少厂内铁精粉、块状物料与粉状物料的汽车倒运频次与总量，提高物料清洁运输比例，有效缓解厂区内无组织管控压力，并消除区域内移动源造成的大气污染排放，解决企业目前最为棘手的汽运污染问题。

（三）管理优化提升确保稳定达标

环保设备的投入仅仅只是提高环保水平的前提条件，而持续的管理优化才是企业高质量环保的根本抓手。企业应从文化战略、制度规范、组织架构、人员优化、薪酬考核、教育培训等方面全面加强环保管理水平，确保污染物排放持续稳定达标。具体包括：一是建立企业环保文化、制定环保战略，通过加强顶层设计实现科学管理和决策；二是完善管理制度、制定操作规范，为环保管理和检查考核提供依据；三是优化环保组织架构，构建分层管理、责权分明的环保组织管控体系；四是对环保岗位进行梳理，制定环保岗位职责及操作规范，加大培训力度，增强环保人员综合素养，提高工作效率；五是优化环保指标体系，建立责任明确、正向激励的多层级环保考核体系。

（四）采购源头控制减少污染物排放

优化原料结构是企业减排的关键。钢铁企业对大宗原辅燃料中有害元素的限制使用与厂内物流结构优化将使全厂污染物排放总量保持在可控范围内，其中原辅燃料中的污染物减量将有效缓解后续末端治理设施的运行压力，对环保设施顺行与整体能耗、物耗控制起到关键性作用。

（五）销售模式调整打造绿色品牌

企业应在销售过程中倡导绿色营销理念，即在销售过程中，在充分满足消费需求、争取适度利润和发展水平的同时，将企业自身利益、消费者利益和环境保护效益三者统一，以此为中心，在售前、售中、售后服务过程中注重环境保护和资源节约，通过缩小销售半径、提高货运比、提高直供比等方式降低钢材外发过程中对环境造成的污染。

（六）信息系统建设实现智慧管控

运用智能化的环保管控手段，有助于企业加强对环保数据分析和环保绩效考核的力度。企业可通过建立环保绩效智能化综合管理平台，对有组织排放、无组织排放、道路运输、生产运行状态、能耗等数据进行有机融合，形成全厂环保"一张图"，并通过实时的监控预警和智能化的决策分析，实现精准调度和精准考核。

（七）构建环保绩效指标体系

钢铁企业全面实现超低排放是一个稳步推进并长效保持的过程，需要制定一套全面的环保绩效指标体系对企业环保水平进行科学评价，从而找到差距、补足短板。为此，冶金规划院在大量行业调研和辅助实施的过程中，从工艺装备、管理、信息化、采购、销售、物流等方面选取了与环保相关的关键指标，构建了环保绩效指标体系。为确保指标体系先进性和可达性，企业在实施的过程中可运用 PDCA 的管理方法持续对指标项、指标权重、指标要求进行优化调整。

参 考 文 献

[1] 胡馨芳，宋成一. 绿色人力资源管理理念下的人才开发策略 [J]. 江苏商论，2020（12）：125.

[2] 李新创，李冰. 全球控温目标下中国钢铁工业低碳转型路径 [J]. 钢铁，2019（8）：226-227.

[3] 史通纾. MK 钢铁公司低碳供应链绩效评价研究 [D]. 西安：西安工业大学，2019.

[4] 畅文驰，赵峰. 卓越设备绩效管理助力钢铁企业低碳发展（内部资料）. 钢铁规划研究，2021（2）：41.

[5] 畅文驰，赵峰. 卓越环保绩效管理模式助力钢铁企业可持续绿色发展 [J]. 中国钢铁业，2020（5）：40.

第九章　绿色金融推动低碳经济体系建立

绿色金融与低碳经济有着天然的关联。前者泛指所有服务于旨在限制和减少温室气体排放的各种金融制度安排和金融交易活动，主要包括碳排放权及其衍生品的交易和投资、低碳项目开发的投融资以及其他相关的担保、咨询服务等金融中介活动。后者指的是以低能耗与低污染为前提的经济，其本质是经过技术创新与制度创新来减少能耗与降低污染物排放，形成新的能源结构；其主要目标是减缓气候变化与推动人类的可持续发展；其基础是设立低碳能源体系、低碳技术系统与低碳产业结构，要求设立和低碳发展相符合的生产方式、消费方式与促进低碳发展的国内外政策、法律法规与市场机制，其主旨是技术创新与制度创新。在低碳经济背景下，人类生存发展观念的根本性转变、产业结构调整、新能源和节能减排技术的开发与利用等，前所未有地被同时提上了日程，与此同时，以绿色金融体系促进中国低碳经济的长期健康发展也成了当务之急。总之，低碳经济的发展和实现与绿色金融有着密不可分的关系。

第一节　发展绿色金融对于低碳经济的意义

一、绿色金融为低碳经济提供金融支持

促进低碳经济发展的相关技术的实现需要绿色金融的支持与扶助，发展低碳经济的相关技术投入较大，有着较高的成本和较长的投资回收周期，促进低碳经济的发展需要通过金融杠杆的作用进行融资，增加发展低碳经济的动力。以碳排放权交易为例，通过实行低碳技术的企业能够实行节能减排获得碳排放指标，而相关指标通过交易能够转化为经济效益，从而提高企业开发低碳相关技术的源动力。

二、绿色金融助力企业完善节能减排机制

绿色金融市场的存在使得企业节能减排的机制安排更为灵活，对于不同行业不同生产特点的企业而言，碳减排有着不同的成本。当自主碳减排成本高于碳排放权交易成本时，企业可以通过碳排放权的交易简化减排流程，实现减排目标；当自主碳减排成本低于碳排放权交易成本时，企业可以利用自主的低碳技术获得金融收益。碳金融作为有效的金融工具，实现了市场的自发调节，从而使不同类型的企业能够通过合适的途径实现减排目标，减轻产业发展与低碳减排的矛盾，促进低碳经济的和谐发展。

三、绿色金融赋予碳资产市场交易属性

绿色金融市场的存在是实现低碳发展之路的经济动因。通过碳交易的机制构建，碳资产具备了统一的衡量标准，成为企业成本收益衡量的组成部分之一，可用于交易的碳资产通过定价和流通，使得金融资本和实体经济实现了链接。绿色金融市场的存在，使得碳减排量成为标准化的金融工具，能够切实衡量低碳经济的发展成效，打通了低碳技术创造经济价值的通路，从而使低碳经济的发展之路，从企业或个体的自愿或者强制行为，转化为以资本为导向的市场行为，对于促进低碳经济的快速发展有着不可替代的价值。

四、绿色金融促进产业结构升级

首先，从金融交易机制看，中国通过完善碳排放权发行市场的法律基础，利用专门性法律来确定参与主体、分配原则等，使得市场充分发挥能动作用，从而对温室气体排放加以控制，制定产业发展的绿色标准，淘汰高排放、高污染行业，引进新能源高技术行业。其次，可在免费分配的基础上逐步提高拍卖比例份额。在绿色金融的不断发展以及碳排放权具有稀缺性的条件下，从宏观角度公开拍卖可体现公平性、减少寻租成本；从微观角度可降低发行成本，提高分配效率，其收益可投资于节能技术与减排单位，更好地促进产业结构升级。因此，深入研究绿色金融市场交易以及运行机制，更能有助于调整经济结构、转换增长方式。在此过程中，改善中国的生态环境，进而实现可持续发展。

从企业战略调整角度看，由于企业是市场经济的主要参与者，政府通过

设定基准线的方式，对企业进行配发份额，从而实现利用碳金融市场促进产业结构升级调整。在此情况下，力求利润最大化的企业在碳市场机制的引导下，追求结构性升级的潜能和动力会越来越大，从而积极对产品进行升级，发展技术含量和附加值更高的高端产品，实现行业的升级和调整。

第二节　中国绿色金融市场发展现状及存在的问题

经过四十多年的发展，中国经济实现了飞跃式增长，经济总量位列世界第二。然而，传统的高能耗、高排放的粗放式发展带来了巨大的环境风险。中国的资源消耗和环境污染等问题日趋严重，环境问题已成为亟须解决的民生难题。2018 年 5 月，全国生态环境保护大会明确提出生态文明建设的重要原则，要求加大力度推进生态文明建设，解决生态环境问题，坚决打好污染防治攻坚战。2020 年，习近平总书记也提出了"2030 年前实现碳达峰、2060 年前实现碳中和"的国家自主贡献目标。在当前形势下，绿色低碳发展已成为中国必然的战略选择，绿色金融是绿色发展的重要支撑，被赋予了更多的历史责任和时代使命。

一、绿色金融的内涵

（一）绿色金融的内涵

早在 20 世纪 70 年代以前，绿色金融的实践就已经出现了。尽管绿色金融的核心始终围绕环境保护和低碳发展，但是至今国际社会对绿色金融并没有形成统一明确的定义。2016 年 8 月 31 日，中国人民银行、财政部等七部委联合印发《关于构建绿色金融体系的指导意见》。该文件首次以官方名义明确了绿色金融的定义：绿色金融是指为支持环境改善、应对气候变化和资源节约高效利用的经济活动，即对环保、节能、清洁能源、绿色交通、绿色建筑等领域的项目投融资、项目运营、风险管理等所提供的金融服务。依照传统金融的分类（银行、证券、保险），绿色金融相应地包含了绿色信贷、绿色证券和绿色保险。

（二）绿色金融与碳金融的关系

碳金融属于环境权益金融，包含在绿色金融的范畴内。绿色金融传统的绿色信贷、绿色保险和绿色证券是传统金融的延伸，目的是促进生态文明建设，而以碳金融为代表的环境权益金融则源于应对气候变化，保护生态环境。从分类上看，碳金融包括了排放权质押贷款、碳保险、碳基金、碳债券、碳期货、碳远期等多方面，在绿色金融中分别对应银行、证券、保险三个领域，因此可将其分类为传统绿色信贷、绿色保险、绿色证券的一种新型模式，也可将其直接作为一种分类讨论。下面将碳金融作为单独一类绿色金融进行讨论。

（三）绿色金融发展的阶段

绿色金融作为传统金融理论与实践的具体延伸，是金融体系中的重要组成部分。与传统金融相比，绿色金融更强调对经济发展的"绿色"职能作用，在经济发展过程中更为关注环境污染与生态保护等问题。通过传统金融杠杆和利益传导机制将社会资金引向绿色环保产业，以保证经济可持续发展。由于绿色金融与传统金融的交易主体及交易机制存在差异，所以绿色金融的内涵又有别于传统金融。绿色金融涉及领域广泛，其内涵随着经济与绿色技术的发展而不断演变，具体可以分为四个阶段，分别是环境金融阶段、可持续金融阶段、生态金融阶段以及碳金融阶段。近年来，随着人们对碳排放所带来的危害认识不断加深，越来越多的人推崇低碳经济发展，倡导低耗能、低污染和低排放的绿色经济发展模式。因此，在社会低碳经济发展需求不断增多的背景下，目前国内外逐渐将碳金融作为绿色金融的研究主体，研究范围包括：碳金融产品及相关政策和运行机制等领域。

二、中国绿色金融体系发展现状

自 2015 年 4 月，中共中央和国务院联合发布《关于加快推进生态文明建设的意见》标志着中国生态文明建设正式开始之后，有关绿色金融发展的政策文件不断出台，为中国绿色金融发展提供了发展依据。2016 年 8 月财政部、生态环境部等七部委联合发布的《关于构建绿色金融体系的指导意见》充分表明绿色金融在中国经济发展中的地位，为中国绿色金融体系建设提供了发展方向。经过多年的发展，目前中国基本形成了包括绿色金融监管、绿色金融资金供需者、绿色金融中介、绿色金融市场及中间服务机构等主体的绿色金融发展体系，具体内容如图 9-1 所示。

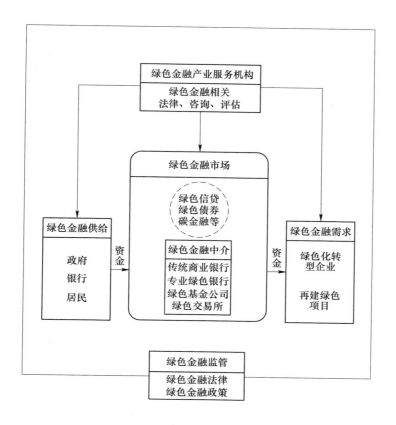

图 9-1　中国绿色金融发展体系

（一）绿色金融监管发展现状

绿色金融监管体系主要由绿色金融法律和绿色金融政策两部分组成。其中，绿色金融法律属于基础性政策，是绿色金融发展的外部配套设施，包括环境相关法律、财政税收法律等方面。例如，《中华人民共和国环境保护法》作为中国环境保护基础法律，为中国绿色经济发展提供了方向指引，更为绿色金融监管体系的建立提供了法律基础。财政税收法律则是绿色金融发展的重要激励政策，可以通过优惠及惩罚等方式引导企业开展绿色生产进行绿色融资；而绿色金融政策则是具体到绿色金融本身，直接对绿色金融发展起到激励作用。当前，中国绿色金融政策主要涉及绿色保险、绿色信贷、绿色证券等领域。

（二）绿色金融供需方发展现状

绿色金融供需主体是绿色金融体系服务的主要对象。绿色金融资金提供者包括银行、政府及居民，其中银行为主要资金供应者。当前，中国商业银行已经意识到绿色金融发展对中国经济可持续发展的重要意义，许多大型商业银行纷纷加入国际可持续金融倡议，在生态保护、节能减排等绿色产业领域开发了相应产品，如碳资产质押授信业务及未来收益权质押融资业务等。绿色金融需求主体主要是指从事绿色产业的企业。当前，中国绿色产业发展迅猛，一方面表现为绿色产业种类不断增加，商业模式不断丰富；另一方面表现为市场规模不断扩大。

（三）绿色金融中介机构发展现状

绿色金融中介是绿色金融系统运行的中枢，是连接绿色金融供需双方的中转站。绿色金融中介与传统金融中介并无明显差别，中国大部分绿色金融中介都是由传统金融中介充当，用于专门从事绿色金融业务。值得一提的是，专业绿色银行是绿色金融产业下特有的政策性银行，其目的是为绿色基础设施建设提供融资服务。

三、中国绿色金融发展存在的主要问题

（一）绿色监管体系有待完善

当前，中国绿色金融监管体系处于建设初期，无论是相关法律还是政策均存在不足。例如，在立法方面，只有《环境保护法》及其他一些零散意见和通知。绿色金融法律之间的关联性较差，难以形成完整的绿色金融法律体系。同时，法律及政策的操作性不强，对污染企业的约束力不足。例如，在《节能减排授信工作指导意见》里只表明金融机构要严格审查，但没有对违规企业制定明确的惩罚措施，降低了政策的执行力。而在政策制定方面较为单一，大部分以污染治理为主，而对于新能源等新兴产业的政策制定不足。

（二）供需主体转型路径不明确

当前中国金融系统对发展绿色金融产业缺乏充足的准备。例如，银行等金融机构的绿色金融发展目标还停留在"两高一剩"企业。同时，大部分银行金融机构对于绿色金融发展只专注于经营环节，而忽视了有关绿色发展的文化培养，内部缺乏与发展绿色金融相匹配的管理机制，缺乏整体发展规划。目前，中国部分中小型银行则没有将发展绿色金融业务提升到企业发展战略高度，只是迎合上级部门检查，缺乏主动性。对于开展绿色项目的企业而言，由于绿色新兴产业的不确定性及绿色技术研发难度较高，因此企业绿色转型难度较大。再加上绿色产业建设开发周期较长以及运营后经济效益无法保障的问题，部分传统企业绿色化转型意愿不足。

（三）绿色金融中介服务能力不足

绿色金融中介和绿色金融市场主要存在以下问题：一是绿色金融中介管理能力有待提升，表现为绿色金融业务信息搜集及处理能力不足，缺乏专业人力资源及技术，无法为绿色金融创新发展提供基础保障。二是绿色金融发展水平呈现出明显的地域特征，经济发达地区的绿色金融中介的绿色金融政策执行能力较高，在绿色金融产品创新与服务方面也更加完善和健全。三是绿色金融市场发展方向受政府干预影响较大。由于各地方政府过于重视 GDP发展水平，在金融机构提供金融服务时，更倾向于银行等金融机构将资金发放到"两高一剩"等经济支柱产业，进而影响了绿色金融中介的产品创新及绿色金融市场的发展。

第三节　中国碳金融市场发展现状

一、碳金融市场基础构建

（一）碳金融相关合约

《联合国气候变化框架公约》（以下简称"公约"）的订立标志着国际上碳金融的起源，该公约于 1992 年 5 月签订，其目标是减轻全球碳排放，共同维护全球气候，建设可持续发展模式。《公约》中最为重要的原则是"共同而有区别"原则，即指针对发达国家及发展中国家有着不同的减排责任。

《京都议定书》（以下简称"议定书"）于 1997 年在东京签署，于 2005

年强制生效。《议定书》根据"共同而有区别原则",规定了2012年之前发达国家开始履行减排责任,其最重要的成果是对全球的碳排放总量及应承担履约责任的发达国家规定了具体的定量限制。《议定书》通过国际排放贸易机制(IET)、清洁发展机制(CDM)、联合履约机制(JI)三大机制的建立,使得碳交易进入市场化阶段。

(二) 碳金融国际市场形成及发展

碳交易最早的历史起源可追溯至1990年,有着"碳交易之父"之称的Richard Sandor推动美国国会,促进了"清洁空气法案修正案"的通过,碳交易自此起源。随着国际上关于气候问题的两大公约——《公约》及《京都议定书》的生效,碳金融逐渐具备了发展的框架,碳交易开始进入市场化阶段。数据显示,2005年以前,全球碳排放权交易总额不足10亿美元,在2005~2007年,市场总额增长至600亿美元,总交易量由初始的不足1000万吨迅速发展至27亿吨。与此同时,国际碳交易平台获得了迅速发展,其中最具典型性的是欧洲强制性减排的欧盟碳排放交易体系(EUETS)和美国自愿性减排体系芝加哥气候交易所(CCX)。此后,伴随着碳金融市场的不断发展,多种形式的碳金融产品不断涌现,包括碳现货、碳期货、碳期权等。目前,国际市场中主流的碳金融产品以碳期货为主,其他碳金融产品及衍生品主要在市场中起补充作用。

(三) 中国碳金融市场主要产品类型

国际上碳金融市场上有着丰富的产品类型,中国碳市场处在发展的初级阶段,目前主要的碳金融产品包括碳排放权交易以及各类碳金融广义衍生品,商业银行开发的以碳金融为主题的相关金融产品也是碳金融市场的一部分。

1. 碳排放权核心产品

碳排放权是碳金融市场中的核心交易产品。中国的碳排放权交易目前以CDM项目主导的项目交易为主,以配额形式交易的碳排放权现货市场发展尚处于起步阶段。碳排放权产品有多种金融形式,包括碳现货、碳期货、碳期权、碳远期等,其中碳现货交易是其他金融形式的基础。中国目前暂未形成碳期货、碳期权市场。

2. 碳金融广义衍生品

碳金融广义衍生品包括碳股票、碳债权、碳基金及其他衍生品。

碳股票在概念上是指以清洁能源或其他低碳发展技术为核心而获得上市的股票，在国内主要是指参与 CDM 项目或者采纳了核心的低碳发展技术的相关上市公司，一般被归类为碳金融概念股。碳债券是指为了进行低碳经济相关的项目融资而发行的债权类型，在类型上分为碳国债及企业碳债券。碳基金是金融产品的广义衍生品之一，主要是指为了推动温室气体减排而设置的基金，一般分为政策扶持基金、碳主题基金、碳私募基金等。

（四）中国碳金融市场主要参与主体

低碳经济和碳金融的发展对中国的经济增长有着重要的关系。在中国碳金融的市场结构中，主要的参与主体包括商业银行、政策银行、专业中介组织、监管机构等。

中国商业银行在碳金融组织服务体系中起到金融中介的作用，是参与碳金融的主体。虽然近年来节能环保项目的总量逐年增长，但商业银行在整个贷款的节能减排项目贷款的比例仍然很低。政策性银行主要起辅助支撑作用，目前在中国发展碳金融的过程中，政策性银行尚未有效发挥相应的作用。专业金融中介机构包括基金公司、保险公司、信托投资公司等，但我国的碳金融中介服务仍处于起步阶段。

金融监管机构是中国人民银行、证监会、银保监会，这些机构为碳金融机构提供良好的发展环境和政策支持。

二、中国碳金融政策制定现状

2014 年 5 月，国务院发布的《关于进一步促进资本市场健康发展的若干意见》，指出要发展商品期权、商品指数、碳排放权等交易工具，充分发挥期货市场价格发现和风险管理功能。2015 年 10 月，十八届五中全会审议通过"十三五"规划建议，明确提出发展绿色金融。碳金融市场作为绿色金融体系的重要组成部分，迎来了发展的战略机遇期。2016 年 8 月，中央全面深化改革领导小组第二十七次会议，要求利用绿色信贷、绿色债券、碳金融等金融工具和相关政策为绿色发展服务，这是中央决议中首次出现"碳金融"的提法。同月，中国人民银行、财政部等七部委联合印发了《关于构建绿色金融体系的指导意见》，强调要发展各类碳金融产品，促进建立全国统一的碳排放权交易市场和有国际影响力的碳定价中心，有序发展碳远期、碳掉期、碳期权、碳租赁、碳债券、碳资产证券化和碳基金等碳金融产品和衍生工具，探索研究碳排放权期货交易。2020年11月，生态环境部发布《全国碳排放权交易管理办法（试行）》和《全国碳排放权登记交易结算管理办法（试行）》，明确了有关全国碳市场的各项定义，对重点排放单位纳入标准、配额总量设定与分配、交易主体、核查方式、报告与信息披露、监管和违约惩罚等方面进行了全面规定。2021年中国人民银行工作会议提出，要落实碳达峰、碳中和重大决策部署，完善绿色金融政策框架和激励机制。由此可见，国家已经从各个层面对碳交易和碳金融进行政策指导，以实现中国碳交易和碳金融市场的快速、健康发展。

相关政策表明，在"十四五"规划及"碳中和"目标的引领下，中国碳金融将呈现四大发展特点：一是碳金融将成为中国绿色金融体系的重要组成部分，碳金融的各类举措将与现有的绿色金融体系全面融合对接；二是政策提出建立全国统一碳交易市场，表明市场化的碳交易体系正式开始建立，未来各类碳金融工具的价格发现机制对于碳资产的合理定价意义重大；三是监管体系逐步完善，监管部门在引导金融机构开展碳金融业务的同时，对于气候环境风险的管理也将不断加码；四是无论是金融机构还是排放企业，气候环境的信息披露工作将成为规范碳金融体系有序发展的重要内容。

三、中国碳金融市场发展现状

（一）CDM项目市场发展现状

CDM项目进入中国的起始点是2002年中国与荷兰政府签订的内蒙古辉腾锡勒风电场项目，随后CDM项目在国内获得迅速发展；2006年起，中国替代印度、巴西，成为CDM项目的第一大供应国。目前，中国参与的CDM项目主要包括节能提效、甲烷回收、燃烧替代、垃圾焚烧发电等类型。CDM项目在中国有着广泛的分布，依据区域自然水文气候等条件的不同，有着不同的CDM项目应用方式。例如，广西等地区着重发展造林类CDM项目，四川、贵州等地区着重发展甲烷回收类CDM项目。截至2020年，CDM项目已签发超过5000个。

（二）自愿减排 CCER 市场发展现状

中国碳交易市场还构建了补充机制，即针对新能源等减排项目可申请签发中国核证自愿减排量（CCER）用于出售获得额外收益，即自愿减排市场。2012 年 6 月，国家发展改革委出台了《温室气体自愿减排交易管理暂行办法》，明确了自愿减排交易的交易产品、交易场所、新方法学申请程序以及审定和核证机构资质的认定程序，在规范了国内自愿减排交易市场的同时，有力地促进了国内碳减排市场的发展，是中国碳交易体系和市场建设的重要一步。

（三）试点碳市场发展现状

2011 年 10 月，国家发展改革委下发《关于开展碳排放权交易试点工作的通知》，批准北京、上海、湖北、重庆、广东、天津、深圳等 7 省市开展碳交易试点工作。

截至 2020 年末，全国 9 个碳市场已运行 6 个完整年度，累计成交量超 6.5 亿吨，其中碳配额交易量超 4 亿吨，CCER 成交量约 2.4 亿吨。全国各地碳市场纳入行业与企业见表 9-1。

表 9-1　全国各地碳市场纳入行业与企业

省/市	启动时间	覆盖行业	企业纳入门槛（碳排放量）
北京市	2013 年 11 月 28 日	火力发电、热力生产和供应、水泥、石化、其他工业、服务业等	>3000t（工业企业）
上海市	2013 年 11 月 26 日	钢铁、化工、电力热力、石化、油气开采等五大重点排放行业	>20000t（非工业企业）
天津市	2013 年 12 月 26 日	钢铁、化工、电力热力、石化、油气开采等五大重点排放行业	>10000t
深圳市	2013 年 6 月 18 日	电力、企事业单位、大型公共建筑、国家机关建筑物、工业企业、公共交通	>10000t（工业企业） >5000t（非工业企业）
广东省	2013 年 12 月 19 日	陶瓷、纺织、有色金属、塑料、造纸、宾馆、饭店、金融商贸等单位（首批为电力、钢铁和石化行业）	>20000t
湖北省	2014 年 4 月 2 日	建材、化工、电力、冶金、食品饮料、石油、汽车及其他设备制造、化纤、医药、造纸等行业	>60000t

省/市	启动时间	覆盖行业	企业纳入门槛（碳排放量）
重庆市	2014 年 6 月 19 日	电力（发电、电网）、钢铁生产、有色金属冶炼（电解铝、镁冶炼）、建材（水泥、平板玻璃、陶瓷）、化工（化学原料和化学制品制造）、航空（航空运输业、机场业）	>20000t
福建省	2016 年 12 月 22 日	电力、石化、化工、建材、钢铁、有色、造纸、航空、陶瓷行业	>10000t
四川省	2016 年 12 月 16 日	—	—

总之，中国碳交易的试点市场存在处于初级发展阶段，在统计标准及制度设计上较为粗放。不同区域由于地域、经济、制度等因素的差异导致平台间各项标准差异较大。

（四）全国统一碳市场发展现状

2021 年 7 月 15 日，上海环境能源交易所发布公告表示，根据国家总体安排，全国碳排放权交易于 7 月 16 日（星期五）开市。2021 年 7 月 16 日，全国统一的碳排放权交易市场正式开启上线交易。全国碳市场建设采用"双城"模式，即：上海负责交易系统建设，湖北武汉负责登记结算系统建设。至此，中国长达 7 年的碳排放权交易市场试点工作终于迎来了统一，标志着中国建立以国家为主体，由企业和社会共同承担的碳排放机制进一步完善，并最终通过市场交易和建立契约关系将碳排放制度上升到法律层面，进而推进实现由国家指定企业的减排标准。交易首日收盘，全国碳市场碳排放配额（CEA）挂牌协议交易成交量 410.4 万吨，成交额 2.1 亿元，收盘价 51.23 元/t，较开盘价（48 元/t）上涨 6.73%。首批参与全国碳排放权交易的发电行业重点排放单位超过了 2162 家，这些企业碳排放量超过 40 亿吨二氧化碳，意味着中国的碳排放权交易市场将成为全球覆盖温室气体排放量规模最大的碳市场。

四、各国碳金融市场发展实践及对中国的启示

（一）美国碳金融市场发展实践

美国出于自身经济利益的考虑没有加入全球性的减排协议，但其国内对

于气候变化也有着较高的关注，节能减排项目及企业有着较好的发展。在碳排放权交易方面，美国主要构建自愿排放市场，自愿市场有着更低的交易成本及更高的灵活性，同时美国碳金融产品丰富，涵盖包括碳现货、碳期货、碳期权等各类金融产品以及多元化的具有融资功能的碳金融商品。其碳交易平台构建较为完善，包括交易双方、中介银行、核证及监管单位等机构各司其职，提升了市场的有效度。综合而言，美国的碳金融发展市场化程度较高，其自愿排放体系的构建对于中国自愿减排的发展有着一定的启示作用。

（二）欧盟碳金融市场发展实践

欧盟由于地域上处于海洋包围的环境中，因此对全球变暖问题有着高度的关注。欧盟是《京都议定书》的主要倡议者及实践者，在碳金融市场的构建方面处于全球领先地位，主要体现在欧盟建立起了跨越国界的碳金融统一市场。作为国家间联盟的碳金融市场，欧盟在碳排放权交易方面有着健全的制度及有效的管理平台，其交易额及交易量都处于世界前列。同时，欧盟碳金融的发展特色在于有着较多的交易机制及交易平台，成员国间可以根据不同机制及平台的制度特色进行自主选择，从而极大地提高了碳排放权交易市场的灵活性。由于市场的高度发展，欧盟碳金融体系有着较为强势的定价权，对于国际碳价有着较大的影响力。欧盟碳金融市场中，对冲基金、私募基金、投行以及证券公司等都有着较高的参与热情，广泛的参与不仅激活了碳金融市场，同时也为欧盟金融业的发展注入了新的活力。

（三）日本碳金融市场发展实践

由于日本处于资源紧缺型社会，且温室气体排放导致的海平面上升对日本的威胁较大，因而日本在节能减排的技术及制度方面都有着极高的发展热情。目前，日本是碳金融机制研究及气候立法方面最为完善的国家。同时，东京也成为世界上唯一以城市为尺度的全球性碳市场。日本运用技术及政策手段，对碳金融发展提供全面的支持，通过工业生产方面材料应用的严格控制措施，及运用节能减排技术的补助金措施，提升了整个社会的碳交易参与程度。日本碳金融发展的特色在于将国家层面的强制措施及法律制度与市场交易相结合，从而顺应了本国社会发展及环境保护的需求。

（四）碳金融国际市场发展趋势及对中国的启示

从碳金融发展的国际环境来看，各国的政策与本国在气候变化下受影响的程度密切相关。欧盟、日本由于地处海域环境，对气候问题一直积极推进，而类似于美国等大陆性地域为主的发达国家则对全球气候责任的承担不够积极。从国际政治角度而言，中国作为发展中国家，理论上暂时不需要承担强制减排任务。但由于中国目前已是最大的碳排放国，中国提出了"2030年前达到峰值，2060年前实现碳中和"的自主减排目标。因此，中国构建碳金融市场具有环境、经济、国际政治层面的必要性与重要性。

从国际碳金融的未来趋势看，国际碳金融市场争夺碳交易的定价权以及国际市场的主导地位，是目前阶段的必然趋势。碳金融市场由于加入了碳资源作为影响因素，因此对国际金融市场及经济体系有着不同于目前局势的影响作用。目前，欧盟掌握国际碳交易的定价权，欧元是主要的碳交易计价及结算货币，美、日等国在力主争取第二结算货币的地位，其他国家也根据本国现状正在积极的努力。中国目前在碳市场构建方面相对落后，但随着全国统一的碳交易市场建设完成，未来，中国将不断把重点排放行业逐步纳入碳交易范围，以期能够通过尽快地布局在国际碳金融市场占据一席之地。

第四节 中国碳金融市场存在的问题

一、全国统一碳交易阶段存在的问题

（一）法律体系有待完善

《京都议定书》是具有国际法约束力的文件，但国内法律解释还没有对应建立，缺乏对碳排放权界定和规范。《京都议定书》规定发达国家和发展中国家在不同期限内开始承担减排义务，前者从2005年开始，后者从2012年开始。由此可见，发达国家需要减排的时间早、技术创新任务重、减排成本高，这不可避免地对本国经济发展带来一定的限制。作为世界上最大的发达国家美国并未签署该条约，不承担提前减排的义务。美国的缺席，使以欧盟为首的发达国家竞争力明显降低，后者只得以向其他国家转嫁减排成本或提高减排企业违约成本等方式，争取在竞争中的主动权，这就带来缔约方和非缔约方、发达国家和发展中国家在关税、结算、定价、话语权乃至政治等方面的竞争。中国在现行法律框架下，还没有对于碳排放权的法律含义表示和解读，在当前依法治国的环境下，将碳排放权界定纳入法律范畴是重中之重。

（二）碳金融制度体系有待完善

碳金融制度体系还没有建立起来，碳金融体系建立尚需时日。目前，虽然中国清洁发展机制项目在国家发展改革委的主持下起步较好，但毕竟时间不长，社会影响力处于提升阶段，金融业特别是金融管理部门的参与程度不够，碳市场开发程度不足，碳资本利用效率不高，缺乏支持碳交易的体制机制、法律法规和有效的场所和平台，还谈不上各种碳金融衍生品。CDM 项目在中国起步很早，发展迅速，但由于中国作为发展中国家暂时没有强制减排义务，使得从政府到企业大多对碳金融重要性的认识不足，缺乏市场开发的紧迫感，看不到低碳经济的光明前景和经济价值，加之国内缺乏对 CDM 项目周期性、复杂性、开发风险、交易规程等相关内容透彻把握的专业人员，使得碳金融的开发严重滞后。另外，中国企业进入国际市场进行碳交易主要依托一些国际机构（如世界银行等）才能进入国际市场，需向这些中介提交不菲的代理费用，无法实现中国碳价格与国际市场价格的合理匹配，只能压低中国碳资产的价格，对中国碳交易迅速进入国际市场产生消极影响，也不利于国内碳交易市场的培育。

（三）交易机制有待完善

与国际碳金融市场相比，中国目前的碳金融市场要素及交易机制还不够完善。产生这样差距的原因，从根本来说，一方面是由于创新能力不足，导致国内市场发展速度跟不上国际市场的脚步。许多企业对碳金融仍处于不够了解的阶段，缺乏冲劲，进而没有注重这方面专业人才的培养，对于碳金融的重视程度不够，对于构建统一的碳金融市场平台和交易机制的积极性也不足，导致这些年这方面专业人才的匮乏、中介机构不完备、产品创新力缺乏以及碳金融交易机制不完善。另一方面还是由于中国自身情况，起步较晚，当前仍处于初期阶段，发展的程度还不够。此外，市场中信息不对称现象的存在致使道德风险、逆向选择更易产生，这给中国碳金融市场的运行及监管加大了难度，中国不得不投入大量资金于各项目交易、技术、人才以及市场监管等方面，很大程度增加了碳金融的交易成本。

（四）金融产品有待创新

中国碳金融的起步比发达国家晚，发展也比较缓慢，尤其是碳金融产品的发展十分滞后。近些年来，中国部分商业银行逐渐推出碳金融业务，例如，一些和碳排放权有关的理财产品，但除此之外的其他金融机构，都缺乏对碳金融的深入了解，往往为规避风险而对碳金融都持有非常谨慎的态度；导致在国内市场上，碳金融产品品种单一，缺乏创新，没有能够取得预期的效果。此外，中国 CDM 项目分布不均匀，东西部发展不协调，虽然集中地自然资源丰富，但是大多位于经济欠发达地区，并且暂无成熟的国内买方市场。同时，农村沼气池、边远地区太阳能发电等，过于分散，减排量小，买家不愿意购买，高成本低收入，导致这些项目不能带来收益。

（五）市场活跃度有待提升

由于中国起步较晚，主要由政府负责为中国碳金融市场进行构建，且大众对此关注度不足，了解程度不深入，因而社会参与度较低，大多只有大型机构与企业参与碳金融交易，导致国内碳市场存在流动性较低、活跃度不高等问题。结合此前试点交易的推进情况看，可预期短期内全国统一的碳交易行为可能集中在每年的配额清缴月份，其目的大多是为完成配额清缴义务，而其他月份的交易是否活跃尚未确定，可能短期内存在社会参与度低、市场活跃程度不够等情况。同时，缺乏相应的激励机制也可能导致参与度不高，因为稳定不断的资金支持是碳金融市场能够持续发展的基础，市场在缺乏激励机制时，金融机构及企业将没有足够的动力应对风险带来的压力，从而不会参与其中向市场注入资金。

（六）专业化程度有待提高

以核证自愿减排量（CCER）为例，根据国家发展改革委印发的《温室气体自愿减排交易管理暂行办法》，企业对于参与温室气体自愿减排交易的项目应按方法学准备项目设计文件和申请材料，委托合格第三方核定机构开展项目审定，经主管机构审查备案，按照方法学要求进行监测；在减排量产生以后，由第三方核证机构进行减排量核证，最终由主管机构完成减排量备案签发。项目操作周期长，流程较为复杂，涉及的主体包括政府主管部门、企业和中介机构等。在此过程中，政府的管理能力、中介机构的服务水平和企业文件申报经验都显得较为重要。上述交易中专业人才的缺乏以及参与者知识储备的欠缺都容易造成碳金融业务运作出现失误，导致操作风险敞口加大。

（七）国际定价有待加强

目前，全球的主要碳交易所均为发达国家所主导，中国在国际碳交易市场上缺少定价优势。对中国碳金融产生严重冲击的是，发达国家因碳交易权的计价结算和货币的绑定机制，在欧元已经成为碳现货和碳衍生品交易市场的主要计价结算货币的情况下，日元也对此跃跃欲试，正为成为碳交易计价结算的第三货币而努力，这些都使发达国家在碳金融领域拥有了强大的定价和议价能力。与国内碳金融交易相比，国外经验较为丰富，碳金融市场更加成熟，利益补偿机制更加完整，在实践方面更为全面，制度方面更加完善，因此中国即便是世界最大碳排放权的国家，但仍然处于整个产业链的尾端，地位和发展程度与国际相比差距较大。而在国内，碳衍生品的发展历史有限，对数据的回溯难以实现较大的突破，这直接导致了国内许多企业（包括已经逐步开展了碳金融相关服务的商业银行在内）在与国际投资银行等买方进行碳交易谈判时处于劣势，不但获取利润空间狭窄，还要承担开发和交易过程中较大的风险，直接影响了中国对于碳金融产品的定价权与交易议价能力。定价权的缺失使得中国碳金融交易价格受国际价格波动影响较大，承担的风险会更多，在国际上进行交易时不具有优势。在当今市场中，欧盟所占市场份额及体量相当大，稳稳居于主体地位，掌握住了话语权与定价权。

二、地区碳交易试点阶段存在的问题

在碳交易试点交易阶段，主要以控排企业为主要交易主体的碳现货交易市场。碳市场总体价格波动逐步收敛，企业与金融机构、投资者对碳交易的认识也日益清晰，但此阶段仍存在一定的问题。

（一）排控企业缺乏交易动机

中国大部分企业对碳交易新鲜事物了解程度有限，在市场不明朗、政策不稳定、对配额计算及排放量计算方法不了解的情况下，大部分控排企业抱着观望态度未积极参与碳市场交易。控排企业出于风险规避的原因，在非履约期缺乏交易动机，无法形成有效的碳价格，试点过程中暴露了价格信号失灵、碳交易活跃度低、季节性特征明显、履约期与非履约期间价格波动剧烈等问题。

（二）试点碳市场结构单一

中国碳市场结构还比较单一。一方面，市场参与者较少，可供市场交易的碳配额几乎都掌握在控排企业，而控排企业交易意愿低迷，市场流动性不高，难以吸引市场其他参与者；另一方面，国内试点碳市场起步于碳现货，市场交易产品单一，碳金融随着碳现货的逐步发展，相比于传统金融产品其盈利较低、产品设计不完善。

（三）融资功能不足、产品单一

碳减排融资以 CCER 开发预售、质押融资为主，以零散的双边交易形式进行。在交易市场上，配额与 CCER 均通过市场现货交易为主，流动性、透明性不足，尽管各试点碳市场交易所与机构均尝试了多样化的碳金融创新产品，涵盖了各类主要工具，但都不成规模，同时相应的风险控制和市场监管措施也亟待完善。

（四）不利于先进技术的获取

CDM 项目结构不够合理。中国在实施 CDM 的过程中，优先项目领域为提高能源效率、发展新能源和可再生能源以及回收利用煤层气甲烷项目等，非优先项目领域涉及非二氧化碳、非甲烷气体减排等，这是因为，虽然这些气体的全球增温潜能较高，但减排的成本相对于优先项目来说较低，因此实施该类项目仅能减排量，而先进技术等实质性收益却不易获取。中国非优先项目领域产生的 CERS 数量占到世界总量的近一半，而在优先项目领域，这一比例却不及两成。其中的原因在于，中国 CDM 项目的实施对当前收益过于关注，缺少长远发展的战略眼光。而对于那些能够实现可持续发展、能够明显提高减排技术的项目，却由于种种原因，使买家望而却步，结果是这些项目迟迟难以获得进展。这种现象的出现明显违背了发展 CDM 项目的初衷，增加了先进减排技术的获取难度，阻碍了环境改善的步伐。

（五）中介市场发育不完全

作为一种虚拟商品，CDM 机制下碳减排额交易的规则非常严格，加之其开发的程序复杂，合同期限较长，需要具备相应的开发和执行能力的专业性机构才能完成。在欧美等发达国家，CDM 项目的评估和排放权的购买工作一般由具有相应资质的中介机构来完成，与此相比，中国在中介机构的发展方面尚未完善，诸多问题需要解决，难以完整地开发、承接和消化此类项目。此外，涉足碳金融的中国部分商业银行对碳金融操作模式、项目开发和交易规则还相当模糊，而协助其规避项目风险和交易风险的专业技术咨询体系也未能及时建立。

（六）市场分散不利于集中管控

碳交易的风险难以把控。碳市场设计的初衷是应对气候变化，高效地实现经济体的节能减排目标，因此，对于市场主要参与者，即需要履行减排目标的企业、投资者、金融工具的设计者而言，碳市场发展与节能减排总体目标之间的关联度尤为重要。任何来自碳市场的微观市场行为以及宏观发展上与节能减排的总体目标背道而驰的评价都有可能对市场长期、有序发展带来不利的影响，在市场链接过程中同样有风险。分散发展的市场不可避免地要面临各市场之间缺乏联系的问题，这也被认为是限制市场进一步发展的主要障碍。分散交易体系面临的一个重要问题就是如何围绕共同的标准发展，以增加整个碳市场的流动性、透明度和市场发展的深度。而以试点方式开展的碳交易对于碳减排目标的实现，从长期看缺少有效的支撑。

（七）监管方式和途径缺失

目前，中国对于七地试点碳交易的碳金融监管体系实则与普通金融监管体系一致，这就可能会存在以下问题：一是银保监会与证监会各自发挥其职能，对碳金融市场采取相应措施进行规范，可能对独立双方而言并不能看到完整的交易，从而导致识别不出市场存在的潜在问题或者对于问题的解决措施存在冲突等。二是由于碳金融产品自身的特性，相比普通金融产品而言会更为复杂，并且其主要交易面向外国，因而仅用国内针对普通金融产品的监管体系其实是很难进行有效统一监管的。

第五节　绿色金融推动低碳经济的路径

一、完善碳市场运行机制建设，构建市场化的碳金融体系

（一）完善碳交易市场定价机制

中国应从构建满足碳交易体系需求的分配制度与监测制度、把握碳价和经济结构调整的动态关联机制、提高碳交易体系定价的市场效率、提升市场化手段调节力度、建立碳市场的碳价稳定调控机制等方面加强碳交易市场定价。

一是构建满足碳交易体系需求的分配制度与监测制度。从配额免费发放逐步过渡到"免费为主，拍卖为辅"，再到"拍卖为主，免费为辅"，最后到完全公开拍卖的模式发售碳配额，以规避寻租行为；建立健全第三方认证制度，形成严格的资质标准，培育并加强其内部控制和外部监管。

二是把握碳价和经济结构调整的动态关联。区分在不同经济周期下的关联特征，确定在现阶段新常态经济增长模式下碳价的作用效果，随着经济增长方式的转变，其调控碳市场的制度安排应该随之改变。

三是提高碳交易体系定价的市场效率。从提升市场有效性、缓解配额供给过量、降低经济波动等方面提升碳定价效率。在配额制定时，需要综合考虑各地区社会经济发展水平的差异，灵活处理剩余配额，防止因配额发放过多而导致碳价低迷。

四是提升市场化手段调节力度。提高市场化调节力度，减少政府的过度干预；合理运用价格管理措施，促使控排企业将交易分散到平时。

五是建立碳市场的碳价稳定调控机制。为防止碳价格的剧烈波动，吸取欧盟经验教训，政府建立配额储备机制非常必要，但为防止政府权力滥用，需要对储备的使用严格限制。在法律体系中如何对政府的角色进行合理界

定，需要在市场监管者和市场参与者之间取得平衡。防止政府配额储备的不当运用对市场运行产生负面影响，因此需要对政府配额储备规模、出售价格、出售时机、出售条件等一系列问题做出明确规定。可建立碳市场的碳价稳定调控机制，在政府预留碳配额及其有偿分配的基础上建立碳配额储备和碳市场平准基金。合理设定碳价调控区间，并依托碳配额储备与碳市场平准基金建立碳市场的公开市场操作机制。

（二）建立和完善碳金融市场体系

加强对国际市场碳交易体制机制进行研究，既要研究市场层面的创新，还要研究制度层面的创新，构建多层次的碳金融交易市场。将碳现货交易、碳期货交易和债券发行等融资方式有机地结合起来，将 CDM 项目、碳套期保值、碳证券和碳基金等业务创新结合在一起，形成系列并产生规模效应。基于这种考虑，应同步有序开发出与多层次碳金融交易市场（包括碳金融衍生产品交易在内的）相匹配的管理规程。一要引导建立成熟稳健的基础碳金融工具市场，为碳衍生产品构建发展平台；二要引导发展碳金融产品衍生工具市场，适时推出适合中国实际情况的碳金融衍生工具；三要建立完善的碳金融衍生工具的监管体系，实现政府监管、机构自律、国际合作的多层次体系；四要依法监管，进一步提高监管的透明度和公信力。

（三）构建各司其职、相互补充的碳金融监管体系

随着金融市场的纵深发展，市场主体会呈现多样的特征，产权结构也会形式多样，单一的监管主体不能够满足市场的需求，由行使国家监管职能的机构、行业协会和市场主体的内部监督部门形成立体化的监管体系，综合监管将是现阶段碳金融监管的主要方式。因此，建议设立监管机构、行业协会和内部监督部门，形成各负其责、相互补充的多层次监管局面，推动碳金融市场的协调、健康及可持续发展。一是生态环境部在碳交易中更多发挥引导和调控作用，确保碳交易平稳有序，碳交易价格稳定合理；二是"一行二会"（中国人民银行、中国银保监会、中国证监会）从金融业务的角度，按照各自责权对碳金融进行专业化的监管；三是全国碳排放权注册登记机构和全国碳排放权交易机构建立风险管理机制和信息披露制度，制定风险管理预

案，及时公布碳排放权登记、交易、结算等信息；四是发挥行业协会的作用，利用其更贴近市场主体的优势，弥补政府在碳金融方面监管的不足；五是发挥市场主体内部监督部门的作用，通过内部查找和配合监管，进一步加强管控。

二、发挥政府监管调控职能，引领碳金融市场平稳发展

（一）设立独立的碳金融监管机构

虽然当今中国的碳金融监管处于碳交易市场、碳金融、碳金融监管因果链的末端，但有很多空白，如在碳排放权界定、监管职责分工、监管手段、监管平台等方面，亟须填补，即存在不成熟市场倒逼金融监管的问题。因此，在碳金融监管面临问题与挑战的背景下，在"一行二会"下成立部际碳市场监督管理委员会，独立行使碳金融监管职能，以解决碳金融监管真空状况。该机制根据"大部制"改革的要求，可以有效解决政府与市场的关系，避免政府干预过多或监管缺位的情况，实现政府在宏观调控和提供公共产品方面的作用，在碳金融市场中发挥独特的作用。监督市场规范运营，引导市场向规范有序的方向发展，最终保障碳资源在市场中得到合理的配置，碳金融市场有效运行。政府也在有效发挥监管职能的同时，最大限度地节省行政成本。

（二）建立和完善碳金融风险防范及预警机制

碳金融是新生事物，在发展过程中必定和风险相伴相生，需要建立风险防控的预警机制和信息披露制度，以保障碳金融市场的规范化运营和有序发展。监管部门需要对一些具体的措施进行落实，成立专门的服务部门并鼓励和引导商业银行等积极参与到碳金融业务中，出台扶植政策，搭建引导激励机制，开发碳金融产品，加强对碳金融人才的培养和储备，培育专业化从业团队，创新中介服务体系。

（三）加强信息披露与透明度

对碳金融从业的机构提出信息披露的监管要求，监管机构本身应该建立、实施风险为本的、符合最低审慎标准的全面碳金融监管架构。监管机构

还应该要求从事碳金融的机构以易于公众获得的方式充分披露其与碳金融有关的财务状况、公司治理和风险管理信息。信息披露重点应明确碳金融从业机构的公司治理、财务管理、风险管理体系、重大事件等方面的信息披露要求。这有助于从事碳金融机构的投资者和相关利益人了解上述披露信息，分析判断金融机构的碳金融经营状况和风险状况，维护其自身权益，同时也有助于加强对从事碳金融机构的监管，有助于碳金融机构公司治理、强化内控制度，提高经营水平和信息透明，维护碳金融机构的安全和稳健运行，是对碳金融机构监管的有效补充。

三、加快推动产品及服务创新，有效激发碳金融市场活力

（一）推行绿色信贷业务，为低碳减排提供资金支持

金融机构应丰富模式深挖碳金融市场，包括一级市场的项目资金管理、融资租赁、减排收入质押融资/贴现、合同能源融资。一是推行绿色设备融资租赁模式。大部分企业在建设过程中需要购买昂贵的动力设备，企业需要融资获得机器设备，并通过出售减排指标或低碳产品向金融机构支付租金。根据这样的特点，金融机构可以在正确评估项目风险与收益的情况下，通过融资租赁方式为减排项目提供必要的机器设备，从中获取收益。二是开展减排收入质押融资/贴现模式。以碳减排企业未来低碳收入为质押的绿色贷款或者获得提前贴现收入，可根据碳指标或低碳产品的收入回笼期分期归还贷款和贴现。

（二）开展权益类投资，吸引各方资本进入

目前，国家政策性碳基金起到了一定的引导孵化作用，但是社会资本的碳基金还未充分发挥作用，应当注重吸收适当的社会资本设立碳基金，完善制度建设，扩大投资领域。一是鼓励各地通过拍卖、财政补贴、社会募集的方式筹集资金，构建地方碳基金体系；二是积极吸引社会资金，特别是创投资金、信托资金、民间资本以及国外投资机构参与国内低碳领域投资，实现投资主体多元化发展；三是建立符合地方特色的公私合作平台，确保公共资金可以产生额外的政策效应而降低其挤出效应，并防止重复投资。

（三）发展碳期货，稳定价格、对冲风险

受国际碳价格波动的影响，中国碳交易市场也存在极大的不确定性，而金融衍生品市场对现货市场具有支撑和指导作用。中国碳排放权交易市场受配额供应关系影响明显，国际碳价、减排目标、市场政策、经济形势、科技水平、含碳能源价格等因素同样可能造成碳价格的剧烈波动，市场不确定性较大，因此需要引入并推广期货、期权等衍生产品以中和现货市场风险，发挥价格发现、套期保值、风险规避的重要功能，指导碳金融市场的整体价格走势。目前，中国在碳衍生品交易方面尚处于起步阶段，考虑到国内现货交易以碳排放配额和国家核证减排量为主，未来可基于上述两个标的资产开发碳排放配额期货、核证减排量期货、排放配额期货、核证减排量期权等衍生品工具。

（四）开展碳交易中间业务，有效激发市场主体活力

为了使中国的碳金融参与到更大的金融体系，金融机构应改变以往单靠信贷调整使资金向 CDM 项目倾斜的做法，主动参与碳交易的中介服务，通过辅助信贷的战略调整，实现金融创新和低碳经济的双赢。一是实行项目资金管理模式。金融机构可以通过设立专门的资金账户，有效管理减排项目下的资金流动，担当项目的资金管理人，为减排项目业主实现更多的商业价值并降低风险。二是推行碳交付担保模式。企业获得金融机构提供的减排量履约或付款保函，保证其履行减排量购买协议中约定的量，在发生违约时提供回购或支付对价，能够提升碳资产的市场接受度，增强企业在碳排放交易中的对外议价能力。三是开展碳基金托管模式。目前，中国的碳基金已有所发展，如从事 CCER 开发、投资的基金，可以加快碳资产形成和流转。碳市场稳定基金，在市场出现极端波动时通过配额回购和释放储备稳定预期。碳指数基金和 ETF 基金，降低碳市场投资门槛，提升市场流动性。

（五）建立碳金融风控体系，加强风险管控力度

规避"碳风险"对风险的规避是碳金融诸多业务中的重中之重，金融机构应建立起完备的碳金融业务风险管理体系，制定出针对碳金融风险管理的各种政策和程序，及时准确地对碳金融业务风险进行识别、计量和监控，以

全面风险管理模式集中控制碳金融业务风险给交易带来的危害。此外，还应加强对碳交易项目的建设风险和运行风险的监控，保证资金能够及时回流，规避因项目的进行引发的财务风险和管理风险。与此同时，还要加强对碳金融衍生品的风险识别和控制。为此，金融机构应建立基于风险限额、止损限额和保证金等制度，并通过对国际碳金融衍生市场变化的关注，防范和阻止国际碳金融市场的波动对中国金融体系的传导趋势。

四、积极拓展低碳金融类业务，促进行业绿色低碳化发展

（一）合理调控碳配额发放及交易行为

碳配额核定方面，借鉴欧盟"基线法"，对中国钢铁行业碳配额进行核定，避免出现"鞭打快牛"的情况，促使碳减排较慢的企业加快低碳转型；同时，建立钢铁行业碳配额分配动态调整机制，行业层面随着去产能的推进逐年下调碳配额，企业层面根据产能的变化对配额进行动态调整。碳交易方面，通过财政干预机制，确保行业碳排放总量压减的同时，合理调控各区域的碳排放量。在碳排放总量较高的地区，对于出售碳排放权的交易行为予以一定的财政补贴或税收返还支持，对于购买碳排放权的交易行为则可通过行政干预的方式根据产量限制其购买总量或提高购买价格。

（二）加快布局碳金融业务

一是国家和省市层面均设立了绿色发展基金，但行业层面尚未设立相关低碳基金。各级政府、金融机构、企业应尽快建立行业专门的低碳发展基金，投资于钢铁碳交易市场或温室气体减排项目，推动行业技术进步，实现低碳转型。二是钢铁企业应加快布局碳资产管理业务，在开展 CCER 项目、碳交易、碳基金等业务的同时，通过有效的碳资产管理手段确保年度碳排放的顺利履约，实现碳资产的保值增值，提高碳资产的流动性和整体效益。三是开展以碳资产为抵押物的信贷类业务，基于低碳减排项目发行气候债券，拓展融资渠道，降低融资成本。四是积极探索碳掉期、碳期货业务，合理对冲因碳资产价格变化而带来的市场风险。

（三）加强与外部机构合作

钢铁企业作为降碳减排的主体责任人，应加强与各级政府、行业咨询机

构、外部金融机构等的合作力度，从政策、资金、管理、技术等多个方面明确下一步碳达峰和碳中和的实现路径。寻求与外部机构合作，在碳盘查及碳核查、低碳项目经济测算、碳资产托管及交易、碳排放管理体系咨询、碳履约合规、低碳发展评价等方面明确发展方向，对接先进低碳技术及外部投资方，全面助力企业低碳转型。

第六节 绿色低碳信贷优惠

一、国外低碳信贷政策

（一）国外绿色信贷风险评价机制

美国在环境保护立法方面走在了全球前列，建立了比较完善的环境法律体系。1980 年，美国颁布了《超级基金法案》，要求商业银行对其发放信贷资金的项目环境污染负责，只有在保证项目不对环境产生有害威胁的前提下，商业银行才可以对其发放信贷资金，同时承担永久环境保护责任。

日本根据环境保护需要，制定了一套企业社会责任评估体系，该体系一共包含 5 个方面的内容，如项目环境、员工培训、排放量等，以对企业经营风险进行全方位评估。

英国是最早倡导低碳经济的国家之一，20 世纪 70 年代以来，英国政府制定的环境保护法律体系日益成熟和完善。根据英国环境保护法律，企业必须对自己的污染行为负责，否则要承担巨额罚款，商业银行如果向环境污染项目提供信贷资金，将会面临行业监管部门的惩罚。因此，英国银行在发放信贷资金时，都十分重视环境风险审查。

（二）绿色信贷产品创新机制

国外商业银行支持低碳经济，创新低碳信贷的一个最突出的表现就是开发了多种低碳信贷产品，不仅为客户提供了多种选择，更为银行提供了广阔的获利空间。目前，国际上比较典型的绿色信贷产品主要有 7 大类，如图 9-2 所示。

随着全球碳交易市场日趋成熟，越来越多的银行通过各种方式参与到碳

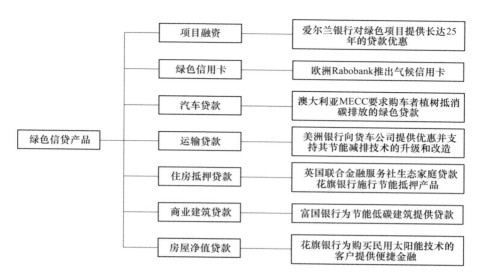

图 9-2 国外部分金融机构的低碳信贷业务及优惠

交易中。部分国际主流银行通过帮助建立碳交易平台、与碳交易所合作、为碳交易所提供流动性等方式参与其中[6]。

（三）绿色信贷法律法规制度及激励机制

美国、英国、日本的绿色信贷法律法规制度较为完备。美国法律规定商业银行要承担环境保护责任，在严格的法律制度之下，企业和银行都十分重视信贷项目环境保护问题。英国紧跟美国步伐，先后制定了一系列环境保护法律，例如《国家环境保护法》《污染治理法》《水资源保护法》以及《固体污染物管理法》等。日本政府颁布了多项法律法规，通过建立完善的环境保护法律，使得商业银行在实施绿色信贷项目过程中有了充分的法律依据。

此外，美日英等国为保障各项政策的落地，还从税收政策、融资担保、财政补贴、利率优惠、低息贷款等方面配套了一系列的激励机制。

（四）绿色信贷社会监督体系

国外的绿色信贷服务体系建立时间长，覆盖范围广泛，公众参与积极性较高，它不仅考虑了社会各方利益需求，同时还建立了环境污染第三方评估体系。一是建立了环境保护信息公开披露制度，环境主管部门会定期向社会公开环境保护法律相关政策、城市主要环境监测指标数据以及重点企业污染物排放和治理情况，同时为公众参与环境保护监督开辟了多个信息沟通渠道。二是政府主导建立了环境动态巡查和评估制度，在生态环境保护方面提供政策支持和指导，为发展绿色信贷奠定了坚实的政策基础。

（五）国外绿色信贷发展对中国的启示

中国推行绿色信贷缺乏完善的标准指引，表现在流程、细则等方面没有详细的指引和依据，尤其是环境风险评级体系不完善。2011 年中国钢铁行业颁布了第一个绿色信贷操作指引，但是从实践经验来看，还存在许多不完善之处，需要借鉴和学习欧美、日本等国家的成熟经验。同时政府相关部门（例如环保、金融、立法等部门）以及行业协会等要加强合作，共同制定行业绿色信贷项目指南。行业绿色信贷指南主要是做好环境风险评估指引，建立一套可操作性强的实施细则，为企业和商业银行做好绿色信贷提供制度和标准参考，不断促进绿色信贷业务健康发展。

二、中国低碳信贷政策

中国提出 2030 年碳达峰和 2060 年碳中和的目标，在此条件下有两个方面的任务格外紧迫：一是实现碳中和需要巨量投资，要以市场化的方式引导金融体系提供所需要的投融资支持；二是气候变化会影响金融稳定和货币政策。2016 年，中国人民银行等七部委联合印发了《关于构建绿色金融体系的指导意见》，确定了中国绿色金融体系建设的总体目标和发展方向，明确要求大力发展绿色信贷。目前中国已有多家商业银行宣布接受"赤道原则"，并与国际金融公司签署能效融资项目，创新推出基于清洁开发机制的节能减排融资项目，以及基于碳排放权的金融理财产品，中国商业银行业在"绿色金融"领域已经迈出了难能可贵的一步。此外，利用金融杠杆引导企业的绿色发展、清退"两高一剩"类污染型项目，是商业银行的社会责任之一。商业银行应将履行社会责任与追求利润的目标相融合，通过积极开展绿色信贷提升自身的"绿色声誉"，实现社会的环境效益与经济效益的统一。

中国绿色金融体系建设目前还处于起步阶段，从"低碳信贷"到"低碳银行"还存在很大差距，真正实现向"低碳银行"转化更是任重道远，商业银行迫切需要提升服务绿色经济的水平。中国人民银行已将绿色债券和绿色信贷纳入贷款便利的合格抵押品范围，未来将全力支持碳减排的工具。"碳达峰、碳中和"将引导金融机构向低碳资产配置调整，在运用信贷、债券等传统金融工具的同时，加大金融工具创新力度，开展包括碳基金、碳资产质押贷款、碳资产授信、碳保险等金融服务[7]。

三、中国绿色低碳金融发展现状

近年来，我国在政策层面大力推行绿色低碳金融发展。2021 年 1 月，中国银保监会在工作会议上将"积极发展绿色信贷、绿色保险、绿色信托，为构建新发展格局提供有力支持"列入 2021 年度重点工作。2021 年 3 月 22 日，中国人民银行在北京召开全国 24 家主要银行信贷结构优化调整座谈会。针对 2021 年的信贷工作，会议特别强调了"稳""进""改"三个字，即：总量上要"稳"字当头，保持贷款平稳增长、合理适度，把握好节奏。围绕实现"碳达峰、碳中和"战略目标，设立碳减排支持工具，引导商业银行按照市场化原则加大对碳减排投融资活动的支持，撬动更多金融资源向绿色低碳产业倾斜。商业银行要坚持市场化、法治化原则，前瞻性地综合考量资金投放、资产负债、利润、风险指标等因素，持续增强金融服务实体的能力[9]。

中国低碳转型发展离不开金融机构，特别是商业银行和金融机构的资金支持。一方面，商业银行气候投融资规模稳步增长，为中国绿色低碳产业的发展提供了大量资金支持；另一方面，商业银行通过信贷支持行业结构的调整，从而有力地支持了中国经济由高碳行业向低碳行业的转型发展。截至 2020 年末，中国绿色贷款余额近 12 万亿元，存量规模世界第一，绿色债券存量 8132 亿元，居世界第二。

四、中国钢铁行业低碳信贷发展现状

钢铁行业是国民经济的重要组成部分，是中国国民经济的支柱产业，在保障经济体持续稳定的发展中扮演着举足轻重的角色，同时也是高物耗、高能耗、高污染的工业部门。在低碳减排的背景下，靠能源的高投入来发展企业的经济发展模式已经不适用于现在的钢铁企业的发展需求，必须转向低碳经济发展模式。面对国内外经济形势的深刻变化，中国钢铁行业开展了又一次的改革，包括产业调整、产品多样化、市场调整、结构优化和产业融合等方面。

（一）中国钢铁行业绿色信贷政策

中国人民银行在 2015 年、2018 年分别制定了针对绿色债券和绿色信贷的标准，明确了金融行业在绿色低碳发展中的重要职责，将推动金融领域的信贷资源、政策资源、监管资源、机构资源和产品资源等不断偏向绿色可持续产业。中国人民银行印发《绿色债券支持项目目录（2021 年版）》的通知，删除了煤炭清洁利用和清洁燃油两个项目，显示了高层完成碳中和目标的决心。但传统的高碳行业（煤电、钢铁等）仍在产业链中占据非常重要的地位，短期内政策方面继续给予必要的金融支持以避免出现产业链断裂风险或者大的信用风险。

（二）商业银行对钢铁企业的信贷支持

近年来，银行业机构通过调整信贷结构，发挥信贷资金引导作用，支持钢铁企业调整产业布局，实现转型升级。引导企业挖掘自身潜力、加大改革创新、优化产业布局，由粗放密集型向精细集约化转型。对技术改造升级、产品结构调整、优化产业空间布局的项目，在风险可控、业务可持续和手续齐备的前提下，增加资金有效供给，推进转型升级，最大限度地满足了钢铁企业融资需求。但是，银行业在支持钢铁产业发展中也存在着不容忽视的问题，行业集中度高加大了信贷投放领域的高集中度。钢铁行业具有典型的规模效应，因此造成银行业对钢铁企业授信偏好趋同，使大型钢铁企业更易得到银行信贷支持，只有占比很低的资金流向成长性好、科技水平高的中小钢铁企业，银行对企业规模的追逐导致对成长型钢企支持不足。

根据当前钢铁行业的发展趋势，商业银行需要充分把握产业优势，因地制宜，及时调整对钢铁行业的投资方向。推动钢铁企业差异化管理，控制行业整体融资规模。结合钢铁企业所生产产品的档次、采用的技术手段、生产工艺流程、研发能力等实际情况，科学划分行业所属的类别，制定差别化授信政策。在每年制定行业授信政策时按照类别明确授信总量计划，通过控制授信总量有效遏制行业整体产能的持续过剩。此外，充分研究国家对钢铁行业的整体调控措施，动态调整钢铁行业授信总量，在落实有保有压的前提下，支持优势企业的技术改造和结构调整，通过信贷手段有效调整产业结构。

（三）河北省钢铁行业低碳信贷发展

河北省银行业支持钢铁产业转型升级，有效提升市场竞争力，贷款总量逐年增加，对产业发展起到了重要的推动作用。唐山市钢铁产业作为河北省钢铁产业的"领头羊"，域内金融企业更是给予了重点支持。具体政策支持包括如下几个方面：一是信贷支持稳中有升；二是落实有扶有控的差别化信贷政策，重点支持符合产业、环保政策且具有较强实力的大型钢铁企业；三是积极推进钢铁行业绿色信贷实施，2015 年河北省银行业机构对钢铁行业累计投放节能减排贷款 294.64 亿元，有力支持了钢铁行业节能环保水平提升。同时，各大政策性及商业银行还以融资的方式支持钢铁行业过剩产能向境外转移。例如，国家开发银行为河北钢铁集团收购南美 PMC 股权项目提供资金支持；中国银行为河北钢铁集团并购阿尔德隆矿业提供 1.95 亿美元融资。

（四）中国钢铁企业发行绿色债券

近年来，随着超低排放改造和双碳工作的推进，中国钢铁企业在环保治理、节能降碳等方面逐步增加固定资产投入，产生了大量的资金缺口。随着绿色信贷政策支持力度的增加，一些钢铁企业通过发行绿色债券的方式，融入项目建设资金以支持自身转型发展。具体发行情况见表 9-2。

表 9-2　2019~2021 年钢铁行业主要绿色债券发行情况统计

发行日期	绿色债券名称	发行单位	发行利率/%	发行额/亿元
2021-05-10	广西柳州钢铁集团有限公司 2021 年度第一期中期票据（可持续挂钩）	广西柳州钢铁集团有限公司	4.10	5.0
2021-04-21	20 钢联 03	包钢钢联股份有限公司	6.0	8.5
2019-08-29	19 包钢联	包钢钢联股份有限公司	6.38	16.8
2019-08-06	19 河钢绿色可持续期货 02	河钢集团有限公司	4.72	15.8
2019-05-29	19 河钢绿色可持续期货 01	河钢集团有限公司	5.16	10.0

续表 9-2

发行日期	绿色债券名称	发行单位	发行利率/%	发行额/亿元
2019-03-26	19 新兴绿色债 02	新兴铸管股份有限公司	4.25	10.0
2019-01-21	19 新兴绿色债 01	新兴铸管股份有限公司	4.25	10.0

　　未来，钢铁行业将逐渐步入低碳时代，"低碳"将成为企业赢得未来竞争的重要砝码，"低碳竞争力"将成为钢铁企业在低碳经济时代的生存能力。打造"低碳竞争力"，使传统竞争力概念得以延展或添加特殊的附加因素。金融结构发展绿色金融将助力钢铁企业通过各种措施减少碳排放和提高碳效率，并获得"竞争力增量"，钢铁企业大力发展低碳技术是优先获得融资的主要因素。

参 考 文 献

[1] 林啸. 低碳经济背景下中国绿色金融发展研究 [D]. 广州：暨南大学，2011.

[2] O'Sullivan N，O'Dwyer B. Stakeholder perspectives on a financial sector legitimation process：The case of NGOs and the Equator Principles [J]. Accounting, Auditing & Accountability Journal, 2009, 22 (4)：553-587.

[3] 梅晓红. 金融集聚下的中国碳金融发展研究 [D]. 南京：南京师范大学，2015.

[4] 陈鑫子. 商业银行碳信贷业务国际比较与借鉴 [J]. 财会通讯，2020 (6)：158-167.

[5] 李凌，石禹. 发展绿色金融促进低碳发展 [J]. 冶金财会，2021，40 (2)：4-8，28.

[6] 石岩. 中国银行业支持低碳经济发展现状及对策研究 [D]. 大连：东北财经大学，2011.

[7] 中国工商银行投资银行部研究中心课题组. "碳达峰、碳中和"战略与商业银行业务机会 [J]. 现代金融导刊，2021 (5)：8-11.

[8] 陆岷峰. 绿色理念与低碳转型：新阶段商业银行打造低碳银行研究——基于百年绿色发展思想视角 [J]. 金融理论与实践，2021 (5)：1-11.

［9］易纲，吴秋余．主动作为，支持绿色低碳高质量发展［N］．人民日报，2021-04-15（12）．

［10］方琦，钱立华，鲁政委．银行与中国"碳达峰"：信贷碳减排综合效益指标的构建［R］．兴业研究，2020．

［11］陈涛，欧阳仁杰．绿色信贷对商业银行信贷风险的影响——基于五大银行面板数据的实证研究［J］．北方经贸，2020（9）：93-97．

［12］顾丹丹，许友清．银行支持钢铁产业转型升级研究［J］．河北金融，2020（7）：37-43．

第十章 碳市场建设促进低碳转型技术革命

第一节 中国碳交易市场发展历程

一、中国碳市场发展历史概况

2011年10月，国家发展改革委下发《关于开展碳排放权交易试点工作的通知》，确定在广东、湖北两省和北京、天津、上海、重庆、深圳等五市开展碳排放权交易试点，标志着区域性碳交易试点工作的开始，福建省在2016年12月也正式启动了碳交易市场[1]。

2020年12月31日，生态环境部正式发布了《碳排放权交易管理办法（试行）》（以下简称《管理办法》），该《管理办法》于2020年12月25日通过审议，并于2021年2月1日起正式实施。2020年12月30日，生态环境部正式发布《2019—2020年中国碳排放权交易配额总量设定与分配实施方案（发电行业）》以及《纳入2019—2020年中国碳排放权交易配额管理的重点排放单位名单》，并规定纳入名单的2225家发电行业重点排放单位需将2019~2020年的配额预分配相关数据于2021年1月29日前上报。上述文件的发布标志着中国碳排放权交易市场（以下简称中国碳市场）正式投入运行，即自2021年1月1日起，中国碳市场发电行业第一个履约周期正式启动。中国碳市场交易中心建设再行加速，生态环境部、中国人民银行等部门明确，碳市场将成为未来碳减排、碳达峰的重要市场机制[2]。2021年5月19日，生态环境部发布中国碳市场建设中的登记、交易和结算三项制度规则（《碳排放权登记管理规则（试行）》《碳排放权交易管理规则（试行）》和《碳排放权结算管理规则（试行）》），以进一步规范中国碳排放权登记、交易、结算活动，保护中国碳市场各参与方合法权益[3]。中国碳市场相关政策见表10-1。

表 10-1　中国碳市场相关政策

时间	文件名称	主　要　内　容
2011-10	《关于开展碳排放权交易试点工作的通知》	确定两省五市开展碳排放权交易试点工作
2012-06	《温室气体资源减排交易管理暂行办法》	为 CCER 交易市场搭建起整体框架，对 CCER 项目减排量从生产到加工的全过程进行了系统规范
2013-11	《中共中央关于全面深化改革若干重大问题的决定》	中国碳市场建设成为全面深化改革的重点任务之一，标志中国正式启动中国碳市场建设工作
2015-09	《生态文明体制改革总体方案》	提出逐步建立中国碳排放权交易市场，研究制定中国碳排放权交易总量设定的配额分配方案，完善碳交易注册登记系统，建立碳排放权交易市场监管体系
2016-10	《"十三五"监控室温气体排放工作方案》	提出建立中国碳排放权交易制度，启动运行中国碳排放权交易市场，强化中国碳排放权交易基础支撑能力
2017-12	《中国碳排放权交易市场建设方案（发电行业）》	确保发电行业顺利启动中国碳排放交易体系
2020-11	《2019—2020 年中国碳排放权交易配额总量设定与分配实施方案（发电行业）》（征求意见稿）	根据发电行业 2013～2018 年排放二氧化碳达到 2.6 万吨/a 及以上的企业，筛选确定纳入 2019～2020 年中国碳市场配额管理的重点排放单位名单，并实行名录管理
2021-01	《中国碳排放权交易管理办法（试行）》	明确了有关中国碳市场的各项定义，对重点排放单位的纳入标准，配额总量设定与分配，交易主体、核查方式、报告与信息披露、监管和违约惩罚等方面进行了规定

　　碳排放权交易就是把二氧化碳的排放权当成商品来买卖，政府部门确定交易前的减排总量，再将排放权以配额的方式发放给企业等市场主体，虽有买有卖，但排放总量被控制在相应的指标范围之内。碳排放权交易是利用市场机制控制碳排放总量的有效政策工具，此前中国 7 个省市开展的碳交易试点工作为中国建立碳市场积累了宝贵经验。碳交易策略主要包括交易时机、买卖方向、价格区间、购买/出售量区间等要素[3]。碳交易机制是在设定强制性的碳排放总量目标并允许进行碳排放配额交易的前提下，通过市场机制优化配置碳排放资源，为企业碳减排提供经济激励，是基于市场机制的温室气体减排措施。与行政指令、经济补贴等减排手段相比，碳交易机制是低成

本、可持续的碳减排工具，也是实现碳中和目标的重要补充手段。

二、中国碳市场交易体系

中国碳市场起步阶段，配额分配以免费分配为主。2021年1月5日，生态环境部发布《碳排放权交易管理办法（试行）》，并配套印发了配额分配方案和重点排放单位名单。自2021年1月1日起，中国碳市场发电行业第一个履约周期正式启动，2225家发电企业率先被纳入中国碳市场（包括纯凝发电机组和热电联产机组，自备电厂参照执行，不具备发电能力的纯供热设施不在范围之内）。《碳排放权交易管理办法（试行）》明确规定中国碳市场的交易产品为碳排放配额，温室气体重点排放单位以及符合国家有关交易规则的机构和个人是中国碳市场的交易主体。

目前，中国对碳排放权的法律属性、交易模式、交易规则认识不足，尚没有设立有效的碳金融交易制度和交易平台，更没有碳基金、碳期货、碳证券等金融衍生品。中国碳市场缺少严格的全国统一的碳排放配额制度，没有配额的限制和排放基准，企业没有购买碳排放配额的积极性。同时，中国碳市场的减排量核算受测试技术的限制，相关监管和协调不到位，长期投资导向与短期获利之间的不平衡等，都说明中国碳市场基础工作比较缺乏，急需建立一个完整的碳交易体系。中国碳市场排放权交易方式主要包括采取协议转让、单向竞价或者其他符合规定的方式，如图10-1所示。

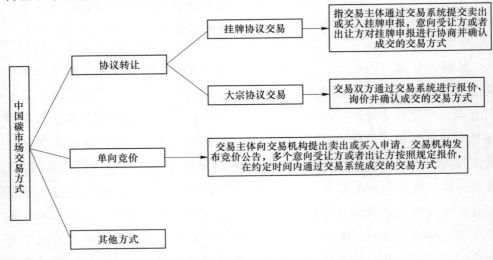

图 10-1 中国碳市场交易方式

图 10-2 展示了碳交易的基本原理，企业 A 实际温室气体排放量超出了其当年的配额，需要购买额外的配额。而企业 B 通过节能降碳技术等导致不排放或者排放少量二氧化碳，其未使用的碳排放配额可以到碳交易市场进行交易。企业 A、B 和碳排放配额构成了碳交易市场的基本要素。

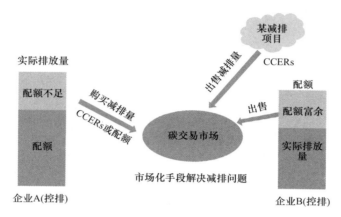

图 10-2 碳交易市场基本原理

（一）中国碳排放市场建设

2017 年 12 月，国家发展改革委印发了《中国碳排放权交易市场建设方案（发电行业）》，提出了以发电行业为突破口率先启动中国碳排放交易体系，培育市场主体，完善市场监管，逐步扩大市场覆盖范围，丰富交易品种和交易方式，分三阶段稳步推进中国碳市场建设工作，即基础建设期、模拟运行期和深化完善期。

发电行业碳市场稳定运行后，中国碳市场将逐步扩大覆盖范围，丰富交易品种和交易方式，尽早将国家核证自愿减排量（Chinese Certified Emission Reduction，CCER）纳入碳市场。2011 年以来中国开展区域碳交易试点，将符合条件的重点排放单位逐步纳入碳市场，并实行统一管理。同时区域碳交易试点继续发挥现有作用，在条件成熟后逐步向中国碳市场过渡。

中国碳市场起步阶段的主要任务是打补丁、完善市场制度，提高一二级市场的交易量。其中，一级市场是发行市场，由相关国家主管部门和委托机构管理，创造和分配碳排放权配额和已审定备案项目的减排量两类基础性碳资产。二级市场是交易市场，是碳资产现货和碳金融衍生品交易流转的市场，也是整个碳市场的枢纽。2018 年国务院机构改革，将建设中国碳市场的职责由国家发展改革委转到了生态环境部。根据原定的路线图，中国碳市场应于 2020 年左右开始模拟运行期，预计大约一年后进入正式运行。然而，这一进程因新冠肺炎疫情等因素影响有所推迟。中国碳市场主要包括两个部分：交易中心和登记系统。其中交易中心落户于上海，中国碳交易注册登记系统（中碳登）落户湖北，目前已为 2225 家履约企业办理完成开户手续。研究公司 Rhodium Group 的专家与 Breakthrough Energy 共同计算了全球 190 个国家的排放估算，2019 年全球排放 52Gt 二氧化碳，其中中国占 27%。以中国温室排放量 140 亿吨为基准，假设中国八大高耗能行业全部纳入完毕后，可覆盖 50% 的碳排放量。理想情况下八大行业摸底的历史碳排放数据为 60亿吨，免费配额发放为 60 亿吨。按照试点的交易情况，假设二级现货价格为 30 元/t，一级现货价格为 20 元/t，二级市场配额交易量占配额发放总量的 1.5% 即 0.9 亿吨，一级市场 CCER 交易总量占配额发放总量的 2.5% 即1.5 亿吨，那么一二级市场预计交易总额为 57 亿元[4]。

碳交易市场建设初期，配额一般为免费发放，如果没有衍生品市场，一二级现货市场的成交额将相对有限。根据中国可再生能源学会专家预测，2019 年可再生能源补贴缺口累计超过 2600 亿元，2020 年底缺口将突破3000 亿元。假设一级减排量全部来自可再生能源基金补贴项目申报，那么一年 30 亿元的市场成交收益，对于 3000 亿元的补贴缺口而言贡献有限。

2021 年 7 月 16 日，中国碳市场在北京、上海、武汉三地同时举行了开市启动仪式，这意味着中国碳交易正式实现从十年试点到全国统一开市的跨越，成为中国碳市场发展具有里程碑意义的事件。

（二）中国碳交易机制建设

《京都协议书》中的三大市场机制为全球碳市场的发展奠定了基础。其规定了以下三种补充性碳交易市场机制，用于降低各国的减排成本：国际排放贸易机制（IET），联合履约机制（JI），清洁发展机制（CDM）。

在清洁发展机制下，许多金融机构通过提供资金和技术，在成本较低的发展中国家开发风力发电、太阳能发电等减排项目。中国已成为世界 CDM项目最多的国家，基于 CDM 项目开展的碳交易规模也是世界最大。由于政府的支持、成本的优势、基础设施的完善，中国参与清洁发展机制成功注册的 CDM 项目数量和获签的 CER 数量都增长很快。截至 2021 年 4 月 1 日，全球已注册备案的 CDM 项目主要集中于风能、水力、生物质能、降低甲烷排放、太阳能等领域，前五大类型项目共计 6645 个，占比达 79%；中国 CDM 项目数 3861 个，占比达 45.9%，位居全球首位。

监测、报告与核查（Monitoring Reporting Verification，MRV）是碳交易的基础，碳交易的核心即碳排放交易配额，需要在碳市场的 MRV 管理机制中测量、报告并经过核查确认之后才能够进行交易。中国碳市场 MRV 管理框架如图 10-3 所示。

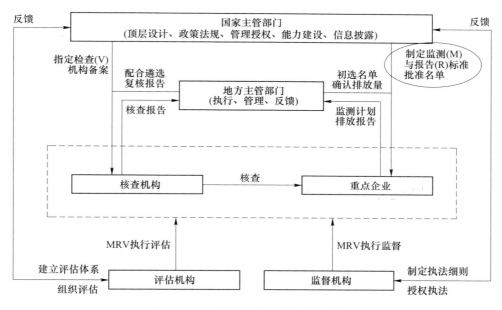

图 10-3　中国碳市场 MRV 管理框架

（三）中国碳排放标准建设

虽然中国在碳排放标准化建设方面已取得一定进展，但目前还存在一些重要问题尚未解决，如碳排放管理、减碳技术、产品碳足迹评价等方面的标准缺失等，以及已有标准执行力度不够等问题。因此，中国碳排放标准体系亟待健全与完善。

中国国家标准化管理委员会正式批复筹建"中国碳排放管理标准化技术委员会"（SAC/TC548），将结合中国国情出台系列碳排放标准。中国碳排放标准包括：行业企业温室气体核算与报告标准、项目碳排放核算系列标准、低碳产品系列标准、技术标准和核查标准等，这些标准将为中国碳排放总量控制及碳市场的平稳运行提供技术保障。

碳排放量的核算方法是构建碳交易市场不可缺少的一个组成部分，因此有关碳排放量核算方面的投资机会也需要给予重视。目前碳排放量的核算方法有两种：碳计量和碳检测。碳计量与政府间气候变化专门委员会（IPCC）的物料均衡法类似，将企业的生产活动划分为若干流程。在给定的参数下，按照不同的方法计算每个流程中的碳排放量，并加总得到企业的碳排放总量，进一步计算排放因子，并以此为根据设定企业未来的碳排放配额。碳检测是指利用连续排放监测系统（Continuous Emission Monitoring System，CEMS）对企业的碳排放量进行监测，相比于碳计量的计算方法，碳检测对企业碳排放量的统计更加具有连续性和准确性。此外，碳检测的监测系统还可以将企业的排放数据上传至云端，易于监管部门进行监测和管理。目前碳计量仍是中国碳排放测量的主要方法，只有在火电行业开展了碳检测的试行。但随着碳市场的完善，碳检测或将逐步取代碳计量。中国颁布的有关碳排放核算方法的政策见表10-2。

表 10-2　中国颁布的有关碳排放核算方法的政策

发布时间	机构	名称	主要内容
2013-10-15	国家发展改革委	首批10个行业企业温室气体排放核算方法与报告指南（试行）	发电、电网、钢铁、化工、电解铝、镁冶炼、平板玻璃、水泥、陶瓷、民航温室气体排放核算指南
2014-12-03	国家发展改革委	第二批4个行业企业温室气体排放核算方法与报告指南（试行）	石油和天然气、石油化工、焦化、煤炭生产温室气体排放核算指南
2015-07-06	国家发展改革委	第三批10个行业企业温室气体排放核算与指南报告（试行）	造纸、有色金属冶炼、电子设备、机械设备、矿山、食品饮料、建筑、交运、其他工业企业生产温室气体排放核算指南
2016-10-27	国务院	"十三五"控制温室气体排放工作方案	加强热力、电力、煤炭等重点领域温室气体排放因子计算与检测方法研究，完善重点行业企业温室气体排放指南
2019-01-09	国家能源局	发电企业碳排放权交易技术指南	发电企业可采用排放因子法和在线监测法两种办法检测二氧化碳排放量，并对其具体步骤予以指导

发布时间	机构	名称	主要内容
2020-06-23	生态环境部	生态环境检测规划纲要（2020—2035 年）	遵循"核算为主，检测为辅"的原则，在不大规模增加资金投入的前提下，将温室气体（包括 CO_2、CH_4、SF_6、HCFCs、NF_3、N_2O 等）检测纳入常规检测体系筹设计
2020-12-03	生态环境部	企业温室气体排放核算方法与报告指南　发电设施（征求意见稿）	为加强企业温室气体排放控制，规范中国碳排放权交易市场，发电行业重点排放单位的温室气体排放核算与报告工作

关于国内外的碳核算方法比较，欧盟采用碳计量和碳检测并行的方法，美国则是优先采用碳检测的方法。借鉴欧美的碳排放核算经验，中国碳市场未来也会将碳检测作为碳排放量核算的标准方法。此外，从国内碳市场的发展来看，行业内工艺流程的不断更新会使得监管部门管理的难度明显提升，监管标准也会不断更迭，这同样推动了对灵活性更优、具备云端化能力的碳检测的需求。

（四）碳定价机制建设

全球的碳定价机制有很多种，包括碳税、碳市场交易体系（Emissions Trading System，ETS）、碳信用机制和基于结果的气候金融（Results Based Climate Finance，RBCF）等，表 10-3 主要展示了五种形式的碳定价机制和主要内容。2021 年 7 月 14 日欧盟委员会正式提出碳边境调节机制（Carbon

表 10-3　五种碳定价机制

碳定价机制	主要内容解读
碳税	明确规定碳价格的各种税收形式
碳排放交易市场（ETS）	为排放者设定排放限额，允许通过交易排放配额的方式进行履约。ETS 有两种主要形式：总量控制和交易型，以及基准线和信用交易型。（1）总量控制和交易型，是政府为某个特定经济领域设定排放总量限额，排放单位可以用于拍卖或者配额发放，受约束实体每排放 1t 二氧化碳温室气体，需上缴一个排放单位。实体可自行选择将政府发放的配额用于自身减排义务抵消或进行交易。（2）基准线和信用交易型，是政府为受约束实体设立排放标准基准线，当排放单位超过基准线时，实体需上交碳信用以抵消排放；当排放量减至基准线以下时，实体可以获得碳信用出售给有需要的其他排放者

碳定价机制	主要内容解读
碳信用机制	碳信用机制是额外用于常规情景、自愿进行减排的企业可交易的排放单位。它与 ETS 的区别在于，ETS 下的减排是出于强制义务。然而，如果政策制定者允许，碳信用机制所签发的减排单位也可用于碳税抵扣或 ETS 交易
基于结果的气候金融（RBCF）	投资方在受资方完成项目开展约定的气候目标进行付款。非履约类自愿碳信用采购是基于结果的气候金融的一种实施形式
内部碳定价	内部碳定价是指机构在内部政策分析中为温室气体排放赋予财务价值，以促使将气候因素纳入决策考量之中

Border Adjustment Mechanism，CBAM），对钢铁、铝、水泥、化肥和电力等进口碳密集型行业产品征收全球首个"碳边境税"。2021 年 9 月，欧盟碳排放交易系统的基准价格已经突破了 60 欧元/t 的纪录。

中国碳交易定价机制的不完善，导致出现国际碳套利、交易成本过高、买方垄断等弊端，其根本原因在于中国缺少碳减排的全民意识，碳交易主体单边化，没有成熟的碳交易市场等。因此，构建与国际接轨的多层次、一体化的碳交易定价机制，是完善中国碳市场以及扭转中国在国际碳交易不利地位的根本。

三、中国碳市场运行现状

2021 年 7 月 16 日，全国碳交易市场正式运行，生态环境部最近的声明，表明准备工作进展顺利。中国碳排放交易体系将首先覆盖电力行业，2225 家发电企业率先被纳入中国市场，预计头 5 年为中国碳交易市场搭建完善阶段。目前，已经开始筹备将覆盖范围扩大至其他行业，包括化工、钢铁、混凝土、有色金属、造纸和国内航空。中国尚未公布碳排放交易体系的二氧化碳减排目标。设定该温室气体的减排目标非常重要，可以使碳定价政策与中国的总体气候治理和目标保持一致。

（一）CDM 和 CCER

根据《联合国气候变化框架公约》公布的数据，截至 2021 年 4 月 1 日，中国 CDM 项目数达到 3861 个。2005～2012 年，中国 CDM 注册项目数量大幅增长，7 年注册备案项目 3791 个。2013 年开始，受实体经济不振的影响，全球第一大市场欧盟碳交易市场的持续低迷导致需求持续下降，且由于欧盟对 2013 年后碳市场交易设置更多限制，同时国际上 CER 的不断签发导致供给过多，CER 价格随之下降。多方因素导致 2013 年之后中国 CDM 项目申请数量急剧下降。该背景下国内开启着手建立碳交易市场体系——碳排放交易试点市场（ETS）+自愿核证减排机制（CCER）。中国借鉴《京都议定书》中的碳抵消机制、清洁发展机制（CDM）搭建适用于国内的自愿核证减排机制（CCER）。

CCER 项目在很大程度上与 CDM 项目相似。CCER 是指根据国家发展改革委发布的《温室气体自愿减排交易管理暂行办法》的规定，经其备案并在国家注册登记系统中登记的温室气体自愿减排量，超额排放企业可通过在碳交易市场上购买 CCER 抵消碳排放超额部分。

2019 年七个试点碳市场的分配配额为 12.96 亿吨。完成线上配额交易量 2187 万吨，达成线上交易额 7.73 亿元。线上配额交易量仅占配额分配总量的 1.69%，反映出二级市场交易不活跃，成交均价为 30.69 元。2019 年 CCER 共计成交 3013 万吨，七大试点 CCER 交易量仅占配额分配总量的 2.32%，反映出一级减排量市场同样交易不活跃。一级二级现货交易均不活跃的情况下，七大碳交易市场过往履约率基本满足 100%，说明发放的免费配额是足量的。七大试点交易市场配额发放基本以免费为主，CCER 抵消比例限定在 3%~10% 不等，CCER 项目类型均不包括水电类项目。2017 年 3 月国家发展改革委暂停了 CCER 项目备案申请，当前中国 CCER 项目审批和减排量签发处于暂停状态，主管部门并未明确重启时间。

（二）中国地方碳市场交易

中国碳交易市场建设参与主体、分配与登记、配额清缴和处罚等，基本与七大试点交易体系一脉相承，但中国碳交易体系设计相对企业而言更加友善，一是规定了配额履约缺口上限，二是处罚条款也较试点更加宽松。起步阶段的碳交易市场为摸石头过河阶段，设计上一般都是配额免费发放，如果没有衍生品市场，一二级现货市场成交额相对有限，预计也将处于不活跃状态。

2021 年中国碳交易市场成交量有望达到 2.5 亿吨，为 2020 年各个试点交易所交易总量的 3 倍，成交金额预计达 60 亿元，到碳达峰的 2030 年累计交易额或将超过 1000 亿元。表 10-4 展示了中国碳交易市场现状及未来展望，中国碳市场将覆盖发电、石化、化工、建材、钢铁、有色金属、造纸和国内民用航空等八大行业。全球统计数据/分析平台（Economy Prediction System，EPS）研究显示，设定中国到 2050 年电力、工业碳价水平达到 420 元/t（折合约 60 美元/t），其减排效果并不显著。要实现《巴黎协定》温控目标，到 2035 年，化工行业和电力行业碳价分别需达到 50~100 美元/t 和 38~100 美元/t。因此设置合理且有效力的碳价水平对于实现深度减排至关重要，多数国家和地区持续将碳定价作为实现气候目标的关键政策。根据世界银行发布的《2019 年碳定价现状与趋势》报告，截至 2019 年全球共有 57 种不同的碳定价机制。

表 10-4　中国碳交易市场现状及未来展望

	现　　状	未来展望
纳入行业	首批纳入 2225 家发电企业	最终覆盖发电、石化、化工、建材、钢铁、有色金属、造纸和国内民用航空等八大行业
相关政策	发布《碳排放权交易管理办法（试行)》	各个部门需建立与注册、登记、交易等相关具体政策
配额	以免费发放为主	根据国家要求将适时引入有偿分配，并逐步提高有偿分配比例
抵消机制	重点排放单位可使用 CCER 或生态环境部另行公布的其他减排指标，抵消其不超过 5% 的经核查排放量	随着未来碳市场的发展，有望通过增大抵消比例扩大减排量市场
支撑系统	目前已经确定登记系统由湖北省承建，交易系统由上海市承办	逐步推进系统建设

综合北京和上海等 8 个省市的碳排放权交易市场试点，各省市碳价在每吨 4~80 元不等，如图 10-4 所示。各试点价格存在差异，北京市试点价格最高，重庆市碳价最低，2020 年重庆市碳价低于 10 元/t。除深圳市和福建省之外，2020 年各试点的碳价均低于 2019 年成交价。

7 个碳交易试点 2013 年至今的月均成交价格如图 10-5 所示，北京市碳市场自开市以来，成交价格一直位居 7 个试点之首，2014~2021 年，成交价格稳中有升，2020 年价格波动较大。天津市及重庆市碳市场的成交价格在 7 个试点中处于较低水平，2019 年之前基本稳定在 10~15 元/t。广东省及深

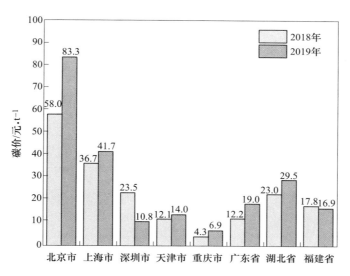

图 10-4 中国 8 大试点市场 2018~2019 年碳成交均价

圳市碳市场建立初期，配额价格较高，2014~2019 年总体呈下降趋势，深圳市碳市场 2021 年成交价格下降至开市以来最低，只有 10 元/t 左右；广东省碳市场自 2020 年至今还能稳定在 30 元/t 左右。

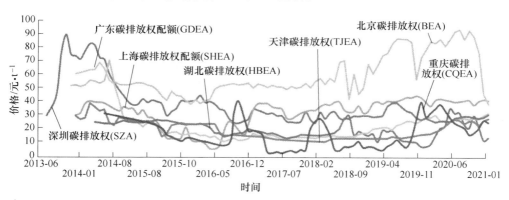

图 10-5 7 个碳交易市场二级现货成交价格情况

（三）中国碳市场与发达国家碳市场的差距

中国已经形成运行平稳、要素完整的地方碳市场，各地根据实际情况设计了各具特色的政策，但与国外诸多发达国家相比仍存在较大的差距。首先是日本，日本推行以核能为主的新能源，能很快地降低对石油的依赖，大幅降低碳排放，在碳定价方面采用碳税政策，市场上有很大的操作空间。中国推行以风能、光伏等为代表的可再生清洁能源，能在一定程度上降低碳排放，但是碳定价方面没有加入碳税，要求较为宽松。其次是欧盟，欧盟引入具体的碳排放行业范围，覆盖范围广，排放配额管控方面加入了严格的惩罚制度，实时调整基准排放量。而中国目前主要引入发电行业，碳排放行业范围不明确，覆盖范围不定，基准排放量的调整和管控力度不严格。再次是加拿大，加拿大规定了具体的碳定价基准，实行两套系统。中国主要以配额为主的定价较为严谨，在详细的碳减排措施方面工作还不够完善。最后是美国，美国利用碳税简化法规，逐步加入碳红利形成市场激励，而中国的市场激励方式主要通过配额。

第二节　碳市场促进低碳转型技术革新

一、欧洲碳市场碳价推动电力市场燃料转换

欧洲电力行业碳排放量快速下降，这一发展离不开欧洲碳市场（EU Emissions Trading Scheme，EU-ETS）的影响。欧洲碳市场和电力市场的相互影响，在短期内最主要的体现是碳价推动天然气替代煤炭发电。在经济调度的自由电力市场中，发电机组在当前电力市场按照边际成本高低进行排序，由边际成本决定出清机组。因为天然气发电的度电碳排放系数只有煤炭发电的一半，所以面对相同的碳价，气电的碳排放成本低于煤电。在电力市场中引入碳价，就会提高燃煤和燃油等高排放机组的边际成本，而燃气机组的成本增加幅度相对较小。当碳价达到一定程度时，就会使得天然气发电更有竞争力，在电力现货市场中替代煤电机组成为边际出力机组，实现燃料转换。这样，整个电力系统的碳排放就会因为煤电发电小时数的下降而减少，从而体现了碳价的作用。

在自由化程度高的电力市场以及边际成本决定现货电价的前提下，碳价的引入会使得排放较低的气电在电力市场中更有竞争力。从欧洲电力市场的实际情况来看，由于碳价 2010 年来一直处于低位，燃料转换在 2018 年碳价上升到 20 欧元/t 水平以上之后才更为明显。同时，世界天然气市场供给过剩且需求低迷，导致天然气价格走低，也进一步降低了天然气的边际发电成

本，挤压煤电的运行小时和利润空间，降低了电力系统的碳排放和碳排放强度。在电力交易中，常用"点火价差"概念对比气电和煤电的理论利润空间。清洁点火价差即电价减去气电的碳价成本以及燃料和运营成本。清洁黑色价差则为电价减去煤电的碳价成本以及燃料和运营成本。如图 10-6 所示，2018 年天然气的度电利润持续低于中等效率的煤电，然而之后随着碳价上升和欧洲天然气价格走低，天然气发电的边际成本一路下滑，而煤炭价格相对下降较小，碳成本的上涨导致煤电的发电边际成本快速上升。中等效率的气电利润空间甚至一跃超过了较为先进的 42% 效率煤电。

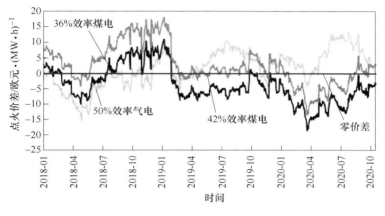

图 10-6　2018 年以来气电机组点火价差

在电力市场中，燃料转换的实际规模也会受到天然气和煤炭价格变动的影响。如果天然气价格持续走低，那么较低的碳价就能推动燃料转换，使得气电替代煤电。然而与煤电相比，气电的燃料价格更高，如果天然气价格回涨较快，那么就需要更高的碳价才能实现燃料转换。碳市场推动欧洲电力行业减排，与欧洲互联电网以及统一电力市场紧密相关。欧洲高效的互联电网，实现了更有效的跨区电力资源配置。欧洲地区国家众多，资源分布很不均衡。北欧水电、风电充沛，几乎没有化石能源电厂。德国近年来退出核电的同时大力发展光伏和风电，但仍有一定数量的煤炭和天然气电厂在运行。法国电源结构则以核电为主。英国和南欧国家退煤发展迅速，已经几乎实现了以风电、光伏和天然气为主的发电结构，但大部分东欧国家仍然以煤电为主。电源结构的差异造成了各国电力成本的不同，碳价则推高了煤炭和天然气发电的成本，使得清洁能源更有优势。因此，以经济调度为主的现货市场下，分时电价的差异就可以推动跨国进出口电量，推动清洁能源的输出，使得电网运营商可以在更大区域内优化配置电力资源。

在高效互联电网和自由电力市场的推动下，不仅北欧和南欧富余的可再生能源能够输出替代西欧、东欧的煤电，各国也能利用跨国输电容量来保证冬夏高峰负荷期的电力供给。跨国跨区电网互联使得各国电力系统的调峰能力更加灵活，既提高了可再生能源的消纳能力，又减少了不必要的调峰电源建设。欧盟也在不断加强和完善能源立法，构建统一欧洲电力市场。在电力市场指令以及一系列市场改革方案的推动下，促进各国电力市场耦合，实现基于统一市场规则联合出清的市场机制。市场耦合是根据各成员国市场的电力净进口与净出口曲线进行匹配，形成统一的市场交易和价格。若输电系统无阻塞，则整个联合市场形成统一价区；若系统存在阻塞，则联合市场分割成不同价格区域。大部分欧洲国家的日前市场已经实现耦合。日内市场耦合已在西欧、北欧的 14 个国家实施，并将陆续在东欧和南欧国家推进。

欧盟能源监管合作机构在 2019 年欧洲能源市场监管报告中指出，电力市场耦合的发展大大推动了各国各区域电价的趋同。在日前市场中，跨国输电容量的有效利用率高达 88%，日内市场中利用跨国输电能力的效率也有提高，达到 59%。平衡市场则最低，只利用了可用跨国输电能力的 23%。欧盟的目标是在 2030 年实现可再生能源占总发电量的 60% 以上，对电网的发展提出了更高的要求。欧洲互联电网（ENTSO-E）最新发布的十年网络发展规划，对跨国电网进一步互联进行了详细规划，利用场景分析法研究高比例可再生能源结合电动汽车、智能电网和储能等与电网系统的融合，推动"源—网—荷—储"协调发展。

二、碳市场下低碳技术的崛起

能源生产过程中所产生的二氧化碳排放尤其是电力行业生产的排放是中国温室气体排放结构中的最大贡献者。按现有政策发展，虽然煤电生产量将呈现下降趋势、非化石能源发电得到了迅猛的增长，但煤电因为其稳定性及成本优势始终占据重要的地位，并造成电力行业较高的排放水平。因此，在降低碳排放的背景下，首要任务是减少化石能源发电，特别是降低煤发电水平，可以通过控制新上燃煤电厂、及早退役煤电机组等方式来实现。中国燃煤发电机组的寿命周期约为 40 年，而近年仍然有不少新上的煤电机组，到

2050 年煤电仍可维持较高的装机水平。因此全面调整发电结构，实现电力的清洁化，为非化石能源发展提供空间，需要尽早淘汰煤电落后产能，减少煤电发电小时数。同时，随着可再生能源发电技术不断成熟，可再生能源发电成本将逐渐下降，预计风电和太阳能发电可在"十四五"实现平价上网。后期需要依托市场机制实现电力调度策略的优化，即优先调度成本更优的可再生能源电力，才能充分发挥可再生能源电力的优势，电力行业的减排潜力也将进一步扩大。在正常退役安排之外，每年额外强制淘汰 1500MW 的煤电装机容量，同时优化电力调度机制，到 2050 年化石能源发电量占比将小于10%，单年可减少约 8 亿吨的温室气体排放，贡献高达 15% 的减排潜力，30年间将累计减排约 124 亿吨二氧化碳当量[8]。

为了促进电力行业的低碳转型，中国针对性地出台了多项政策与规划，包括可再生发电补贴、电力行业的节能调度、碳排放交易机制等。碳市场被认为是未来促进电力行业低碳转型的重要经济激励政策，大量关于碳交易影响评价的研究也集中于能源行业，尤其是电力行业的分析。碳交易政策的不同分配机制对中国电力行业 2030 年的装机容量与电力生产有着重要的影响。

清华大学陈华栋[9]等人通过为中国电力行业构建不确定下多主体行为模型（MABUM 模型），从而基于企业行为响应来探讨中国电力行业的长期低碳转型。其研究结果表明，在低碳政策作用下中国电力行业的长期低碳转型路径将主要经历两个阶段。第一阶段（2030 年前后），新电厂投资主要来自火电机组与水电机组，且中国电力生产仍以火力发电为主；第二阶段（2030年前后至 2050 年），中国电力行业出现非化石能源的爆发性增长，尤其是太阳能发电、风电与核电技术，并逐步替代现役火电机组。电力行业将于第一阶段末实现碳排放达峰，但 2050 年前尚无法实现非化石能源对化石能源的完全替代。考虑不同碳配额分配机制，有偿分配机制较无偿分配机制能促进中国电力行业实现更早、更大规模的低碳转型，平均峰值（CO_2）由 7.58Gt降至 6.26Gt。

考虑不同碳配额分配机制，虽然电力行业低碳转型第一阶段在无偿分配机制下更稳定，但长期来看有偿分配机制具有更强的政策效应，能带来更稳定的低碳转型。当中国碳排放交易机制参考欧 EU-ETS 的拍卖机制时，电力行业虽无法达到净出力考核（Net Dependable Capacity，NDC）的要求，但仍有潜力达到 2℃温升控制目标对电力行业非化石能源发展与碳排放强度的要求。

从低碳转型的碳减排成本来看，中国电力行业在低碳转型早期将承担碳减排成本。但从长期来看，低碳转型将通过可再生能源的技术进步和避免大规模火电可变发电成本等渠道，逐步减少碳减排成本。在低碳市场下有前景的低碳技术主要有生物质能发电、垃圾焚烧发电、热电联产、风能、光伏发电、氢能、超临界二氧化碳发电和海洋能等。

（一）生物质能发电

生物质能是自然界中有生命的植物提供的能量，是一种绿色可再生能源。国家出台了一系列与生物质能源产业相关的政策文件，并对生物质能发电中生物质利用达到一定量的进行补贴。借助生物质气化发电扶持政策，中国已经实现通过生物质的资源化利用，产生电能和热能减少碳减排。国内外生物质发电技术有：生物质直接燃烧发电、生物质与燃煤混合燃烧发电、生物质气化间接发电。

生物质直接燃烧发电的基本原理是生物质燃料进入生物质锅炉后直接燃烧，利用其燃烧热能产生蒸汽，蒸汽进入汽轮机做功后带动发电机进行发电，其原理与燃煤火力发电基本类似。生物质与燃煤在炉外或炉内混合后进行燃烧，产生蒸汽后在汽轮机内做功，带动发电机进行发电。生物质气化发电技术是将生物质燃料在气化装置中气化产生燃气，再将燃气输送至燃煤锅炉进行燃烧，产生蒸汽后带动汽轮发电机组发电，综合发电效率达到 32% ~ 37%。根据生物质产业协会统计资料，2020 年，农林生物质发电新增装机 217×10^4kW，累计装机达到 1330×10^4kW；农林生物质发电新增并网项目 70 个；累计发电量约为 $510\times10^8kW\cdot h$。热电联产已经成为农林生物质行业高效转变，产业升级的重要方式。

结合中国生物质能利用政策及区域生物质能环境，生物质能直接燃烧发电在电量计量和补贴方面优势明显，通过大容量机组与生物质能的耦合，可合理采取生物质与燃煤混合燃烧的发电技术。生物质气化发电具有混燃方式通用性好的特点，但投资较大。对于生物质直接与煤混合燃烧发电技术，可增加生物质预处理成型设备，并在成型的生物质入炉皮带上加装可监控的称重装置，便于准确计量和政府监管。鉴于生物质气化技术已逐渐成熟，应进一步完善政策补贴计量的计算方法和规范，有利于参与碳交易[7]。

（二）垃圾焚烧发电

垃圾焚烧是当前主流的生活垃圾无害化处理方式，与传统的堆肥、填埋等处理方式相比，焚烧具有处理效率高、占地面积小、对环境影响相对较小等优点，更能满足城市生活垃圾处理减量化、无害化的要求。焚烧处理生活垃圾还能利用焚烧产生的热能，实现垃圾的资源化，这些优势使得垃圾焚烧处理在近些年逐渐得到了较为广泛的应用与推广。焚烧垃圾场的数量、处理量都有明显的增长，焚烧处理率也由 2005 年的 9.8% 上升到 2018 年的 45.1%。根据国家发展改革委发布的《"十三五"中国城镇生活垃圾无害化处理设施建设规划》，2020 年垃圾焚烧处理能力须达到 59.14 万吨/日。根据部分省市的中长期垃圾焚烧项目建设规划，预计到 2030 年垃圾焚烧处理能力将超过 120 万吨/日。

利用生活垃圾焚烧产生的余热发电，可减少化石能源发电的二氧化碳排放。目前国内生活垃圾焚烧发电厂发电量为 $305 \sim 420 kW \cdot h/t$，扣除垃圾焚烧发电过程中自身能源消耗，上网电量为 $250 \sim 350 kW \cdot h/t$。根据中国的电力结构，70% 以上是煤发电，垃圾焚烧发电替代燃煤发电，可实现生活垃圾二氧化碳减排量 $208 \sim 283 kg/t$，碳交易为垃圾焚烧发电企业带来环境效益与经济效益。碳交易在为垃圾焚烧企业带来额外收益的同时，也在推进加速技术创新和提高环境治理能力。

（三）太阳能发电以及光伏制氢技术

太阳能作为标志性的绿色清洁能源，优势非常明显，是取之不尽用之不竭的能源并且非常稳定，每日落在地球表面的能量高达 1.2×10^5 MW，与全世界 20 年的总能源消耗量差不多，具备非常大的发展空间以及潜力。通过光伏发电技术可以将光能转换为电能，正好满足了可持续发展的能源系统的要求。虽然该技术还处于不断的完善阶段，但未来科技的发展会带来发电成本的降低。

中国是全球最大的光伏市场，根据国家能源局数据显示，2020 年，中国光伏新增装机量达到 4820×10^4 kW，同比增长约 60%。国际能源署（IEA）发布了 2020 年全球光伏报告[10]，报告显示，尽管新冠肺炎疫情在过去的一年多全面爆发和流行，但全球光伏市场再次实现显著增长。截至 2020 年底，全球累计光伏装机 760.4GW，有 20 个国家的新增光伏容量超过了 1GW，中国、欧盟和美国分别以 48.2GW、19.6GW 和 19.2GW 的规模位列全球前三。全球光伏安装量走势如图 10-7 所示。与 2019 年相比，2020 年公用事业规模的光伏市场略有增长，但随着屋顶市场的增加，其市场份额相对下降。得益于越南屋顶光伏的爆发，以及澳大利亚、德国和美国的部分增长，屋顶光伏容量在 2020 年实现了明显的提升。

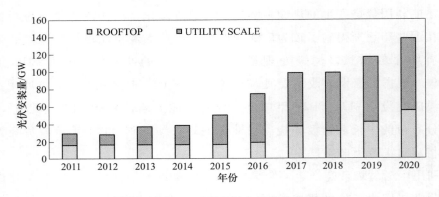

图 10-7 2011~2020 年全球光伏安装量

中国光伏市场将进入快速发展新阶段，2021 年是"十四五"规划的开局之年，也是中国光伏发电进入平价上网的关键之年。2021 年中国光伏应用市场将继续保持快速增长势头，预计新增装机规模可达 55~65GW，其中竞价结转项目 10GW 左右，户用市场有望达到 15GW，工商业分布式光伏预计在 10GW 左右，外送及平价地面电站在 20~30GW。在"碳达峰、碳中和"目标下，"十四五"期间中国光伏市场将迎来市场化建设高峰，预计国内光伏装机年均新增 70~90GW，有望进一步加速中国能源转型。

光伏装机量不断攀升，使得光伏发电消纳问题越发凸显，这成为了制约光伏产业大规模发展的因素之一。光伏发电的转换效率可达到 30%~50%，能够更加全面合理地利用太阳辐射能量。其缺点是发电量取决于环境条件，不能稳定提供电量输出，解决办法主要有储能、储电技术和储氢技术等。光伏制氢技术，其基本原理是先使用太阳能通过光伏装置发电，然后电解水得到氢气和氧气。光伏制氢具有清洁无污染、成本低、能量转换效率高、储能效用巨大以及可平抑光伏发电不稳定性等优势。光伏制氢为光伏产业创造了一个新的应用场景与广阔的市场需求，随着能源战略持续推进，光伏制氢关注度日益增加。氢能是一种清洁、高效的能源，在碳中和及光伏平价的趋势下，光伏制氢有望成为最主要的制氢方式之一，具有广阔的市场前景。在国际市场上，日本、德国、荷兰等国家的光伏制氢项目已经落地，其中日本福岛氢能研究项目（FH2R）是全球最大的光伏制氢装置。受市场前景吸引，中国企业也在积极布局光伏制氢市场，包括中国石化、隆基股份、阳光电源和宝丰能源等企业。

随着能源战略持续推进，中国绿氢项目逐渐增加，现阶段中国绿氢项目已经接近 40 个，多集中在西北和华北地区，其中在建或已运行的光伏制氢项目有甘肃兰州的液压太阳能燃料合成示范工程项目、宁夏宝丰能源太阳能电解制取储能及综合应用示范项目、山西大同的中国大唐 6MG 光伏现场制氢科技示范项目、西藏的水发集团 50MG "光伏+储能" 综合能源示范项目、山西运城的阳光能源运城光伏制氢项目等。

三、钢铁行业低碳技术

（一）钢铁行业碳排放现状

2020 年 12 月 28 日，工业和信息化部部长在 2021 年中国工业和信息化部工作会议上强调，将围绕碳达峰、碳中和目标节点，实施工业低碳行动和绿色制造工程。钢铁行业（冶金与加工）作为能源消耗高密集型行业，是制造业的 31 个门类中碳排放量最大的行业，在 2030 年 "碳达峰" 和 2060 年 "碳中和" 的目标约束下，钢铁行业将面临巨大的挑战。从 2021 年开始，钢铁企业要进一步加大工作力度，坚决压缩粗钢产量，确保粗钢产量同比下降。2021 年 4 与 17 日，工业和信息化部发布《工业和信息化部关于印发钢铁行业产能置换实施办法的通知》，修订后的《钢铁行业产能置换实施办法》于 2021 年 6 月 1 日施行，旨在巩固钢铁行业化解过剩产能工作成效，推动行业高质量发展。

据中国碳排放数据库显示，2017 年中国碳排放总量为 93.4 亿吨 CO_2。按行业看，电力占比最大，达到 44.37%；冶金与加工行业占比为 17.96%，其中钢铁占比最大；再次为水泥、玻璃等非金属矿加工业占比为 12.53%。以上三个行业碳排放占比达到了 74.86%[12]。

中国钢铁生产以长流程为主，高炉是主要的碳排放环节。钢铁生产工艺路线主要分长流程、短流程两种，其中长流程生产主要以铁矿石作为铁元素来源，经高炉—转炉—轧制流程生产钢材；短流程则以废钢作为铁元素来源，经"电炉—轧制"流程生产钢材。据世界钢铁协会资料，与世界粗钢产量排名前十的其他国家相比，中国的短流程钢占比最低，仅为10%，远低于国外平均水平（48%）。短流程钢占比低、铁钢比高是当前中国钢铁工业碳排放较高的重要原因[13]。全球主要产钢国家长短流程钢占比如图10-8所示。

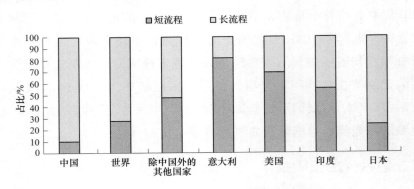

图10-8 世界主要产钢国家长短流程钢占比

（数据来源：世界钢铁协会，2019）

长流程制钢占比高的原因在于废钢资源缺乏，中国钢铁产能宏大，对原材料需求较为旺盛，废钢资源难以支撑钢铁对原材料的需求，这导致了中国钢铁行业制钢过程以长流程为主，最终造成铁钢比过高。表10-5统计了中国长短流程钢碳排放量与结构，据清华—力拓资源能源与可持续发展研究中心数据，若计入电力隐含碳排放，则2018年中国长流程吨钢平均碳排放达到2.64t，而短流程吨钢碳排放可低至1t以下（例如，全部用废钢作为原料，则是电炉+轧铸环节，吨钢碳排放0.5t）。尽管短流程吨钢碳排放低于长流程，但受制于国内的废钢小体量及低增速，在一段时间内，国内钢铁生产都将以长流程为主。

表10-5 中国长短流程钢碳排放量与结构（2018年）

项目	吨钢排放	焦化	烧结	球团	高炉	转炉	轧铸
长流程	2.64t CO_2	5.7%	11.4%	3.4%	56.8%	18.9%	3.8%
短流程	甲烷 DRI	氢气 DRI	电炉	轧铸			
	0.6t CO_2	1.6t CO_2	0.4t CO_2	0.1t CO_2			

注：短流程总排放取决于电炉炉料来源，若使用碳基原料直接还原铁（DRI），则排放依然较高。数据来源于清华—力拓资源能源可持续发展研究中心。

中国钢铁长流程工艺中主要的排放环节分别为高炉炼铁、转炉炼钢、烧结，占比分别为 56.8%、18.9%、11.4%（2018 年）。长流程以高炉和碱性氧气转炉为基础。当前全球长流程生产 1t 粗钢的主要输入原料包括约 1370kg 铁矿石、780kg 煤炭、270kg 石灰石和 125kg 废钢；长流程工艺原料也可使用废钢，但加入废钢比例最多不超过 30%。

钢铁行业若未来全部使用废钢+零碳电力，短流程碳排放或降至零。短流程工艺主要原料是废钢或铁水，消耗能源为绿电。据世界钢铁协会资料，当前全球短流程生产 1t 粗钢需要的原料包括约 710kg 废钢、586kg 铁矿石、150kg 煤炭、88kg 石灰石和 2.3GJ 电力，其中废钢比例可提升至 100%。

短流程工艺碳排放强度则取决于电炉炉料来源，若全部为废钢，则按当前中国电力系统 CO_2 排放强度 596g/（kW·h），短流程吨钢碳排放为 0.5t，其中电炉炼钢环节占比 80%，轧铸环节占比 20%。若炉料来源为甲烷直接还原铁或氢气直接还原铁，则吨钢排放分别为 1.1t 和 2.1t。若全部采用废钢循环和零碳电力，短流程或可实现零碳排放。

目前短流程取代长流程的主要困难在于：（1）国内废钢产量不足，2019 年为 2.3 亿吨，同年粗钢产量为 10 亿吨（国家统计局数据），废钢产量每年的增量为 2000 万吨左右；（2）钢铁回收再利用工业体系依旧处于发展建设中；（3）中国短流程炼钢技术尚未充分成熟，电耗高、用电成本高，杂质纯净度控制有限，主要适用于螺纹钢；（4）并没有信号显示中国的国内钢铁需求已经见顶，钢铁产量仍有可能继续增长，短流程占比短时间内难以大幅提升[11]。工业和信息化部和生态环境部都表示要将钢铁行业纳入碳交易市场中，实行限额二氧化碳排放。根据钢铁行业适用的历史强度限额分配法，在获配限额一定的条件下，钢铁企业不断降低产品能耗和碳排放量，将会为企业带来更宽松的钢铁产量限制。

（二）钢铁行业降碳路径

钢铁行业的碳减排目标包括三个，分别是碳达峰、碳减排及碳中和，其中碳达峰、碳减排是短期需要实现的目标。控制钢铁行业的碳排放总量，有两个举措可实施，一是降低单位钢材碳排放量，二是降低钢材产量。降低单位钢材碳排放量主要依赖技术手段或工艺流程改变，降低钢材产量通过压缩冶炼能力实现，但钢材产量受到需求影响，是难以控制的外生变量，因此控制单位钢材碳排放才是行业碳达峰、碳减排的有效途径。工业和信息化部先后两次在发布会中提及，2021 年钢铁产量同比下降及钢铁产能压减主要是从节能减排角度出发。广东省在 2020 年 12 月 4 日发布《广东省 2020 年度碳排放配额分配实施方案》，按其各环节排放量要求，据估算广东省长流程吨钢碳排放基准值是 2.27t，较 2018 年行业平均水平 2.64t 低 0.37t，另外，广东省对于钢铁冶炼中主要排放环节采取基准法进行配额，在配额方式上实行多退少补，即先以 2019 年情况预配额后，根据 2020 年实际情况进行调整。广东省对吨钢碳排放数值的基准进行固定，且对核定产品的产量取产量和产能两者中的较低值，体现出了其更关注吨钢排放强度水平，而非通过碳减排直接压制钢铁产能或产量。

钢铁在生产侧减少碳排放的方式主要分为减源、增汇等。所谓减源，即减少生产过程碳投入，主要措施有两种：

（1）改进已有流程各环节技术效率，以提高能量利用率，减少单位产出能耗与碳排放，典型技术包括改善气体循环、废料和热量流，提升燃料投放工艺，优化炼钢炉设计和过程控制，如通过干熄焦、顶压透平装置、薄带连铸生产等流程优化提高能量回收利用率等。

（2）实现原料替代，如使用废钢替代铁矿石，使用低碳/零碳燃料替代煤炭和焦炭，典型技术包括天然气直接还原、氢气直接还原、碱性电解还原等，这类技术大多仍处于实验研究阶段。

所谓碳增汇指对二氧化碳的增汇和碳储。其主要是指通过碳捕集利用与封存技术（CCUS）对产生的 CO_2 进行集中处理，避免造成额外温室效应。目前捕集方式主要有燃烧前捕集、富氧燃烧和燃烧后捕集，钢铁工业主要采用燃烧后捕集，常用技术有深冷分离、物理吸附、化学吸收及膜分离等。捕集后的 CO_2 主要应用领域涵盖 CO_2 驱油、CO_2 强化采煤层气及食品级 CO_2 精制等。

（3）高炉、轧制、铸造和电炉是当前钢铁节能减排潜力最大的 4 个环节。对长流程而言，减排机遇主要在于排放占比最高的高炉环节，随高炉炉顶煤气循环技术（TGR-BOF）、碳捕获、利用与封存技术的发展和推广，高炉炼铁的直接排放或可极大减少。短期内，钢企也可能采取外购焦炭、烧结矿等方式减少自身直接排放，但这两个环节减排潜力有限，且从产业链角度来说，外购并不能减少实际的总碳排放。另外一个方式则是从经济欠发达的国家进口焦炭、烧结矿，通常经济欠发达国家可以获得一定程度的碳豁免，缺点是碳政策可能存在不确定性。此外，降低转炉炉料铁钢比可以一定程度减少转炉炼钢碳排放，但其实大幅度减排较为困难。

对短流程而言，机遇主要在于使用清洁电力和废钢循环，有望将碳排放降低至零。随着可再生能源发电技术的成熟，清洁电价降低，短流程或具有更大竞争力。不论长短流程，钢材轧制和钢材铸造环节生产工艺的改进和使用清洁化电力都将带来可观的碳减排量，这一环节对当前较落后的钢企来说或是最易实现且效益最大的减排选项。

长流程相对短流程有成本优势，也束缚了短流程产能的扩张，未来随着成本优势的缩小，企业投资短流程的意愿会增强。由于长流程成本比短流程成本低，因此对废钢原料有更强的支付意愿，未来由于碳排放的差异，两者成本差的收窄，短流程对废钢的支付意愿将增强。短流程对长流程的替代，首先是前者产能利用率的提高，再者是短流程产能占比的提高，前者的发生时点主要取决于碳交易市场的完善和碳价格的高低。

（三）钢铁行业节能降碳新技术

中国钢铁企业从 21 世纪初开始实践钢铁的低碳生产技术，这些技术在原理上主要包括三大类：提高能量利用效率、提高副产品利用效率、突破性冶炼技术。据冶金规划院研究，新近突破性冶炼技术较多，如中晋太行、中国石油大学、中石化联合建设的焦炉煤气直接还原铁项目，中国宝武、清华大学、中核集团联合开展的核能制氢与氢能炼钢项目，河钢集团富氢气体直接还原铁项目等，这些突破性项目大多已通过研发阶段，部分已建成示范项目并成功运行，见表 10-6。

表 10-6　中国钢铁企业减排技术创新

减排类型	企业	减排技术
提高能量利用率	鞍钢鲅鱼圈	高炉喷吹焦炉煤气
	山钢莱钢	氧气高炉炼铁基础研究
	八一钢铁	富氧冶铁
提高副产品利用效率	达钢	焦炉煤气制甲醇
	首钢京唐	转炉煤气制燃料乙醇
	山钢日照、达钢、建龙	焦炉煤气制天然气

减排类型	企业	减排技术
提高副产品利用效率	石横特钢	转炉煤气制甲醇
	山西晋南	转炉煤气制乙二醇
	沙钢、马钢	转底炉处理固废生产金属化球团矿
	首钢、莱钢	钢铁尾气制乙醇
突破性冶炼技术	中晋太行	焦炉煤气竖炉直接还原铁
	中国宝武	核能制氢与氢能炼钢
	河钢集团	富氢气体直接还原铁
	酒钢集团	煤基氢冶炼
	日照钢铁	氢冶炼及高端钢材制造
	宝钢湛江	钢铁工业 CCUS

目前，市场上主流制氢方法有电解水制氢、水煤气制氢以及由石油热裂的合成气和天然气制氢。由于全球第四代核电站的推广，近年来核能制氢也逐渐进入人们的视野。

（1）电解水制氢。电解水制氢多采用铁为阴极面，镍为阳极面的串联电解槽来电解苛性钾或苛性钠的水溶液。阳极出氧气，阴极出氢气。该方法成本较高，但产品纯度大，可直接生产 99.7% 以上纯度的氢气。高纯度的氢气常用于电子、仪器、仪表工业中用的还原剂、保护气和合金的热处理等，粉末冶金工业中制钨、钼、硬质合金等用的还原剂，油脂氢化，双氢内冷发电机中的冷却气等。

（2）水煤气制氢。用无烟煤或焦炭为原料与水蒸气在高温时反应而得水煤气反应（$C+H_2O \rightarrow CO+H_2$），水煤气净化后再使它与水蒸气一起通过触媒将其中的 CO 转化成 CO_2（$CO+H_2O \rightarrow CO_2+H_2$），可获得氢含量在 80% 以上的气体，再通过变压吸附（PSA）除去一氧化碳和二氧化碳获得较纯的氢气，这种方法制氢成本较低、氢气产量大，在合成氨工业应用最多。

（3）焦炉煤气制氢。焦炉煤气制氢技术较为成熟，通过变压吸附（PSA）或催化重整、裂解的方法得到氢气。现焦煤炉气多采用变压吸附式技术（PSA），成本上也相对低廉，大型变压吸附制氢成本大约在 1 元/m^3，该技术在中国宝武、鞍钢和攀钢均有应用。

（4）核能制氢。核能制氢的本质是利用核电站所产生的电能及热能进行制氢，目前仍以电解水和热化学制氢两种形式为主，然而电解水制氢转化能力较低，综合效率约仅为30%。热化学制氢是基于热化学循环，将核反应堆与热化学循环制氢装置耦合，以核反应堆提供的高温作为热源，使水在800~1000℃下催化热分解，从而制取氢和氧。与电解水制氢相比，热化学制氢的效率较高，总效率可达50%以上。目前化学热制氢主流方法包括碘硫循环和混合硫循环。碘硫循环由美国通用原子公司最早提出，其中的硫循环从水中分离出氧气，碘循环分离出氢气。碘硫循环是国际上公认最具应用前景的催化热分解方式，日本、法国、韩国和中国都在开展硫碘循环的研究。

第三节　建设高效碳市场的政策建议

"十二五"时期以前，中国主要采用行政指令式和经济补贴式的政策工具推动节能减碳工作，虽然短期内成效显著，但是管理成本高、财政负担重，确保减排成效及政策的可持续性面临巨大挑战。碳交易实质上是碳排放权（配额）买卖，碳交易体系是在设定强制性的碳排放总量控制目标并允许进行碳排放配额交易的前提下，通过市场机制发现合理的碳排放配额价格，并以此优化配置碳排放空间资源的体系，为排放实体碳减排提供经济激励。碳交易体系为探索低成本、可持续的碳减排政策提供了可能性，碳交易是排放实体和社会管理者共赢的可能途径。建设切实可行、行之有效的碳交易体系能够成本效益较优地实现温室排放总量控制目标，协同削减污染物排放，进而实现低碳化、绿色化，健全的碳市场对建立绿色低碳循环发展的经济体系、构建市场导向的绿色技术创新体系、促进社会经济高质量发展起到积极推动作用。

《碳排放权交易管理办法（试行）》指出，生态环境部按照国家有关规定，组织建立中国碳排放权注册登记机构和中国碳排放权交易机构，组织建设中国碳排放权注册登记系统和中国碳排放权交易系统。中国碳排放权交易机构负责组织开展中国碳排放权集中统一交易。冶金规划院结合中国碳市场建设工作需求，针对建设工作中存在的问题，建议当务之急应抓好以下工作：

一是强化顶层设计，加强统筹协调和责任落实。以中国碳市场的法律法规和政策为导向，进一步加强中国碳市场顶层设计，细化建设方案，制定清晰的建设路线图和时间表。明晰国务院各部门、地方主管部门、企业以及支撑机构的任务分工，加强协调沟通，充分调动各方积极性，抓好各项建设任务责任落实。

二是尽快推动碳交易立法。碳交易立法是关系到碳市场建设成败的核心因素，应加强国务院相关部门、地方政府、企业之间的协调沟通，统筹协调，积极推动将《碳排放权交易管理条例》列入立法优先工作事项，集中力量推动条例尽快出台。

三是尽快出台针对各行业的配额分配方案。在配额分配试算和广泛听取重点排放单位意见的基础上，充分考虑地区差异性和行业差异性，统筹经济可持续协调发展和碳减排要求，尽快出台适于中国国情的排放配额分配方案，以免影响企业参与碳交易的积极性，削弱碳市场的减排成效。处理好配额分配中地区差异性和行业差异性问题是一个长期的、艰巨的政策和技术挑战，中国必须坚持中国碳市场"一个方法、一个标准"的原则，必须不断探索政策和技术，要综合运用政策、技术和经济手段，实现成效与效率兼顾、公平性与差异性兼顾。同时，还要防止出现新的差异化，防止割裂中国碳市场，防止增加管理成本。

四是完善注册登记系统和交易系统。注册登记系统和交易系统是中国碳市场的核心支撑系统。加强对注册登记系统、交易系统联建9省市建设任务统筹协调，完善系统管理办法，优化两系统及其管理机构。注册登记系统和交易系统需要随着市场运转不断完善功能协调和软硬件相互匹配，运维和管理两系统以及两系统用于监管碳市场时要注重环节的对接，实现对碳市场的高效统一监管。

五是确保试点碳市场向中国碳市场平稳过渡。为做好中国碳市场建设工作，不仅应推动试点碳市场向中国碳市场平稳过渡，还应深化试点碳市场建设，持续发挥试点碳市场的作用。国务院碳交易主管部门应尽快明确试点碳市场的定位和作用，明确中国碳市场建设任务和时间表，为试点碳市场平稳过渡到中国碳市场提供清晰的目标、路径和时间指引；应在坚持充分尊重碳交易试点省市首创精神、坚持中国碳市场统一运行和统一管理的基础上，结合对试点碳市场评估结果，集思广益，凝聚共识，尽快制定出既因地制宜，又与中国碳市场建设规划一致的试点碳市场平稳过渡方案。

六是尽快完成温室气体自愿减排交易体系管理改革。温室气体自愿减排交易体系已经上线交易 4 年有余，相对于试点碳市场排放配额交易，中国核证的温室气体自愿减排量（CCER）交易相对活跃，并积极参与试点碳市场碳排放权履约，在推动项目级碳减排、降低重点排放单位履约成本、倡导低碳生活等方面已发挥重要作用，可以预见 CCER 及交易体系可能是中国碳市场重要的补充机制。2017 年 3 月，温室气体自愿减排交易体系开展管理改革，在确保 CCER 质量的前提下，简化项目审定和减排量核证程序，进一步加快改革进程，尽快推动重启温室气体自愿减排项目和减排量受理。

七是充分调动大型企业积极性，发挥其在中国碳市场建设中的引领示范作用。大型企业是中国碳市场重要参与主体，碳交易主管部门要使企业深刻认识到，建立中国碳市场是企业低成本实现碳排放总量控制目标的有效途径，是推动企业低碳发展转型的重要举措，是企业自身高质量发展的内在要求。在中国碳市场建设中，碳交易主管部门应与大型企业及其管理部门建立互动管理机制，充分调动大型企业参与中国碳市场建设的积极性，充分利用大型企业的资金、技术和管理优势推动中国碳市场建设。

总之，建设碳交易体系是大力推进低碳发展的重要途径，也是生态文明建设的重要战略任务。碳交易体系建设是复杂的系统工程，是机制体制的创新，不可能一蹴而就，必须坚持以减排为核心定位，以市场机制为核心手段，更好利用生态环境管理体系的优势，以大量扎实的工作为基础，积极稳妥推进中国碳市场建设。

一、中国碳市场的建设

2005 年欧盟碳市场启动以来，碳交易体系在全球各地发挥着作用。目前，全球四大洲共有 20 个大大小小的碳市场正在运营，这些碳市场所覆盖的排放占到全球总排放量的 8%，市场所处的行政区域涵盖了全球约八分之一的人口，占全球 GDP 的 37%。而随着中国碳市场的建立，全球碳市场在 2020 年覆盖的温室气体排放可升至全球总量的 14%。

2018 年对于现行碳市场来说是实施改革，为 2020 年后碳排放目标实现做准备的一年。此外，6 个司法管辖区正计划在 2020 年后的几年中陆续启动碳交易体系，其中包括俄罗斯和墨西哥；还有 12 个地方政府开始考虑建立碳市场，作为其应对气候变化政策的重要组成部分，其中包括智利、泰国和越南。截至 2018 年底，全球碳市场已筹集 573 亿美元拍卖收入作为新的公共财政支出。各国政府倾向于将拍卖收入用于应对气候变化项目，包括能效提升和可再生能源项目等。

中国相对独立的碳交易市场存在系统独立、区域分割、重复投资、重复建设、碳汇和碳抵消机制不通用等问题，交易规模小，交易价格低，交易流动性差，投融资功能弱，碳交易价格和资源配置功能都有待完善。从市场的角度来看，导致这种局面的原因主要有两方面。第一，中国的碳交易市场是区域分割的市场，不是统一的市场，规模有限，京津沪与广东、湖北、深圳都是不连通的。第二，中国的碳交易市场是一个现货交易市场，不是金融产品市场。无论欧洲的碳市场还是美国的碳市场，这些市场都是期现并行的，即开展碳交易时，期货与现货同时上马。总之，比较中外碳市场，分析中国碳试点的七年历史，毫无疑问，严格立法确定总量减排、配额分配方式、核查机制、交易产品属性和交易规则等是影响中国碳试点发展的重要核心因素。

为更好地发挥碳市场对中国实现自主减排目标的作用，需要重视现有试点市场的运行经验，加快中国碳市场建设进度和建立稳定的碳市场机制。

（一）重视试点碳市场运行经验

中国试点碳市场已持续运行了几年时间，个别试点交易量甚至超过了一些国家级碳市场。目前试点地区也在采取不同尝试，为中国碳市场的建设提供参考。比如上海试点将水路运输纳入碳市场，广东碳市场增加民航和造纸业，为中国碳市场纳入行业标准、配额分配方式以及监管等核心问题提供试点经验。另外，试点碳市场尝试使用不同的市场稳定措施来维持稳定运行。中国在建设碳市场过程中要重视试点经验，提炼和总结运行中遇到的问题及解决方案，为中国碳市场的顺利运行奠定基础。

（二）加快中国碳市场建设进度

碳市场作为节能减排的有效政策工具，已经在全球范围得到验证。只要总量控制目标设置合理，配套设施建设齐全，碳市场可以发挥控制温室气体排放的作用。中国碳市场的建立将大大增加全球碳市场的体量。2019年4月3日，生态环境部发布了《碳排放权交易管理暂行条例（征求意见稿）》，向公众征求意见。该征求意见稿是中国碳市场制度建设的最新进展，管理条例将为中国碳市场建设提供法律基础。中国应加快碳市场建设进度，出台相关管理办法规范市场发展，设立科学合理的配额分配制度，建立全面的风险防控与稳定机制，最大程度发挥碳市场的良性作用，刺激企业减排积极性。

（三）建立碳市场稳定机制

碳市场的稳定发展是其发挥减排作用的前提条件，也是后续碳金融产品推出的基础。全球正在运行的碳市场均采取措施稳定市场运行，如欧盟碳市场的稳定储备机制（Market Stability Reserve，MSR），在配额流通数量超过某个阈值时将从市场中移除配额，而在配额流通数量低于设定的下限时释放配额，且稳定储备中超过上一年拍卖量的配额将作废。韩国也设立了配额委员会，根据一定的标准，采取基于价格或数量的市场稳定措施。中国碳市场也需在基础设施建设阶段制定市场稳定机制，用于维持碳市场的稳定发展。

二、钢铁行业低碳发展政策要求

2020 年 10 月 29 日，党的十九届五中全会确定碳排放达峰后稳中有降的 2035 年远景目标。2020 年 12 月 18 日，中央经济工作会议确定 2021 年八大重点任务之一是做好碳达峰、碳中和工作。2021 年 2 月 19 日，中央全面深化改革委员会第十八次会议强调，建立健全绿色低碳循环发展的经济体系，统筹制定 2030 年前碳排放达峰行动方案。2021 年 2 月 22 日，国务院印发《关于加快建立健全绿色低碳循环发展经济体系的指导意见》，提出加快实施钢铁、石化等行业绿色化改造。

当前，国家正在组织编制《碳排放达峰行动计划》，将从行业、地方、技术等层面分别开展顶层设计，冶金规划院正在配合国家相关部门制定《钢铁行业碳达峰及降碳行动计划》。为贯彻落实国务院 2021 年"做好碳达峰、碳中和工作"重点任务，多部委也作出相关部署。生态环境部出台了《碳排放权交易管理办法（试行）》等一系列碳交易管理政策；工业和信息化部提出 2021 年要坚决压缩粗钢产量，同时将制定钢铁等重点行业碳达峰路线图；国家发展改革委将从调整能源结构、推动产业结构转型、提升能源利用率等六方面推动实现碳达峰、碳中和；财政部将研究碳减排相关税收问题，积极支持应对气候变化相关工作；国家能源局将继续加大煤炭的清洁化开发利用，加大油气勘探开发力度，加快风能、太阳能、生物质能等非化石能源的开发利用；中国人民银行明确"落实碳达峰、碳中和"是仅次于货币、信贷政策的第三大工作，将引导金融资源向绿色发展领域倾斜，推动建设碳排放交易市场为排碳合理定价。

目前，上海、江苏、广东、福建、海南、青海、天津、浙江等 8 省（市）提出在全国碳达峰之前率先碳达峰，北京、天津、上海、河北、山西、江苏、安徽、福建、江西、山东、河南、陕西、辽宁、湖北、海南、四川、甘肃、西藏等 20 个省（市、区）在 2021 年已研究制定了实施二氧化碳排放达峰行动方案。其中，天津市提出制定实施碳排放达峰行动方案，推动钢铁等重点行业率先达峰，协同推进减污降碳；上海市着力推动电力、钢铁等重点领域和重点用能单位节能降碳，确保在 2025 年前实现碳排放达峰；湖南省提出推进钢铁、建材等重点行业绿色转型。结合现阶段国家形势发展要求分析，预判钢铁行业低碳政策发展将呈现以下特征，见表 10-7。

表 10-7　中国钢铁行业低碳政策发展趋势

主要因素	发 展 趋 势
双控约束指标考核	钢铁等重点排放行业率先达峰，将提出达峰目标、路线图和具体行动计划。在能源消费及煤炭消费总量控制基础上，将对碳排放总量控制提出新的要求，同时碳排放强度控制目标会更为严格
强化监督考核	碳达峰目标任务落实情况将纳入中央生态环保督察范畴，强化温室气体排放目标责任控制，加大应对气候变化工作考核力度
市场化机制	全国统一碳市场进入加速期，钢铁行业将逐步被纳入全国统一碳市场，与用能权、排污权等市场化交易手段协同推进，进一步完善碳交易体制建设，发挥碳市场更大作用
统筹推进	强化统筹协调，加强部门协调合作，加强低碳、节能、绿色制造，以及环保政策相协调融合，发挥政策合力，体系化推进
标准化建设	低碳发展相关标准进一步健全完善
绿色金融体系	继续推进绿色金融创新，加大绿色金融对低碳发展的支持力度

三、钢铁行业碳排放标准建设

中国冶金行业在碳排放标准建设方面已取得一定进展，包括钢铁、镁冶炼和铝冶炼等。现行钢铁行业低碳领域国家及行业标准较少，正在编制中的标准有 10 余项，但在碳排放管理、减碳技术、产品碳足迹等方面的标准尚未制定。冶金规划院作为中国钢铁行业最早开展低碳研究工作的专业化机构，开展了钢铁行业碳排放核算的现状研究，进行了钢铁行业中国统一碳配额基准线制定、钢铁行业碳排放系数研究、GDP 碳排放强度下降目标的分解与实施方案的编制、钢铁行业深度碳减排路径研究、钢铁行业碳交易技术指南制定，参与碳市场测试运行方案、钢铁行业中长期电气化战略发展研究等碳减排专项研究工作。

虽然中国钢铁行业在碳排放标准化建设方面已取得一定进展，但目前还存在一些重要碳排放标准缺失，例如碳排放管理、减碳技术、产品碳足迹评价等方面的标准尚未制定，已有标准执行力度不够等问题。因此，中国钢铁行业碳排放标准体系亟待健全与完善。为此，冶金规划院提出如下建议。

（一）加快钢铁行业碳排放标准体系的制定与完善

结合中国钢铁行业碳排放标准化工作特点，构建科学、完善的行业碳排放标准体系，是推动中国钢铁行业碳排放标准制定工作有序发展的前提。依据中国碳交易市场的需求，钢铁行业作为碳交易市场的主要目标和核心参与者，亟须加快完善行业碳排放核算、报告与核查标准的编制，规范企业节能减排及碳排放的数据统计与核算，指导企业建立监测监控管理制度，完善企业内碳排放的服务与管理。同时，建议相关部门尽快出台碳排放领域标准体系建设方案；在标准未出台前，可暂时依据工业和信息化部节能司"节能与综合利用领域标准体系"框架中温室气体管理分体系，系统规划碳排放标准体系框架，增加碳排放标准的市场供给。冶金规划院通过系统总结钢铁行业碳排放领域标准编制情况，结合钢铁行业低碳发展和企业实际需求，已完成钢铁行业碳排放标准体系初步建设方案，将逐步有序开展碳排放标准制定工作。

（二）与绿色制造体系、节能与综合利用领域标准体系相协调融合

低碳、节能、环保、循环经济是从多个不同角度对钢铁行业绿色发展进行评价，在推动行业绿色可持续发展方面具有一致性，但在涉及具体目标和途径的过程中又有所差别。在构建碳排放标准体系时，要充分考虑与现有绿色制造标准体系、节能与综合利用领域标准体系的协调融合，一些碳排放标准的指标可在相关标准中以条文的形式出现，而不是另立标准。

积极探索低碳技术标准的研究，实现钢铁行业大规模的深度碳减排，低碳创新技术的工业化应用是最重要的途径。随着氢能冶金等革新技术的开发，低碳技术标准的制定尤为重要。通过标准的制定，可协助规范行业可行技术，促进行业低碳技术的研究、推广及应用。冶金规划院已配合有关政府部门开展了《中国钢铁行业节能减排技术筛选》《中国应对气候变化技术需求评估项目》《国际背景下中国钢铁行业减排核查关键技术研究示范》等专项研究工作，归纳形成钢铁行业减缓应对气候技术清单，下一步将陆续推动相关技术的标准制定。

（三）加强低碳标准的全过程管理和坚持先进标准引领

目前，钢铁冶金企业积极参与标准的制定与修订工作，但对标准的宣传并贯彻实行及后续评价重视不够。标准化工作由重标准制定向标准宣传并贯彻实行及实施监督全过程管理转变，应注重标准使用效率，提升标准生命力，充分发挥"标准化+"效应，增强标准化服务能力。制定技术指标先进的碳排放标准可引领钢铁行业绿色低碳发展。先进标准供给能促进产品质量提升、产业升级和主要领域技术进步，用先进标准引领产业整体技术和质量水平提升，对加快实现中国钢铁冶金产业高质量发展具有重大意义。在统一碳排放核算标准基础上，应科学总结归纳钢铁行业碳排放基准值和先进值数据，加快研究行业碳排放基准值与先进值标准，指导行业内配额分配问题。

（四）加快钢铁行业碳排放限额标准的研制工作

对钢铁行业碳排放限额标准的研制工作，应与其他碳排放控制工作相结合。同时，碳排放限额标准必然会与其他碳排放控制措施存在多种联系，因此需要充分考虑与企业碳排放量化方法、能耗限额标准等工作间的衔接，提升工作的整体性。例如，可将碳排放限额标准和国内的碳排放权交易工作进行有机结合，既可通过限额标准和企业的产量等数据对参与碳交易的企业所上报的碳排放数据进行初步的交叉符合性验证，同时也可将企业的实际排放水平与限额标准中的先进值和基准值的符合性程度作为配额发放的主要依据。

（五）坚持以"C+4E"目标体系框架为导向

结合中国现行"目标导向+技术推动+市场机制"的政策要求及发展趋势，冶金规划院经过多年研究实践，构建了"数据平台—目标体系—实施路径—评价机制"一体化的钢铁行业"C+4E"目标体系框架，以期帮助企业实现生产全过程碳排放的准确监测、评估差距与潜力分析，从而在现有经济技术可行条件下明确有效地实施改善措施，助推钢铁行业早日实现"碳达峰"及降碳目标[14]。

参 考 文 献

[1] 杨晴. 碳金融：国际发展与中国创新［M］. 北京：中国金融出版社，2020.

[2] 赵小鹭，王颖. 中国碳排放权交易体系进展与展望［J］. 中华环境，2021（Z1）：53-56.

[3] 闫胜丹. 碳市场建设谋局［J］. 产城，2021（5）：68-69.

[4] 环保行业深度报告：全球碳交易市场的前世今生中国可汲取的教训与面临的挑战［R］. 华西证券，2021.

[5] Bayer P, Aklin M. The European Union Emissions Trading System reduced CO_2 emissions despite low prices［J］. PNAS, 2020, 117（16）：8804-8812.

[6] CDP. Carbon Pricing Corridors—The Market View 2018［R］. London：CDP headquarters, 2017.

[7] 秦炎. 欧洲碳市场推动电力减排的作用机制分析［J］. 全球能源互联网，2021，4（1）：37-45.

[8] 郦林俊，王双童，汪建平. 生物质能发电技术现状解析［J］. 电力科技与环保，2019，35（4）：46-48.

[9] 陈华栋. 基于企业行为模拟的中国电力行业低碳转型路径研究［D］. 北京：清华大学，2018.

[10] IEA. Net Zero by 2050-A Road Map for the Global Energy Sector［R］. Prais：2EA，2020.

[11] 汪鹏，姜泽毅，张欣欣，等. 中国钢铁工业流程结构、能耗和排放长期情景预测［J］. 北京科技大学学报，2014（12）：1683-1693.

［12］Shan Y，Huang Q，Guan D，et al. China CO$_2$ emission accounts 2016-2017 ［J］. Scientific Data，2020，7（1）：1-9.

［13］阮清华，白苗苗. 中国长流程炼钢与短流程炼钢成本比较［J］. 中国钢铁业，2019（10）：58-60.

［14］李新创，李冰，霍咚梅，等. 推进中国钢铁行业低碳发展的碳排放标准思考［J］. 中国冶金，2021，31（6）：1-6.

第四篇
国际合作

GUOJI HEZUO

第十一章 加强国际合作，全面提升中国钢铁低碳发展水平

第一节 国际碳减排与低碳经济竞争力分析

一、碳减排、低碳经济与国际竞争

（一）低碳经济

低碳经济的提出最早源于 2003 年英国发布的能源白皮书《我们未来的能源：创建低碳经济》。在 2010 年的哥本哈根会议上，虽然各国对于如何实现碳减排目标尚存在不小的分歧，但致力于减少温室气体排放已成为各国的共识。而在同年的瑞士达沃斯论坛上，"低碳经济""低碳社会""低碳城市""低碳产业"等一系列新概念被频频提及，再加上逐步走入实践阶段的"碳关税""碳标签"等措施，将市场与竞争带入了一个"低碳"时代。

在发展经济学的理论框架下，低碳经济可以表述为：经济发展的碳排放量和生态环境代价以及社会经济成本最低的经济，是一种能够改善地球生态系统自我调节能力的可持续性很强的经济[1]。低碳经济有两个基本点：一是社会再生产全过程的经济活动低碳化，通过对二氧化碳尽可能少排放乃至零排放获得最大的生态经济效益；二是社会再生产全过程的能源消费生态化，形成低碳能源和无碳能源的国民经济体系，保证生态经济社会有机整体的清洁发展、绿色发展和可持续发展。低碳经济实质上是对现在经济运行与发展进行的一场能源经济革命，是构建一种温室气体排放量最低限度的新能源经济发展模式，其目标是努力推进低碳经济发展的两个根本转变：一是将现代经济发展由以碳基能源为基础的不可持续发展经济向以低碳无碳能源经济为基础的可持续发展经济的根本转变；二是能源消费结构由高碳型黑色结构向低碳与无碳型绿色结构的根本转变。发展低碳经济，开展能源经济革命，必

须优化能源结构，大力发展替代新能源和优先发展可持续能源，包括开发风能、太阳能、水能、地热能、生物质能、氢能、燃料电池和核能等低碳或零碳新能源，提高非化石能源尤其是可再生能源的消费比重，向低碳无碳富氢的方向发展，最终形成低碳与无碳能源经济体系。

（二）碳减排、低碳经济与国际竞争

低碳经济的发展已成为世界各国缓解能源危机，提高应对气候变化能力的重要途径。同时也开辟了新的竞争领域，成为通过技术创新转变经济发展方式的重要契机，将有利于进一步优化现有后发优势。在国际碳减排机制的制定和完善过程中，各国低碳经济政策对产业发展、国际贸易条件和国际竞争力都产生了重大的影响。而发展低碳经济对国际竞争力的影响程度，主要取决于国内经济基础和技术创新能力。发展低碳经济、提升国际竞争力的途径在于提高自主创新能力，加快产业优化升级，占据国际产业分工体系优势地位，大幅度降低能源消耗强度和碳排放强度，实现经济增长和能源消耗脱钩[2]。发展低碳经济从短期来看会在能源约束、征收碳税等方面增加生产成本，从而降低比较优势，促使产业外移，不利于国际竞争。但从长期来看，技术创新、新能源产业发展和环境的改善有利于产业转型升级，不但可以减少能源消耗和温室气体排放，还能吸引投资、降低生产成本、提高生产率，创造新的竞争优势。相关研究指出[3]，2017 年波兰产生了 380t 的二氧化碳当量，是欧盟第三大碳密集型经济体，每欧元 GDP 排放量超过 800g 二氧化碳当量。如果在 2050 年实现碳中和，则需要在 2017~2050 年间将温室气体排放水平降低 91%，并通过增加碳汇以减少剩余 9% 的排放，如图 11-1 所示。

为实现净零排放目标，2020~2050 年波兰需要 3800 亿欧元的额外资本支出用于流动性转型以及能源基础设施和建筑库存的升级，相当于每年约 130 亿欧元，同时运营成本将减少 750 亿欧元。但是，通过纯电动车制造、海上风电开发、电热泵的工业规模生产、电气化农业设备制造以及生物能源 CCUS 技术的研发和部署可以将波兰的 GDP 提高 1%~2%，并创造 25 万~30 万个就业机会。

目前，发达国家和发展中国家之间的碳减排任务分配，以及发达国家对发展中国家的技术和资金援助都存在很大的变数。随着国际碳减排形势的不

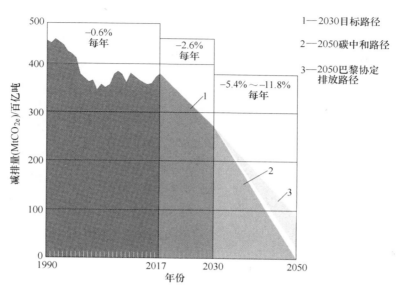

图 11-1　波兰实现 2050 年净零排放的碳减排目标期望

断严峻，无论碳减排任务分配的国际谈判结果如何，各国都会面临越来越大的碳减排压力，必然会对能耗较高的产业和企业进行能源约束或征收碳排放税[4]。受此影响，相关产业和企业的产出会下降，生产成本升高，导致利润下降。为了避免能源约束和碳排放税带来的不利影响，资本就会从碳减排压力较大的国家逐渐向碳排放压力较小的国家转移，从碳减排政策更严格的国家向碳减排政策更宽松的国家转移。从行业来看，高能耗和高碳排放产业由于受到政策影响更容易出现跨国转移。对于发展低碳经济步调较慢的国家则更容易承接到其他国家的产业转移，吸收资本和技术促进国家经济发展。相反，由于发展低碳经济步调较快的国家，特别是碳减排压力较大的发达国家更容易将国内产业转移出去，会带来影响经济发展、工人失业等一系列问题，而这也是发达国家要求发展中国家共同承担碳减排任务，从而使国际碳减排任务分配发生激烈博弈的主要原因。

低碳经济竞争目前已逐渐演变成企业以及国家规避绿色贸易壁垒的有力武器，即以保护环境为由对进口产品设置高关税、限制贸易配额等壁垒，从而达到保护本国制造业免受国外竞争压力的手段[5]。这种新型的贸易保护具有广泛性、隐蔽性、灵活性等特点。2021 年 3 月 10 日，欧盟议会投票通过的设立"碳边境调节机制（CBAM）"议案以及 2021 年 7 月 14 日通过的

"FIT for 55"（减排 55%）能源与气候一揽子计划，计划提出预计 2026 年全面实施对钢铁、水泥、化肥、铝等进口商品征收关税。在回应国际社会广泛呼吁发展低碳经济的同时，通过碳关税、碳标签等概念给发展中国家以及新兴经济体的出口产品增加沉重的生产成本负担，从而影响其出口产业的发展。2021 年，美国准备建设下一代碳捕获、氢能源生产等具有国际竞争力的新兴产业，并表示联邦政府已经开始为其中的一些基础设施提供资金，例如 2020 年的《能源法》中所提供的税收优惠和计划资金以及个人投资等[6]。该立法还支持建设了碳捕获和存储（CCS）中心以及运输二氧化碳的基础设施。这些设施将有助于把 CCS 的成本（二氧化碳）降低到 50 美元/t 以下，从而使美国液化天然气和原油在低碳产品的全球市场上更具竞争力，而氢能源及其衍生物的制造则可以让美国成为低碳产品的主要出口国。

在国际贸易中，发达国家一般会出口能耗低、附加值高的技术密集型产品和服务，而进口能耗高、附加值低的劳动密集型产品。在国际碳减排的大环境下，发达国家的产业受到碳减排的影响比较小，具有低碳发展模式下的国家竞争优势；而且发达国家还基于气候变化的全球性危机，要求甚至逼迫发展中国家也承担碳减排责任，比如通过征收碳关税对进口商品在生产、运输、存储等过程中承载的碳排放征收额外关税，从而在享受发展中国家丰富的廉价物质产品的同时以设置贸易壁垒来削弱其他国家的竞争力，让本国在低碳经济的国际竞争中处于优势地位。

二、低碳经济竞争力的内涵和表现

（一）低碳经济竞争力的概念和内涵

低碳经济竞争力概念的提出是顺应低碳经济的发展需要，也是反映低碳经济背景下国际经济竞争力的新趋势。《G20 低碳竞争力》研究报告从宏观层面把低碳竞争力定义为"未来低碳发展方式下，各国为其人民创造物质繁荣的能力。"而从微观层面看，低碳经济竞争力则是在节能减排目标的指导下，企业通过采用可持续发展战略、低碳技术和清洁生产方式，率先生产、开发、利用比竞争对手具有更低污染、更低排放、更低能耗的产品与服务，从而持续获得经济优势的能力。

低碳经济竞争力反映的是低碳经济的特点和本质，其内涵是通过低碳技术创新改变经济发展模式，实现可持续发展。低碳经济竞争也是各国为了在碳减排约束下实现经济增长目标，吸引各种符合低碳发展要求的资源和要素，研发低碳技术和产品，发展低碳产业，争夺低碳经济市场的全方位竞争[7]。凡是拥有良好低碳经济发展条件的国家，就能够在低碳经济竞争中处于优势地位。

低碳经济是应对气候变化的产物，但绝不能以牺牲经济发展为代价，而是一种更具竞争力、更可持续的发展。尤其对中国这样的发展中国家来说，发展经济、消除贫困、提高人民生活水平仍然是第一要务，必须在转变经济增长方式的同时保证人民的发展权，发达国家也有责任为发展中国家留出充分的发展空间，而不应让低碳经济成为进一步扩大世界经济格局二元化裂痕、遏制发展中国家发展的手段。从短期来说温室气体排放的指标约束会限制经济发展的速度，提高能源利用效率也占用大量的资金和技术力量，似乎对经济增长起到负作用。但从长远来看，低碳的发展要求将引导经济社会向更健康的方向发展，一方面通过改善能源结构、调整产业结构、提高能源效率、增强技术创新能力、增加碳汇等措施，降低经济发展对煤炭、石油、天然气等化石能源的依赖，促进经济体摆脱碳依赖，摆脱工业化、城市化进程的高碳能源依赖，使经济发展转入既满足减排要求又不妨碍经济增长的低碳轨道，从而实现经济增长质量的提高和经济结构的健康化；另一方面通过改变人们的高碳消费倾向和碳偏好，减少化石能源的消费量，减缓碳足迹对生态环境的破坏，实现低碳式生存和发展，有利于经济增长与社会发展、生活质量提高、自然环境改善的统一。

（二）低碳经济竞争力的表现形式

低碳经济竞争主体是国家，竞争领域是低碳经济，竞争空间是国际市场。低碳经济竞争力是一个多层次、多维度的复杂概念，从微观层次是低碳企业和低碳产品的竞争力、中观层次是低碳产业的竞争力、宏观层次则是低碳国家的竞争力[8]。低碳经济竞争力既是一个国家在低碳发展模式下参与国际竞争的一种综合能力体现，又是低碳产品竞争力、低碳企业竞争力、低碳产业竞争力和低碳国家竞争力的综合体。一个国家低碳竞争力的表现形式是其发展低碳产业、低碳技术、低碳生活方式和低碳经济的能力集合。低碳经济竞争力既要体现国家在低碳发展模式下的基础条件，也要体现其国际竞争力的提升潜力，即现实竞争力和潜在竞争力的综合体。从不同的侧面来反映，其表现形式是多样化的：

（1）从基础来看，具有竞争力的国家其经济结构合理，能源消耗强度低，对低价石化能源的依赖程度比较低，清洁能源利用率比较高。同时拥有比较强的低碳技术研发和应用能力，能源利用效率比较高，碳排放总量和强度比较低或呈下降趋势。

（2）从低碳经济竞争过程来看，各国都会制定相关的低碳经济政策，设定碳减排目标和任务，鼓励低碳技术研发投入，扶植低碳企业和低碳产业发展。通过组建碳排放权交易市场、发展低碳金融、征收碳税等方法完善碳减排市场机制，甚至通过征收碳关税设置绿色贸易壁垒以保护本国产业发展，提升国际竞争力。

（3）从低碳经济竞争形式来看，企业的产品和服务均不需要太多的能源支撑，在节约利用化石能源和碳排放约束下，产能下降和产品、服务增加的劣势可以得到有效化解，在市场竞争中体现出价格优势或者差异优势，凭此获得较高的市场份额甚至形成一定的垄断。通过国际竞争，凭借竞争优势获得更多的低碳经济资源和要素。

（4）从低碳经济目的来看，国家竞争的核心目标还是实现低碳发展模式下稳定经济增长，尽量降低由实现碳减排目标给经济增长带来的不利影响，保障国民财富积累能力，提高国民生活水平。

在社会层面，低碳经济要求促使企业经营理念、人民消费理念的根本性变化，企业、社会将和政府一起成为低碳经济的共同参与者。在工业社会下形成的"快捷消费""一次性消费""炫耀性消费"等消费观念及习惯将随着经济基础的变化而逐渐为"绿色消费""健康消费"所取代。而企业承担的社会责任则要求其在遵循减排规则的基础上转变生产经营理念，自觉通过技术创新、流程优化、产品升级等措施承担起减排的主体角色[9]。在制度层面，要克服环境与资源利用过程中的负外部性，政府采取非市场化手段作为对市场化机制的补充是必要的。虽然非国家主体在环境制度创建和实践中发挥着重要作用，但政府是一种可置信的管制威胁，大大鼓励了各类主体采取行动来保护环境。由政府作为主导角色制定的相关法律和规制对低碳经济的发展尤其是起步阶段非常关键。

综合来看，低碳经济竞争力是在碳减排约束下，国民收入持续增长的能力，具体表现为在保持一定碳排放量的情况下获得更高的经济增长速度，或者在保持一定经济增长速度的情况下拥有更少的碳排放量。

（三）低碳经济竞争力的影响因素

影响低碳经济竞争力的因素主要有四个方面[10]，见表 11-1。

表 11-1　低碳经济竞争力影响因素衡量体系

总目标	主要影响因素	子体系	具体指标	预期影响方向
低碳经济竞争力水平	资源投入	低碳生产力	单位 GDP 能耗	负
			单位 GDP 二氧化碳排放	负
		经济结构	农业增长值占 GDP 比重	正
			工业增长值占 GDP 比重	负
			第三产业增长值占 GDP 比重	正
	能源约束与碳排放约束	能源结构	煤炭使用量	负
			天然气使用量	正
			水电使用量	正
			核能使用量	正
			可再生能源使用量	正
		环境承载力	森林面积	正
			森林蓄积量	正
			森林固碳量	正
	环境规制强度	政策因素	低碳经济发展规划	正
			碳税政策	正
	科技创新	科技投入	研发支出占 GDP 比重	正
			公共教育支出	正

（1）资源投入，包括资本和劳动力两大类。发展低碳经济的本质还是实现经济增长，只有实现经济持续稳定增长，才能解决社会民生和公共环境问题。体现一个国家真正的竞争力，需要维持经济增长所需要的各种要素投入。低碳经济竞争力体现的是对符合低碳发展模式要求的各种要素资源的吸引力，以及对资源进行优化配置的能力。

（2）能源约束与碳排放约束。低碳经济是节约能源和减少碳排放的经济增长，要求不断提升能源利用效率、降低碳排放强度。不同地区的经济结构和能源结构不同，对化石能源的依赖程度也各不相同，能否有效转变经济增长方式,实现碳排放和经济增长脱钩,可以有效体现国家的低碳经济竞争力。

(3)环境规制强度。气候变化是公共环境问题,当传统化石能源具有价格优势时,新能源产业的发展就会受到阻碍,市场不能有效配置能源,不利于能源的合理使用。只有当环境规制强度不断提高、能源约束管制和能源税收提高的情况下,企业才愿意增加节能减排设备的投资,逐步接受新能源。

(4)技术创新。技术创新带来的能源节约和效率提高不但可以化解环境规制的成本,低碳技术和产品本身还可以作为新兴产业促进经济增长,合理的财税政策和市场机制可以有效鼓励低碳技术的发展、应用和推广。

2013年,根据世界银行数据库、世界经济年鉴、BP世界能源统计年鉴、联合国粮农组织报告等相关资料统计,对全世界15个国家低碳经济发展水平进行比较[11],根据上述四个因素所得积分情况见表11-2。在能源效率和政策因素以及经济结构上,日本、英国、法国、德国等发达国家具有较高的能源效率、发达的第三产业以及完善的低碳经济法规和政策,而沙特阿拉伯、南非和俄罗斯等国则处于落后位置,这与他们对科技的关注度不够、对低碳经济的发展模式不够重视有很大关系。而在该影响因素下,中国处于较低水平,说明中国的能源效率水平,即低碳生产能力还需不断提高,从而在固定单位产出时可以做到尽可能少的能源消耗以及较低的碳排放量。此外,经济结构方面应该不断实现从第二产业向第三产业的转型,使得国民经济总量中的低碳成分占据较大比重。森林面积、森林固碳量、木材蓄积三个指标主要反映了发展低碳经济所需要的环境承载力。巴西、俄罗斯、加拿大等国家依靠所处的地理位置以及自然条件禀赋获得了明显的优势。在植物的光合作用仍然是地球上已排放二氧化碳的主要处理方式的前提下,拥有丰富的森林资源无疑会提升国家在低碳经济方面的竞争力。

表 11-2 不同影响因素下各国低碳经济竞争力评分情况

国别	影 响 因 子				
	资源投入	能源与碳排放约束	环境规制强度	科技创新	竞争力
美国	0.356	-0.183	0.762	0.992	43.441
巴西	1.040	-0.192	0.880	-0.186	36.274
加拿大	0.358	-0.049	0.856	0.059	31.437
日本	-0.007	-0.210	1.004	0.172	27.979

国别	影响因子				
	资源投入	能源与碳排放约束	环境规制强度	科技创新	竞争力
法国	0.041	-0.295	1.032	0.115	27.319
中国	0.186	0.628	0.412	0.083	26.201
德国	-0.018	-0.274	0.945	0.198	25.528
英国	0.014	-0.323	1.016	0.030	24.351
俄罗斯	0.998	-0.435	0.263	0.170	23.769
印度	0.052	-0.159	0.777	-0.105	23.278
澳大利亚	0.215	-0.288	0.731	-0.110	18.451
意大利	0.226	-0.537	0.728	-0.134	14.416
韩国	0.009	-0.358	0.645	0.059	13.912
南非	0.116	-0.522	0.202	0.019	0.467
沙特阿拉伯	0.056	-0.534	-0.091	0.039	-8.764

目前国际组织在计算碳排放配额时也逐渐将森林碳汇放到了重要的位置。在新能源利用上，美国走在了世界的前列，其余发达国家也有了一定程度的发展，但是一些发展中的大国如印度、巴西等，甚至少数发达国家如澳大利亚、意大利等在能源结构的优化和政策支持上都还不够重视。而在水电使用量、农业占国内生产总值比重以及森林固碳量为主要内容的几个方面，中国占据了绝对的优势，即水能的发展和森林固碳处于世界领先水平。这主要由于在地理环境上的有利条件以及中国在水能利用方面的大力投资，使得中国在水能利用上具有了一定的优势，而这成为了提高中国低碳经济竞争力的优势因素。但同时也可以看出，中国的优势与农业占国内生产总值比重较高是分不开的。与工业相比，农业生产会产生较少的碳排放，但毕竟不能代表一种较高的生产力形式。

由于各国处于不同发展阶段，产业结构和技术水平有很大差异，在国际产业分工体系中处于不同地位，产业发展对能源的依赖程度不同，造成各国发展低碳经济的基础条件和动力各不相同。对于发达国家而言，基本完成了工业化进程，进入后工业化阶段或者信息化发展阶段，第二产业在经济中的比重较小，生产中的能源需求相对较小，能源消耗强度较低，而交通等消费性的能源消耗较大，加上较好的生态环境，具有发展低碳经济的有利条件。未来，中国还应当不断发展第三产业，以低碳高效的产业结构来实现低碳经济竞争力的提升。

总体而言，低碳经济首要就是降低能源消耗、减少温室气体排放，化石能源相关产业的发展必然受到影响，企业由于节能设备或改用其他能源的投入增加了资本投入。由于当前技术水平的制约，太阳能、核电和风能等新能源成本较高，大量使用新能源必将增加企业的生产成本，特别是高能耗产业的生产成本将大幅度提升[12]。一个国家或地区碳减排任务越大，节能减排压力越大，企业生产成本就越高，产出下降的幅度也就越大。化工、冶金、制造、建材等高能耗行业的产出降低和成本上升，会通过原材料的传递效应影响到整个社会的产出水平和物价水平，对宏观经济产生不利影响。碳税作为一种价格调节手段，会提高能源价格，有利于各行业节约使用能源，但传导作用会影响经济产出，特别是能源消耗大的行业受到的影响非常明显。对于中国而言，如果征收碳税，短期内产出下降最大的五大产业分别是采煤、天然气、炼焦等能源产业和纺织、服装等轻工业，其中采矿的产出下降幅度会达到 10.68%，而长期产出受到影响最大的产业则是采煤、天然气、炼焦、石油加工以及金属冶炼行业。有学者认为，中国征收碳税虽然可以使二氧化碳排放量下降，但是会使中国经济恶化，经济代价十分高昂。财政部财政科学研究所认为，征收碳税会使 GDP 下降，使各行业的产出、出口下降，随着时间的推移，影响程度会越来越大。但也有学者认为，碳税虽然对各行业产出存在负面影响，但对经济影响不大，而且随着时间的推移，长期影响会也越来越小。

（四）发达国家提升低碳经济竞争力实践

低碳经济竞争力的核心是通过技术创新和制度创新提高能源利用效率，减少有害气体排放，降低环境污染，以最小的能源消耗和环境破坏换取最大的经济社会发展。发展低碳经济主要包括节能减排和开发替代能源两个方面[13]。由于所处经济发展阶段不同，一些发达国家在低碳经济的研究和实践方面走在了前面。

1. 英国

英国作为世界上控制气候变化的倡导者和先行者，也是最早提出"低碳"概念并积极倡导低碳经济的国家。在过去的 20 年间，英国实现了 200 年来的经济增长期，经济增长了 28%，温室气体排放则减少了 8%。英国在发展低碳经济并努力提升其低碳经济竞争力的措施主要包括四个方面：

（1）战略导向。2007 年英国公布《气候变化法案》草案，承诺到 2020 年削减 26%～32% 的温室气体排放，2050 年实现温室气体排放量降低 60% 的目标。2009 年英国政府正式发布《英国低碳转换计划》的国家战略文件，内容涉及能源、工业、交通和住房的多方面，该计划标志着英国正式向低碳经济转型。

（2）政策措施。英国大力发展热电联产，将发电时浪费的热能利用起来，使燃料利用总效率增加到 70%～90%。相对于传统发电，可节省 50% 的燃料费，并要求国内的天然气和电力供应商为用户提供相应措施以提高能源效率。同时运输减排方面，英国制定了运输 10 年计划，对运输设施投资 1800 亿英镑用于清洁运输。英国政府还与汽车制造商达成协议，要求 2008～2012 年汽车二氧化碳排放量减少 25%，并投入 10 亿英镑从根本上改进"家庭能效计划"。

（3）技术手段。在与低碳经济相关的众多技术创新中，英国尤为看重碳捕获与封存技术（CCS）对于世界范围内实现温室气体控制目标所能起到的关键作用。对于大部分国家而言，煤炭仍是最为经济并可保障持续供应的能源形势，因此 CCS 技术一定程度上是全球中长期减缓气候变化的关键技术之一。

（4）金融手段。2002 年英国率先启动碳排放贸易机制，针对企业确定总的减排目标，同时创立碳基金，与气候变化税相结合，用于帮助企业和公共部门提高能源效率、减少碳排放、投资低碳技术和加强碳管理。企业根据使用煤炭、电能和天然气的数量纳税，并通过使用再生能源、石油产品、热电联产进行减免，将税收以减免社会保险税的方式返还给企业，剩下的划拨给碳基金用作节能投资补贴。而碳基金提供的免费碳管理服务有效帮助企业识别投资机会以及节能减排潜力，为企业带来了巨大利益。

2. 德国

德国的能源开发和环境保护技术始终处于国际前列。德国政府实施气候保护高科技战略，将气候保护、减少温室气体排放等列入可持续发展战略中。

（1）大力发展可再生能源。通过《可再生能源法》保证可再生能源的地位，对可再生能源发电进行补贴，平衡了可再生能源生产成本高的劣势，使其得到了快速发展。同时德国政府相信，未来风能发展的最大潜力在于海上风能。如果能提高能源效率、降低成本，海上风能未来 30 年的发电总量可达到 $(2\sim2.5)\times10^{4}\mathrm{MW\cdot h}$。

（2）开展碳排放交易。2002 年德国着手碳排放权交易，对所有企业的机器设备进行调查研究并制定排放额定量，超过额定量必须购买指标，否则将面临罚款。同时，德国通过降低低排放量汽车税额，提高大排放量汽车税额，鼓励低排放量汽车的生产与发展。

（3）提高能源效率。2013 年，德国政府与工业界签订协议，实行现代化能源管理的工业企业可享受税收优惠。对中小企业，德国联邦经济部与德国复兴信贷银行建立节能专项基金用于促进中小企业提高能源效率。生态税是德国改善生态环境和实施可持续发展计划的重要政策，税收用于降低社会保险费，从而降低德国工资附加费，一方面促进了能源节约，另一方面提高了德国企业的国际竞争力。同时，德国计划每年拨款 7 亿欧元用于民用建筑节能改造，另外拨款 2 亿欧元用于地方设施建设，目的是充分发挥建筑及公共设施的节能潜力。

（4）实施气候保护高技术战略。为实现气候保护目标，从 1977 年至今，德国联邦政府先后出台了 5 期能源研究计划，最新一期计划从 2005 年开始实施，以能源效率和可再生能源为重点，通过德国"高技术战略"提供资金支持。2007 年，德国联邦教育与研究部又在"高技术战略"框架下制定了气候保护高技术战略。根据这项战略，德国联邦教育与研究部将在未来 10 年内投入 10 亿欧元用于研发气候保护技术。该战略确定了研究的 4 个重点领域，包括气候预测和气候保护的基础研究、气候变化后果、适应气候变化的方法和气候保护措施相适应的政策机制研究。

3. 日本

日本作为能源极度贫乏的国家，也是新能源开发最领先的国家。由于 95% 的能源供应都依赖于进口，迫使其发展低碳经济，积极开发新能源、推进节能。

（1）制定低碳战略。1979 年日本颁布实施了《节约能源法》，并对其进行了多次修订。2006 年，日本政府首次制定了《新国家能源战略》，并为 2030 年国家能源情景设定了宏伟的目标。2008 年，日本首相福田康夫提出了日本新的防止全球变暖对策"福田蓝图"。2009 年，日本政府公布了《绿色经济与社会变革》的政策草案，提出通过实行削减温室气体排放等措施，大力推动低碳经济发展。

（2）发展低碳经济。日本计划从五个方面进行激励制度与经济手法的创新，具体包括在家电领域普及现有节能技术、促进办公大楼和住宅的低碳化、促进交通运输领域的低碳化、促进可再生能源的开发与普及，以及建立绿色金融体系。汽车产业是日本的核心产业，目前，日本加快低碳汽车的技术开发，促进传统汽车向低碳汽车的转换，在促进低碳汽车的技术开发方面，采取领跑者计划的制度，对开发成功者提供补助金。日本要修改与汽车相关的税制，根据排放责任者负担的原则，需对汽车税制提供新的课税依据。日本国民的金融资产高达 1500 万亿日元，日本社会整体的资产更加雄厚庞大，日本的当务之急是建立绿色金融体系，将这些雄厚而庞大的资金运用到低碳技术的创新投资中去，使资金用于构建日本的低碳社会。

（3）实施税收优惠。为鼓励企业和社会节能，日本实施税制改革，使用指定节能设备可在正常折旧基础上提取 30% 的优惠或者 7% 的税额减免。对于企业引进节能设备、实施节能技术改造给予总投资额的三分之一到二分之一进行补助，对于企业和家庭引进高效热水器等给予固定金额补助。同时，在国家预算中安排专门的节能资金用于支援企业节能和促进节能的技术研发等活动。

（4）推进技术进步。为实现低碳社会的目标，日本将在中短期内改进现有技术并在全社会推广，在中长期内发展创新技术。为此，日本政府已经设计出一套低碳技术的路线图。在强调政府在基础研究中的作用和责任的同时，鼓励私有资本对科技研发的投入，保证技术创新的资金投入。同时，建立官产学密切合作的国家研发体系，以便充分发挥各部门科研机构的合力，集中管理，提高技术研发水平和效率。日本还将制定《能源环境技术革新方案》，在全球推广其能源和环境领域最为尖端的技术，加速研发节能技术，推广生物燃料的生产技术以及燃料电池的商业化运用，并长期探索温室气体零排放的划时代技术。

4. 美国

美国虽然已于 2001 年退出了《京都议定书》，但是一直在大力发展低碳技术，尤其是开发可再生能源[14]。2009 年，奥巴马政府正式通过了《美国再生再投资法》，实施总额为 7872 亿美元的经济刺激政策，见表 11-3。其中，大约 580 亿美元投入到环境与能源领域，对环境与能源领域的投资起到美国经济再生、创造就业、创造新的市场需求的效果。

表 11-3　奥巴马政府经济刺激计划

项目	投资项目	投资金额/亿美元
财政支出	智能电网	110
	对州政府能源效率化，节能项目的补助	63
	对可再生能源发送电项目提供融资担保	60
	对中低收入阶层的住宅断热化改造提供补助	50
	联邦政府设施的节能改造	45
	研究开发化石燃料的低碳化技术	34
	对大学等科研机构可再生能源研究开发的补助	25
	对电动汽车用高性能电池研发的补助	20
	对在美国国内生产制造氢气燃料电池的补助	20
	可再生能源以及节能领域专业人才的教育培训	5
	对购买节能家电商品的补助	3
减税	对可再生能源的投资实行 3 年的免税措施	131
	扩大对家庭节能投资的减税额度	20
	对插电式混合动力车的购入者提供减税优惠	20

　　绿色新政的实质是通过基础设施的投资扩大内需，应对气候变化所带来的危机，减少对进口石油的依赖，它并非追求眼前的经济复苏，而是更加着眼于中长期的增长，重视技术与产业创新的课题。

　　（1）绿色能源。在二氧化碳回收储藏方面，推行碳回收储藏技术，使燃煤排放的二氧化碳存入地下。指定排放绩效标准，要求新建燃煤发电厂必须达到采用最新回收储藏技术所能达到的绩效，并对采用碳回收储藏技术的企业予以补贴。在可再生能源方面，要求提高生物质能、风能、地热、太阳能等可再生能源发电比例，具体要求从 2012 年的 6% 逐渐上升到 2025 年的 25%。在低碳交通方面，制定低碳交通运输燃料标准，促进先进生物燃料及其他清洁能源在交通运输领域的运用。向城市提供资金以扶持电动汽车示范项目，批准汽车厂商对生产设备改组以便生产电动汽车。在智能电网方面，推广智能电网，减少企业高峰用电，促进新型家电适应智能电网。改革地区规划流程以便实现电网现代化，敷设新型输电线以便传输可再生能源产生的电力。

　　（2）能源效率。在建筑方面，规定对现有商业建筑和住宅的节能改造提供援助，以便提高现有建筑能源效率。规定向采用先进建筑物能效规范的地区进行资金援助。在电器方面，制定照明能效标准协议和其他电器附加协议，加速制定能效标准，加强成本效益检测以便制定最低标准，完善披露程序。向大量销售节能电器的零售商提供补贴。在交通方面，制定联邦燃料经济标准、减排标准、重型汽车标准，要求各州制定目标减少交通运输导致的温室效应。在公共事业方面，制定能源效率标准，把配电公司和天然气输送分配公司纳入美国能源效率行列中。据此，每个输送公司都必须证明达到了相对于常规的累计电力或天然气节余的规定水平。在行业能效方面，要求能源部制定行业能效标准，同时制定奖励方案，鼓励创新，提高热电联产工艺的效率。

（3）应对气候变化。在缓解全球变暖效应方面，针对特定企业实施排放权交易制度，这些企业必须购买联邦政府发放的温室气体排放的交易许可证，该许可证又称为"排放交易配额"，规定将逐步减少每年发放的排放交易配额。在追加减排方面，指示环保署签署协议，防止滥砍滥伐，以便实现追加减排目标。到2020年，追加减排量达到相当于2005年美国排放量的十分之一。在碳抵消方面，参加排放权交易的企业在排放量超过配额的情况下可以较低的成本从其他渠道获得抵消减排。每年允许的抵消总量不得超过20亿吨，使用抵消的企业必须按每抵消4t排放量提交5t抵消排放权。在碳市场的保障与监管方面，对碳配额和碳抵消市场进行严格监管，保障市场透明度，对欺诈行为和操纵市场行为予以惩罚。

（4）低碳经济转型。在确保美国产业国际竞争力方面，批准向特定产业的企业提供退税，弥补因事实排放权交易制度所带来的成本，避免美国制造商在与国外企业竞争时陷入不利地位。在绿色就业机会和劳动者转型方面，制定相关条款以增加绿色就业机会。其中包括要求教育部扶持各高校设立有关课程和培训方案，使学生能够从事可再生能源等方面的工作。在出口低碳技术方面，规定美国应采取措施鼓励在发展中国家大量推广和使用低碳技术，只有参加气候变化条约并在本国采取相关行动，拥有实质减排目标的国家才有资格获得美国资助。在应对气候变化方面，成立跨部门委员会，确保联邦政府对全球变暖的影响作出适当的响应。成立气候变化适应基金，扶持州、地方和种族适应项目，并成立自然资源气候变化适应专门小组，协调联邦政府各机构间有关自然资源适应工作。

（五）中国低碳经济竞争力的提升方向

低碳经济已经广泛影响人们生活方式和企业生产方式，更重要的是全球低碳价值观念深入人心。中国是能源消耗大国，在应对全球气候变化以及提升国家经济竞争新优势的大背景下，迫切需要采取低碳经济发展模式，走可持续发展道路。但同时，需要客观分析低碳经济带来的双重影响，充分应对挑战，最大程度地发挥低碳经济的积极塑造作用。

1. 发展低碳产业

不同的产业结构对能源消费的需求不同，在三次产业分类中，第一产业和第三产业具有较低的能源消费需求，中国的能源消费主要分布在第二产业之中，使产业结构呈现典型的高碳特征。基于这一现实，中国应当出台针对性的法规和标准，促进产业结构的调整。通过开征碳税，实施政策性补贴以及建立碳排放交易体系等，建立有利于低碳经济发展的长效机制，鼓励企业积极投入低碳技术的开发、设备制造和低碳能源的生产，促进企业向低碳发展模式自觉转变。同时，中国要发展低碳经济，还必须调整出口产业结构，向低碳产业方向发展。例如，应该增加低碳技术研发的投入，支持低碳企业，适当提高出口退税率，增强低碳产业的竞争力；通过发布一系列的政策，控制高能耗、高排放和高污染的产业，使出口产业走上技术含量高、能源消耗低、环境污染少的低碳工业化道路。这样就可以提高低碳产业所占的比例，促进产业结构优化。

2. 调整能源结构

能源结构和产业结构对碳减排以及发展低碳经济具有重要的影响作用，应当通过结构调整来实现一定的减排目标。中国是世界上最大的能源消耗国家，对煤炭资源的依赖性很强，是世界上少有的以煤为主要能源的国家。中国制造业消费的能源品种有煤炭、焦炭、石油制品、天然气以及电力等；但从能源终端消费来看，制造业的能源消耗以煤炭、焦炭和原油非再生、非清洁能源为主[15]。2000～2008年，中国能源消费结构中煤炭的消费比例不断上涨，从2000年的67.8%上升到2007年的69.5%。由于国际金融危机等原因，2008年中国能源消耗减少，但煤的比例仍然维持在68.7%。2009年，中国可再生能源占能源生产总量比重仅为7.8%。2013年全国一次能源消耗近37.5亿吨标煤，占世界能源消耗量的21.3%，创造了占世界11.6%的

GDP，如图 11-2 所示。因此要发展低碳经济，调整能源结构会遇到巨大的困难。目前中国的能源结构中 80%是煤能源，电力能源中只有 20%是利用风力发电，其他的主要来源于火力发电。

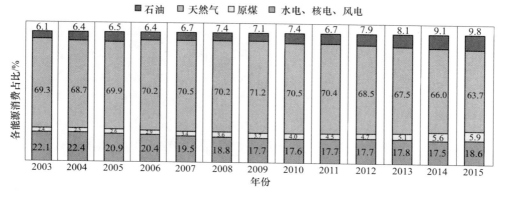

图 11-2　2003~2015 年中国一次性能源消费结构图

要扭转这种高消耗的能源结构困难相当大，再加上中国新能源的开发和低碳减排技术处在起步阶段，创新能力不足，发展低碳经济困难重重。所以应该通过政策激励和财政支持的手段，鼓励企业积极研发，创新低碳技术，开发低碳产品。中国低碳产业起步较晚，掌握的低碳技术远远落后于发达国家，应加强低碳技术新领域的国际合作交流，引进和吸收一些发达国家先进的低碳技术。中国在生物质能、核能、地热能等领域拥有巨大的发展潜力，在水能利用方面也具有进一步提升的空间，适时转变中国的能源消费结构，发展优势可再生能源为中国环境保护与经济发展提供了一种兼容的模式。这样能够大大加快中国低碳技术创新步伐，提高技术创新水平。

3. 积极应对绿色贸易壁垒

随着低碳经济的发展，一些发达国家提出征收"碳关税"，这一项措施能够有效解决高碳排放的问题，但会形成绿色国际贸易壁垒，给中国的对外贸易带来挑战[16]。例如，一些发达国家以保护生态和自然资源为目的，形成一系列的规章制度限制或禁止进口部分产品；中国目前的出口产品主要是机电产品和纺织产品，技术含量低，而且也属于高能耗产品，难以达到发达国家的环境标准，有 70%的产品都会受到"碳关税"的影响，而且低碳减排会增加产品的成本，这将在一定程度上削弱中国的价格优势；由于低碳经济的兴起，中国需要从发达国家引进先进的低碳技术，无形中增加了对外贸易产品的成本，利润减少，降低了竞争力[14]。面对低碳经济浪潮，中国政府需要积极参与国际谈判，加强与发展中国家的合作交流，在制定低碳经济政策时争取有利地位，掌握话语权，降低中国企业节能减排的压力。

钢铁行业是重要的能源消费行业，同时为能源产业提供生产原料，能源产业与制造业之间有很强的关联性。以煤、石油、天然气等化石燃料为代表的传统能源面临的枯竭危机，及其利用效率低、污染严重等问题，始终制约着制造业的可持续发展。中国钢铁产业经过数十年的发展，自1996年钢铁产量首次突破1亿吨以来，已连续26年保持全球最大钢铁生产国地位，并成为全球第一个钢铁年产量突破10亿吨的国家。随着中国经济步入高质量发展阶段，"双循环经济"、绿色环保、"双碳"目标等都对中国钢铁产业发展提出了新要求[18]。中国钢铁产业正处于转型升级过程中，应充分学习和借鉴德国、日本钢铁产业的发展经验，进一步提高产业集中度，推动钢铁产业向低碳化、高端化、智能化转型，促进钢铁产业高质量发展。特别是在全球低碳经济的背景下，中国钢铁行业更要主动改革，通过加快产业结构升级、提高资源利用效率、有效降低钢铁生产成本、加强钢铁低碳技术的研究和国际合作，重视低碳贸易壁垒应对等，提高钢铁行业国际竞争力，为中国低碳经济竞争力的提升作出贡献。

第二节　国际低碳经验对中国钢铁工业的启示

一、全球能源低碳转型

2021年5月18日，国际能源署（IEA）发布《2050年净零排放：全球能源行业路线图》（Net Zero by 2050, A Roadmap for the Global Energy Sector）报告指出，2050年全球能源行业实现净零排放的路径虽困难但可实现且存在巨大收益，关键需要对全球能源的生产、运输和使用方式进行前所未有的转变。到2050年，能源需求比目前减少8%，化石燃料消费从当前能源消费的近80%下降至20%左右，太阳能、风能、核能和氢能等清洁和高效的能源占主导地位，有效的政策工具是全球实现净零排放的必要保证。实现净零排放路径的关键环节如图11-3所示。

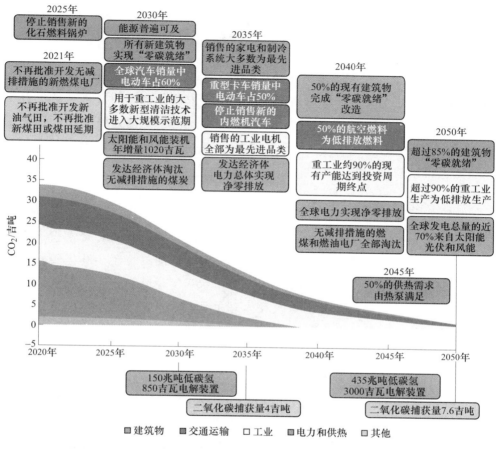

图 11-3　实现净零排放路径的关键环节

（一）"困难但可行"，国际能源署（IEA）描绘了 2050 年全球实现净零排放路线图

IEA 指出，若要实现全球净零排放，并将温升目标控制在 1.5℃以内，需要在未来 30 年内推进全球经济转型。目前，欧美等全球主要经济体均设置了实现净零排放目标。根据 IEA 的设想，实现净零排放的路径包括：到 2035 年停止销售燃油汽车；到 2040 年清洁能源占有率达到 100％；到 2045 年至少一半的供暖需求由热泵实现。

虽然一些主要能源消费国认为这一路径与当前能源消费模式相脱节，但也表明能源体系确需彻底变革。

（二）2050 年能源消费总量低于现有消费规模，可再生能源消费提速

2050 年，全球经济规模将比现在体量大 40%，但由于能源利用效率的提高，能源消费总量将低于现有消费规模，届时大部分能源消费将来自可再生能源。IEA 预测，到 2050 年，太阳能发电量将增加 20 倍，风能发电量将增加 11 倍。当下大约 20% 的能源消费用于电力行业，到 2050 年电力行业能源消费比例将增长到 50%。

（三）化石燃料消费需求骤减

增加电力基础设施配套支出是十分必要的，能源行业的总资本投资需增至每年 5 万亿美元，其中，输配电网的投资将从目前的每年 260 亿美元增至 2030 年的 820 亿美元。根据 IEA 预测，到 2050 年，煤炭、石油和天然气等化石燃料的作用将微乎其微。煤炭在全球能源供应中占比将降至 4%，主要出自配备二氧化碳捕获装置的发电厂。与之相比，石油和天然气将发挥较大作用，但能源供应也会出现显著下降。石油需求将下降 75%，日消费 2400 万桶，天然气需求将下降 55%。

IEA 报告表示，石油、天然气或煤炭的新一轮勘探意义不大，因为现有资源已经满足所需。这也意味着随着时间的推移，中东石油产量将在世界石油供应中占比越来越大。其结果是，欧佩克对石油市场的垄断份额将增至约 52%，达到最高水平。

（四）有效政策工具是全球实现净零排放的必要保证

IEA 报告明确指出，全球实现净零排放的必要保证是重大政策调整及能源投资激增。为实现净零排放，居民需改变生活方式。报告预测，约 4% 的减排将来自于居民生活方式的改变，例如减少长途航空出行。

政策制定者需不断尝试与探索有效政策工具，例如碳定价。IEA 预测，净零排放条件下，随着石油价格下跌，碳价将相应上升，尤其是在发达国家。

各国政府也需加速推进其减排目标的实施进度。IEA 报告中对现有各国政府出台的应对气候变化计划分析表明，到 2050 年，这些应对气候变化的

计划只能减少35%的排放量。

中国能源结构是以高碳的化石能源为主，化石能源占比约85%。推动碳减排，就必须推动以化石能源为主的能源结构转型。其中，传统能源企业所受影响最直接。通过大力发展低碳能源来替代传统化石能源，已成为能源企业业务转型的必由之路。中国钢铁行业高炉—转炉长流程工艺结构占主导地位，能源结构高碳化，煤、焦炭占能源投入近90%，未来如何实现能源结构低碳化是钢铁行业实现低碳转型的重点之一。

二、全球钢铁行业技术路线图

IEA于2020年10月发布报告《Iron and Steel Technology Roadmap：Towards more sustainable steelmaking》，即《钢铁行业技术路线图：朝向更可持续的钢铁制造》。该报告重点表述了以下几点。

（一）钢铁需要能源，能源系统也需要钢铁

钢铁已深深扎根于我们的社会，房屋、学校、医院、桥梁、汽车和卡车的建设，仅举几个例子，严重依赖钢铁。钢铁也将是能源转型的一个不可或缺的组成部分，太阳能电池板、风力涡轮机、大坝和电动汽车都在不同程度上依赖钢铁。自1970年以来，全球钢铁需求增长了3倍多，并随着经济增长、城市化、消费更多商品和基础设施建设而持续增长。

在重工业中，钢铁行业二氧化碳排放第一。钢铁行业每年直接排放26亿吨二氧化碳，占全球能源系统排放总量的7%，比所有公路货运的排放还要多。钢铁行业目前是煤炭的最大工业消费用户，且约75%的能源需求来自煤炭。煤被用来产生热量和制造焦炭，而焦炭在从铁矿石生产钢铁所必需的化学反应中起着重要作用。

（二）在减少排放的同时满足预期的需求增长是巨大的挑战

预计到2050年，全球钢铁需求将增长三分之一以上。新冠肺炎疫情对全球供应链产生了冲击，2020年全球粗钢产量比2019年下降0.9%。中国逆全球趋势而动，其产量在2020年继续增长。在经历了短暂的全球衰退后，钢铁行业在我们的基线预测中恢复了强劲的增长轨迹。如果不采取有针对性的措施在可能的地方减少钢铁需求，并对现有的生产企业进行全面改革，预

计二氧化碳排放量将继续上升。尽管低能源密集型的二次生产所占比例更高，到 2050 年将达到每年 27 亿吨二氧化碳，比现在高出 7%。

钢材是当今使用的可循环利用程度最高的材料之一。全球钢铁生产所需的金属原材料中，约 70% 来自铁矿石，其余部分则以回收废钢的形式供应。从废料中生产钢铁需要的能源大约是利用铁矿石还原生产钢铁的 1/8，其能源主要是电力，而不是利用铁矿石生产钢铁需要的煤炭。以废钢为原料的生产方式的最大好处是回收率高（全球平均为 80%~90%）。然而，废钢不能满足钢铁生产的原材料需求，因为当前的钢铁产量比废钢量要高得多。这意味着，为了实现气候目标，不能仅靠回收利用废钢来减少钢铁生产的排放。

（三）更有效地使用能源和材料可以有所帮助，但减排贡献不大

为了实现全球能源和气候目标（1.5℃温控目标），到 2050 年，钢铁工业的排放量必须至少下降 50%，此后将继续向零排放迈进。国际能源署的可持续发展方案，为能源系统在 2070 年前实现零排放提出了一个雄心勃勃的方案。更有效地使用材料将有助于降低与基线预测相应的总体需求水平，到 2050 年，钢铁生产平均直接二氧化碳排放强度下降 60%，粗钢二氧化碳排放量达到 0.6t（现状为粗钢吨钢二氧化碳排放量达 1.4t）。到 2070 年，全球钢铁行业直接二氧化碳排放需减少 90%（下降到 2070 年 2.5 亿吨）。

更有效地使用钢材减轻了工艺技术转变所需的负荷。与基线预测相比，在供应链沿线实施一系列提高材料效率的措施，将使 2050 年的全球钢铁需求减少约五分之一。节约源于在部门及其供应链内采取的措施（如提高制造产量）和在部门下游采取的措施（如延长建筑寿命），其中后一类贡献了大部分的材料节约。在可持续发展方案中，提高材料利用效率战略贡献了累计减排的 40%，如图 11-4 和图 11-5 所示。

（四）改善现有设备的能源效率

改善现有设备的能源效率是重要的，但本身并不足以实现长期转型。最先进的高炉能源强度已经接近实际的最低能源需求。对于效率不高的设备，目前的能源效率和最佳效率之间的差距可能会大得多，但由于能源在生产成本中占很大比例，因此企业已经有动力替换效率最低的工艺装置。技术性能

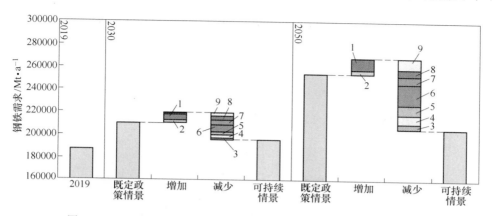

图 11-4　材料效率策略对减少全球钢铁需求的贡献（2019～2050 年）

1—电力基础设施需求；2—交通基础设施需求；3—提高半成品产量；4—提高产品质量；5—提高建筑

设计和建造；6—延长建筑寿命；7—减轻车辆重量；8—车辆循环利用；9—直接使用（不包重熔）

优化，包括强化过程控制和预测性维护策略，以及可用的最佳技术的实施，在可持续发展情景下为累计减排贡献了约 20%，如图 11-5 所示。

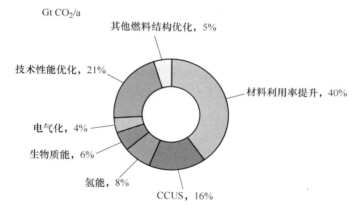

图 11-5　可持续发展情景下各个减排策略累计减排贡献（2020～2050 年）

（五）创新性技术的研发和应用

新的炼钢工艺至关重要，但没有唯一的正确答案，如图 11-6 所示。氢能、碳捕获、利用和储存（CCUS）、生物能源和直接电气化都是实现炼钢深度减排的途径，目前正在探索多种新的工艺设计。能源价格、技术成本、原材料的可得性和区域政策格局都是在可持续发展情景中决定技术组合的因素。在一些国家获得低成本的可再生电力（20～30 美元/（MW · h））为氢基直接还原铁（DRI）路线提供了竞争优势，到 2050 年，该路线将占到全球初级钢产量的 15% 以下。创新的熔融还原、基于天然气的 DRI 和各种创新的高炉概念，都配备了 CCUS，在当地政策背景有利且廉价化石燃料丰富的地区盛行。在可持续发展情景中，氢能和 CCUS 加在一起约占累计减排贡献的四分之一，如图 11-5 和图 11-6 所示。

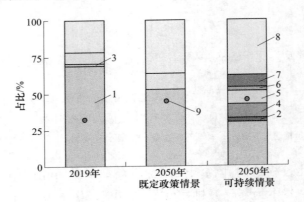

图 11-6　不同工艺流程全球粗钢产量（2019~2050 年）

1—传统的高炉—转炉；2—创新的高炉—转炉结合 CCUS；3—传统的熔融还原—转炉；

4—创新的熔融还原法结合 CCUS；5—传统的直接还原铁—电弧炉；

6—传统的直接还原铁—电弧炉结合 CCUS；7—100% 氢基直接还原铁—电弧炉；

8—基于废钢的电弧炉冶炼；9—加入的废钢铁料占比

　　新技术必须以惊人的速度部署，并启动新的基础设施。随着经济开始成熟和废料供应的增加（例如中国），以废料为基础的生产有可能平稳过渡到更大的份额，但需要伴随这一转变，迅速推出目前处于发展早期阶段的技术。在可持续发展情景中，在全球市场引进氢能炼铁技术后，每月需要部署一个氢能炼铁工厂，如图 11-7 所示。到 2050 年，电力需求将增加 720TW·h，相当于目前电力行业总用电量的 60%，如图 11-8 所示。同时部署配备 CCUS 的工厂需要到 2050 年全球捕获约 4 亿吨二氧化碳，相当于从 2030 年开始每 2~3 周部署一个大型 CCUS 装置（每年捕获 100 万吨二氧化碳）。

　　如果没有近零排放炼钢技术的创新，就无法实现深度减排。在可持续发展情景下，到 2050 年的累计减排中，30% 来自目前处于示范或原型阶段的炼钢技术。如果不继续通过创新推动这些技术，在可持续发展方案中利用 CCUS 和低碳氢设施的快速部署就不会实现。快速创新情景探讨了将能源系

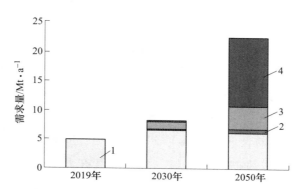

图 11-7　可持续发展情景下氢能需求

1—氢基直接还原铁；2—氢基直接还原铁+CCUS；

3—喷入电解氢；4—电解氢作主要还原剂

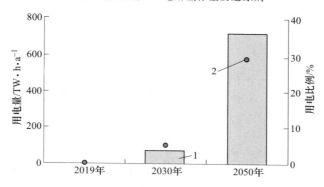

图 11-8　可持续发展情境下氢气生产用电

1—电解氢年用电量；2—钢铁行业电解氢用电比例

统达到净零排放的日期提前到 2050 年的技术意义。快速创新情景下，到 2050 年，每年减少的排放中有近四分之三来自目前尚未商业化的技术，而在可持续发展情景下，这一比例约为 40%。

（六）政府需要帮助加速转型

钢铁行业的可持续转型不会自行实现，政府将发挥核心作用。政策组合将是多种多样的，但以下建议可作为寻求实施变革和加速过渡的起点：

（1）为长期减少二氧化碳排放制定规划和政策；

（2）管理现有资产和短期投资；

（3）创造一个接近零排放的钢材市场；

（4）支持近零排放炼钢技术示范；

（5）加速材料的效率；

（6）加强国际合作，确保公平的全球竞争环境；

（7）发展近零排放技术的配套基础设施；

（8）跟踪进度并改进数据收集。

这一技术路线图的预测范围延伸到 2050 年，但政府和决策者应该牢牢记住 2030 年是加速过渡的关键窗口。可以从现在开始在三个短期优先领域制定切实和可衡量的目标：

（1）技术性能和材料效率。为了减轻今后部署创新技术和促进基础设施的负担，必须立即抓住机会，通过一套现成的最佳技术和措施，更有效地利用能源和材料。

（2）现有资产和新的基础设施。必须制定一项计划，以应对现有资产，即承认只需一个投资周期就可以实现生产二氧化碳强度的下降。与此同时，需要协同推进新的氢和二氧化碳运输和储存基础设施，为部署创新技术铺平道路。

（3）研发和示范。未来十年的创新近零排放技术试点和示范项目必须与 2030 年后的部署目标相一致。

三、国内外钢铁行业碳排放现状和发展趋势

（一）国外钢铁行业碳排放现状和发展趋势

随着气候变化问题逐渐走到世界舞台的中心，尤其是《巴黎协定》签署后，作为高排放企业的钢铁行业也开始寻求低碳绿色转型。钢铁工业是世界各国关注的重点碳排放行业，也是落实碳减排的重要领域，推动钢铁的可持续发展以及二氧化碳减排，是世界钢铁行业的共识。2020 年下半年以来，欧钢联陆续发布了《钢铁绿色协议》的发展路径和具体要点，明确指出欧洲钢铁工业将在 2050 年前实现转型，成为低碳循环经济的核心，并承诺到 2050 年减少 80%~95% 的温室气体排放（相较于 1990 年）。目前，国际上对钢铁行业碳减排技术研究主要集中在"碳捕集利用及封存"和"氢冶金技术方面"[19,20]。

碳捕集利用与封存（CCUS）被认为是有望实现 CO_2 大规模减排的技术，尤其适用于钢铁行业这样排放强度高的集中点源，因此该技术应用于钢铁行业减少 CO_2 排放的可行性及潜力巨大。安赛乐米塔尔公司在法国建立了一条

碳捕集再利用生产线，将炼铁高炉中排放的二氧化碳捕集后，与天然气混合，利用来自可再生电力、生物质或废弃塑料燃烧产生的热量在高温下反应，转化成氢气和一氧化碳混合物，可再次进入高炉利用。此外，该公司还在比利时建成了另外一条大规模生产线，将高炉废气收集捕捉后，转化成乙醇，并可进一步用来制备塑料、燃料、纤维等其他化工产品，此项目每年可捕捉约 15% 的高炉废气，并利用其生产出约 8000 万升的乙醇，相当于 10 万辆纯电动汽车一年的减排量。德国也正积极开展高炉含碳废气的再利用研究，在联邦政府资助下，德国开展了 CO_2 Chem 项目，研究将高炉废气转化为合成燃料气，减少化石燃料的使用。从 2018 年，蒂森克虏伯钢铁公司便已开始与政府合作，研究将炼铁高炉废气转化为氨气和甲醇气体，下一步将会探究这一工艺在水泥行业和垃圾焚烧行业的适用性。

氢冶金是近十年钢铁行业减少二氧化碳排放的全新前沿技术[21]。以氢代替碳是当前钢铁行业低碳发展、能源变革的重要方向，也是钢铁行业实现高质量发展的重要出路。目前，国内外多家钢铁企业对氢冶金进行了深度布局，如安赛乐米塔尔建设氢能炼铁工厂、奥钢联 H_2 Future、德国蒂森克虏伯氢炼铁技术、日本 COURSE50 等[22]。安赛乐米塔尔已投资了 6500 万美元在德国汉堡建设了一条利用氢气直接还原铁矿石冶铁的生产线（产能 10 万吨/a），氢气来源于可再生能源电力制备。无独有偶，德国的蒂森克虏伯钢铁公司也已于 2019 年 11 月正式开始用氢气作为还原剂的炼钢生产，并基于这一技术路径公布了吨钢碳排放强度 2030 年减排 30% 的行动目标，2050 年实现中和的目标。

除了上述两种减排潜力巨大的技术，国外钢铁企业也同时在积极探索其他减排技术，包括：

（1）使用天然气替代冶金焦煤，部分先进工艺的鼓风炉替代率可达到 50%；

（2）使用生物焦炭（通过干馏废弃生物质得到），安赛乐米塔尔在比利时建设了一条生物炼焦生产线，每年可转化利用 12 万吨的废弃生物质；

（3）电解冶炼[23]，原则上铁矿石中的 3 价铁、2 价铁（Fe_2O_3 或 Fe_3O_4）可通过电解被还原，电解用的电能来源于可再生能源，且研究发现同样产能条件下，电解冶炼工艺所耗用的电量小于氢气冶炼工艺中制备氢气所耗用的电能。安赛乐米塔尔目前正在开发电解冶炼的示范实验项目，使用的电力来自可再生能源。

（二）中国钢铁行业碳排放现状和发展趋势

2020 年，亚洲粗钢产量 13.511 亿吨，同比增长 1.6%。其中，中国大陆粗钢产量为 10.65 亿吨，同比增长 7.0%，占全球粗钢产量的份额从 2019 年的 53.3% 上升至 2020 年的 57.6%。中国作为世界钢铁生产和消费中心，粗钢产量占全球的一半以上，加之中国钢铁以"高炉—转炉长流程"生产工艺为主，碳排放量占全球钢铁行业的 60% 以上，占全国碳排放总量的 15% 左右[24]。高效推进绿色低碳发展将会是钢铁行业未来高质量发展的重要内涵之一[25]。

低碳冶炼涉及节能降耗、流程优化和突破性低碳技术应用等诸多方面[26]。冶炼过程节能降耗在"碳达峰"阶段仍然是钢铁行业降低碳排放的重点工作，采用精料方针、稳定原料质量、优化配煤配矿，实现固体燃料消耗进一步降低，仍是降低钢铁冶金工业碳排放的有力措施。电炉短流程炼钢工艺吨钢 CO_2 排放量远低于长流程工艺，但由于废钢资源和冶炼成本的限制，中国电炉炼钢发展缓慢，电炉钢占比远低于世界电炉钢占比 47%（不含中国）。

总体来看，中国钢铁工业在保持企业活力的同时实施低碳发展面临着不小的挑战，主要表现为：（1）在能源结构方面，中国钢铁工业能耗目前以煤为主要能源介质，低碳发展对能源结构提出新要求。例如，清洁能源电力供应亟待进一步提升，氢能供应相关的制氢、储氢技术有待于进一步突破。（2）在流程结构方面，中国钢铁生产以高炉—转炉长流程为主，电炉短流程炼钢和非高炉炼铁工艺的发展受到原料供应和生产成本两方面的压力，例如废钢资源短缺、价格高等。（3）在炼铁炉料结构方面，中国长期以来以高碱度烧结矿为主体，配加部分酸性球团矿和少量块矿，使用大比例球团矿减少碳排放面临含铁原料资源紧张、高炉冶炼技术变革等难题。

国外钢铁行业已不同程度地开展了降低二氧化碳排放的技术研究，并已取得了一定成效。中国钢铁行业进入转型发展的攻坚期，已由"增量、扩能"向"减量、调整"转变，面临巨大的减排压力，因此钢铁行业应借鉴国外先进的低碳技术，全流程减排二氧化碳。

近年来，中国钢铁行业通过兼并重组，出现了中国宝武、河钢、鞍钢、首钢、山钢、沙钢等一大批钢铁企业集团，前 10 名钢铁企业规模明显扩大。

但从行业集中度来看，中国一直处于较低水平。目前，中国排名前4位钢铁企业产业集中度仍然不足25%，而美国、日本和欧盟排名前4位的钢铁企业钢产量在本国的占比均超过60%。国外钢铁企业产业集中度较高，可以更为统一方便地集中开展碳减排工作。此外，大型钢铁集团一般资金财力比较雄厚，相较于中小型钢铁企业，能承担得起减排项目的实施，例如氢冶金、氧气高炉、非高炉冶炼和短流程电弧炉炼钢。

短流程电弧炉炼钢能耗与碳排放量仅为长流程炼钢的1/3，废气、废水、废渣产生量与长流程相比降低95%、33%、65%。当前中国钢铁行业也必须面对这样一个现实，中国的电弧炉短流程炼钢工艺生产的粗钢仅占总产量的10%左右，远低于美国68%、欧盟40%和日本24%的水平，同时目前在国内应用中存在的技术、成本瓶颈也还没有被有效突破，短期内大量置换原有产能存在较大难度。

1. 中国宝武低碳冶金技术

2021年初，中国宝武提出：2023年力争实现碳达峰，2025年具备减碳30%工艺技术能力，2035年力争减碳30%，2050年力争实现碳中和。2021年发布了中国宝武低碳冶金技术路线图。中国宝武低碳冶金技术创新有：富氢碳循环高炉（八一钢铁）、欧冶炉熔融还原（八一钢铁）、氢基竖炉直接还原（湛江）、微波烧结、金属化炉料和铁焦复合炉料等前沿技术（如图11-9所示）。核心技术如下：

（1）非高炉炼铁。非高炉炼铁技术是低碳冶炼的一种探索。熔融还原无需炼焦和烧结工序，工艺流程短、污染少。在八一钢铁建设了熔融还原工艺的欧冶炉，欧冶炉上部为还原竖炉和下部为熔融气化炉，吨铁成本比同规模高炉降低100多元。两大突破性技术：炉顶煤气回用和CO_2捕集分离。

（2）富氢碳循环高炉。2019年，八一钢铁430m³高炉按照氧气高炉的试验要求，改建成了富氢碳循环高炉（具备富氧、全氧冶炼、富氢、炉顶煤气脱CO_2、煤气自循环喷吹等功能的低碳冶金项目），于2020年7月15日启动工业试验，成为了全球最大规模的试验装置（日本12m³，瑞典8.9m³）。

第一阶段目标：在2020年实现鼓风氧含量达到35%，突破了传统高炉的富氧极限。

第二阶段目标：2021年实施引入脱除CO_2的还原煤气，实现风口喷吹，并最终实现鼓风氧含量50%的超高富氧冶炼。

未来目标：将充分利用风能、电阳能等清洁能源制氢，以氢代替碳。

（3）核能-制氢-冶金耦合技术。2019年1月15日，中国宝武与中核集团、清华大学签订《核能-制氢-冶金耦合技术战略合作框架协议》，三方将合作共同打造世界领先的核氢冶金产业联盟。以世界领先的第四代高温气冷堆核电技术为基础，开展超高温气冷堆核能制氢技术的研发，并与钢铁冶炼和煤化工工艺耦合，依托中国宝武产业发展需求，实现钢铁行业的二氧化碳超低排放和绿色制造。其中核能制氢是将核反应堆与采用先进制氢工艺的制氢厂耦合，进行大规模 H_2 生产。经初步计算，一台 $60×10^4 kW$ 高温气冷堆机组可满足180万吨钢对氢气、电力及部分氧气的需求，每年可减排约300万吨二氧化碳，减少能源消费约100万吨标煤，将有效缓解中国钢铁生产的碳减排压力。

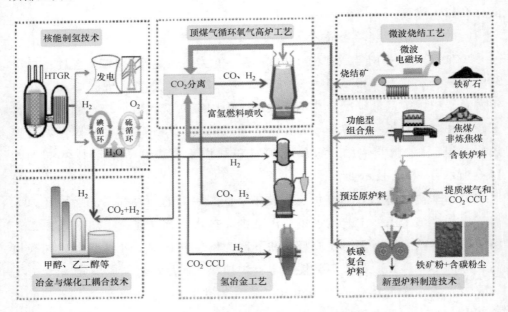

图11-9　中国宝武核能-氢冶金低碳技术路线图

（资料来源：中国宝武）

2. 河钢120万吨氢冶金示范性工程项目

2020年11月23日，卡斯特兰萨—特诺恩与河钢集团签订了合同，建设氢能源开发和利用工程，这个具有示范意义的项目其中包括1座年产60万吨的 ENERGIRON 直接还原厂。河钢集团的直接还原厂将使用含氢量约70%

的补充气源。由于高含量的氢气，河钢集团的工厂将以 1t 直接还原铁仅产生 0.25t 二氧化碳的指标，构建全球最绿色的直接还原厂之一。同时，产生的二氧化碳还将进行选择性回收，并可以在下游工艺进行再利用。因此，1t 产品产生的最终净排放仅约 0.125t 二氧化碳，该工厂计划于 2021 年底投产。

3. 酒钢探索煤基氢冶金

酒钢成立氢冶金研究院，探索"煤基氢冶金理论"。酒钢煤基氢冶金中试基地热负荷试车及部分中试试验正在顺利进行，并且以高炉瓦斯灰为原料进行了多次试验。项目团队分别以酒钢自产冶金焦丁和褐煤为还原剂，进行了碳冶金和氢冶金的对比试验，两种工艺的金属化率分别为 40% 左右和 85% 以上，体现出氢冶金技术的优势。

4. 氢冶炼的经济性

参考目前焦炭的价格约 2000 元/t，制氢成本参考宝丰能源于 2021 年 4 月 19 日披露《宁夏宝丰能源集团股份有限公司关于拟对外投资设立子公司的公告》，其 200MWp 光伏发电及 20000m³/h 电解水制氢示范项目在试生产过程中的氢气（标态）综合成本，即 1.34 元/m³。考虑碳元素在焦炭中的比例约 85%，则还原吨铁的碳、氢气成本约为 756 元/t、804 元/t，可见若不考虑还原剂变化带来的其他成本变动，氢气作为还原剂的经济性尚不及碳。据测算，氢气（标态）成本需降至 1.26 元/m³，或者对吨碳排放征收碳税 25 元，才能达到氢碳还原平价。宝丰能源披露远期氢气（标态）综合成本可降至 0.7 元/m³，届时吨铁氢还原成本或降至 420 元/t，若能实现，将大大增强氢还原的经济性。尽管在当前的技术水平和产业发展程度下，要彻底地实现氢冶炼尚存在诸多难题，通过氢冶炼来经济地大幅降低钢铁行业碳排放恐难以实现。但正视当下困难的同时，也要看到氢冶炼的发展潜力，富氢工艺是现阶段氢冶炼可着眼的发展方向。

四、碳边境调节机制对中国钢铁的影响

碳边境调节机制（Carbon Border Adjustment Mechanism，CBAM）是指一地区针对未执行同等强度的减排措施的进口产品制定的单边气候政策，通常是指征收碳关税或出售排放许可证。发达国家一直将此机制视为防止碳泄漏和营造气候变化领域里"公平竞争"环境的重要举措，而发展中国家往往认为此项政策将导致变相的贸易保护。由于各方分歧巨大，欧盟和美国至今尚

未将 CBAM 付诸实践，但并未停止过相关的立法讨论。

（一）欧盟 CBAM 政策

1. 政策背景

欧盟目标 2023 年起实施，但仍存在变数。

2019 年 12 月，时任德国国防部长冯德莱恩带领的新一届欧盟委员会刚一成立，即提出了《欧洲绿色协议（European Green Deal）》等一揽子政策计划，并拟定了包括推进欧洲气候法、CBAM 等在内的 70 多项立法目标，也是这一轮欧盟 CBAM 立法讨论的起点。

2020 年 10 月，欧盟委员会宣布将"CBAM 立法草案"列入工作计划，并于 2021 年 6 月底前公布。2021 年 3 月，欧洲议会又通过了"朝向与 WTO 兼容的 CBAM"的自发决议（Own initiative），确立了 2023 年起正式施行，覆盖所有 EU ETS 涉及行业的目标。尽管欧洲议会的此项决议没有强制性的法律效力，但被视为 CBAM 立法的重要风向标，引发各方的广泛关注。

展望未来欧盟 CBAM 的立法进程，其有望在 2023 年落地。欧盟委员会于 2021 年 7 月公布正式提案文件，考虑到法案一度通过的平均所需时间为 18 个月，欧盟 CBAM 预计可在 2022 年 12 月正式通过，并于 2023 年正式执行，这一时间表也符合欧洲议会之前决议中所设定的目标。但需要注意的是，考虑到当前 CBAM 中的具体机制、筹集资金的使用方式等都存在较多争议，立法进程可能被拖延，实际落地的时间仍存在一定变数。

2. 欧盟 CBAM 可能的运行方式

根据欧盟委员会就 CBAM 展开的公众咨询和欧洲议会通过的相关决议，欧盟 CBAM 的运行方式或主要有碳关税、扩大欧盟碳排放交易市场（EU ETS）、碳税、出口退税等四种形式。其中，碳关税和扩大 EU ETS 实施的可能性较大，两者虽然操作机制不同，但本质上都是使进口商品根据其含碳量承担和欧盟同类商品相同的碳成本。无论选取哪种形式，最重要的原则是：进口商品需要根据其生命周期含碳量承担和欧盟同类商品一样的碳成本。

欧盟 CBAM 目前覆盖电力、钢铁、水泥、铝、化肥行业，涉及上述进口商品的直接排放（生产耗电不计），碳价取欧盟碳市场的平均价格，并且存在抵扣机制，即进口商品对标欧盟商品，征收两者付出的碳成本的差值部分。但是欧盟内部的高碳行业也对此表示了疑虑，担心 CBAM 的实施让其中已经被欧盟碳市场覆盖的行业失去免费配额，并导致这些行业失去竞争优势，或者对欧盟能否合理计算产品碳强度以及碳排放基准设定表示了关注。

（二）美国 CBAM 政策

1. 美国 CBAM 历史

美国在联邦政府以及州政府层面也曾有针对 CBAM 的相关法案的讨论。在联邦政府层面，虽然在参众两院分别有多个气候议案提到碳关税，但这些气候议案未获得两院通过。

第一份议案是美国 2007 年的低碳经济法案（Low Carbon Economy Act），但是并未获得参议院通过。此后在参众两院分别有多个将 CBAM 包括在内的气候议案的提出，要求进口的能源密集型产品的进口商购买碳配额。2009年，一份名为"美国清洁能源与安全法案"（The American Clean Energy and Security Act）在众议院获得通过，但是也未能得到参议院的支持。此外，2019 年在众议院进行讨论的"绿色新政"议案中，CBAM 被纳入其中，但此议案仍然没能在参议院通过。

新当选的美国总统拜登在其竞选时也提到了 CBAM。拜登在其关于环境和能源的竞选纲领中提出，将对来自没有碳减排约束国家的碳密集产品征收碳边境调节费。

在州政府的层面，推动 CBAM 最积极的是在气候政策中最激进的加州政府。加州在 2012 年开始启动了加州碳市场，同样出于对碳泄漏的考虑，加州空气资源委员会曾对实施 CBAM 在技术和法律上的可行性进行了评估，并建议从高碳泄漏风险的水泥行业开始。尽管 CBAM 目前仍未在加州实施，但是加州 2017 通过的 AB398 议案要求，加州空气资源委员会在 2025 年底提交的防止碳泄漏措施的政策建议包括了 CBAM，这意味着 CBAM 在未来仍有可能被采纳。

2. 美国 CBAM 征收方式

尽管美国在 CBAM 上已经有不少的政策和研究讨论，但是官方对于如何征收碳关税也还没有形成具体的方案。加州空气资源委员会建议从高碳泄漏风险的水泥行业开始，对来自其他州和国家的水泥产品实施 CBAM，并提出了三种基于加州碳市场基础的实施方案：

（1）将进口产品纳入加州碳市场管理；

（2）直接按照加州碳市场的碳价，对没有碳减排管制地区的进口产品征税；

（3）对进口产品建立一个独立的类似碳市场的配额分配机制[17]。

此外，美国从 2009 年开始的对企业碳排放数据的收集也可以为 CBAM 的实施提供数据支撑[18]。但是由于美国联邦层面并没有类似欧盟的统一碳市场，因此 CBAM 在政策实施可行性上面临更多的挑战。

（三）CBAM 对中国的影响和应对之策

中国是欧盟和美国进口产品的主要生产国，CBAM 的实施对中欧和中美贸易所带来的影响不可忽视。随着欧盟稳步推进 CBAM 立法进程，尽管最终实施仍有不确定性，但是绿色国际贸易壁垒可能成为长期趋势，因此中国也应未雨绸缪，提前做好应对之策。不同研究均显示美国和欧盟推出的 CBAM 将对中国经济、产品出口、就业等带来负面影响，而能源密集型的出口产品受冲击更大。

中国需要尽快构建和完善高碳行业 MRV（碳排放的量化和数据质量保证的过程）体系，将高碳行业纳入全国统一碳市场。一方面帮助中国出口企业做好应对欧盟 CBAM 的准备；另一方面也为国内统一碳市场的建设夯实数据基础。中国在碳市场的 MRV 体系已有一定基础，但仍面临着管理体系有待提升、技术支撑体系有待细化、资金支持力度有待加强等挑战，需要在近几年工作中加速完善。此外，还应鼓励区块链等创新技术在 MRV 体系中的应用、加强与其他碳市场在技术标准和管理经验等方面的交流，以及强化第三方核查机构的能力建设。

如果 CBAM 不可避免，可考虑变被动为主动，做好针对高碳行业开征碳税的预案。从对欧出口的角度看，受碳关税冲击最大的三个行业依次是机械设备、金属制品、石油化工等行业。这些都是存在直接或者间接高排放的行业，也是中国正在重点治理的行业。为了追求短期的治理效果，甚至对钢铁等行业采取了产能约束过于刚性的行政管控措施。在这种背景下，可以考虑尽快将高碳行业纳入全国统一碳市场。这样做的好处主要有三个：一是高碳行业碳交易的税收掌握在自己手中，有利于通过转移支付的方式降低对经济的整体冲击；二是以碳交易的方式替代刚性较强的行政关停、限产政策，有助于降低碳中和的社会成本；三是重点排放行业纳入全国碳市场，有助于促进高碳行业减排，激励相关技术创新。

五、中国钢铁行业碳交易体系建设

（一）碳交易试点进展

中国自 2013 年起推动北京、上海、广东、天津、深圳、湖北、重庆 7 个试点省（市）的碳排放权交易工作。2016 年底，四川、福建两个非试点省的碳市场也相继开市。据统计，已参与碳交易试点的钢铁企业覆盖全国约 1/7 的粗钢产量。钢铁企业通过地方碳排放权交易试点实践，在推动碳减排方面发挥了积极作用，同时也积累了一定经验。通过开展 MRV（碳排放的量化与数据质量保证的过程）、碳核查培训等基础能力建设，钢铁企业总体低碳发展水平获得提升[28]；通过提高能效推动低碳发展的工作，取得了不同程度的节能降碳效果；处于碳交易试点地区的钢铁企业经过几年的履约，在碳资产管理、碳交易策略等方面具有更好的经验，部分优秀企业已经成立了专业化碳资产管理公司，组建了专门的碳排放管理机构。

碳排放权交易试点为中国钢铁行业增强低碳发展意识、理念，促进低碳行动方面奠定了坚实基础，但钢铁行业碳交易市场的建设仍面临严峻挑战。主要体现在以下几个方面：

一是多数企业仍不熟悉碳市场及规则。目前，主要产钢大省，如河北、江苏、山东、辽宁等均不在试点碳市场区域，未真正参与过碳交易，对于碳市场履约、交易等规则、注册登记和交易系统仍不熟悉。

二是各试点地区碳交易机制存在区别。各试点交易地区立足本区域发展实际设计了独具特色的碳交易机制，包括配额分配机制、履约机制和抵消机制等，但在钢铁行业内尚未建立起全国统一的碳交易机制。

三是市场化机制作用发挥不足。部分试点碳排放权交易的完成仍以政府为主导，市场参与程度较低，市场调节作用较弱，政府的决策成为企业行动、碳交易市场变动的导向，无法形成真正的市场价格。

四是低碳标准体系亟须建立。钢铁行业低碳标准体系是钢铁行业低碳标准立项的重要依据和宏观指导。目前中国还没有建立起完善的钢铁行业低碳标准体系，包括碳交易机制、低碳技术、温室气体排放监测方法、低碳产品等多方面标准均有待完善。

（二）钢铁行业碳交易体系建设路径

在"十四五"期间，围绕钢铁行业纳入全国统一碳市场建设，应重点开展以下几方面工作：

一是制定科学合理、可监测、可计量、可评估的碳配额分配机制。国内外经验表明，决定碳市场平稳有效运行的核心要件是配额的初始分配。从国际经验来看，目前常用的分配方法包括"祖父法"和"基准线法"。中国碳市场主要采用"基准线法"、历史强度法两种配额分配方法。为了更好地体现公平性，中国钢铁行业应加快制定配额分配方案。

二是建立基于生产全流程碳足迹核算方法。对重点企业定量化地分配碳排放控制目标（碳排放配额分配），并事后监测评估配额管控目标是否实现（履约）是公认合理的碳交易管理方式。为实现将配额管控目标在企业层面进行考核管理，应加快制定覆盖钢铁生产全流程的碳足迹核算方法，为"自下而上"制定碳排放控制目标提供技术支撑及解决方案。

三是构建碳排放数据采集、管理、监测预警、监督考核体系。数据是碳交易的基础，碳市场稳定运行的重中之重也是"数据质量"。应充分将数字化、智能化技术与碳交易有效衔接，建立"政府—企业—设施"三级数据采集、管理、监测预警、监督考核体系，并实现智能化管控，与常规污染物的有效协同。

四是建立统一的碳减排成本核算方法。碳交易通过市场使碳排放权的稀缺价值得以充分挖掘，使减排主体能够在信息更加对称的机制下对减排的投资收益予以决策，实现全社会节能减排成本最小化，制定统一规范的钢铁行业碳减排成本核算方法是一种有效的经济工具，将促进各行业以及行业内企业之间开展对标，激励企业开展碳减排。同时，充分发挥碳交易市场资源配置的决定性作用，促进资源向环境效益更优的企业聚集，促进技术创新。

五是加快低碳标准体系的制订与完善。坚持以先进标准引领产业整体技术水平和质量水平提升，坚持系统规划钢铁行业低碳标准体系框架，坚持增加低碳标准的市场供给来激发市场活力，构建政府主导制定的标准与市场自主制定的标准协同发展、协调配套的低碳标准体系。

另外，充分利用碳交易市场推动高质量发展。碳交易市场与实现高质量发展具有内在一致性，钢铁行业应充分利用碳交易市场化机制，推动行业实现高质量碳达峰，助力碳中和愿景实现。钢铁企业需要做好以下几个方面：

（1）发挥碳交易市场作用，做强做优先进企业。碳配额分配方案遵循"奖励先进、惩戒落后"总体原则，绿色发展水平好、碳排放指标低的钢铁企业将从碳市场获得更多的碳排放收益，碳交易市场的建立将有利于通过市场化手段促进先进企业进一步做大做强[28]。

（2）发挥碳交易市场作用，促进技术创新。碳交易市场的建设，将切实调动行业、企业减污降碳的主动性、积极性和创造性，促进钢铁企业进一步加快创新驱动，抢占技术创新制高点，打造低碳竞争力。同时，碳交易市场也为企业开展技术创新提供了新的资金来源。

（3）发挥碳交易市场作用，发展绿色金融创新。通过发挥碳交易机制平台作用，完善、健全、深化钢铁行业绿色金融体系，并通过吸引更多金融机构参与碳市场交易，丰富碳衍生品等碳市场交易品种，引导金融资源助推碳市场发展，为钢铁企业实现碳达峰、碳中和提供新的融资渠道[29]。

（4）发挥碳交易市场作用，壮大绿色低碳产业发展。碳交易有利于促进钢铁行业加快产业结构调整、能源结构优化，有利于推动绿色低碳产业做大做强，建设一批高水平、专业化绿色低碳产业服务公司，成为钢铁行业培育新经济、积聚新动能、发展新优势的重要内容。

参 考 文 献

［1］方时娇．也谈发展低碳经济［N］．光明日报，2009-05-19．

［2］李军军，周利梅．低碳经济与国际竞争力关系探析［J］．福建金融管理干部学院学报，2011（6）：27-33．

［3］Hauke Engel, Pol van der Pluijm, Marcin Purta, et al. Carbon-neutral Poland 2050: Turning a challenge into an opportunity[R/OL]. 2020-06-16.

［4］彭水军，张文城．国际碳减排合作公平性问题研究［J］．厦门大学学报（哲学社会科学版），2012（1）：109-117．

［5］王际杰．《巴黎协定》下国际碳排放权交易机制建设进展与挑战及对我国的启示［J］．环境保护，2021，49（13）：58-62．

［6］Dickon Pinner, Matt Rogers. America 2021: Renewing the nation's commitment to climate action [R/OL]. 2021-02-18.

［7］徐南，陆成林．低碳经济的丰富内涵与主要特征［J］．经济研究参考，2010（60）：32-33.

［8］李军军．低碳经济竞争力的内涵和表现［J］．长春大学学报，2011，21（11）：1-4，26.

［9］王茹．准确把握低碳经济的内涵［N］．中国经济时报，2013-06-28.

［10］何一鸣，韩红飞．中国低碳经济竞争力的国际比较研究［J］．青海社会科学，2013（4）：57-61.

［11］谭丹，黄贤金，胡初枝．我国工业行业的产业升级与碳排放关系分析［J］．环境经济，2008（4）：74-78.

［12］刘珂．低碳经济对国际贸易发展的影响［J］．大众投资指南，2021（10）：35-36.

［13］李军军，周利梅．国家创新与低碳经济竞争力［J］．甘肃理论学刊，2013（4）：13-17.

［14］李军军．国际碳减排与低碳经济竞争力分析［C］//中国数量经济学会、福建师范大学：中国数量经济学会，2015：14.

［15］唐静，余乐芬，杨爽．基于低碳经济的中国制造业国际竞争力研究［J］．宏观经济研究，2017（4）：136-147.

［16］赵昊，刘航．发展低碳经济与提升我国制造业国际竞争力的关系［J］．生产力研究，2010（12）：32-34，303.

［17］刘琳．低碳经济与钢铁行业发展分析［J］．资源节约与环保，2018（4）：18-19.

［18］郑国栋，陈其慎，邢佳韵，等．典型国家钢铁产业发展路径与启示［J］．中国国土资源经济，2021，34（8）：51-56，68.

［19］王国栋，储满生．低碳减排的绿色钢铁冶金技术［J］．科技导报，2020，38（14）：68-76.

［20］王广，王静松，左海滨，等．高炉煤气循环耦合富氢对中国炼铁低碳发展的意义［J］．中国冶金，2019，29（10）：1-6.

［21］郭同来．高炉喷吹焦炉煤气低碳炼铁新工艺基础研究［D］．沈阳：东北大学，2015.

［22］张利娜，李辉，程琳，等．国外钢铁行业低碳技术发展概况［J］．冶金经济与管理，2018（5）：30-33.

［23］赵沛，董鹏莉．碳排放是中国钢铁业未来不容忽视的问题［J］．钢铁，2018，53（8）：1-7.

［24］张琦，张薇，王玉洁，等．中国钢铁工业节能减排潜力及能效提升途径［J］．钢铁，2019，54（2）：7-14.

［25］李新创，李冰．全球温控目标下中国钢铁工业低碳转型路径［J］．钢铁，2019，

54（8）：224-231.

［26］王国栋. 钢铁行业技术创新和发展方向［J］. 钢铁，2015，50（9）：1-10.

［27］王静. 中国碳交易试点实践与政策启示［J］. 生态经济，2016，32（10）：57-61.

［28］林文斌，顾阿伦，刘滨，等. 碳市场、行业竞争力与碳泄漏：以钢铁行业为例
　　　［J］. 气候变化研究进展，2019，15（4）：427-435.

［29］王丽. 中国区域碳交易市场的运行机制及实践分析［D］. 广州：广东外语外贸大
　　　学，2017.

附　录

FULU

附录1 中共中央国务院关于完整准确全面贯彻 新发展理念做好碳达峰碳中和工作的意见

实现碳达峰、碳中和，是以习近平同志为核心的党中央统筹国内国际两个大局作出的重大战略决策，是着力解决资源环境约束突出问题、实现中华民族永续发展的必然选择，是构建人类命运共同体的庄严承诺。为完整、准确、全面贯彻新发展理念，做好碳达峰、碳中和工作，现提出如下意见[1]。

一、总体要求

（一）指导思想。以习近平新时代中国特色社会主义思想为指导，全面贯彻党的十九大和十九届二中、三中、四中、五中全会精神，深入贯彻习近平生态文明思想，立足新发展阶段，贯彻新发展理念，构建新发展格局，坚持系统观念，处理好发展和减排、整体和局部、短期和中长期的关系，把碳达峰、碳中和纳入经济社会发展全局，以经济社会发展全面绿色转型为引领，以能源绿色低碳发展为关键，加快形成节约资源和保护环境的产业结构、生产方式、生活方式、空间格局，坚定不移走生态优先、绿色低碳的高质量发展道路，确保如期实现碳达峰、碳中和。

（二）工作原则

实现碳达峰、碳中和目标，要坚持"全国统筹、节约优先、双轮驱动、内外畅通、防范风险"原则。

——全国统筹。全国一盘棋，强化顶层设计，发挥制度优势，实行党政同责，压实各方责任。根据各地实际分类施策，鼓励主动作为、率先达峰。

——节约优先。把节约能源资源放在首位，实行全面节约战略，持续降低单位产出能源资源消耗和碳排放，提高投入产出效率，倡导简约适度、绿色低碳生活方式，从源头和入口形成有效的碳排放控制阀门。

——双轮驱动。政府和市场两手发力，构建新型举国体制，强化科技和制度创新，加快绿色低碳科技革命。深化能源和相关领域改革，发挥市场机制作用，形成有效激励约束机制。

——内外畅通。立足国情实际，统筹国内国际能源资源，推广先进绿色低碳技术和经验。统筹做好应对气候变化对外斗争与合作，不断增强国际影响力和话语权，坚决维护我国发展权益。

——防范风险。处理好减污降碳和能源安全、产业链供应链安全、粮食安全、群众正常生活的关系，有效应对绿色低碳转型可能伴随的经济、金融、社会风险，防止过度反应，确保安全降碳。

二、主要目标

到 2025 年，绿色低碳循环发展的经济体系初步形成，重点行业能源利用效率大幅提升。单位国内生产总值能耗比 2020 年下降 13.5%；单位国内生产总值二氧化碳排放比 2020 年下降 18%；非化石能源消费比重达到 20% 左右；森林覆盖率达到 24.1%，森林蓄积量达到 180 亿立方米，为实现碳达峰、碳中和奠定坚实基础。

到 2030 年，经济社会发展全面绿色转型取得显著成效，重点耗能行业能源利用效率达到国际先进水平。单位国内生产总值能耗大幅下降；单位国内生产总值二氧化碳排放比 2005 年下降 65% 以上；非化石能源消费比重达到 25% 左右，风电、太阳能发电总装机容量达到 12 亿千瓦以上；森林覆盖率达到 25% 左右，森林蓄积量达到 190 亿立方米，二氧化碳排放量达到峰值并实现稳中有降。

到 2060 年，绿色低碳循环发展的经济体系和清洁低碳安全高效的能源体系全面建立，能源利用效率达到国际先进水平，非化石能源消费比重达到 80% 以上，碳中和目标顺利实现，生态文明建设取得丰硕成果，开创人与自然和谐共生新境界。

三、推进经济社会发展全面绿色转型

（三）强化绿色低碳发展规划引领。将碳达峰、碳中和目标要求全面融入经济社会发展中长期规划，强化国家发展规划、国土空间规划、专项规划、区域规划和地方各级规划的支撑保障。加强各级各类规划间衔接协调，确保各地区各领域落实碳达峰、碳中和的主要目标、发展方向、重大政策、重大工程等协调一致。

（四）优化绿色低碳发展区域布局。持续优化重大基础设施、重大生产力和公共资源布局，构建有利于碳达峰、碳中和的国土空间开发保护新格局。在京津冀协同发展、长江经济带发展、粤港澳大湾区建设、长三角一体化发展、黄河流域生态保护和高质量发展等区域重大战略实施中，强化绿色低碳发展导向和任务要求。

（五）加快形成绿色生产生活方式。大力推动节能减排，全面推进清洁生产，加快发展循环经济，加强资源综合利用，不断提升绿色低碳发展水平。扩大绿色低碳产品供给和消费，倡导绿色低碳生活方式。把绿色低碳发展纳入国民教育体系。开展绿色低碳社会行动示范创建。凝聚全社会共识，加快形成全民参与的良好格局。

四、深度调整产业结构

（六）推动产业结构优化升级。加快推进农业绿色发展，促进农业固碳增效。制定能源、钢铁、有色金属、石化化工、建材、交通、建筑等行业和领域碳达峰实施方案。以节能降碳为导向，修订产业结构调整指导目录。开展钢铁、煤炭去产能"回头看"，巩固去产能成果。加快推进工业领域低碳工艺革新和数字化转型。开展碳达峰试点园区建设。加快商贸流通、信息服务等绿色转型，提升服务业低碳发展水平。

（七）坚决遏制高耗能高排放项目盲目发展。新建、扩建钢铁、水泥、平板玻璃、电解铝等高耗能高排放项目严格落实产能等量或减量置换，出台煤电、石化、煤化工等产能控制政策。未纳入国家有关领域产业规划的，一律不得新建改扩建炼油和新建乙烯、对二甲苯、煤制烯烃项目。合理控制煤制油气产能规模。提升高耗能高排放项目能耗准入标准。加强产能过剩分析预警和窗口指导。

（八）大力发展绿色低碳产业。加快发展新一代信息技术、生物技术、新能源、新材料、高端装备、新能源汽车、绿色环保以及航空航天、海洋装备等战略性新兴产业。建设绿色制造体系。推动互联网、大数据、人工智能、第五代移动通信（5G）等新兴技术与绿色低碳产业深度融合。

五、加快构建清洁低碳安全高效能源体系

（九）强化能源消费强度和总量双控。坚持节能优先的能源发展战略，严格控制能耗和二氧化碳排放强度，合理控制能源消费总量，统筹建立二

氧化碳排放总量控制制度。做好产业布局、结构调整、节能审查与能耗双控的衔接，对能耗强度下降目标完成形势严峻的地区实行项目缓批限批、能耗等量或减量替代。强化节能监察和执法，加强能耗及二氧化碳排放控制目标分析预警，严格责任落实和评价考核。加强甲烷等非二氧化碳温室气体管控。

（十）大幅提升能源利用效率。把节能贯穿于经济社会发展全过程和各领域，持续深化工业、建筑、交通运输、公共机构等重点领域节能，提升数据中心、新型通信等信息化基础设施能效水平。健全能源管理体系，强化重点用能单位节能管理和目标责任。瞄准国际先进水平，加快实施节能降碳改造升级，打造能效"领跑者"。

（十一）严格控制化石能源消费。加快煤炭减量步伐，"十四五"时期严控煤炭消费增长，"十五五"时期逐步减少。石油消费"十五五"时期进入峰值平台期。统筹煤电发展和保供调峰，严控煤电装机规模，加快现役煤电机组节能升级和灵活性改造。逐步减少直至禁止煤炭散烧。加快推进页岩气、煤层气、致密油气等非常规油气资源规模化开发。强化风险管控，确保能源安全稳定供应和平稳过渡。

（十二）积极发展非化石能源。实施可再生能源替代行动，大力发展风能、太阳能、生物质能、海洋能、地热能等，不断提高非化石能源消费比重。坚持集中式与分布式并举，优先推动风能、太阳能就地就近开发利用。因地制宜开发水能。积极安全有序发展核电。合理利用生物质能。加快推进抽水蓄能和新型储能规模化应用。统筹推进氢能"制储输用"全链条发展。构建以新能源为主体的新型电力系统，提高电网对高比例可再生能源的消纳和调控能力。

（十三）深化能源体制机制改革。全面推进电力市场化改革，加快培育发展配售电环节独立市场主体，完善中长期市场、现货市场和辅助服务市场衔接机制，扩大市场化交易规模。推进电网体制改革，明确以消纳可再生能源为主的增量配电网、微电网和分布式电源的市场主体地位。加快形成以储能和调峰能力为基础支撑的新增电力装机发展机制。完善电力等能源品种价格市场化形成机制。从有利于节能的角度深化电价改革，理顺输配电价结构，全面放开竞争性环节电价。推进煤炭、油气等市场化改革，加快完善能源统一市场。

六、加快推进低碳交通运输体系建设

（十四）优化交通运输结构。加快建设综合立体交通网，大力发展多式联运，提高铁路、水路在综合运输中的承运比重，持续降低运输能耗和二氧化碳排放强度。优化客运组织，引导客运企业规模化、集约化经营。加快发展绿色物流，整合运输资源，提高利用效率。

（十五）推广节能低碳型交通工具。加快发展新能源和清洁能源车船，推广智能交通，推进铁路电气化改造，推动加氢站建设，促进船舶靠港使用岸电常态化。加快构建便利高效、适度超前的充换电网络体系。提高燃油车船能效标准，健全交通运输装备能效标识制度，加快淘汰高耗能高排放老旧车船。

（十六）积极引导低碳出行。加快城市轨道交通、公交专用道、快速公交系统等大容量公共交通基础设施建设，加强自行车专用道和行人步道等城市慢行系统建设。综合运用法律、经济、技术、行政等多种手段，加大城市交通拥堵治理力度。

七、提升城乡建设绿色低碳发展质量

（十七）推进城乡建设和管理模式低碳转型。在城乡规划建设管理各环节全面落实绿色低碳要求。推动城市组团式发展，建设城市生态和通风廊道，提升城市绿化水平。合理规划城镇建筑面积发展目标，严格管控高能耗公共建筑建设。实施工程建设全过程绿色建造，健全建筑拆除管理制度，杜绝大拆大建。加快推进绿色社区建设。结合实施乡村建设行动，推进县城和农村绿色低碳发展。

（十八）大力发展节能低碳建筑。持续提高新建建筑节能标准，加快推进超低能耗、近零能耗、低碳建筑规模化发展。大力推进城镇既有建筑和市政基础设施节能改造，提升建筑节能低碳水平。逐步开展建筑能耗限额管理，推行建筑能效测评标识，开展建筑领域低碳发展绩效评估。全面推广绿色低碳建材，推动建筑材料循环利用。发展绿色农房。

（十九）加快优化建筑用能结构。深化可再生能源建筑应用，加快推动建筑用能电气化和低碳化。开展建筑屋顶光伏行动，大幅提高建筑采暖、生活热水、炊事等电气化普及率。在北方城镇加快推进热电联产集中供暖，加快工业余热供暖规模化发展，积极稳妥推进核电余热供暖，因地制宜推进热泵、燃气、生物质能、地热能等清洁低碳供暖。

八、加强绿色低碳重大科技攻关和推广应用

（二十）强化基础研究和前沿技术布局。制定科技支撑碳达峰、碳中和行动方案，编制碳中和技术发展路线图。采用"揭榜挂帅"机制，开展低碳零碳负碳和储能新材料、新技术、新装备攻关。加强气候变化成因及影响、生态系统碳汇等基础理论和方法研究。推进高效率太阳能电池、可再生能源制氢、可控核聚变、零碳工业流程再造等低碳前沿技术攻关。培育一批节能降碳和新能源技术产品研发国家重点实验室、国家技术创新中心、重大科技创新平台。建设碳达峰、碳中和人才体系，鼓励高等学校增设碳达峰、碳中和相关学科专业。

（二十一）加快先进适用技术研发和推广。深入研究支撑风电、太阳能发电大规模友好并网的智能电网技术。加强电化学、压缩空气等新型储能技术攻关、示范和产业化应用。加强氢能生产、储存、应用关键技术研发、示范和规模化应用。推广园区能源梯级利用等节能低碳技术。推动气凝胶等新型材料研发应用。推进规模化碳捕集利用与封存技术研发、示范和产业化应用。建立完善绿色低碳技术评估、交易体系和科技创新服务平台。

九、持续巩固提升碳汇能力

（二十二）巩固生态系统碳汇能力。强化国土空间规划和用途管控，严守生态保护红线，严控生态空间占用，稳定现有森林、草原、湿地、海洋、土壤、冻土、岩溶等固碳作用。严格控制新增建设用地规模，推动城乡存量建设用地盘活利用。严格执行土地使用标准，加强节约集约用地评价，推广节地技术和节地模式。

（二十三）提升生态系统碳汇增量。实施生态保护修复重大工程，开展山水林田湖草沙一体化保护和修复。深入推进大规模国土绿化行动，巩固退耕还林还草成果，实施森林质量精准提升工程，持续增加森林面积和蓄积量。加强草原生态保护修复。强化湿地保护。整体推进海洋生态系统保护和修复，提升红树林、海草床、盐沼等固碳能力。开展耕地质量提升行动，实施国家黑土地保护工程，提升生态农业碳汇。积极推动岩溶碳汇开发利用。

十、提高对外开放绿色低碳发展水平

（二十四）加快建立绿色贸易体系。持续优化贸易结构，大力发展高质量、高技术、高附加值绿色产品贸易。完善出口政策，严格管理高耗能高排放产品出口。积极扩大绿色低碳产品、节能环保服务、环境服务等进口。

（二十五）推进绿色"一带一路"建设。加快"一带一路"投资合作绿色转型。支持共建"一带一路"国家开展清洁能源开发利用。大力推动南南合作，帮助发展中国家提高应对气候变化能力。深化与各国在绿色技术、绿色装备、绿色服务、绿色基础设施建设等方面的交流与合作，积极推动我国新能源等绿色低碳技术和产品走出去，让绿色成为共建"一带一路"的底色。

（二十六）加强国际交流与合作。积极参与应对气候变化国际谈判，坚持我国发展中国家定位，坚持共同但有区别的责任原则、公平原则和各自能力原则，维护我国发展权益。履行《联合国气候变化框架公约》及其《巴黎协定》，发布我国长期温室气体低排放发展战略，积极参与国际规则和标准制定，推动建立公平合理、合作共赢的全球气候治理体系。加强应对气候变化国际交流合作，统筹国内外工作，主动参与全球气候和环境治理。

十一、健全法律法规标准和统计监测体系

（二十七）健全法律法规。全面清理现行法律法规中与碳达峰、碳中和工作不相适应的内容，加强法律法规间的衔接协调。研究制定碳中和专项法律，抓紧修订节约能源法、电力法、煤炭法、可再生能源法、循环经济促进法等，增强相关法律法规的针对性和有效性。

（二十八）完善标准计量体系。建立健全碳达峰、碳中和标准计量体系。加快节能标准更新升级，抓紧修订一批能耗限额、产品设备能效强制性国家标准和工程建设标准，提升重点产品能耗限额要求，扩大能耗限额标准覆盖范围，完善能源核算、检测认证、评估、审计等配套标准。加快完善地区、行业、企业、产品等碳排放核查核算报告标准，建立统一规范的碳核算体系。制定重点行业和产品温室气体排放标准，完善低碳产品标准标识制度。积极参与相关国际标准制定，加强标准国际衔接。

（二十九）提升统计监测能力。健全电力、钢铁、建筑等行业领域能耗

统计监测和计量体系，加强重点用能单位能耗在线监测系统建设。加强二氧化碳排放统计核算能力建设，提升信息化实测水平。依托和拓展自然资源调查监测体系，建立生态系统碳汇监测核算体系，开展森林、草原、湿地、海洋、土壤、冻土、岩溶等碳汇本底调查和碳储量评估，实施生态保护修复碳汇成效监测评估。

十二、完善政策机制

（三十）完善投资政策。充分发挥政府投资引导作用，构建与碳达峰、碳中和相适应的投融资体系，严控煤电、钢铁、电解铝、水泥、石化等高碳项目投资，加大对节能环保、新能源、低碳交通运输装备和组织方式、碳捕集利用与封存等项目的支持力度。完善支持社会资本参与政策，激发市场主体绿色低碳投资活力。国有企业要加大绿色低碳投资，积极开展低碳零碳负碳技术研发应用。

（三十一）积极发展绿色金融。有序推进绿色低碳金融产品和服务开发，设立碳减排货币政策工具，将绿色信贷纳入宏观审慎评估框架，引导银行等金融机构为绿色低碳项目提供长期限、低成本资金。鼓励开发性政策性金融机构按照市场化法治化原则为实现碳达峰、碳中和提供长期稳定融资支持。支持符合条件的企业上市融资和再融资用于绿色低碳项目建设运营，扩大绿色债券规模。研究设立国家低碳转型基金。鼓励社会资本设立绿色低碳产业投资基金。建立健全绿色金融标准体系。

（三十二）完善财税价格政策。各级财政要加大对绿色低碳产业发展、技术研发等的支持力度。完善政府绿色采购标准，加大绿色低碳产品采购力度。落实环境保护、节能节水、新能源和清洁能源车船税收优惠。研究碳减排相关税收政策。建立健全促进可再生能源规模化发展的价格机制。完善差别化电价、分时电价和居民阶梯电价政策。严禁对高耗能、高排放、资源型行业实施电价优惠。加快推进供热计量改革和按供热量收费。加快形成具有合理约束力的碳价机制。

（三十三）推进市场化机制建设。依托公共资源交易平台，加快建设完善全国碳排放权交易市场，逐步扩大市场覆盖范围，丰富交易品种和交易方式，完善配额分配管理。将碳汇交易纳入全国碳排放权交易市场，建立健全能够体现碳汇价值的生态保护补偿机制。健全企业、金融机构等碳排放报告和信息披露制度。完善用能权有偿使用和交易制度，加快建设全国用能权交易市场。加强电力交易、用能权交易和碳排放权交易的统筹衔接。发展市场化节能方式，推行合同能源管理，推广节能综合服务。

十三、切实加强组织实施

（三十四）加强组织领导。加强党中央对碳达峰、碳中和工作的集中统一领导，碳达峰碳中和工作领导小组指导和统筹做好碳达峰、碳中和工作。支持有条件的地方和重点行业、重点企业率先实现碳达峰，组织开展碳达峰、碳中和先行示范，探索有效模式和有益经验。将碳达峰、碳中和作为干部教育培训体系重要内容，增强各级领导干部推动绿色低碳发展的本领。

（三十五）强化统筹协调。国家发展改革委要加强统筹，组织落实2030年前碳达峰行动方案，加强碳中和工作谋划，定期调度各地区各有关部门落实碳达峰、碳中和目标任务进展情况，加强跟踪评估和督促检查，协调解决实施中遇到的重大问题。各有关部门要加强协调配合，形成工作合力，确保政策取向一致、步骤力度衔接。

（三十六）压实地方责任。落实领导干部生态文明建设责任制，地方各级党委和政府要坚决扛起碳达峰、碳中和责任，明确目标任务，制定落实举措，自觉为实现碳达峰、碳中和作出贡献。

（三十七）严格监督考核。各地区要将碳达峰、碳中和相关指标纳入经济社会发展综合评价体系，增加考核权重，加强指标约束。强化碳达峰、碳中和目标任务落实情况考核，对工作突出的地区、单位和个人按规定给予表彰奖励，对未完成目标任务的地区、部门依规依法实行通报批评和约谈问责，有关落实情况纳入中央生态环境保护督察。各地区各有关部门贯彻落实情况每年向党中央、国务院报告。

附录 2　国务院关于加快建立健全绿色低碳循环发展经济体系的指导意见

索引号	000014349/2021-00015	主题分类	国民经济管理、国有资产监管 \ 其他
发文机关	国务院	成文日期	2021 年 02 月 02 日
标题	国务院关于加快建立健全绿色低碳循环发展经济体系的指导意见		
发文字号	国发〔2021〕4 号	发布日期	2021 年 02 月 22 日

各省、自治区、直辖市人民政府，国务院各部委、各直属机构：

建立健全绿色低碳循环发展经济体系，促进经济社会发展全面绿色转型，是解决我国资源环境生态问题的基础之策。为贯彻落实党的十九大部署，加快建立健全绿色低碳循环发展的经济体系，现提出如下意见[2]。

一、总体要求

（一）指导思想。以习近平新时代中国特色社会主义思想为指导，深入贯彻党的十九大和十九届二中、三中、四中、五中全会精神，全面贯彻习近平生态文明思想，认真落实党中央、国务院决策部署，坚定不移贯彻新发展理念，全方位全过程推行绿色规划、绿色设计、绿色投资、绿色建设、绿色生产、绿色流通、绿色生活、绿色消费，使发展建立在高效利用资源、严格保护生态环境、有效控制温室气体排放的基础上，统筹推进高质量发展和高水平保护，建立健全绿色低碳循环发展的经济体系，确保实现碳达峰、碳中和目标，推动中国绿色发展迈上新台阶。

（二）工作原则。

坚持重点突破。以节能环保、清洁生产、清洁能源等为重点率先突破，做好与农业、制造业、服务业和信息技术的融合发展，全面带动一二三产业和基础设施绿色升级。

坚持创新引领。深入推动技术创新、模式创新、管理创新，加快构建市场导向的绿色技术创新体系，推行新型商业模式，构筑有力有效的政策支持体系。

坚持稳中求进。做好绿色转型与经济发展、技术进步、产业接续、稳岗就业、民生改善的有机结合，积极稳妥、韧性持久地加以推进。

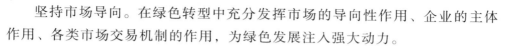

坚持市场导向。在绿色转型中充分发挥市场的导向性作用、企业的主体作用、各类市场交易机制的作用，为绿色发展注入强大动力。

（三）主要目标。到 2025 年，产业结构、能源结构、运输结构明显优化，绿色产业比重显著提升，基础设施绿色化水平不断提高，清洁生产水平持续提高，生产生活方式绿色转型成效显著，能源资源配置更加合理、利用效率大幅提高，主要污染物排放总量持续减少，碳排放强度明显降低，生态环境持续改善，市场导向的绿色技术创新体系更加完善，法律法规政策体系更加有效，绿色低碳循环发展的生产体系、流通体系、消费体系初步形成。到 2035 年，绿色发展内生动力显著增强，绿色产业规模迈上新台阶，重点行业、重点产品能源资源利用效率达到国际先进水平，广泛形成绿色生产生活方式，碳排放达峰后稳中有降，生态环境根本好转，美丽中国建设目标基本实现。

二、健全绿色低碳循环发展的生产体系

（四）推进工业绿色升级。加快实施钢铁、石化、化工、有色、建材、纺织、造纸、皮革等行业绿色化改造。推行产品绿色设计，建设绿色制造体系。大力发展再制造产业，加强再制造产品认证与推广应用。建设资源综合利用基地，促进工业固体废物综合利用。全面推行清洁生产，依法在"双超双有高耗能"行业实施强制性清洁生产审核。完善"散乱污"企业认定办法，分类实施关停取缔、整合搬迁、整改提升等措施。加快实施排污许可制度。加强工业生产过程中危险废物管理。

（五）加快农业绿色发展。鼓励发展生态种植、生态养殖，加强绿色食品、有机农产品认证和管理。发展生态循环农业，提高畜禽粪污资源化利用水平，推进农作物秸秆综合利用，加强农膜污染治理。强化耕地质量保护与提升，推进退化耕地综合治理。发展林业循环经济，实施森林生态标志产品建设工程。大力推进农业节水，推广高效节水技术。推行水产健康养殖。实施农药、兽用抗菌药使用减量和产地环境净化行动。依法加强养殖水域滩涂统一规划。完善相关水域禁渔管理制度。推进农业与旅游、教育、文化、健康等产业深度融合，加快一二三产业融合发展。

（六）提高服务业绿色发展水平。促进商贸企业绿色升级，培育一批绿色流通主体。有序发展出行、住宿等领域共享经济，规范发展闲置资源交

易。加快信息服务业绿色转型，做好大中型数据中心、网络机房绿色建设和改造，建立绿色运营维护体系。推进会展业绿色发展，指导制定行业相关绿色标准，推动办展设施循环使用。推动汽修、装修装饰等行业使用低挥发性有机物含量原辅材料。倡导酒店、餐饮等行业不主动提供一次性用品。

（七）壮大绿色环保产业。建设一批国家绿色产业示范基地，推动形成开放、协同、高效的创新生态系统。加快培育市场主体，鼓励设立混合所有制公司，打造一批大型绿色产业集团；引导中小企业聚焦主业增强核心竞争力，培育"专精特新"中小企业。推行合同能源管理、合同节水管理、环境污染第三方治理等模式和以环境治理效果为导向的环境托管服务。进一步放开石油、化工、电力、天然气等领域节能环保竞争性业务，鼓励公共机构推行能源托管服务。适时修订绿色产业指导目录，引导产业发展方向。

（八）提升产业园区和产业集群循环化水平。科学编制新建产业园区开发建设规划，依法依规开展规划环境影响评价，严格准入标准，完善循环产业链条，推动形成产业循环耦合。推进既有产业园区和产业集群循环化改造，推动公共设施共建共享、能源梯级利用、资源循环利用和污染物集中安全处置等。鼓励建设电、热、冷、气等多种能源协同互济的综合能源项目。鼓励化工等产业园区配套建设危险废物集中贮存、预处理和处置设施。

（九）构建绿色供应链。鼓励企业开展绿色设计、选择绿色材料、实施绿色采购、打造绿色制造工艺、推行绿色包装、开展绿色运输、做好废弃产品回收处理，实现产品全周期的绿色环保。选择100家左右积极性高、社会影响大、带动作用强的企业开展绿色供应链试点，探索建立绿色供应链制度体系。鼓励行业协会通过制定规范、咨询服务、行业自律等方式提高行业供应链绿色化水平。

三、健全绿色低碳循环发展的流通体系

（十）打造绿色物流。积极调整运输结构，推进铁水、公铁、公水等多式联运，加快铁路专用线建设。加强物流运输组织管理，加快相关公共信息平台建设和信息共享，发展甩挂运输、共同配送。推广绿色低碳运输工具，淘汰更新或改造老旧车船，港口和机场服务、城市物流配送、邮政快递等领域要优先使用新能源或清洁能源汽车；加大推广绿色船舶示范应用力度，推

进内河船型标准化。加快港口岸电设施建设，支持机场开展飞机辅助动力装置替代设备建设和应用。支持物流企业构建数字化运营平台，鼓励发展智慧仓储、智慧运输，推动建立标准化托盘循环共用制度。

（十一）加强再生资源回收利用。推进垃圾分类回收与再生资源回收"两网融合"，鼓励地方建立再生资源区域交易中心。加快落实生产者责任延伸制度，引导生产企业建立逆向物流回收体系。鼓励企业采用现代信息技术实现废物回收线上与线下有机结合，培育新型商业模式，打造龙头企业，提升行业整体竞争力。完善废旧家电回收处理体系，推广典型回收模式和经验做法。加快构建废旧物资循环利用体系，加强废纸、废塑料、废旧轮胎、废金属、废玻璃等再生资源回收利用，提升资源产出率和回收利用率。

（十二）建立绿色贸易体系。积极优化贸易结构，大力发展高质量、高附加值的绿色产品贸易，从严控制高污染、高耗能产品出口。加强绿色标准国际合作，积极引领和参与相关国际标准制定，推动合格评定合作和互认机制，做好绿色贸易规则与进出口政策的衔接。深化绿色"一带一路"合作，拓宽节能环保、清洁能源等领域技术装备和服务合作。

四、健全绿色低碳循环发展的消费体系

（十三）促进绿色产品消费。加大政府绿色采购力度，扩大绿色产品采购范围，逐步将绿色采购制度扩展至国有企业。加强对企业和居民采购绿色产品的引导，鼓励地方采取补贴、积分奖励等方式促进绿色消费。推动电商平台设立绿色产品销售专区。加强绿色产品和服务认证管理，完善认证机构信用监管机制。推广绿色电力证书交易，引领全社会提升绿色电力消费。严厉打击虚标绿色产品行为，有关行政处罚等信息纳入国家企业信用信息公示系统。

（十四）倡导绿色低碳生活方式。厉行节约，坚决制止餐饮浪费行为。因地制宜推进生活垃圾分类和减量化、资源化，开展宣传、培训和成效评估。扎实推进塑料污染全链条治理。推进过度包装治理，推动生产经营者遵守限制商品过度包装的强制性标准。提升交通系统智能化水平，积极引导绿色出行。深入开展爱国卫生运动，整治环境脏乱差，打造宜居生活环境。开展绿色生活创建活动。

五、加快基础设施绿色升级

（十五）推动能源体系绿色低碳转型。坚持节能优先，完善能源消费总量和强度双控制度。提升可再生能源利用比例，大力推动风电、光伏发电发展，因地制宜发展水能、地热能、海洋能、氢能、生物质能、光热发电。加快大容量储能技术研发推广，提升电网汇集和外送能力。增加农村清洁能源供应，推动农村发展生物质能。促进燃煤清洁高效开发转化利用，继续提升大容量、高参数、低污染煤电机组占煤电装机比例。在北方地区县城积极发展清洁热电联产集中供暖，稳步推进生物质耦合供热。严控新增煤电装机容量。提高能源输配效率。实施城乡配电网建设和智能升级计划，推进农村电网升级改造。加快天然气基础设施建设和互联互通。开展二氧化碳捕集、利用和封存试验示范。

（十六）推进城镇环境基础设施建设升级。推进城镇污水管网全覆盖。推动城镇生活污水收集处理设施"厂网一体化"，加快建设污泥无害化资源化处置设施，因地制宜布局污水资源化利用设施，基本消除城市黑臭水体。加快城镇生活垃圾处理设施建设，推进生活垃圾焚烧发电，减少生活垃圾填埋处理。加强危险废物集中处置能力建设，提升信息化、智能化监管水平，严格执行经营许可管理制度。提升医疗废物应急处理能力。做好餐厨垃圾资源化利用和无害化处理。在沿海缺水城市推动大型海水淡化设施建设。

（十七）提升交通基础设施绿色发展水平。将生态环保理念贯穿交通基础设施规划、建设、运营和维护全过程，集约利用土地等资源，合理避让具有重要生态功能的国土空间，积极打造绿色公路、绿色铁路、绿色航道、绿色港口、绿色空港。加强新能源汽车充换电、加氢等配套基础设施建设。积极推广应用温拌沥青、智能通风、辅助动力替代和节能灯具、隔声屏障等节能环保先进技术和产品。加大工程建设中废弃资源综合利用力度，推动废旧路面、沥青、疏浚土等材料以及建筑垃圾的资源化利用。

（十八）改善城乡人居环境。相关空间性规划要贯彻绿色发展理念，统筹城市发展和安全，优化空间布局，合理确定开发强度，鼓励城市留白增绿。建立"美丽城市"评价体系，开展"美丽城市"建设试点。增强城市防洪排涝能力。开展绿色社区创建行动，大力发展绿色建筑，建立绿色建筑统一标识制度，结合城镇老旧小区改造推动社区基础设施绿色化和既有建筑节能改造。建立乡村建设评价体系，促进补齐乡村建设短板。加快推进农村人居环境整治，因地制宜推进农村改厕、生活垃圾处理和污水治理、村容村貌提升、乡村绿化美化等。继续做好农村清洁供暖改造、老旧危房改造，打造干净整洁有序美丽的村庄环境。

六、构建市场导向的绿色技术创新体系

（十九）鼓励绿色低碳技术研发。实施绿色技术创新攻关行动，围绕节能环保、清洁生产、清洁能源等领域布局一批前瞻性、战略性、颠覆性科技攻关项目。培育建设一批绿色技术国家技术创新中心、国家科技资源共享服务平台等创新基地平台。强化企业创新主体地位，支持企业整合高校、科研院所、产业园区等力量建立市场化运行的绿色技术创新联合体，鼓励企业牵头或参与财政资金支持的绿色技术研发项目、市场导向明确的绿色技术创新项目。

（二十）加速科技成果转化。积极利用首台（套）重大技术装备政策支持绿色技术应用。充分发挥国家科技成果转化引导基金作用，强化创业投资等各类基金引导，支持绿色技术创新成果转化应用。支持企业、高校、科研机构等建立绿色技术创新项目孵化器、创新创业基地。及时发布绿色技术推广目录，加快先进成熟技术推广应用。深入推进绿色技术交易中心建设。

七、完善法律法规政策体系

（二十一）强化法律法规支撑。推动完善促进绿色设计、强化清洁生产、提高资源利用效率、发展循环经济、严格污染治理、推动绿色产业发展、扩大绿色消费、实行环境信息公开、应对气候变化等方面法律法规制度。强化执法监督，加大违法行为查处和问责力度，加强行政执法机关与监察机关、司法机关的工作衔接配合。

（二十二）健全绿色收费价格机制。完善污水处理收费政策，按照覆盖污水处理设施运营和污泥处理处置成本并合理盈利的原则，合理制定污水处理收费标准，健全标准动态调整机制。按照产生者付费原则，建立健全生活垃圾处理收费制度，各地区可根据本地实际情况，实行分类计价、计量收费等差别化管理。完善节能环保电价政策，推进农业水价综合改革，继续落实好居民阶梯电价、气价、水价制度。

（二十三）加大财税扶持力度。继续利用财政资金和预算内投资支持环境基础设施补短板强弱项、绿色环保产业发展、能源高效利用、资源循环利用等。继续落实节能节水环保、资源综合利用以及合同能源管理、环境污染第三方治理等方面的所得税、增值税等优惠政策。做好资源税征收和水资源费改税试点工作。

（二十四）大力发展绿色金融。发展绿色信贷和绿色直接融资，加大对金融机构绿色金融业绩评价考核力度。统一绿色债券标准，建立绿色债券评级标准。发展绿色保险，发挥保险费率调节机制作用。支持符合条件的绿色产业企业上市融资。支持金融机构和相关企业在国际市场开展绿色融资。推动国际绿色金融标准趋同，有序推进绿色金融市场双向开放。推动气候投融资工作。

（二十五）完善绿色标准、绿色认证体系和统计监测制度。开展绿色标准体系顶层设计和系统规划，形成全面系统的绿色标准体系。加快标准化支撑机构建设。加快绿色产品认证制度建设，培育一批专业绿色认证机构。加强节能环保、清洁生产、清洁能源等领域统计监测，健全相关制度，强化统计信息共享。

（二十六）培育绿色交易市场机制。进一步健全排污权、用能权、用水权、碳排放权等交易机制，降低交易成本，提高运转效率。加快建立初始分配、有偿使用、市场交易、纠纷解决、配套服务等制度，做好绿色权属交易与相关目标指标的对接协调。

八、认真抓好组织实施

（二十七）抓好贯彻落实。各地区各有关部门要思想到位、措施到位、行动到位，充分认识建立健全绿色低碳循环发展经济体系的重要性和紧迫性，将其作为高质量发展的重要内容，进一步压实工作责任，加强督促落实，保质保量完成各项任务。各地区要根据本地实际情况研究提出具体措施，在抓落实上投入更大精力，确保政策措施落到实处。

（二十八）加强统筹协调。国务院各有关部门要加强协同配合，形成工作合力。国家发展改革委要会同有关部门强化统筹协调和督促指导，做好年度重点工作安排部署，及时总结各地区各有关部门的好经验好模式，探索编制年度绿色低碳循环发展报告，重大情况及时向党中央、国务院报告。

（二十九）深化国际合作。统筹国内国际两个大局，加强与世界各个国家和地区在绿色低碳循环发展领域的政策沟通、技术交流、项目合作、人才培训等，积极参与和引领全球气候治理，切实提高中国推动国际绿色低碳循环发展的能力和水平，为构建人类命运共同体作出积极贡献。

（三十）营造良好氛围。各类新闻媒体要讲好中国绿色低碳循环发展故事，大力宣传取得的显著成就，积极宣扬先进典型，适时曝光破坏生态、污染环境、严重浪费资源和违规乱上高污染、高耗能项目等方面的负面典型，为绿色低碳循环发展营造良好氛围。

国务院

2021 年 2 月 2 日

附录3　碳排放权交易管理规则（试行）

第一章　总　　则[3]

第一条　为规范全国碳排放权交易，保护全国碳排放权交易市场各参与方的合法权益，维护全国碳排放权交易市场秩序，根据《碳排放权交易管理办法（试行）》，制定本规则。

第二条　本规则适用于全国碳排放权交易及相关服务业务的监督管理。全国碳排放权交易机构（以下简称交易机构）、全国碳排放权注册登记机构（以下简称注册登记机构）、交易主体及其他相关参与方应当遵守本规则。

第三条　全国碳排放权交易应当遵循公开、公平、公正和诚实信用的原则。

第二章　交　　易

第四条　全国碳排放权交易主体包括重点排放单位以及符合国家有关交易规则的机构和个人。

第五条　全国碳排放权交易市场的交易产品为碳排放配额，生态环境部可以根据国家有关规定适时增加其他交易产品。

第六条　碳排放权交易应当通过全国碳排放权交易系统进行，可以采取协议转让、单向竞价或者其他符合规定的方式。

协议转让是指交易双方协商达成一致意见并确认成交的交易方式，包括挂牌协议交易及大宗协议交易。其中，挂牌协议交易是指交易主体通过交易系统提交卖出或者买入挂牌申报，意向受让方或者出让方对挂牌申报进行协商并确认成交的交易方式。大宗协议交易是指交易双方通过交易系统进行报价、询价并确认成交的交易方式。

单向竞价是指交易主体向交易机构提出卖出或买入申请，交易机构发布竞价公告，多个意向受让方或者出让方按照规定报价，在约定时间内通过交易系统成交的交易方式。

第七条　交易机构可以对不同交易方式设置不同交易时段，具体交易时段的设置和调整由交易机构公布后报生态环境部备案。

第八条　交易主体参与全国碳排放权交易，应当在交易机构开立实名交易账户，取得交易编码，并在注册登记机构和结算银行分别开立登记账户和资金账户。每个交易主体只能开设一个交易账户。

第九条　碳排放配额交易以"每吨二氧化碳当量价格"为计价单位，买卖申报量的最小变动计量为1吨二氧化碳当量，申报价格的最小变动计量为0.01元人民币。

第十条　交易机构应当对不同交易方式的单笔买卖最小申报数量及最大申报数量进行设定，并可以根据市场风险状况进行调整。单笔买卖申报数量的设定和调整，由交易机构公布后报生态环境部备案。

第十一条　交易主体申报卖出交易产品的数量，不得超出其交易账户内可交易数量。交易主体申报买入交易产品的相应资金，不得超出其交易账户内的可用资金。

第十二条　碳排放配额买卖的申报被交易系统接受后即刻生效，并在当日交易时间内有效，交易主体交易账户内相应的资金和交易产品即被锁定。未成交的买卖申报可以撤销。如未撤销，未成交申报在该日交易结束后自动失效。

第十三条　买卖申报在交易系统成交后，交易即告成立。符合本规则达成的交易于成立时即告交易生效，买卖双方应当承认交易结果，履行清算交收义务。依照本规则达成的交易，其成交结果以交易系统记录的成交数据为准。

第十四条　已买入的交易产品当日内不得再次卖出。卖出交易产品的资金可以用于该交易日内的交易。

第十五条　交易主体可以通过交易机构获取交易凭证及其他相关记录。

第十六条　碳排放配额的清算交收业务，由注册登记机构根据交易机构提供的成交结果按规定办理。

第十七条　交易机构应当妥善保存交易相关的原始凭证及有关文件和资料，保存期限不得少于20年。

第三章　风险管理

第十八条　生态环境部可以根据维护全国碳排放权交易市场健康发展的需要，建立市场调节保护机制。当交易价格出现异常波动触发调节保护机制时，生态环境部可以采取公开市场操作、调节国家核证自愿减排量使用方式等措施，进行必要的市场调节。

第十九条　交易机构应建立风险管理制度，并报生态环境部备案。

第二十条　交易机构实行涨跌幅限制制度。

交易机构应当设定不同交易方式的涨跌幅比例，并可以根据市场风险状况对涨跌幅比例进行调整。

第二十一条　交易机构实行最大持仓量限制制度。交易机构对交易主体的最大持仓量进行实时监控，注册登记机构应当对交易机构实时监控提供必要支持。

交易主体交易产品持仓量不得超过交易机构规定的限额。

交易机构可以根据市场风险状况，对最大持仓量限额进行调整。

第二十二条　交易机构实行大户报告制度。

交易主体的持仓量达到交易机构规定的大户报告标准的，交易主体应当向交易机构报告。

第二十三条　交易机构实行风险警示制度。交易机构可以采取要求交易主体报告情况、发布书面警示和风险警示公告、限制交易等措施，警示和化解风险。

第二十四条　交易机构应当建立风险准备金制度。风险准备金是指由交易机构设立，用于为维护碳排放权交易市场正常运转提供财务担保和弥补不可预见风险带来的亏损的资金。风险准备金应当单独核算，专户存储。

第二十五条　交易机构实行异常交易监控制度。交易主体违反本规则或者交易机构业务规则、对市场正在产生或者将产生重大影响的，交易机构可以对该交易主体采取以下临时措施：

（一）限制资金或者交易产品的划转和交易；

（二）限制相关账户使用。

上述措施涉及注册登记机构的，应当及时通知注册登记机构。

第二十六条　因不可抗力、不可归责于交易机构的重大技术故障等原因导致部分或者全部交易无法正常进行的，交易机构可以采取暂停交易措施。

导致暂停交易的原因消除后，交易机构应当及时恢复交易。

第二十七条　交易机构采取暂停交易、恢复交易等措施时，应当予以公告，并向生态环境部报告。

第四章　信息管理

第二十八条　交易机构应建立信息披露与管理制度，并报生态环境部备案。交易机构应当在每个交易日发布碳排放配额交易行情等公开信息，定期编制并发布反映市场成交情况的各类报表。

根据市场发展需要，交易机构可以调整信息发布的具体方式和相关内容。

第二十九条　交易机构应当与注册登记机构建立管理协调机制，实现交易系统与注册登记系统的互通互联，确保相关数据和信息及时、准确、安全、有效交换。

第三十条　交易机构应当建立交易系统的灾备系统，建立灾备管理机制和技术支撑体系，确保交易系统和注册登记系统数据、信息安全。

第三十一条　交易机构不得发布或者串通其他单位和个人发布虚假信息或者误导性陈述。

第五章　监督管理

第三十二条　生态环境部加强对交易机构和交易活动的监督管理，可以采取询问交易机构及其从业人员、查阅和复制与交易活动有关的信息资料，以及法律法规规定的其他措施等进行监管。

第三十三条　全国碳排放权交易活动中，涉及交易经营、财务或者对碳排放配额市场价格有影响的尚未公开的信息及其他相关信息内容，属于内幕信息。禁止内幕信息的知情人、非法获取内幕信息的人员利用内幕信息从事全国碳排放权交易活动。

第三十四条　禁止任何机构和个人通过直接或者间接的方法，操纵或者扰乱全国碳排放权交易市场秩序、妨碍或者有损公正交易的行为。因为上述原因造成严重后果的交易，交易机构可以采取适当措施并公告。

第三十五条　交易机构应当定期向生态环境部报告的事项包括交易机构运行情况和年度工作报告、经会计师事务所审计的年度财务报告、财务预决算方案、重大开支项目情况等。

交易机构应当及时向生态环境部报告的事项包括交易价格出现连续涨跌停或者大幅波动、发现重大业务风险和技术风险、重大违法违规行为或者涉及重大诉讼、交易机构治理和运行管理等出现重大变化等。

第三十六条　交易机构对全国碳排放权交易相关信息负有保密义务。交易机构工作人员应当忠于职守、依法办事，除用于信息披露的信息之外，不得泄露所知悉的市场交易主体的账户信息和业务信息等信息。交易系统软硬件服务提供者等全国碳排放权交易或者服务参与、介入相关主体不得泄露全国碳排放权交易或者服务中获取的商业秘密。

第三十七条　交易机构对全国碳排放权交易进行实时监控和风险控制，监控内容主要包括交易主体的交易及其相关活动的异常业务行为，以及可能造成市场风险的全国碳排放权交易行为。

第六章　争议处置

第三十八条　交易主体之间发生有关全国碳排放权交易的纠纷，可以自行协商解决，也可以向交易机构提出调解申请，还可以依法向仲裁机构申请仲裁或者向人民法院提起诉讼。

交易机构与交易主体之间发生有关全国碳排放权交易的纠纷，可以自行协商解决，也可以依法向仲裁机构申请仲裁或者向人民法院提起诉讼。

第三十九条　申请交易机构调解的当事人，应当提出书面调解申请。交易机构的调解意见，经当事人确认并在调解意见书上签章后生效。

第四十条　交易机构和交易主体，或者交易主体间发生交易纠纷的，当事人均应当记录有关情况，以备查阅。交易纠纷影响正常交易的，交易机构应当及时采取止损措施。

第七章　附　　则

第四十一条　交易机构可以根据本规则制定交易业务规则等实施细则。

第四十二条　本规则自公布之日起施行。

参考文献

[1] 国务院. 中共中央国务院关于完整准确全面贯彻新发展理念做好碳达峰碳中和工作的意见. 中国政府网, 2021-10-24, http：//www. gov. cn/xinwen/2021-10/24/content _

5644613. htm.

［2］国务院．国务院关于加快建立健全绿色低碳循环发展经济体系的指导意见．中国政府网，2021-02-22，http：//www. gov. cn/zhengce/content/2021-02/22/content_5588274. htm.

［3］生态环境部．关于发布《碳排放权登记管理规则（试行）》《碳排放权交易管理规则（试行）》和《碳排放权结算管理规则（试行）》的公告．生态环境部官网，2021-05-04，https：//www. mee. gov. cn/xxgk2018/xxgk/xxgk01/202105/t20210519_833574. html.